人文 规划 创意转型

——2012全国高等学校城市规划专业指导委员会年会论文集

Humanistic Planning Creative Transformation

——Proceedings of China Urban Planning Education Conference 2012

全国高等学校城市规划专业指导委员会
武汉大学城市设计学院 编

U0212652

中国建筑工业出版社
China Architecture & Building Press

图书在版编目（CIP）数据

人文规划　创意转型——2012全国高等学校城市规划专业指导委员会
年会论文集/全国高等学校城市规划专业指导委员会等编．—北京：中国
建筑工业出版社，2012.9
ISBN 978 - 7 - 112 - 14653 - 6

Ⅰ．①人…　Ⅱ．①全…　Ⅲ．①城市规划-文集　Ⅳ．①TU984 - 53

中国版本图书馆 CIP 数据核字（2012）第 215392 号

责任编辑：杨　虹
责任设计：董建平
责任校对：刘梦然　刘　钰

人文规划　创意转型

——2012 全国高等学校城市规划专业指导委员会年会论文集

Humanistic Planning　Creative Transformation

——Proceedings of China Urban Planning Education Conference 2012

全国高等学校城市规划专业指导委员会
武 汉 大 学 城 市 设 计 学 院　编

*

中国建筑工业出版社出版、发行（北京西郊百万庄）
各地新华书店、建筑书店经销
北京嘉泰利德公司制版
北京云浩印刷有限责任公司印刷

*

开本：889×1194毫米　1/16　印张：24¼　字数：720千字
2012 年 9 月第一版　2012 年 9 月第一次印刷
定价：65.00 元
ISBN 978 - 7 - 112 - 14653 - 6
（22731）

2012全国高等学校城市规划专业指导委员会年会论文集组织机构

主　办　单　位：全国高等学校城市规划专业指导委员会

承　办　单　位：武汉大学城市设计学院

论文集编委会主任委员：吴志强

论文集编委会副主任成员：（以姓氏笔画排列）

　　　　　　　　毛其智　石铁矛　石　楠　赵万民

论文集编委会成员：（以姓氏笔画排列）

　　　　　　　　王　兰　王国恩　牛　强　周　婕

　　　　　　　　周　俊　张　明　黄亚平　黄正东

　　　　　　　　黄经南　彭建东　詹庆明　魏　伟

序

　　城乡规划专业教育正面临一次新的历史性发展机遇和挑战。经国务院学位委员会第二十八次会议审议批准，国务院学位委员会、教育部于2011年3月8日公布了新版《学位授予和人才培养学科目录》。根据该目录，城乡规划学正式提升为一级学科，学科代码为0833。已有博士、硕士学位授权点将按新目录进行对应调整，学位授权审核及学位与研究生教育质量监督工作按照新目录进行。这标志并预示着城乡规划专业在深度和广度上的拓展；研究和教学的对象从城市扩展到乡村，从物质形态范畴为主体扩展到更广阔的城乡社会和经济范畴。

　　我国国民经济和社会发展"十二五"规划纲要明确提出：加快转变经济发展方式是贯彻和落实科学发展观的必由之路，经济结构的战略性调整是加快转变经济发展方式的主攻方向。在这样发展指导思想下，2012年城市规划专业指导委员会年会选择"人文规划　创意转型"为主题，并作为教研论文和年会论坛的核心议题。在城市规划教学中，如何对现有教学方式和方法进行创新和改革，如何在中国快速城镇化和城市转型的背景下发展学科，如何培养一流的城市规划人才具有人文关怀和创新意识，都是未来专业指导委员会工作和全国城市规划教育界长期关键的命题。学科的教学和研究范畴需要拓展，推进城乡规划现实工作范围与教学研究范围的契合。学科建设需要固本开源，在明确以空间为核心的城市规划内涵的前提下，促进其他学科对城乡规划发展的贡献。我们的城乡规划专业指导委员会将通过主题发言、讨论会和论文集等方式促进学科建设的稳步进行。

　　以"人文规划　创意转型"为题，本论文集是由来自全国34所院校的共69篇教研论文中挑选汇集，形成了教学方法、理论教学、实践教学和学科建设四个板块共65篇文章的文集。教学方法板块主要探讨如何使用新的技术方法开创新的教学模式；理论教学板块主要针对城乡规划专业中的理论课教学内容探索；实践教学板块主要探索总结在实践类课程中的教学内容与方式；最后学科建设板块主要讨论城乡规划作为一级学科的教学研究内容的增加和调整。四个方面的教研论文相互支撑，为调整和创新城市规划教学提供了指导意见。我国城市发展需要大量城乡规划人才，本书集中了对于人才培养的理论探索和实践总结，是城乡规划教育者的重要读物。

　　在这个城乡规划提升为一级学科的关键历史时刻，本次专业指导委员会年会的召开具有重大意义。感谢来自各大院校的教师出席会议，并踊跃投稿。相信我们的年会将越办越好，相信全国的规划学界对我们规划教育的研究会越来越全面和深入。专业指导委员会将为城乡规划教育提供更多的指导，拓宽委员会发挥作用的渠道，共同建设好城乡规划一级学科，推行中国城乡建设的和谐、可持续进程。

全国高等学校城市规划专业指导委员会　主任委员

2012.9

目　录

教学方法

理论教学

实践教学

学科建设

教学方法

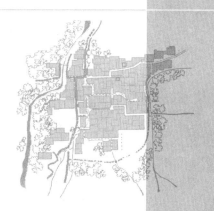

2012全国高等学校城市规划
专业指导委员会年会

教师科研带动本科教学的探索——以三年级规划设计教学为例

于海漪　许　方　王　卉

摘　要： 科研是高校的三大基本职能之一。本研究的主要内容是探索城市规划专业本科生参与教师科研项目，及相关学生科研的模式，及其对本科相关课程教学与学生学习效果的促进模式。拟通过对北方工业大学城市规划专业一个项目组的学生活动案例进行跟踪调查和分析，在以下方面进行探索和总结：①适合本科生参加的科研项目类型；②适当的参与方式、方法；③对本科课程教学的促进作用，及可达到的各种效果。

关键词： 教师科研；带动；本科教学；城市规划专业

1 引言

1.1 研究背景、目的与意义

从大学的发展历史看，大学的职能从中世纪的单纯从事高等教育开始发展，到 1810 年德国洪堡时期进入了通过研究进行教学、教学与科研相统一的阶段，1862 年美国威斯康星思想明确提出了把服务社会作为大学的重要职能。由此确立了大学的三大职能。而这三大职能实际上是相辅相成的。我国当前从基础教育开始即推进素质教育，从学生档案看，很多同学在高中阶段即积极参加"研究型学习"，并取得很好的成绩和效果。

本研究的目的是通过有意识地吸收城市规划专业本

解、掌握城市规划学科的基本调查、研究方法，比如，文献调查、实地调查、问卷调查、深度访谈等；③通过参与科研项目，促进其对专业课程与其他课程学习的兴趣和掌握程度。

1.2 研究内容与方法

城市规划专业本科教学中与本项目组相关的教学、实践环节见表1，包括一门设计课，三门理论课和一门暑期综合社会实践环节课程。

本研究的主要内容是城市规划专业本科生参与教师科研项目带动下的学生科研的开展模式、效果，及其对本科相关课程教学与学生学习效果的促进模式、效果。

与本项目组相关城市规划专业本科课程一览　　　　表1

课程编号	学期/学分	课程名称	课程编码	任课教师	课程内容
A	6/6	规划设计（2）	7039802	于，许，王1，王2	居住区规划设计
B	5/2	中外城市发展与规划史	7115401	于，袁	城市规划历史与理论
C	8/2	文化遗产保护概论	7097501	王1	保护规划理论与实践
D	7/2	城市社会学	7014301	许	社会调查与分析
E	8（3周）	规划设计与综合社会实践实习		王1，姬	实地调研

科学生，在老师指导和研究生带领下，参与以教师科研为核心、包括大学生科技活动在内的各种科研活动，达到：①培养与激发本科生对科研的兴趣；②使其初步了

于海漪：北方工业大学建筑工程学院副教授
许　方：北方工业大学建筑工程学院副教授
王　卉：北方工业大学建筑工程学院讲师

目标是通过本研究，探索本科生参与科研的模式、可参与的内容、方式、方法、对其课程设计与课程学习的正、负影响等规律进行总结，作为将来指导本科生科研和城市规划本科生课程设置研究的参考。

要解决的问题是对以下方面进行探索和总结：①本科生参与科研的模式；②可参与科研项目；③适当的参与方式、方法；④能锻炼的主要方面；⑤可达到的各种效果等。

2 教师科研带动本科教学模式的发展过程

以教师科研项目，带动本科生参与科研活动，从而促进以城市规划专业本科三年级主干课程为核心的系列课程的教学工作。在此过程中，注重培养本科生科研的兴趣、初步掌握本学科的主要方法论与基本研究方法、进行论文写作训练，以达到提高本科生综合科学素养、培养学生科研团队，以及促进班级学风建设的目的。此教学模式的构成如图1所示（图1）。具体的发展过程包括以下几个阶段（图2）：

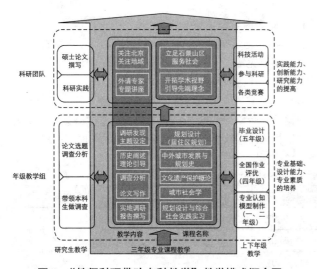

图1 "教师科研带动本科教学"教学模式概念图

（1）从2009年秋季学期开始，在城市规划专业本科主干课程"规划设计（2）-居住区规划设计"中，开始探索"关注京西地域、引入专家专题讲座"等教学环节，提高学生关注学习与地域特征、与实践之间的关系，促进学生在课程设计中注重科学探索。同时，教师

注意提醒学生积极参与各种竞赛，以及提供教师科研项目参与机会。这些课程教学安排，极大地激发了学生参与科研的热情，同学们主动参与各种活动，促进了科研项目（1）的顺利开展、申报了两项大学生科技活动（2、3），及后续完成的期刊论文［4］、［5］，和大学生活动获奖等。以此为契机，该成果活动逐年、逐项展开，学生科研团队也逐渐形成、稳定，积极追随几位教师持续参与科研活动、报毕设组、选择硕士导师等。

（2）在此基础上，三位本课程授课教师各自担任班导师的班集体之间也因为共同参与教师科研项目而相互熟悉、在教师引导下互帮互助，最终形成了班级之间自主管理的学术交往。第一次，由城规10A-1班导师提出，请城规09A-2班同学给本班学生辅导考试课程的准备。在取得良好效果的基础上，将经验介绍给城规10A-2班导师，随后，几个班级之间，由学生主动联系，开展多项互帮、互助活动，逐渐走向自主管理的程序。对于本项目来说，这是一种预料之外的、非直接的收获（图3）。

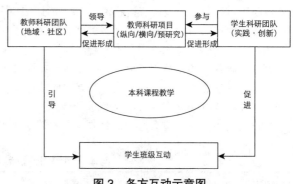

图3 各方互动示意图

经过两年多的探索，随着本项目的开展，逐步形成了较为鲜明的模式特色，即在教师指导下，组织本科生参与到多人员、多年级、多学科同学所组成的团队之中，通过同学之间、班级之间、年级之间的协作与配合，进行多目标、多种方式的科研训练。使本科生尽早对本专业有更加深刻的理解，树立高远的理想和目标，打下牢固的专业基础，养成优良的专业素质；并且培养本科生对科研的兴趣，初步掌握本学科的主要方法论与基本研究方法，进行论文写作训练。

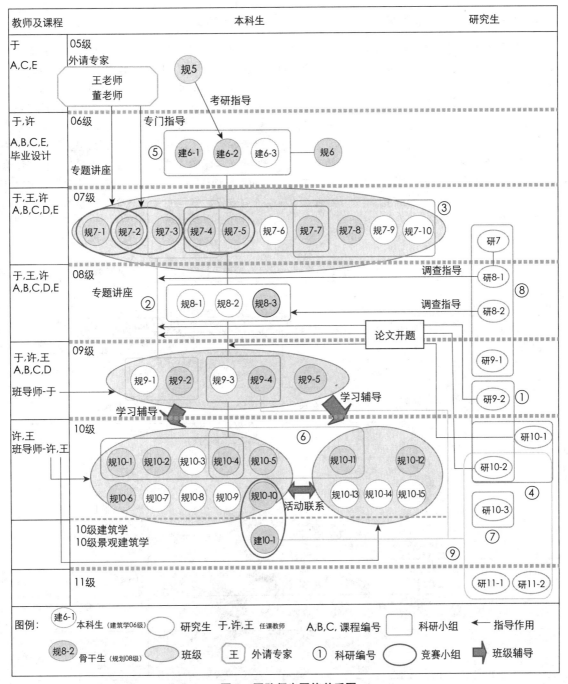

图 2　团队师生网络关系图

3 适合本科生参加的科研项目类型

与本项目有关的在研项目,包括本项目申请人和主要参加者正在承担、正申请纵向科研项目3项,以及所指导的2010与2011年大学生创业计划、大学生科技活动等学生科技活动项目3项。

其中项目1是已经批准的纵向科研项目,与其配套的有2名研究生的课题研究,以及1项大学生科研项目—项目2。项目4、5有密切联系。项目6、7目前有研究生论文支撑,调查过程中吸纳了大量本科学生参与文献与实地调研等基础工作。同学们在各个科研项目中所起的作用和完成的成果详见表2(表2)。

4 教学效果

我们对"教师科研带动本科教学"的教学模式的探索虽然仅有两年半时间,但是在本科生的核心专业课程、社会实践、毕业设计、专业素质、综合能力、研究生教学等重要的教学环节,在考研、出国留学等进学环节,在自主创新、自主管理等实践环节,以及在积极互动的教师学生学术团队和良好持久师生关系的养成方面,均取得了丰厚的成果,培养了一批品学兼优、综合能力强的优秀骨干学生。总体上此模式的教学效果主要表现在能有效带动本科生课程教学、带动本科生自主创新和带动教师学生学术团队的形成三个方面。经过短短两年多

本团队教师科研项目、大学生科技活动项目及参加人员及参与工作情况汇总　　　　　表2

科研项目编号	相关课程编号	项目性质	参与学生	参与工作	完成成果
1	A	北京市教委科技计划面上项目	建研09:1名 建研10:1名	仪器测试,计算机模拟分析	期刊论文1篇; 2名硕士研究生以此开题
2	A	北方工业大学学生科技活动	城规07:4名	仪器测试,计算机模拟分析,报告及论文写作	区科园杯三等奖,核心期刊论文1篇[4]
3	A C D	北京市大学生科学研究与创业行动计划	城规07:4名	实地调查,报告及论文写作	校三等奖,核心期刊发表论文1篇[5]
4	A D	北方工业大学科研启动基金项目	建研10:1名	实地调查,GIS分析	1名硕士研究生以此开题
5	A D	北京市大学生科学研究与创业行动计划	城规07:4名 城规08:3名 城规09:2名 城规10:3名 建学10:1名 建学06:3名 规划06:1名	实地调查,方案设计,模型制作,报告及论文写作	优秀毕业设计1名; 1名考取清华建筑第一名; 优秀毕业生1名; 校二等奖; 核心期刊论文3篇[9,10,11]
6	C D	北方工业大学学生科技活动	城规10:2名 建学10:1名	实地调查	2012年启动
7	A	北京市留学人员科技活动项目择优资助	建研10:1名	实验	1名硕士研究生以此开题
8	B C D E	预研究	建研07:1名 建研08:1名 建研09:1名	实地调查,文献调研,硕士论文研究	项目于与老师博士论文、博士后研究有连续关系,持续研究中。已发表论文10余篇[1,2,3,6,7,8]
9	B C D E	横向科研项目	建研11:2名 建研10:2名 城规09:2名 建学10:1名	实地调查,文献调研,图纸绘制	1名硕士研究生以此开题

的探索和实践，团队成员的专业素质和综合能力得到明显提高，毕业生的考研和出国留学等进学比例得到较大提升。

（1）带动本科生的课程教学，涉及核心专业课、社会调查和实践等教学环节。以城市规划专业三年级的居住区规划课程教学为中心，引导学生发现城市问题，进行实地调查分析，并请相关专家到课堂做专题讲座，扩展学术视野。在实际的调查研究过程中训练了学生的调查方法的掌握和分析能力，以及撰写报告和科技论文的能力。培养了学生研究性学习的热情。通过这种模式的训练，课程教学取得了较多的成果，团队4年级学生获得2011年全国规划专业专指委年会设计作业评优三等奖、佳作奖各1项，以及调研报告评优佳作奖1项。团队成员的学习成绩均居年级和班级前列。

（2）带动本科生自主创新和自主学习风气的养成。本科生从低年级即开始由高年级同学带着做调查，大大提高了专业认知和实践能力。团队成员积极参加科技活动和各类竞赛，拓展创新能力，获得北京市2011年度首都大学生暑假社会实践的多个奖项，以及石景山区、学校的多项奖项。并且本团队3名教师担任班导师的3个班之间，由科研学术团队衍生出了上下年级间和班级间的学习帮助。老师只是开始起了联系的作用，后来全部由同学自主联络，进行辅导，养成了自主管理学习的良好学风，如进行考试辅导等，班级内部也形成了学习互助小组。实践能力的提高，扩展了学生的专业视野，也使同学有信心走出校园、服务社会。

（3）带动教师学生学术团队的形成。本团队3名教师通过课程教学、指导毕业设计、指导科技活动、指导竞赛和科研项目等多种方式，吸引了近40名本科生（含建筑学专业）加入团队，再加上10名研究生，组成了一个具有一定规模的、相对稳定的团队。而且密切的课程指导和学术活动形成了良性互动和合作融洽的师生关系和同学关系，团队成员长期保持联系，教学相长。教师对学生的影响力也不断增强，参加科技活动和科研项目，激发了同学的求知求学欲望，各年级同学都积极参加国际国内竞赛，充分利用宝贵时光，增长才干。

5 结论

教师科研带动本科教学的教学模式主要特色是在教师指导下，组织本科生参与到多人员、多年级、多学科同学所组成的团队之中，通过同学之间、班级之间、年级之间的协作与配合，进行多目标、多种方式的科研训练。培养本科生对科研的兴趣，初步掌握本学科的主要方法论与基本研究方法。

（1）教师科研带动本科教学的教学模式能有效提高本科生的学业成绩和综合能力。对不同年级实行不同的训练内容，能切实有效地提高本科生的专业素质和综合能力。团队学生普遍学习成绩优异，各类获奖成果丰硕。并能广泛吸引和发现优秀学生，追踪培养，成为各班的骨干学生。通过对不同年级分别施教，不断分化和强化知识点，并能落到实处。基于信任的紧密师生关系，能深刻影响学生的思想，产生积极的学习效果。

（2）本模式有利于促进形成教师学生科研团队。团队培养了本科生的研究性学习、自主学习的良好学风和自主创新的研究和实践能力，同时也有力地支持了教师科研团队的纵向和横向科研的顺利展开。跨年级参与的科研梯队构成促进了交流与自主学习，并能保持科研团队的可持续性。

（3）本模式具有良好的可操作性和示范性。

本科生在参与教师科研项目中易于了解、掌握从事科学研究的一些程序、知识，引导学生热爱科学研究，以研究的心态去学习专业知识，形成本专业内、各专业之间同学们的科研小团队（学习互助组）之外，对于教师科研团队的形成也有促进作用，通过这样一些教学、科研、学生科技活动等活动的共同工作，彼此互相了解、互相帮助，慢慢地合适的人就走到一起，自发形成科研团队，这样，有共同科研兴趣的教师，自下而上、自发地、滚雪球式地涌现出越来越多、有凝聚力的科研团队。

（本研究得到北京市教委科研计划（KM201010009012）、北方工业大学教育教学改革和课程建设基金，以及北方工业大学科研启动基金的资助。）

参考文献

[1] 于海漪.南通近代城市规划与建设.北京：中国建筑工业出版社.2005.

[2] YU, Haiyi & Takao Morita（2008）Zhang Jian and

City Planning in Nantong，1895-1926.Journal of Asian Architecture and Building Engineering.November 2008, pp.263-270（SCI 检索，IDS 号：372UI）.

［3］ 姚爱秋，于海漪 . 羌族地区擂鼓镇中心地段城市设计研究［J］. 华中建筑 .2010，4：93-96.

［4］ 李帅，敬鑫，于海漪 . 北方工业大学校园微气候测试与分析［J］. 华中建筑 .2010，12：58-63.

［5］ 肖萌，季羿宇，于海漪 . 北京鼓楼苑地区儿童活动空间［J］. 华中建筑 .2011，2：86-92.

［6］ 朱灶芳，于海漪 . 新农村建设模式选择之思考—北京地区与赣州地区选择模式的对比，北京 : 清华大学 "三下乡—新农村建设" 高峰论坛论文集 .2009，12：200-208.

［7］ 朱灶芳，于海漪 . 特色景观旅游村镇的可持续发展研究［J］. 小城镇建设 .2011，1：100-104.

［8］ 聂瑶，于海漪 . 水上运动主题对日照城市建设的影响［J］. 北方工业大学学报 .2011，2：89-94.

［9］ 于海漪，许方，马蕊 . 北京八角社区 "安心＋安全" 改造研究（一）: 防灾空间调查［J］. 华中建筑（已录用）.

［10］孙滢，孟羲，许方 . 北京八角社区 "安心＋安全" 改造研究（二）: 防灾空间改造［J］. 华中建筑（已录用）.

［11］于海漪，袁晓宇，刘畅 . 北京八角社区 "安心＋安全" 改造研究（三）: 老旧住宅改造研究［J］. 华中建筑 .（已录用）.

On Teachers' Research Driving Undergraduate Course Teaching
——A Case Study on Urban Design Course Teaching of Grade 3

Yu Haiyi　Xu Fang　Wang Hui

Abstract：Research is one of the three basic functions of modern university.This paper focuses on exploration the patterns that undergraduate students involved in teachers' research and relating students' research，and its effect on undergraduate course teaching.The authors take students of NCUT urban planning major as example to discuss the following aspects，① suitable projects，② proper methods，③ aspects that may benefit course teaching，and other effects.

Key Words：teachers' research；drive；undergraduate course teaching；urban planning major

城市规划实用创新型人才培养基地建设模式研究

张忠国 荣玥芳 孙 立

摘 要： 要迅速推动我国的工业现代化进程，广泛参与国际竞争，培养和造就大量高素质的工程技术人才就成为一项十分紧迫的战略任务。校企合作和校外人才培养基地的建设，是培养卓越工程师的重要一环。然而，校外人才培养基地的建设如何进行，是摆在我们面前的重要课题。

关键词： 实用创新型；基地；模式；机制

在新的形势下，如何确保学生的工程实践机会，培养实用创新型人才，是培养卓越工程师的重要环节。而校企合作、优势互补、校外人才培养基地建设模式是重要途径。中国城市规划设计研究院便是北京建筑工程学院的北京市级校外人才培养基地之一。

1 基地概况

北京建筑工程学院建筑与城市规划学院设置有建筑学、城市规划、工业设计、历史建筑保护工程、艺术设计5个专业，具有建筑学、城乡规划学、风景园林学、设计学4个一级学科硕士点。2007年建筑学专业成为教育部特色专业建设点。2002年建筑设计及其理论成为北京市重点学科；建筑历史与理论、城市规划与设计学科分别于2008年、2010年成为北京市重点建设学科；2010年获得"绿色建筑与节能技术"北京市重点实验室；2010年"小城镇规划设计与实施保障机制研究"成为北京市学术创新团队。

中国城市规划设计研究院是中华人民共和国住房和城乡建设部直属科研机构，是全国城市规划研究、设计和学术信息中心。具有城市规划编制、工程设计、工程咨询、旅游规划设计、文物保护工程勘察设计、建设项目水资源论证、建筑工程设计和建筑智能化集成甲级资质。中规院是国务院学位委员会批准的城市规划与设计硕士学位授予单位，国家人事部批准设置博士后科研工作站。现有中国工程院院士2人，国务院参事1人，国家有突出贡献的中青年专家8人，百千万人才工程国家级人选2人，教授级高级科技人员62人，形成了一支专业齐全、人才荟萃、实力雄厚的城市规划科技队伍。自1982年以来，承担完成了科研、规划设计、咨询、国家和行业标准规范编制等任务3800余项。其中获国家和部级奖励的科研成果50余项，省、部级优秀规划设计奖160余项。

2 基地建设的合作内容与合作模式

改革开放以来，北京建筑工程学院为中国城市规划设计研究院培养了技术骨干和高级管理人才。同时，中国城市规划设计研究院为北京建筑工程学院学生的专业实习、实践能力的培养提供了长期的基地。北京建筑工程学院城市规划专业的本科生和研究生，每年近百人次在中国城市规划设计研究院的设计现场，从事城市规划编制与设计的实习。

目前，北京建筑工程学院和中国城市规划设计研究院在上述长期合作的基础上，继续合作培养首都建设人才，建立以下合作模式：包括联合指导毕业设计、工程大师进校论坛、学生各类实习、工程硕士培养、工程师进课堂、定期研讨磋商平台、教师短期企业培训、毕业生论坛和联合指导课程设计等内容（见图1）。

张忠国：北京建筑工程学院建筑与城市规划学院副院长 教授
荣玥芳：北京建筑工程学院建筑与城市规划学院副教授
孙 立：北京建筑工程学院建筑与城市规划学院副教授

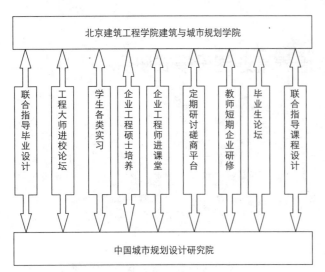

图 1　校外人才培养基地合作模式图

图中内容：
北京建筑工程学院建筑与城市规划学院

联合指导毕业设计　工程大师进校论坛　学生各类实习　企业工程硕士培养　企业工程师进课堂　定期研讨磋商平台　教师短期企业研修　毕业生论坛　联合指导课程设计

中国城市规划设计研究院

3　基地建设的组织管理机制

3.1　组织机构建设

为了使校企合作教育基地充分发挥作用，成立了校企合作教育基地管理委员会，并制定了基地管理委员会章程。

校企合作教育基地管理委员会是在双方统一领导下，依据章程，对校企合作教育基地工作中存在的问题进行咨询和指导，对在校企合作教育工作重大事宜进行审议和决策的管理组织。

校企合作教育基地管理委员会的主要任务是：认真贯彻党的教育方针和教育改革的有关政策，适应高等教育改革和校企合作教育发展的需要，紧密结合企业与学校实际，加强对校企合作教育工作的研究与管理，促进校企合作教育工作科学化、制度化、规范化，不断提高工作水平和人才培养质量。

基地管理委员会的组织形式，主任由校企双方主管领导担任，由中国城市规划设计研究院党委书记和北京建筑工程学院建筑学院院长担任，实行双主任制。

3.2　配套政策文件建设

包括北京建筑工程学院与中国城乡规划设计研究院签订的校外人才培养基地协议书，北京建筑工程学院实践教学基地发展规划，中国城市规划设计研究院北京建筑工程学院校企合作教育基地管理委员会章程，关于成

立北京建筑工程学院中国城市规划设计研究院校外人才培养基地建设与管理工作委员会的决定。

3.3　实施程序管理

（1）成立校企合作教育基地管理委员会，主任由双方主管领导担任，实行双主任制。委员由双方主管部门和有关单位的领导出任，具体负责校企合作教育基地的日常运行管理。

（2）按照一体化建设思路，共同规划校企合作教育基地的发展与建设，合理利用资源。

（3）在校企合作教育基地投入建设的相关设施归投资方所有，校企合作教育基地建设产生的各项成果以及利用基地设施开展研究的成果由双方共享。

（4）校企合作教育基地的运行管理费用及收入由管理委员会研究确定分摊与分配原则。

（5）双方共同协商制订教学计划，监控培训与实践教学质量。

4　基地建设的成效与特色

多年来校企合作共建教育基地的探索为我校实践体系的改革和发展带来了很大影响，取得了以下几方面的效益。

4.1　学生实习效果好

对在中规院实习的学生的问卷调查显示，绝大多数"感觉收获很大"，实习内容"非常有针对性和实用性"，"教师能够及时解决问题"；有的同学在实习中发现并解决问题之后，感到很有成就感。北京建筑工程学院接受工程实践训练的学生达到每年约200多人，受益的专业达到17个。

4.2　中规院员工培训受益明显

基地条件的改善为企业员工培训增添了力量，培训的数量和质量均有显著上升。2008年一年，中规院在城市规划原理、区域经济与规划、历史城市保护等方面，选聘学校优秀教师开设了15门次相关课程，培训中规院学员200人。

4.3　构建产学研合作教育大平台的模式得到承认

为提高学生的设计创新能力，依托以上的校外人才

培养基地，聘任基地业界知名的建筑师、规划师等作为校外指导教师，目前校外兼职的研究生导师 17 人。同时，为企业培养研究生、提供专业培训，与企业开展联合公关，并进行合作课题研究，科研经费达 2000 余万元，为产业发展提供技术支撑。

2005 年，以校内学术团队和校企合作教育基地为基础，申报北京市学术创新团队获得成功。2007 年，以校内实验基地和校企合作教育基地为基础，申报了北京市实验教学示范中心，并且申报成功。2008 年建筑学专业获得教育部特色专业建设点。建设部副部长、北京市副市长黄卫在考察我校建筑与城市规划学院时，对我校的基地建设给予了充分肯定，他们指出：基地建设它的优势就在于共建，只有共建，才具有生命力。

4.4 学校青年教师的继续教育显见成效

学校依托产学教育大平台，定期组织青年教师进行工程训练，并使青年教师的工程训练制度化、规范化，确保工程实践教学的效果，促进同时具备理论教学和实践教学两种能力的"双师型"教师的培养。

老师经过训练后，学以致用，在生产实习中亲自带领学生在工地上跑上跑下进行讲解，受到学生好评。

4.5 基地面向社会及各高校开放，服务于社会

实习在满足我校师生工程实践教学需要的同时，还为清华大学、北京理工大学、北京化工大学、北京科技大学、北京工业大学、大连理工大学、河北工业大学、东北林业大学、中国石油大学、呼伦贝尔学院、武汉工程大学、中国特种设备检测研究院、大连工业大学、天津大学、北京大学、中国矿业大学等 20 多所高校的部分专业学生在中国城市规划设计研究院实习提供服务，实现基地服务社会效益的最大化。

5 结论与建议

随着科学技术的迅速发展，我国加入世界贸易组织（WTO）之后，正逐步融入世界经济发展的总体循环之中，要迅速推动我国的工业现代化进程，广泛参与国际竞争，培养和造就大量高素质的工程技术人才就成为一项十分紧迫的战略任务。各国经验证明，培养出一名合格的工程师，必须使其经历工程科学知识的学习、工程

实践的训练和工作实际的体验三个环节。事实上，上述三个环节是由院校工程教育和企业或工作单位共同来承担的，其中学生在校期间所进行的工程实践训练是促进学生理论联系实际、学以致用，以便走向工作岗位后能够尽快地适应工作的重要一环。

但是，中国的现实情况是：一方面大型国企生产的科技含量与自动化程度越来越高，可供学生实习动手的范围越来越少，另一方面由于追求经济效益最大化，国企为高校提供教学实习场地与条件的义务和责任也渐渐成为企业的负担。鉴于此，在当前形势下，寻找校企合作双赢的契合点成为关键。合作的前提就是共建共赢。

本文建议根据高等院校的三大职能（人才培养、科学研究和社会服务），按照三贴近的宗旨（贴近企业、贴近生产、贴近技术）建设校企合作教育基地，在以往建设的基础上，按照互利共赢原则、共建共管原则和资源共享原则，共同去建设和管理好基地。

互利共赢就是双方按照"优势互补、互利共赢"的原则，构建持久而良好的合作关系，积极推进教学、科研、生产之间的紧密结合，发挥各自优势共同构建起有一定规模、可持续发展的校企合作教育基地；共建共管原则就是双方密切合作，共同投入建设资金与教育资源，对基地实行共建共管。通过例会、规章制度和发展规划等形式使共建共管科学化、规范化；资源共享原则就是以"产权清晰、权责对等"为前提，实现优质教育资源校企共享。

参考文献

[1] 汪雪琴等.校外人才培养基地建设的探索与实践.实验技术与管理，2010，10.

[2] 武志云等.加强校内外实习基地建设.实验室研究与探索，2007，5.

[3] 关六三.工学结合校外基地运行与管理研究.实验室科学，2007，6.

[4] 张安富.创新实习基地建设探索产学研育人新机制.中国高等教育，2008，20.

[5] 张林娜."3+1"校企合作人才培养模式是高校人才培养模式改革的新途径.科技创新导报，2010，6.

On the Study of construction of talent training bases in the area of city planning

Zhang Zhongguo Rong Yuefang Sun Li

Abstract：During the process of industrial modernization in China, broadening participation in international competition as well as cultivating and fostering a large number of high-quality engineering and technical personnel has become a very urgent strategic task. School-enterprise cooperation and training base outside the building, is an important part of the culture of excellence engineers. However, the training base outside the building, is an important issue in front of us.

Key Words：practical innovation；base；mode；mechanism

城市规划专业应用型人才创新素质培养的教学模式探析

徐秋实　陈　萍

摘　要： 我国正处于快速城市化的时期，在城市化的进程中，影响城市规划过程及实施效果的因素不断涌现并且复杂化，规划师在处理和预测城市发展时，会不断遇到新的问题和矛盾，城市规划专业应用型人才的培养，创新素质显得尤为重要与迫切，因此，在教学过程中，应适时的变革教学模式，重视并加强专业人才创新素质的形成。

关键词： 城市化；城市规划；创新素质；教学模式

　　我国目前正处于城市化的快速发展及大规模的城市建设时期，但建设过程中的物质、经济、社会和生态环境等方面的矛盾也日益凸显，城市发展需更加关注公共资源的公平、合理与可持续使用，而规划师在城市规划与管理、公共政策制定、促进社会公平与和谐发展等方面具有重要作用，因此需要大量的城市规划专业应用型人才来应对城市发展中不断出现的新问题。但是大多数规划院校培养模式仍然偏重于城市物质空间规划，以技能教育为主导，这种培养方式下的人才只能是"画图匠"而非"真正的规划师"。从当前的实际情况来看，城市规划正在由单纯强调城市空间的物质形态和工程技术等方面内容，逐渐转向关注影响规划过程及实施效果的城市所依托的各种复杂环境及其之间的矛盾关系。忽视社会、经济、环境等多学科综合培养模式的单纯的设计与工程型专业人才难以适应新时期社会经济发展的需要。而且城市规划的任务领域总会因时因地而变化，对其专业人员的能力要求也从不会满足。因此，如何较好地平衡技能训练和创新素质教育两个方面，培养能适应时代发展要求、能肩负 21 世纪城市规划建设中错综复杂的综合性问题，具有创新性的应用型人才是当前城市规划教育工作中需要研究的重要课题。

1　城市规划教育的发展趋势

1.1　城市规划理论多元化

　　当前城市规划理论日趋多元化。因为，一方面，目前中国的城市规划学科的核心理论空心化，理论创新存在惰性以及理论研究阵地孤立；另一方面，城市规划日趋复杂，越来越不是一门单纯的技术领域的学科。由此，城市规划教学中的理论传授需要一定灵活性和启发性，即不仅要引导学生借鉴相关学科的有益理论成果，形成相对有序的理论支撑体系，而且要研究和构建不同类规划所需的重要理论、方法和技术体系。

1.2　城市空间问题复杂化

　　"空间性"是规划的特质，国内城市规划学科的本科教育大多以空间设计为核心，对城市空间问题的研究却不够重视。在规划实施阶段，很多理想化蓝图在城市的复杂环境下并不能得到有效实施，正是这种状况的深刻写照。美国著名城市理论学家刘易斯·芒福德曾经指出，真正影响城市规划的是深刻的政治和经济的转变，在规划中需要对规划控制进行研究，使私人、团体和公众利益之间达到协调与平衡。因此，在规划教育中应当培养学生发现问题、认识问题、研究问题和解决问题的研究能力和理性思考、综合分析的能力，并以此指导规划的制定与实施。

2　城市规划教育面临的挑战

2.1　规划教育与学科发展不同步

　　城市规划学科的快速发展和更新，让传统的城市规

徐秋实：华北水利水电学院讲师
陈　萍：华北水利水电学院讲师

划教育应接不暇。短短十几年的时间内，我国城市规划学科的发展经历了从外延扩展到内涵核心理论深化的过程。这一过程中，学科知识结构得到扩展，研究方法和内容更加多元化和复杂化，而城市规划教育应对这一转变，不论在时间上还是知识结构跟进方面都相对滞后。这对教学的目标和效果带来很大的影响。在部分学生看来，学科涵盖面较广，可以解决的问题却不多，并且自身专业价值不高，相关专业例如经济学、社会学、建筑学等诸多专业也可以从事规划专业，这导致了学生对自身的定位不明确，学习的动力和积极性大大降低。

2.2　现有教学模式对创造性能力的培养重视不足

城市规划专业是一个兼具基础性、技术性和创造性的学科。我国的城市化正处在一个快速发展的阶段，新的城市问题不断出现，且由于我国自身发展的特点，不可能照搬照抄西方国家的经验。经过专业培养的学生应具备在所学知识的基础上创造性地找到解决各种新问题的方法和手段的能力。受我国应试教育体制的影响及从教师到学生单一方向知识传输的制约，我国学生比较容易掌握基础性和技术性的知识，而创造性能力则相对较弱。目前的教育模式以教师课堂传授为主，学生则被动接受。教师是知识传递的主体，而学生则以教师的讲授为准则。教师成为知识的代言人，师生之间的交流与互动仅仅局限在课堂短短的几十分钟内，学生与教师交流的时间和空间有限。多年的应试教育造成了学生对教师的依赖性很强，学生习惯性地向教师讲授的某一个方向上发展，不主动多问几个"为什么"，或是思考更多可能解决问题的方法，自身的思辨能力和创造能力得不到锻炼。这对培养符合城市规划学科基本要求和为社会提供可以胜任城市规划工作的人才不利。

3　创新素质培养的意义

3.1　创造力是学科本身的要求

城市规划工作本身是一项综合性很强的工程实践活动，相应地，规划师的能力构成应是系统而完备的。但在这些能力构成中，创造力应居于"能力金字塔"的顶端。因为规划师从事的不是简单的、重复性的技术劳动或循规蹈矩的设计，而是高端的设计、开发和创造活动。中国科学院李伯聪先生提出科学－技术－工程三元论，

他认为，科学发现、技术发明和工程设计是三种不同的社会实践，科学活动的本质是反映存在，技术活动的本质是探寻变革存在的具体方法，而工程活动的本质则是创造一个世界上原本不存在的事物，是超越存在和创造存在的活动。20世纪著名流体力学家 Theodore Von Karman 对科学家和工程师的区别所做的界定是："科学家致力于发现已有的世界，而工程师则致力于创造从未有过的世界"。由此可见，没有创造力，规划师在职业发展中就没有竞争力。在专业教育中，强调创新意识、培养创造力是非常重要的。从人才培养的角度来看，创造力的培养也必然是专业教育中的基本目标和关键环节。

3.2　创新是时代发展的要求

城市规划是关系到国计民生的大事，随着我国城市化进程的不断加速和深化，城乡建设的不断发展，对规划理论的创新和高素质规划人才的需要也在不断增大。顺应时代发展，培养更多优秀的具有创新素质的专业人才是学科教育的重要任务，中国目前已经进入城市化的加速期，并且在未来的一段时期内将继续保持这一发展态势，因而物质形体规划及环境与资源控制将是城市规划的重要内容。但随着经济的快速发展，越来越多新的问题将在城市规划过程中不断涌现，规划师一方面要为政府的宏观调控提供咨询与技术帮助，另一方面要按照市场经济资源配置规律分配空间资源，协调各利益团体、个人与公众利益之间的关系。同时，随着社会阶层的进一步分化，规划师还要担负关注社会弱势群体，维护社会公平与公正，以及推进公众参与、加强环境保护与可持续发展等历史任务。引导和协调、法规与政策、社会公正、公共卫生与福利、和谐社会与可持续发展等将成为规划师关注的重要问题。因而，培养城市规划应用型人才的创新素质，使得人才培养能够与时俱进，适应社会发展需要，是城市规划专业教育新的主题和使命。

4　创新素质的形成需具备以下能力

4.1　学习的能力

它是对已有知识、经验、事实的知晓，对原则概念、技术方法的掌握。其核心是对所掌握的完备理论知识的掌控与驾驭能力。这种能力不仅是对信息和事实的了解和存储，不仅知道"是什么"，而且能把握理论与现实的

关系，知道"为什么"和"如何发生作用"。获得了学习的能力便意味着能将抽象的设计创意、理念和意向转化为具体的形式，并以空间物质规划设计方案作为解决城市问题的对策。

4.2 识别的能力

识别能力与城市规划学科的自身性质相关。严格意义上，城市规划专业"并不是一项直接和真正完善的学科"，它所面对和需要处理的既不全是关于"事实"和"经验"的问题，也不仅是以逻辑关系为基础的"规范"性问题，它更多的是面对调和矛盾、平衡冲突和整合关系和以价值为前提的取舍、选择和决策。城市是一个巨大的系统，影响城市发展的因素是多元而复杂的，规划师应能从纷繁复杂的城市自然和社会识别、把握、分析客观现象的本质，进而为决策提供依据和基础。这是规划师应具备的一项重要的基本技能。突出表现在识别自然和社会现实、体现社会公平和公正的选择与决策、对空间形式和环境风格的鉴赏与把握。

4.3 管理的能力

规划管理主要包括规划编制管理、建筑与规划方案审查、规划咨询等，要求规划师具备良好的研究探讨、综合协调及策划能力，并能进行平衡调和、选择决策。随着市场经济体制的建立和发展完善，政府有责任保证公共资源的公平使用。为了实现城市物质要素和空间资源的合理优化配置，城市规划日益成为政府宏观调控的手段，而城市规划管理是政府通过城市规划合理调控的有力保障。规划师有责任和义务自觉维护社会的整体利益、社会的公平和公正。

5 创新素质培养的教学模式

为适应新时期的发展，培养创新人才，是教育的历史使命，针对城市规划专业的教学特点，需要构建职业教育与创新素质教育兼顾的教学模式。这需要从教学内容、课程体系建设、科研和实践、教学方法等几个方面进行革新。

5.1 加强实践教学环节

教育部文件《关于进一步深化本科教学改革全面提高教学质量的若干意见》【教高（2007）2号】中提出："高度重视实践环节，提高学生实践能力。要大力加强实验、实习、实践和毕业设计（论文）等实践教学环节，特别要加强专业实习和毕业实习等重要环节。"可见，实践教学是高校本科教育的重要环节，加强这一环节，是深化教学改革、提高教学质量的有效途径。城市规划专业是一门应用性很强的学科，传统的规划教学较多的强调规划理论知识的传授，对物质形态规划背后的经济动因、工程造价和社会需求的考虑较少，教学与实践缺少系统性联系，学生缺少专业实践的深层体验，要从事规划工作，需要有对规划对象空间、社会、经济、生态等因素的多重考虑。这些都是需要在实践过程中培养锻炼，不能只有空头理论、闭门造车。因此，首先城市规划教学应以实践为核心，提高学生的创新素质意识，增强学生分析问题、解决问题的能力。其次，通过案例教学的方式，把规划师的职业道德和价值观融入到具体的设计当中，使德育与技能结合起来。

5.2 拓展相关学科理论知识，完善课程体系

城市规划作为城市发展的筹划、设计、引导和控制机制，在重视物质性规划的同时，努力寻求公共资源配置的公平性方式，积极推进公众参与规划的制度安排，关注社会弱势群体的需要和福利。因而，城市规划专业教育在保证物质形态规划培养内容的同时，应向城市经济学、社会学、地理学、区域规划、城市环境与生态、公共政策、城市规划管理、社会经济发展规划等方面拓展，而公共政策、规划管理、公众参与、物权权属等应是城市规划的重要概念和思想。教学模式应从人才的创新素质培养出发，从知识结构方面体现出学科交叉性和整体性，逐步形成多学科、多层次、多领域的综合性人才培养模式。

5.3 强化和培养创新意识

创新素质教育要求人才具有较强的科研和社会实践能力。城市规划教育必须要把科研和实践与本科教学结合起来。该学科的特点必须建立在科学预测和规划城市的未来，这就要求专业人员必须准确了解并掌握最前沿的学术思想和新技术，运用新思维思考并解决城市问题，提出有创新性和预见性的解决途径和答案。具有创新性的培养方式，就要求教师引领学生及时了解和把握本学

科和相关领域的前沿学术问题，各学派的最新观点。同时，根据行业的特点，在课堂内外开展专业实践研究，让学生掌握实践案例的第一手资料,培养学生分析问题、解决问题的实践能力。与此同时，要通过科研和社会实践的带动作用，广泛开展综合社会实践调查，充分认识社会调查实践对城市规划人才培养的重要性，这样有利于处理好城市规划与城市分析的关系，培养更多的有利于社会发展和进步的专业人才。

5.4 教学方法变革

对于城市规划专业应用型人才创新素质培养而言，在教学过程中，应改变传统的灌输式教学，想方设法调动学生学习的主动性和积极性，如在理论讲授的基础上，及时更新一些国内外案例，引导学生思考、分析和讨论，培养学生主动获取知识的意识和能力，针对理论课程中的重点和难点知识，结合城市及地域特点，适当采用现场教学，促进学生对理论知识的理解和掌握，提高学习效果。在设计课的教学过程中，应创造机会并鼓励学生讲解自己的设计思想、评判同学的设计方案的优缺点，实现学生之间的互动及师生之间的互动，调动学生学习的热情。另外，可通过多媒体教学，及时更新教学内容，扩大课堂信息量。

参考文献

［1］吴志强．城市规划学科的发展方向［J］.城市规划学刊，2005，6：2-9.
［2］洪亘伟．城市规划专业实践教学体系优化研究［J］.高等建筑教育，2008，5：110-113.
［3］赵民，赵蔚.推进城市规划学科发展加强城市规划专业建设［J］.国际城市规划，2009，24（1）：25 – 29.
［4］段德罡，王侠，张晓荣.城市规划思维方式建构——城市规划专业低年级教学改革系列研究（4）［J］.建筑与文化，2009，4.
［5］黄亚平.城市规划专业教育的拓展与改革［J］.城市规划，2009，33（9）：70-73.

Exploring the Teaching Modes That Cultivate the Innovation of Application Oriented Urban Planners

Xu Qiushi   Chen Ping

Abstract：We are in the period of rapid urbanization, influence and effect factors are constantly emerging and complex in this process, urbain designer in the processing and prediction of city development, will continue to meet the new problems and contradictions; city planning professional applied talents, innovative quality appears particularly important and urgent, therefore, in the process of teaching, should be timely reform teaching mode, emphasizing and strengthening the professional quality of innovation form.
Key Words：urbanization; urban planning; innovative quality; teaching mode

研究性学习在城市规划基础教学课程城市空间环境感知与分析训练中的应用

滕夙宏

摘　要： 城市规划专业的研究对象是动态的城市，这是一个复杂巨系统，涵盖了城市生活的各个层面，因此城市规划学科也是一个不断发展的复杂性的学科。针对学科的特点，城市规划本科专业教育的重点除了传授知识之外，更重要的在于培养学生面对城市这个研究对象时，能够具有发现问题，分析问题并提供解决方案的能力。然而我国的城市规划专业传统的教学方式往往在这方面有所欠缺。

为此在城市规划专业一年级的初步课程中设立了"城市认知"单元的练习，通过对城市空间环境的感知与分析，帮助刚刚接触规划专业的学生认识城市、了解城市，建立对城市的初步认知，培养对研究的对象进行详细观察和研究的良好习惯。同时为了培养主动学习的能力，在设计"城市认知"单元的教学内容过程中，还引入了"研究性学习"的教学理念，利用这一课程的训练，提高学生的对规划专业的兴趣，培养自我学习、自主学习的能力，为将来步入社会成为一名能够不断成长和自我教育的专业人士打下良好的基础。

关键词： 城市规划；基础教学；城市认知；研究性学习

1　背景

城市规划专业的研究对象是动态的城市，这是一个复杂巨系统，从实体空间到虚空间，从人们之间的交往到各种社会活动，涵盖了城市生活的各个层面，因此城市规划学科也是一个不断发展的复杂性学科。针对学科的特点，城市规划本科专业教育的重点除了传授知识之外，更重要的在于培养学生面对城市这个研究对象时，能够具备发现问题，分析问题并提供解决方案的能力。然而我国的城市规划专业传统的教学方式往往在这方面有所欠缺。究其原因，主要有以下两个方面：

首先，大部分院校（尤其是工科院校）的城市规划专业是从建筑学专业发展而来，课程体系带有强烈的工程实践导向。例如在规划专业的传统基础课程训练中，常常以单体的空间训练作为切入点和学习的重点，使得学生的思维方式呈现出关注设计成果而轻视分析过程，注重形态生成而忽略逻辑推导的倾向，同时方案中也往往缺乏对城市的人文关注和社会责任感。

其次，传统的城市规划教学方法经过多年的发展与完善，具有较完整、严密的理论方法体系和很强可操作性。然而在拥有诸多优点的同时，也存在一个较大的弊病：以教师为中心，只强调教师的"教"而忽视学生的"学"，教学设计往往是围绕如何"教"而展开，很少涉及学生如何"学"的问题。按这样的理论设计的课堂教学，学生参与教学活动的机会少，大部分时间处于被动接受状态，学生的主动性、积极性很难发挥，也不利于创新型人才的培养。尤其是在一些需要创新性的领域，例如城市规划这样随时都在更新的学科，其弊端更是不可避免地显现出来。规划师们身处于急剧变革的知识经济时代，拥有不枯竭的创新性和持续不断地自我学习的能力，是当前社会中成为一个优秀的城市规划师必备的素养。城市规划本科教育是未来的规划师的摇篮，无论是基于行业自身的特殊性，还是从社会进步的大环境出发，培养学生具备以上各种能力都应该是核心的教学目标。规划初步教育正是这样一个起点。

为此，我们在一年级的规划初步课程中设立了"城

滕夙宏：天津大学建筑学院城市规划系讲师

市认知"单元的练习，通过对城市的感知和分析，帮助刚刚接触规划专业的学生认识城市、了解城市，建立对城市的初步认知，同时培养对研究的对象进行详细观察和研究的良好习惯，避免闭门造车式的纯课堂教学。为了培养主动学习的能力，在设计"城市认知"单元的教学内容过程中，我们还引入了"研究性学习"的教学理念。对城市进行观察、走访、研究这个过程具有很强的体验性和实践性，利用这一课程进行思维训练，有利于形成主动性的研究性学习，帮助学生提高对规划专业的兴趣，培养自我学习、自主学习的能力，为将来步入社会成为一名能够不断成长和自我教育的专业人士打下良好的基础。

2 研究性学习

美国心理学家布鲁纳指出："学习的最好刺激乃是对所学知识的兴趣，如果学生对所学内容感兴趣，就会产生强烈的求知欲望，就会主动研究。"在课堂教学中激发学生的学习兴趣，使学生主动学习，是提高教学实效，构筑理想课堂的关键。

联合国教科文组织在《学会生存》中指出："未来的学校必须把教育的对象变成自己教育自己的主体，受教育的人必须成为教育他们自己的人，别人的教育必须成为这个人自己的教育，这种个人同他自己的关系的根本转变是今后几十年内科学与技术革命所面临的一个最困难的问题。"[1]

2.1 研究性学习在我国大学本科教育中的必要性

从我国教育实践的成效来看，目前大学生创新能力普遍弱化。中国学生学习基础堪称一流，但其自主意识与创新能力则存在很大不足，这其中有很大原因在于传统的教学方式中对于"学"的注重，而忽略了学生自己的思考和研究。传统教学理论和实践中，教师仅关注知识结构和学科结构的研究，把学生的认知结构当作"黑箱"来对待，即把知识结构完整清晰地传递给学生，但是具体在学生的头脑内部能够产生怎样的反应，接受程度可以到达多少，以至掌握之后能够灵活运用的程度，却都是未可知的。在一些以记忆为主的学科的学习上，例如文史、地理等，传统的教学方式有其不可替代的优越性。然而在一些需要建立在理解基础上的应用学科，

尤其是本科以上的高等教育中，例如城市规划这样需要主动性思考和创新性思考的学科教育中，这种机械的教学方式就显示出其不能满足教学要求的一面。因此研究性的学习必然要引入教学，既在学习中研究，又在研究中学习。

大学研究性学习是指学生在教师的指导下，以一个问题作为学习的起点，通过拟定探究主题、设计策略与方法，经过进一步的资料收集与分析得出结论的学习过程或学习方式。大学研究性学习的根本目标在于通过带有实践性质的教学体验等活动，培养大学生提出问题、研究问题、解决问题的能力，促进学生之间相互探讨与交流，培养大学生的创新精神、实践能力、科学道德、社会责任感，并由课外到课内，逐步转变学生的学习方式，影响教师的教学方式，进而推动高等学校的教育教学改革。

2.2 大学研究性学习的具体目标

（1）参与科学研究，培植科学精神。大学生不再是被动接受和再现来自教师、教科书上的理论知识，而是把所学的知识积极运用到科学探究的实践中去，将理论与实际联系起来，通过运用知识、获取知识、解决问题的过程，获得深切的体验，产生积极情感，激发科学探究的欲望，培养探索求真的理性精神、实验取证的求实精神、开拓创新的进取精神、竞争协作的包容精神、执著敬业的献身精神。

（2）自主学习知识，强化问题意识。区别于传统的课程教学，研究性学习活动一般是在开放的环境中，由大学生自主选择学习的目标、内容，自主设计方案，收集、分析、整理资料，得出结论，并进行思想表达和成果交流活动。由于大学生的学习基础、专业方向、学习方式和个性的不同，因而在研究性学习活动中往往会产生丰富多彩的学习体验和个性化的创造表现，无形之中会强化大学生的问题意识，提高其发现问题和解决问题的能力。

（3）学会合作与分享，增进集体荣誉感。研究性学习一般是以小组合作的形式展开的，小组成员之间分工协作，开展平等的讨论与交流，以合作手段获得集体的成功。这就要求大学生正确处理好个人与他人、个人与集体的关系，学会与人合作，唯有如此，才能达到研究

性学习的目标。

（4）关注社会和人生问题，树立对社会的责任心和使命感。研究性学习的内容来源于大学生的学习生活和社会生活，立足于研究、解决他们关注的一些社会问题或其他问题，涉及跨学科的不同领域和方面。学生自主承担课题研究工作，能感受到自身所肩负的责任，学会关心国家和社会的进步，思考人类的发展问题，树立起科学的世界观、正确的价值观和积极的人生观。

3 教学安排

3.1 课题选择

现代城市是人类活动的巨大的集合体，作为一个未来的城市规划师，城市将会是我们学习和职业生涯中始终都要面对的研究对象。作为规划专业本科一年级的学生，正处于建构自身专业知识体系的基础阶段，也是关键性的阶段，在这个阶段中，教师应该帮助其在学习中熟悉并掌握研究城市的方法，建立正确的研究态度以及人本主义的价值观，培养主动学习的能力，才能在今后的学习和工作中发挥更大的作用。基于这些目标以及对研究性学习的理解，我们设计了"城市印象——空间和环境的感知与分析训练"这个教学单元，帮助学生在这个单元中学习从专业的角度去了解、探查、研究、分析所处的城市，在训练中掌握自主性的学习方法。

3.2 教学目标

在这个单元中，学生通过实地探查，体验街道、街区、河流等城市基本单元的尺度与空间关系，了解群体空间与个体空间在尺度上、使用方式上的不同，了解人的活动行为与场所的关系，研究其中的规律，并通过图解和抽象的方式将感性的认知转换为平面的和可读的图示语言。

3.3 教学环节

为了适应一年级学生入门的特点，帮助其更好地理解和完成这个作业，我们将这个教学单元分解为以下三个阶段：

城市认知阶段——全面了解调研对象

首先，确定研究对象。天津是一个有着丰富历史的城市，在不同历史阶段、不同地理位置上形成了各异的城市空间形态，呈现出一种拼贴式的复杂性，也为我们提供了丰富的研究对象。我们在教学初始阶段选择了几个带有鲜明特点的街区作为研究对象，学生3-5人组成小组，针对其中一个进行详细的实地探查，从尺度、空间、人的活动、空间与时间的关系等角度进行深入的了解。调研内容包括空间数据、人的活动等内容，在此过程中，学生可以采用照片、DV、手绘图等方式进行记录。

归纳分析阶段——将获得的资料进行整理和研究，寻找一种逻辑方法有序地将其整合

学生将调研的内容进行分析与整理，运用路径、图底、边界等方法对空间进行分析，掌握空间的尺度、肌理、节点等概念；运用停留方式、交往方式、流线关系等方法对人的行为进行分析，了解大尺度空间与人之间的互动关系和规律；对街区、街道等城市形态进行概括性分析和综合。最后在理解和分析的基础上运用照片、图纸等元素构建一张表达城市意象的拼贴图（图1~图3）。

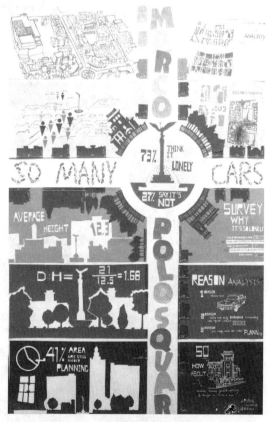

图1　新意街认知与分析

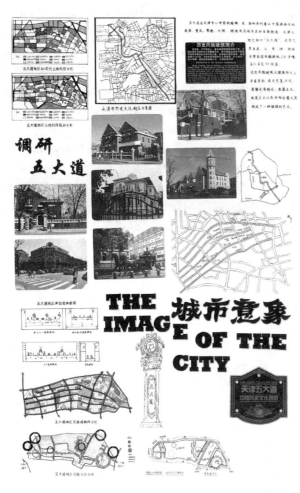

图2 五大道认知与分析

抽象综合阶段——从具象形态到色彩抽象的转换

学生将场景拼贴图依照特定的逻辑转换为色彩抽象图，在此过程中保留拼贴图的基本要素并运用一定的抽象手法进行创作，用实体三维空间——图纸三维空间——图面二维空间的过程进行转换式的思维训练（图4）。

图4 城市拼贴与抽象

图3 城市拼贴——山水天津

3.4　教学重点

在这个教学单元中，有两个教学的重点——空间、行为与尺度，以及观察城市和分析城市的方法。

首先在空间与环境层面，引导学生观察和分析建筑空间、街道空间、广场空间，以及河流等自然地形地貌的形态，研究实空间与虚空间二者之间的相互转换和依存关系；观察和分析组成空间和环境细部的要素，如空间的界面、形态、色彩等；在行为研究中观察和分析个体行为、群体行为的区分和特点；观察和分析交通行为、交往行为等特定行为的规律；研究行为与空间的互动方式；在尺度方面观察和分析个人尺度与群体尺度的不同，从空间的大小、高矮、围合度等方面研究尺度与空间之间的关系；最后寻求空间与行为之间、空间与环境之间、空间与尺度之间的关联。

研究方法也是教学中关注的重点。由于本教学单元设置在规划专业本科一年级的规划初步教学中，因而对于学生来说，了解、熟悉、尝试从专业的角度去看待城市、分析城市是一个全新的体验，让学生亲身去感知、领悟城市，并在实践中研究分析问题，有利于帮助学生建构专业知识框架的基础，为成为真正自由独立思考、分析问题、提供解决方案的城市规划师提供一个良好的开端。

学生通过实地走访，观察城市，形成感性认识，并进行记录，熟悉图像、数据的采集和整理的方法；从环境、行为、空间等角度对复杂的城市进行认知，初步了解分析城市的方法，将感性认识转化为理性分析；将城市认知和分析的结果进行综合，加入个人的理解和感悟，运用抽象的手法，形成新的城市意象，将理性分析还原为经过认知之后的感性印象，完成感性——理性——感性的转换。

3.5　教学方法

在教学过程中，我们针对研究性学习的特点，引入了体验式的教学方法。体验式教学方法是指教师以一定的理论为指导，让学生亲身去感知、领悟知识，并在实践中得到证实，从而使学生成为真正自由独立、情知合一、实践创新的教学模式。[2]

在这个教学单元中，教师的作用主要体现对学生的组织和引导。传统教学中教师的"改图"是使用较多而且简单快捷的教学手段，然而直接给学生一个答案虽然简明易懂，但却阻止了学生自己的思考进程，对于其创新性思考和自主性学习是不利的。尤其对于城市规划专业来说，一般来讲是不存在"唯一的答案"或者"标准答案"的。因此在这个教学单元中，教师要避免权威性的角色，尽可能以更为开放式的提问为主，避免封闭性的问题和答案，更好地帮助学生进行思维训练，引导学生在与教师、同学的讨论中建立发散性思维、批判性思维和创造性思维。当然在设计和实施的过程中，针对城市分析的方法、拼贴和抽象的基本概念和方法等对学生来说新的知识点，我们还穿插安排了一些有针对性的讲座，以此保证学生课题方向的科学性、合理性和可实施性。此外教师在此过程中还要帮助学生建立团队合作的概念。

4　总结与思考

无论从最后的学生作品，还是在教学过程中的反馈来看，城市印象——空间和环境的感知与分析训练教学单元基本上都达到了课程设置的初衷。它提供了一个很好的载体，学生通过这个载体建立了对城市真实的体验和基本的认知方法，对城市规划这个专业也有了更多的理解。同时，在学习过程中，学生主要的心理活动也从最初的等待教师给出答案转变为自己去发现问题和研究问题，有助于主动学习能力的培养；教师和学生之间的交流也更充分，在教学中极大地鼓励了发散性思维、批判性思维和创新性思维的培养。对教学的改革还在摸索之中前行，现有的方法和模式距离完善还有相当很大的距离，然而其中所蕴含的研究性学习的思想无疑对于城市规划基础教学有着巨大的帮助，也使得我们的教学模式和教学方法更加符合时代和城市规划专业发展的需要。

参考文献

[1]　卢文忠，陈慧，刘辉 . 大学研究性学习的特征和模式构建 . 扬州大学学报（高教研究版），2006，05：61-64.

[2]　袁敏，缪百安 . 城市规划专业设计类课程体验式教学研究 . 科技信息（科学教研），2008，15：228-229.

The applying of research study in the training of urban space environment perception and analysis in the basic teaching of urban planning

Teng Suhong

Abstract：The object of urban planning is a dynamic city and a complex giant system，covering all levels of city life.Thus urban planning is also a growing complex subject.According to the characteristics of discipline，the focus of undergraduate education in urban planning is to train students to face the cities studied，to identify problems，analyze problems and provide solutions in addition to imparting knowledge.However，traditional teaching methods of our professionals in urban planning are often lacking in this regard.

To this end the "City cognitive unit" was introduced in the first grade urban planning professional practice，to help students to understand the city，to establishment of the initial recognition of the city knowledge，cultivate good habits of observation and study in detail.In order to develop the capacity of active learning，we used the teaching methods of the research study in the process of cities cognitive unit.This thinking training program helps to form a research study of the initiative model，to enhance students' interest in the planning profession，to cultivate self-learning and become a growing and self-education professionals.

Key Words：urban planning；basic training；city cognition；research study

延续传统 · 关注创新
——城市与建筑美学教学方法的思考与探索

蔡良娃　曾　鹏

摘　要：在本科学习阶段的城市与建筑美学教育，是在关于设计的技巧训练之外，培养学生城市规划与建筑学的专业审美眼光和美学思维方式，其作用意义不可忽视。天津大学城市与建筑美学课程的教学，注重天大传统美学理论的延续，同时，关注前沿的创新理论。在重点分析教学中出现的问题的基础上，通过调整教学内容比例，开展横向主题式教学、采用多元结合的教学方法，达到改善教学效果的目的。

关键词：城市与建筑美学；教学方法；教学改革

城市与建筑美学课程教授的内容是以城市与建筑为审美对象，同时融合政治、经济、历史、哲学、文化、艺术、美学、科学技术、心理学、社会学等多学科理论精华所总结出的美学规律。在本科学习阶段的城市与建筑美学教育，是在关于设计的技巧训练之外，培养学生城市规划与建筑学的专业审美眼光和美学思维方式，即引导他们学会如何从美学的、艺术的维度观察、发现、思考和把握城市规划与建筑学方面的问题。

如何在城市与建筑美学课程中，激发学生的创造力与学习热情，并为其日后的设计生涯中引入美学思维的理论支撑，值得思考与探究。

1　城市与建筑美学在教学体系的作用

天津大学建筑学院的本科生城市与建筑美学课程，主要面向的是城市规划、建筑学与环境艺术专业三年级的学生。在此之前，学生们两年的专业学习包括了，建筑设计初步，以及二年的建筑设计，学生通过这两年的专业基础学习，初步掌握了规划、建筑以及环境设计的基本功能力和入门的专业思维能力。在三年级则真正开始本专业，城市规划设计、建筑设计以及环境艺术设计的学习，这个阶段是一个重要的转化期，是学生对较单一的要素转换到综合性强的设计的领域，学生的城市与建筑观逐渐开始形成。选择在三年级开设城市与建筑美学课程的目的是为了要扩大学生知识面，提高学生的文

化、艺术与美学素养，帮助学生了解城市与建筑艺术的发展历程和规划思想、规划理念、建筑观念、流派、风格的发展嬗变过程，学习城市与建筑艺术的形式美法则，培养审美能力，为建立正确的城市与建筑美学观而发挥作用，又能直接为学生的城市规划与建筑设计课学习做理论指导。

2　城市与建筑美学课程在教学中的一些问题

城市与建筑美学理论部分的教学主要以课堂讲授为主，主要采用理论讲解与分析的方法，使学生对城市与建筑艺术的审美本质和审美特征；城市与建筑艺术的形式美法则；城市与建筑艺术的创造规律和应具有的美学品格等理论有较清晰的认知。但是，美学理论难免晦涩难懂，导致学生对于城市与建筑美学的基本理论部分内容理解起来十分吃力、也兴趣缺乏。

在教学中我们发现，学生较偏重设计课的学习，平时花费的时间也较多，教师也多以此来判断学生学习水平。但恰恰是设计课，多数学生始终不入其门，不得要领。在设计课学习中，常常出现对某位建筑大师、某种规划理念、建筑风格、形式的盲目模仿，而对其背后的社会因素、技术发展、艺术观念、流派、风格的发展嬗

蔡良娃：天津大学建筑学院讲师
曾　鹏：天津大学建筑学院讲师

变并不了解，在学生自己的设计中忽视对各种社会发展、基地、功能、自然条件、文脉等相关因素进行综合分析，难免出现画虎不成反类犬的尴尬。

在数字技术进入了城市规划与建筑设计领域之后，计算机强大的数据控制能力、图形分析能力，使其从设计的辅助角色向整个设计过程的整合角色转换。诸多先锋建筑师都在其作品中反映了数字化的强大表现力及对其工具性的依赖。学生们借助简单的软件，如 Sketch Up、3D MAX 等，也很容易迅速的造出复杂、新奇的城市设计与建筑设计作品。传统形式美的准则与数字化的城市与建筑观呈现出相互冲突的状态，如何引导学生正确理解数字技术下城市与建筑美学的转变，是当下城市与建筑美学教学的又一突出问题。

3 教学方法探析

针对当前城市与建筑美学教学中存在的问题，我们考虑如何让学生对城市与建筑美学感兴趣，如何让美学与哲学等理论、形式美的法则等理论更浅显易懂、如何能对做好城市规划与建筑设计有实际的帮助、如何应对当前数字技术对设计观念与审美价值的冲击。由此，我们决定对城市与建筑美学课程教学方法作出如下调整。

3.1 调整教学内容比例

城市与建筑美学课程主要包括三大部分，城市与建筑美学的基本概念、城市与建筑美学的发展史纲以及城市建筑美学的理论体系。教学内容比例的调整主要原则为：减少纯美学理论比例、增加学生关注内容、延续形式美研究传统、关注当代信息化与生态美学新思潮。

根据三年级学生的专业知识面与自身特点，对于城市美学与建筑美学的含义与范畴、城市与建筑美的哲学定位、城市与建筑美的审美本质和审美特征等美学的基本概念，我们做适当比例的压缩。在讲解时尽量做到简单明晰，并不做过多的展开演绎。

根据学生比较喜欢翻阅当代规划师、建筑师的作品，较关注时尚前沿的城市与建筑，认为这些城市规划与建筑作品在时间上、空间上更真实，而大师的设计思想和方法能更为自己所模仿的情况。在第二大部分，城市与建筑美学的发展史纲中，对于西方古代城市与建筑的艺术观念与美感特征这一部分的内容也适当压缩，着重

讲述了现代城市规划思潮、建筑的审美拓展与当代建筑的审美变异。

在第三部分城市与建筑美学理论体系中，重点讲述的部分为传统形式美的法则；当代信息与生态技术影响下的城市建筑美学理论。其中对传统形式美法则的研究是天津大学建筑学院的优势，以我院彭一刚院士从建筑中形式与内容对立统一的辩证关系切入，揭示建筑形式美的基本规律和设计图式化的构图原理，把解决好建筑形式美问题当作建筑创作中的基础环节之一。彭先生的《建筑空间组合论》是我院学生设计入门的必读书籍。而当代信息与生态技术影响下的西方建筑审美变异，是以我院曾坚教授为代表的团队主要的研究成果，是当下最为热点、也是学生们最为感兴趣的设计方法与理论。

3.2 进行横向主题式教学

横向主题式教学改革主要针对的是城市建筑美学发展史纲部分与形式美法则两部分教学内容的尝试。

传统的美学史纲，从古希腊的和谐优美开始到古典主义的严谨理性、再到现代主义的功能主义、后现代的多元多义，这种通史化教育尽管逻辑清晰，结构谨严，但是其鸿篇巨制的诠释性架构体系在学生理解把握起来难免吃力，同时，面对活生生的最新城市设计与建筑设计研究时往往显得"交流"困难，显得过于机械、僵硬与形式化。

我们尝试在简洁的梳理城市与建筑美学思想史的基础上，把形式美法则："以简单的几何形状求统一"、"重点与一般（主和从、对比与微差）"、"比例和尺度"、"均衡与稳定"、"韵律与节奏"、"渗透于层次"等作为几个不同主题。每节课一个或两个主题，横向比较与分析各个不同时期设计作品的美学意义。如在"均衡与稳定"的主题中，包括了诸如，西方古典城市规划的均衡完整构图与中国古代"九经九纬，经途九轨"的营国思想以及扎哈·哈迪德极具动感的参数化城市设计方案的比较；避暑山庄烟雨楼建筑群不对称的布局与具有稳定感的金字塔群的比较、肯尼迪机场候机楼的动态平衡与CCTV大楼突破传统稳定观念的惊人形式的比较等内容。

同时，在教学中采用了以学生为主体的教学方式，即学生从被动学习转换为主动认知。教师仅对每个主题基本含义作重点讲述，后面的归纳、比较研究部分，课

程转换角色，即学生为教师，重点是对不同时期城市与建筑作品的分析。课下每一位同学都要收集资料，重点分析，对该符合主题的作品，经过自己的认知处理后在课堂上与大家分享。在这个阶段，学生像老师一样，从资料收集、到重点备课、到课堂讲述，都要求做到环环相扣，重点突出。这一环节学生的主动性被提升，由于个体的差异，对同一主题的不同作品的理解有了多面性，使我们也看到了作品闪光的另一面。

3.3 多元结合的教学方式

美学课程历来都被认为是理论性较强、晦涩难懂，一般以课堂讲授为主，强调采用分析方法，由含义解析、叙述、分析到图示、案例。与学生的互动较少，学生的参与度较低，同时，艰深晦涩的美学理论似乎与学生实际的设计课程学习完全无关，容易造成学生对城市与建筑美学课程的学习兴趣淡化。因此，尝试采用多元教学方式是美学课程体系发展的必然趋势。我们尝试在美学课程单元的不同阶段，采用与教学内容相匹配的教学手段。

在教学中，动态的声像资料能够充分地调动视觉上和听觉上两方面的信息，使得学生与著名城市与建筑物之间的时空距离大大缩短，使学生们能尽可能性地体验建筑的三维世界。除在"城市与建筑美学发展史纲"部分，采用前述的互动式与案例分析相结合的教学方式外。在"城市与建筑美学基本概念"部分，由于主要为美学的概念、哲学定位以及美的形态特点等理论性较强内容。为了增加学生对经典美学意义与文化艺术信息的感性认识，提升他们的学习兴趣，可进行赏析式体验。比如在讲授城市与建筑美学的时空特性时，可组织学生观看纪录片"当卢浮宫遇见紫禁城"的节选；在讲授城市与建筑美学的文化维度时，请学生欣赏俄国著名作曲家穆索尔斯基的"古堡"交响曲、欣赏唐代诗人杜牧的散文《阿房宫赋》、上海世博会中国馆动画版清明上河图等。

而在我们新增的当前学生们最为感兴趣的、最前沿的"信息与生态技术影响下的美学理论"单元，对"参数化城市与建筑设计"感兴趣的同学可以选择"基于参数化设计方法的城市形态生成"、"参数化设计对建筑形

态影响"、"数字化城市的哲学与美学解读"等主题，或自选自己感兴趣的相关主题，汇报研究成果并展开广泛讨论。根据知识点及内容特征分成若干课题，4-6名同学为一组，要求每组同学在课前做好相关资料的收集整理、知识点的归纳总结，并针对选题内容为听者设置相关思考题。课堂上以制作ppt、影片、手工模型等多种方式进行成果表达，亦有听者的随机提问，形成讨论互评。由于"信息与生态技术影响下的美学理论"是较为前沿的美学理论与设计思潮，学生都对这一互动环节表现出极高的热情。同时，学生们视野广泛、思考活跃、评断犀利，真正能够达到教学相长的效果。

4 结语

当今，全球城市面临不同的发展与转型问题、建筑现象纷繁复杂，"城市与建筑美学"课程试图拓展学生规划思维与设计创作视野，为学生的设计能力培养提供美学理论与思维方法的支撑。同时，针对学生在城市规划与建筑设计课程学习中，感兴趣与出现困扰的问题，适当延伸和拓展教学内容比例；打破通史化教育模式，开展横向主题式教学；在注重天大传统美学理论"形式美的基本规律和设计图式化的构图原理"的教学之外，紧跟时代发展，增设了"现代建筑的审美拓展与当代建筑的审美变异"部分的讲授。以期达到，增强学生的分析能力、评判能力及理论思维能力，为学生设计课程学期提供理论指导的目的。

参考文献

[1] 曾坚,蔡良娃,建筑美学,北京: 中国建筑工业出版社[M], 2010.

[2] 吕品晶.建筑教育的艺术维度——兼谈中央美术学院建筑学院的办学思路和实践探索[J].美术研究,2008,1: 44-47.

[3] （日）六角鬼丈.胡惠琴译.建筑教育的特征与未来——艺术系的建筑教育特征[J].建筑学报,2008,2: 12-14.

[4] 布正伟.彭一刚先生的建筑美学思想与创作实践[J].建筑学报,2011,11: 80-85.

Continuation Traditional · Concern Innovation ——Exploration and Thought of the Urban and Architectural Aesthetics Teaching Methods

Cai Liangwa   Zeng Peng

Abstract：Addition to design skills training，Learning professional aesthetic vision and aesthetic way of thinking is very important for the students of professionals in urban planning and architecture in the education of undergraduate study phase.In Tianjin University，urban and architectural aesthetics of teaching is focusing on the traditional aesthetic theory，at the same time，concerns the forefront of innovation theory.On the basis of the problems in the focus of analysis of teaching，by adjusting the proportion of teaching content，cross-cutting thematic teaching，the use of multi-combination of teaching methods，to achieve the purpose of improving teaching effectiveness.

Key Words：urban and architectural aesthetics；teaching methods；teaching reform

外教专业课程授课模式适应性探讨

黄经南

摘　要：今年来，随着高校对外交流力度的不断加大，越来越多的院校聘请外国专家或教授来单独承担专业课的教学工作。由于文化差异和教学方法的不同，教学过程中存在的众多与国内传统教学不一致的地方使学生难以适应，教学效果因此并不尽如人意。本文以康纳尔大学罗杰．特兰西克受邀到武汉大学城市设计学院教授"城市设计"课程为例，系统探讨了文化背景、教学方式、生活习惯等对教学的影响，旨在寻求适应我国高校目前发展状况的外教教学模式，以期达到提高教学效果的目的。

关键词：外教；专业授课；适应性；教学方法

1　前言

随着我国高等教育国际化的不断推进，聘请外国教授，引进国外优质教育资源和先进教学方法，已成为目前我国高校提升学术科研水平、培养高素质人才的重要途径。比如我国实施的"高等学校学科创新引智计划"，计划从世界排名前 100 位的大学或研究机构中，引进、汇聚 1000 余名海外学术大师、学术骨干[1]。近年来，越来越多的各学科专业教授来到我国高校授课[2]。但是，在跨文化交流的大背景下，外教在专业课上的授课模式是否适应中国学生，目前相关的文献探索的不多。如何发挥外教的优势，使教学效果达到最理想的结果，是值得思考的问题。

武汉大学城市设计学院一直有聘请外教来学院授课的优良传统。学院与荷兰国际地理信息科学与对地观测学院（ITC）合作二十余年，每年都定期聘请 ITC 方面的外国优秀教师来我院给研究生授课。授课语言全部为英文。近几年，随着国际交流力度的加大，学院又拓展了新的合作空间，陆续与法国、韩国、美国、澳大利亚、瑞士等国的著名高校建立了合作关系，有计划的定期聘请各高校专家到学院讲座、授课。这种外教直接参与课程教学的方式被证明是改善学习效果，开拓学生视野的有效方式。近年来，学院毕业生中到国外深造的比例不断增加，已经成为武汉大学办学国际化程度较高的院系

之一。因此在外教授课方面，学院积累了比较丰富的经验。下面仅以学院在 2011~2012 学年第二学期聘请康奈尔大学景观建筑学课程教授罗杰．特兰西克（Roger Trancik）来我院授课为例，总结经验，以供分享。

罗杰．特兰西克教师为国际知名的景观设计学者，在城市设计领域拥有 20 余年的从业经验，其专著"寻找失落的空间（Finding Lost Space）"在业界和学界影响深远。为了加强学生对城市设计领域国际化趋势的了解，学院特邀请其来讲授"城市设计"课程。学生以一年级研究生为主，课时为 36 个学时，课程持续一个月的时间。Roger 教授在武大授课期间，笔者作为其课程助手，参与了整个教学过程。对于 Roger 教授的授课特点、优势，以及学生所表现出来的某些不适应方面有比较深刻的体会。此次文章的目的就是以此次 Roger 教授来学院教授专业课为例，分析外教在不同的文化氛围与语言差异的环境下授课存在的问题，探讨外教专业课程授课模式如何适应中国学生，并及时总结经验，为提高外教专业课授课水平提供参考。

2　外教教学方式的演变

自从 20 世纪 90 年代以来，国家根据高校教学与科

黄经南：武汉大学城市设计学院副教授

研的实际要求，调整了聘请外专外教的相关政策。从以聘请一般的语言教师为主逐步发展到聘请新兴学科和交叉学科的专家为主[3]。最初外教来中国授课的内容主要是外语（主要是英语），特别是口语。外教纯英文的教学环境锻炼了学生的听力和口语，激发了学生学英语的兴趣，达到了较好的教学效果。但随着学校间国际交流的增多，外教已经不仅仅局限在语言教学上，逐渐转向专业学科领域，与中国教师一起组织双语教学。但是双语教学也有一定的局限性：外教的教学方式大多与传统的中国传统教学方式迥异，在同一门课程中，按照两种不同教学方式进行教学，学生有时感觉无所适从，其教学效果往往也大打折扣。于是越来越多的学校开始邀请外教到中国单独讲授专业课。通过完全不同的教学方式和教学内容，学生了解到国外先进的专业理念、思维研究方式和应用成果，从而培养了学生在较高层次进行科研活动，以及在专业领域内进行国际学术交流的能力（图1）。

图1　外教教学方式的演变

3　中外教师授课方式比较

中外教师在教学过程中受文化、教学背景的影响，在专业教学中往往呈现出不同的教学特色。中教系统、全面、严谨的教学方式更注重学生知识的积累。而外教则更注重学生的自主学习能力，课堂上更多的是引导学生如何学习，培养学生的实践创新能力（表1）。但不论是中教还是外教，优势与局限都是并存的，学习对方的优点有助于弥补自身的不足，从而最好地发挥自身的教学优势。

中外教师教学方式比较　表1

	中教	外教
优势	教学内容容易理解	亲和、受学生欢迎
	教学方式容易接受	注重学生创造能力的培养
	更了解学生的需求	注重实践和课后交流
	授课过程更系统更全面	教学内容符合最新行业趋势

续表

	中教	外教
不足	形式单一，缺少实践	学生短期较难适应其教学方式
	课后与学生交流互动较少	语言交流易产生困难
	内容滞后，不能完全结合行业现状	文化背景与学生差异大

4　外教授课特点

4.1　以学生为主

与国内目前教学中仍广泛采用的教师中心法不同，外教在教学中通常更强调以学生为中心（student-centered），在课堂教学中注重发挥学生的积极性和主观能动性。特别是在研究生专业课程教学中，课外布置任务让学生自己查阅资料，撰写报告。课堂中，经常提问，与学生互动，或者安排学生做演讲、分组讨论。其目的是让学生学会独立思考，学会协调同学关系，培养其团队合作精神和解决实际问题的能力。

4.2　负责

外教一般治学态度严谨，对于授课都十分重视，表现出很强的责任心。在课前，外教会花大量的时间准备教学课件。上课通常充满激情，教学内容丰富、充实。充分利用上课的每一分钟，像国内教师时有的早退在外教身上很少体现。在课后，外教会对学生作业认真批阅，指出其细微不足之处。这点在 Roger 身上体现得淋漓尽致。Roger 教授在布置课程作业时，两次冒雨亲自带着学生到汉阳龟北片区进行实地调研。针对该片区存在的问题，Roger 教授一边详细做着记录一边耐心地对学生讲解如何做好场地调研。这种负责精神课后受到学生的普遍赞誉。

4.3　专业系统性强

外国教授通常在自己所擅长的领域都拥有比较丰富的从业经验，专业性、系统性很强。在教学过程中，外教也注重培养学生的系统学习和分析能力。这点在 Roger 的授课过程中也有充分体现。虽然学生在本科阶段对于城市设计已经有所接触，但 Roger 教授在讲授"城市设计"课程时，仍从最基础的城市设计原理出发，系统讲解不同的城市设计方法，以及大量的案例，使学生对于什么是城市设计有了更深层的认识。

4.4 实践性强

外教的课程往往不拘泥于课本，形式多种多样，十分强调实践的重要性。外教多善于在课前布置任务、分组准备，课堂上设置场景调动一切因素使学生参与其中，不断采用新颖的形式激发学生的学习兴趣。例如 Roger 在布置龟北片区城市设计作业时，指导学生制作场地模型，通过让学生不断尝试改变建筑单体形状、大小、建筑群体构成，以及建筑与公共空间组合，让学生自己真切感受到空间组合方式的多种可能性与延续城市肌理的重要性。

4.5 教学方法新颖

外教在专业课程的教学上能够带来更好更新的教学方式，弥补了中教的一些局限性。比如在城市设计的方法上，中国学生表现出了一些专业差异性：建筑学的学生更注重建筑单体与建筑组合形式，而较容易忽视外部公共空间和交通组织；而城市规划专业的学生则更多的关注土地利用和交通模式，忽略了建筑空间与场所的营造。Roger 教授这次的教学则将这两方面的缺陷都很好的弥补起来，引入了街区（Block）的概念，并将其作为城市设计的基本单元。这种新颖的设计理念突破了学生原有的设计思维模式，使其感觉耳目一新，增加了学生的学习兴趣。

4.6 寓教于乐

外教在跟学生的接触中，都比较容易接近，亲和力强，容易和学生打成一片。但在这个过程中，外教同时也在潜移默化的传授专业知识。例如 Roger 教授与学生一起去参观武汉市最新的步行商业街区汉街时，会不时针对某一个建筑或某一处空间发表自己的意见，与同学交流意见，让学生能够在轻松的氛围中体会专业的知识。

4.7 重视课堂下的交流

外教不仅仅在课堂上全身心的投入，而且还非常重视课堂下的交流，其交流方式多种多样。例如 Roger 教授在上课之余，就经常在课下以聚餐、游玩的方式，让学生聚集在一起，相互交流心得，不仅使学生充分理解和消化课堂上所学的内容，也进一步拉近了师生之间的距离。

5 外教授课的不适应性

外教教学的优势是显而易见的，但是由于文化、教学方式等方面存在差异，中国学生难免有不适应的地方，这会直接影响到教学的效果。下面就结合这次的教学实例从以下几个方面来探讨外教授课的不适应性。

5.1 语言

语言问题通常是外教授课过程中，中国学生面临最多的问题。虽然外教在课程进行的过程中和结束后都会对学生语言适应方面进行询问并根据学生的语言水平，调整授课语言上的难易程度，但仍有相当一部分学生反映听不懂，从而影响授课质量。究其原因，一方面是受外教语言特点的影响，如有些外教并不是以英语为母语[2]，而有一些则是外教的语音语速使得学生在短期内很难适应；另一方面则是由于中国学生英语学习的特点造成的。

例如在罗杰教授最初的 2 次课中，学生反映语言上的问题很多，一些听说能力不错的学生也感到有些困难。这可能是由于 Roger 教授仍习惯性的以美国学生为教学对象，因此语速偏快，再加上其发音本身比较浑厚，因此学生一时难以适应。后来通过和教授的交流，Roger 减慢了语速，学生也逐渐适应，教学才步入正轨。

另一方面的原因则是在短时间内很难解决的，这是由于中国学生在学习外语（主要是英语）时的特点所影响的。由于本科阶段学生学习英语的主要目的是过四六级，除了一些有出国学习打算的学生，大部分学生还是以通过考试为目的进行英语学习和训练的[4]。这种功利性的学习方式不仅使得口语得不到锻炼，并且过了等级考试以后就很难再持续的学习英语。再一个就是专业英语的能力普遍偏低。而外教授课时会涉及很多专业性的术语，而一些学生平时未注意这方面的积累从而也影响了教学质量。

5.2 教学背景差异

由于中西方文化背景的不同，中外学生在学习方面表现出巨大差异性，这也使得中国学生往往很难适应外教的教学方式。在国内，不论是老师教学还是学生学习，都有很强的目的性，学生最终完成考试或者一篇论文，老师和学生的任务就完成了。但是外教可能更强调引导和培养学生的学习兴趣，注重教学的过程，而外教这种引导式的教学内容有时候会让一些中国学生觉得"无用"。

比如 Roger 教授有一次课的内容是通过一个软件系统介绍古罗马城市设计特点。这个工程是他和他的团队花了很长的时间开发的，将罗马共和广场和周围片区的建筑详细的做出了模型，并且可以从多个尺度观察，还将重要的古建筑做成了模型拼图的游戏，旨在激发学生的兴趣和对空间的具体感受。Roger 教授对这个系统非常自豪。但是课后学生的反应却不是很理想，大部分学生认为这是个没有多大用处的工作，也不理解教授花时间介绍这个应用的用心。

5.3 对知识产权的重视

国外在知识产权方面的重视使外教在对待自己的著作、研究成果等都会很谨慎。在 Roger 教授来我院之前，就强调为学生提供英文原版的教材。但是原版英文图书价格较昂贵，超出了学生的经济承受能力，复印原书又是对作者极大的不尊敬。因此只好在征求教授同意的基础上对原书的部分关键章节进行了复印并发放给学生。

除此之外，Roger 教授拒绝了学生拷贝课件的要求，上课也是只使用自己的笔记本电脑，而不使用多媒体教室配置的计算机。这些对于习惯拷贝教师课件的中国学生来说一时难以接受。

5.4 教学方式

外教在教学过程中通常以学生为中心，在课堂上也是努力与学生创造一种平等的关系[4]。虽然这一点受到许多学生的喜欢，但是在较短时期内还是会影响教学。比如在评阅学生作业时，外教通常都是以鼓励为主，即使对于学生做得不足的地方也不直接指出。如果课后也没有进一步交流，学生就对自己的设计作品的优劣并不明了。

比如这次的设计任务是一个工业遗产改造，有些学生的想法背离了城市设计的基本原则，也没有抓住工业

遗址的设计主题。但是 Roger 教授依然是鼓励为主，并未直接指出这些问题，学生未能领会教授的真正意思，而辅导教师出于对教授做法的尊重，也未当面给出更正意见，以至于课程快结束了，学生还是不清楚自己的作业到底有什么不足。

除此之外，Roger 教授在教学过程中还布置了一个制作场地模型的任务。不同于中教的是，这个作业仅仅凭学生自己的兴趣参与，既不打分也不分组。很多学生因此并不重视，也就没有参与进来，使得这个环节的教学没有达到最初的目的。

5.5 文化背景

西方教授在授课或者和学生交通时往往较直接也比较随性，他们希望以此激发学生的学习兴趣。而中国学生往往十分含蓄和内敛，尤其是理工科的学生，因此很难做到与老师平等轻松的交流。这种文化背景的不同，也会让外教和学生之间产生误解。在很多外教眼中，中国学生勤奋、聪颖，但是却不善于多角度思考，甚至觉得中国学生不善于做研究；而学生也会觉得外教授课时聊天的内容过多，觉得学到的东西不如期望中那样多[5]。Roger 教授在短短的一个月时间里常常跟笔者讨论，希望学生能大胆讲，大胆思考，大胆的交流，但大部分的学生并没有做到这一点。比如课堂上的提问时常冷场，课后的交流也是以教授讲述为主，学生都很怕自己讲得不好而不敢开口。

文化的差异还体现在其他方面，例如宗教信仰等。在中国，大多数人尤其是年轻人对于宗教没有深刻的理解，而在西方的文化中，宗教问题常常是敏感的问题。在 Roger 授课之余，这一次有个学生想对 Roger 教授进行一次问卷采访，但由于涉及教授本身的宗教问题，被 Roger 拒绝了。该学生因此很不理解，认为外教姿态傲慢。后经笔者详细解释，才逐渐消除了对外教的抵触心理。

5.6 短期教学

目前，短期聘请外教教授专业课程的方式虽然比讲座的方式更优了一步，但是还是存在一些弊端。时间短就意味着课程的密集程度较高。这次为期一个月的教学，每周三次课，每次课 3 个课时，学生普遍感觉消化不了。

6 改进意见

针对外教授课存在的问题，本文建议从以下几方面加以改进。

在语言上建议从外教、学院、学生三个方面改进。在外教方面，建议上课时可适当调节语速，课后多与学生沟通，锻炼学生的听说能力，并消除学生与老师交往的紧张感，使学生以更加轻松的心态去参与教学过程。在学院方面，应重视平时学生的外语教学，多为学生创造锻炼的机会，如鼓励学生参加国际会议、撰写英文论文、举办英文专业讲座等，以此激发学生继续学习英语的兴趣。在学生方面也要注意平时多积累，多练习。

对于由于教育背景带来的差异性问题，学院辅助老师应该多与外教交流教学内容，如上课前一同讨论教案。除此之外，中教还可以给予外教诸多适宜中国学生的教学建议，使学生更易接受其教学方式。在学生方面，应广泛的接受各种不同的学习方式，开拓视野，并注意培养独立思考和学习的能力。

知识产权是外教比较重视的问题。对此，在外教到来之前，需要专门对学生解释说明这个问题。对于学生来说，要培养尊重知识产权的意识。

而比起外教的鼓励教学，国内的学生还是更希望老师能直接的给出改进意见。此外，外教也可以像中教那样建立类似于国内评分体系的制度，使其能够更好的倾听学生的意见，以此调动学生参与的积极性。而对于学生而言则要克服不敢开口的心理，多与外教交流。

文化背景的差异是比较不好克服的因素，为了减少这种差异带来的影响，外教应该去了解中国学生的特点。含蓄、提问题之前会反复思考并不等于缺乏创造力，适当的引导和教学方式是有助于中国学生发挥优势的。比如让学生提问之前先分小组进行讨论，这样就能减少学生的害羞情绪。对于学生，也要意识到这种差异的影响，先要了解外教及其所在国家的一些基本情况，并积极的去适应新的教学模式。

由于时间短而造成的影响还是比较显著的，因此对于学院而言，建议与国外教授多合作，逐步建立长期合作关系。对于学生而言，在外教回国后，可以积极与外教建立联系，通过邮件等方式解决问题。

7 总结

本文以武汉大学城市设计学院聘请外教教授"城市设计"课程为例，系统探讨了外教教授专业课程的特点、不适应性。从中我们可以看出，这种不适应性本质上是由于中外文化背景差异，以及授课方式的不同做造成的。最终作者提出了若干改进的建议，旨在为外教提高授课质量提高参考。

参考文献

［1］罗昆."高等学校学科创新引智计划"管窥［J］.中国高等教育评估，2007，01：48-50.

［2］孙飞飞，何亚楣.双语课邀请外教短期授课的实践与思考［J］.高等工程教育研究，2006，01：122-124.

［3］张艳，张志.对目前高校外专外教聘请与管理工作的若干思考［J］.科教导刊，2010，34：156-157.

［4］蒋川.外教教学优势和不足分析［J］.现代商贸工业，2011，18：200-201.

［5］应竑颖.试析外籍教师和中国学生的文化差异［J］.厦门教育学院学报，2011，02：48-52.

An Exploration of the Adaptation of Foreign Professors' Lecturing in China

Huang Jingnan

Abstract：With China's increasing open-up, more and more foreign researchers and professors wereinvited and employed by Chinesecolleges, to give lectureto their Chinese students.This has become common for some professional courses.However, due to the huge differences in culture and teaching methods between Chinese and foreign education system, there raised many problems that most Chinesestudents were difficult to adapt, which undermined the lecturing effectiveness and the original expectation of the employment of foreign professors.This paper, referencing to the lecturing of "Urban Design" by Roger Trancik, the renowned American professor in urban design and the author of the book of "Finding the Lost Space", to graduates in Wuhan University, systemically explored the influencing factors in his lecturing, includingculture background, lecturing method, life style, etc.The ultimate of the paper is to seek the suitable lecturing mode of the foreign professor that could suit Chinese students and increase the teaching effectiveness.

Key Words: foreign professor; lecturing in China; adaptation; teaching method

城市地段空间的"解"与"析"
——低年级城市空间基础认知教育

王　瑾　田达睿

摘　要：针对低年级学生思维转换的难点问题，提出在一年级设置"城市地段空间解析"课，结合城市空间复杂性的特征及城乡规划专业教学的要求归纳了城市地段空间解析课的教学目标，即注重城市空间认知的整体性，注重构建以人为本的价值观，以建立整体的方法论和正确的价值观，并对实现这两点目标的教学组织方式和教学内容进行简要论述。

关键词：城市空间解析；城市空间认知；整体性；以人为本

"城市空间"历来都是大多数土建类院校城市规划专业学生本科学习的主体，以往在大三才接触到城市空间的教学模式使学生很难在一两年内全面实现从建筑设计思维向城市空间思维体系的转化，基于这一现实，我校在规划专业低年级设置了城市空间设计思维系列课程[①]，促使城市规划专业的学生从低年级就建立较为系统的城市空间设计思维。

建构城市空间设计思维首先要理解什么是城市空间，影响城市空间的要素有哪些，这些要素与城市空间形态的关系是什么？为了让学生搞清楚这些城市空间的基本问题，在一年级设置了"城市地段空间解析"课程，即通过城市中某一公共活动场地让学生认识城市空间，分析城市空间形态的成因，进而初步建立城市空间设计思维。

1　教学特征

针对一年级学生的专业学习状态，低年级开设"城市地段空间解析"课程的目的在于让学生全面认识城市空间，理解影响城市空间的若干因素都有哪些，引导学生从人的角度来分析城市空间（图1），它具有以下特征。

1.1　"解"——城市空间认知的整体性

城市空间是由形体、社会、经济共同构成的复杂环境，仅从城市实体空间的表象层面来理解城市是片面的。

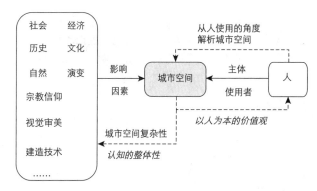

图1　"城市地段空间解析"教学特征

因此本教学环节引导学生从多种角度认知城市，关注社会、文化、经济、技术、审美等要素对城市空间形态的影响，理解空间与城市自然人文背景等的联系，让学生在专业学习之初就建立整体看待事物的意识，意识决定行动，这对于其日后建构全方位多层次的知识体系有切实作用。

1.2　"析"——构建以人为本的价值观

学科转型及城乡规划教学体系要求本科教学要培养

王　瑾：西安建筑科技大学建筑学院助教
田达睿：西安建筑科技大学建筑学院助教

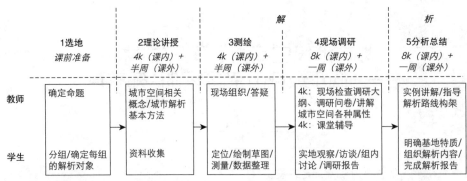

图2 "城市地段空间解析"课程教学组织

学生正确的价值取向，就专业教育之根本而言，这比专业知识和技能方法的训练更为重要[2]。本环节要求学生通过不同时间观察人在地段中的活动，并通过访谈了解人的需求，从"人"的角度出发对城市空间进行分析，发掘什么样的空间对人是有吸引力的，进而理解评价的城市空间好坏的标准——是否满足人的公共生活需求，切实感受到城市规划中的人文关怀。

2 教学组织

"城市地段空间解析"教学环节可分为课堂教学与实地调研两部分，又可分为"解"（认知、调研）与"析"（分析、总结）两部分，具体的教学过程大致总结为五个阶段（图2）。

第一阶段，教学组在城市中选择3块不同性质的用地。选地的要求是规模不宜过大（约2hm²）、便于测绘且教学组织不影响其城市生活，一般以步行为主的城市公共空间作为研究对象（选择公共空间是为了保证城市地段空间的复杂性与完整性），如城市广场、公园、商业街等。学生以4人为单位形成小组，小组自愿选择、平均分配到3个地块。

第二阶段，理论讲授。理论讲授内容主要包括城市空间概述、城市空间类型、城市空间特征要素、城市空间分析方法与思路，并介绍地块基本情况，划定范围。通过理论讲授使学生初步建立对城市空间的尺度感；理解城市空间是承载自然特征、社会生活、文化思想的载体；学会城市空间分析的方法以及城市调研的基本方式。

第三阶段，以小组为单位展开现场测量[3]。教师首先提供地块定位图，学生可借助Google earth、三维城市地图等技术手段了解基地的组成关系。小组合理分工，利用卷尺结合步测、目测、寻找参照物等方式展开测量，完成总平面图。

第四阶段，实地调研。小组制定调研计划、查阅资料、整理调研提纲，进而在现场感受基地与周边环境的关系、功能与空间尺度的关系、人的活动与空间序列的关系以及空间处理手法的运用，空间质感、色彩的选取等。学生需要多次实地考察，观察人的活动、发放问卷、展开访谈，完成对调研对象的认知。

第五阶段，分析总结。通过大量考察、组内讨论，明确基地的特质、亮点，以人的使用为出发点确定解析的主题与核心内容，制定解析路线，组织解析内容，运用图示语言阐明观点，小组共同完成一套图册。

3 教学内容与要点

为适应学生由小到大、由浅及深的认识规律，低年级的"城市地段空间解析"选取地段整体但规模不宜大，解析方向仅要求从人使用的角度来分析其与空间的关系，具体内容如下表。

城市地段空间解析的教学内容 表1

阶段		教学内容		举例 / 说明
解 城市空间认知——整体性	城市空间概念	物质空间、经济空间和社会空间的总和		 运用数字与空间模型表现城市层级
	城市空间层级	培养学生运用数理分析研究城市		
	城市空间的类型及功能	主要针对广场空间、绿地空间和街道空间等有较多人群参与的公共空间		
	影响城市空间的外部因素	社会生活 / 文化思想 / 自然景观 时间演变 / 经济水平 / 技术手段等		 城市空间与城市文化背景
	影响城市空间的内部要素	平面布局 / 尺度 / 界面 / 覆盖 / 高差 / 标志 / 空间序列 / 轮廓线 / 设施等		
析 城市空间解析——以人为本	宏观层面	基地与城市(结构)的关系 / 空间形态演变(历史沿革)		 人的心理感受与城市空间的关系
	中观层面	基地与周边环境的关系 / 功能分区 / 交通流线		
	微观层面	空间布局与形态空间序列 / 空间尺度 / 绿化景观 / 空间质感、色彩与韵律 / 小品设施(家具)/ 视线分析 / 市民活动		

3.1 注重整体的逻辑性思维能力培养

　　逻辑性思维讲究循序渐进、注重知识积累,核心是分析、认识问题的规律性。城市空间是个复杂体,学会认知城市空间,首先要掌握认识城市的方法。低年级的专业学习要注重整体观、系统观的培养,城市地段空间解析就是训练学生逻辑性思维能力,通过认知影响城市空间的所有复杂因素从而达到认知对象本身的过程。

　　在城市地段解析中要注重城市功能布局对地段的影响,注重城市形态演变对地段的影响,注重周边城市交通、土地利用、自然环境等对基地内部各要素的影响(如出入口、功能布置、空间结构),强调社会活动与空间形体环境的关系,同时注意城市形体环境离不开其人文背景。

在教学中,强调对学生整体、系统认识事物能力的培养。

3.2 强调从人使用的角度解析城市空间

　　人是城市空间的主体,一切从人出发、关心人、研究人、理解人、为人而设计的思想是构建城市空间的核心指导思想。城市空间(主要指公共空间)应以是否满足人的需求的为核心评判标准,建立从保护公众利益和有利公众身心的专业价值取向。

　　在城市地段空间解析中要注重对市民活动的观察(图3),强调从解决什么问题考虑平面布局,从人使用的角度分析绿化景观、空间序列等要素,从人视觉、需求考虑尺度关系,从人的心理感受考虑界面形式,小品

图3 "城市地段空间解析"前期调研报告（部分）

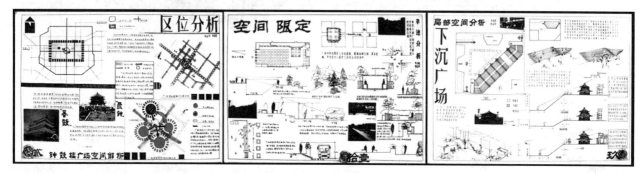

图4 "城市地段空间解析"学生作业

设施布置注重人性关怀等。以"人"为解析路线的核心，分析人的各种公共活动与城市空间形态的关系，帮助学生建立以人文本的价值取向。

4 小结

城市空间设计思维训练系列以"空间"为本体，融合社会、经济、技术等要素，共同构建学生的创造性思维、逻辑性思维、系统思维以及人文情怀。城市地段空间解析作为其一环节，重在培养学生的逻辑性思维和人文情怀，一方面容易被刚走出高中具有理性逻辑推理思维的大一学生所接受，增添学生学习的热情；另一方面，使学生较早的认识到专业的使命感与责任感，充分调动了其专业学习的主动性，以激发学生专业学习的潜能。

注释：

① 详见王侠等"城市规划专业低年级城市空间设计思维培养"（2011全国高等学校城市规划专业指导委员会年会

论文集，296–301）。

② 出自赵蔚"知识结构·方法技能·价值取向——当前城市专业教育中若干问题的思考与探讨"（2009全国高等学校城市规划专业指导委员会年会论文集，202）。

③ "城市空间解析"属于第二学期城市规划专业初步第四个环节，在此之前经历过"环境测绘"环节，学生完成了约1.5hm²的校园环境测绘（包括总平、平、立、剖、节点图），因此对于完成约2hm²的城市空间的总平面测绘有一定基础。

参考文献

[1] 克莱尔，卡罗琳编著，俞孔坚等译.人性场所（第二版）——城市开发空间设计导则[M].北京：中国建筑工业出版社，2007.

[2] 王侠等.城市规划专业初步中的"城市空间"教学[D].城市的安全·规划的基点——2009全国高等学校城市规划专业指导委员会年会论文集，北京：中国建筑工业出版社，2009.31–36.

Spatial Analysis of Urban Location
—— Basic Cognitive Education of Urban Space for First-year and Sophomore Students

Wang Jin   Tian Darui

Abstract：Difficulties in paradigm shift are frequently seen among first-year or sophomore students majoring in urban planning. It is owing to this fact that the course Analysis of Urban Location in a Space-Oriented Way is offered in School of Architecture. The instructional objectives of this course highlight the space complexity in urban cities and the requirements for urban and rural planning.To be specific, this course emphasizes the integrity of spatial cognition, advocates people-oriented value, so as to introduce a complete methodology and correct value to students.Furthermore, the pedagogic organization and content of this course are briefly discussed in this paper.

Key Words：analysis of urban location in a space-oriented way；spatial cognition in urban cities；integrity；people-oriented value

城市规划专业基础教学中的"人文思维"训练
——从"空间规划"到"人文规划"

田达睿　白　宁　沈　莹

摘　要：针对当前国内城市规划专业以"物质形态规划"为主的传统教学存在的问题与不足，提出新形势下加强城市规划专业人文素养教学的重要性，并基于低年级城市规划教学改革的不断尝试，探讨以城市规划思维训练课程为平台将"人文思想"融入设计实践教学的方法与可能性，以推动"人文规划"教学的不断发展与创新。

关键词：城市规划专业；基础教学；人文思维；方法与创新

1　引言：城市规划应"以人文为核心"

任何一个城市都对应着或多或少的历史、人物和故事等人文因素，这些因素曾直接或间接地影响着城市自身物质形态的变迁，而相当一部分人文特色则以城市和建筑作为物质载体进行展示和再表达。正是由于这种人文与物质互相诠释的过程和关系，使得城市自身产生和发展了它的人文内涵，成就了城市的文化个性。人们需要或者向往生活在一种有文化、有历史、有记忆的场所与氛围中，城市也需要用历史文化来塑造自己的特色。

近年来，经济的发展和生活方式的转变，以及以效益与利益为目标的市场导向引发了传统文化在城市建设中的梦魇，城市人文特色与人文关怀在城市建设中逐渐被淡化与忽视。大规模的城市化建设使得城市文化发生断裂，城市特色骤然缺失；城市空间缺乏对人的尺度、行为方式等人性化的关怀，城市活力逐渐衰退。因此，弱化"功能性规划"的人文复兴成为必然趋势，其一方面要求城市必须传承与发展自身的历史文化特色，才能铸就独特的发展灵魂，市民不仅需要物质意义上的家园，也需要具有精神依托的文化乐园；另一方面主张市民是城市的主人，建设符合人类需要的城市必须依靠广大市民的积极参与。只有当公众都积极投入到城市建设的事业之中，并维护和实现自身的权益，从而形成强大的社会意志，最终才能使"以人文为本"的特色城市建设取得真正成效。

然而，人文复兴的困境在于，对一个城市规划设计项目而言，其是否蕴涵并反映了当地的文化特色、体现了当地居民的需求，目前难以通过量化的科学指标进行评价与引导，似乎只能依赖于设计者的自身素质以及其对社会的责任感。因此，对于城市规划师"人文思想"的培养对城市的发展和人民生活环境的优化具有深远影响。

2　城市规划基础教学引入"人文思维"训练的重要性与迫切性

随着社会公正和公平、人类情感淡漠等社会问题的出现，城市规划专业的社会性方面日益受到重视。人文社会学科在解决社会性方面的问题时具有独到优势，因此一些人文社会学科如城市社会学、行为科学、环境心理学等课程被纳入城市规划专业课程体系，大大推动了国内城市规划专业的教学。

但是，城市规划理论课程与规划设计实践课程的分隔与脱节往往造成课堂上的理论知识无法运用于设计过程中，加之"人文"作为"软性"、"隐性"要素，似乎较难在规划设计方法中进行准确定位与表达。因此，以"物质形态规划"为核心的城市规划设计传统教学使很多学生对规划设计甚至对规划专业的理解产生了误区：

田达睿：西安建筑科技大学建筑学院教师
白　宁：西安建筑科技大学建筑学院副教授
沈　莹：西安建筑科技大学建筑学院讲师

误区1——"唯空间":当前很多城市规划专业的学生对"规划设计"的理解过分偏重于空间形态的塑造,一味追求平面的"异形化"与效果图的"夸张化",因此乐忠于寻找奇特的空间形态、尤其崇拜国外的设计方案,并且不假思索地复制到自己的作业中。

误区2——"伪人文":还有一部分学生似乎也意识到了"人文"的重要性,但在具体的方案设计中只是泛泛而谈或空喊口号,缺乏对基地"人文"特色的挖掘与利用,以及缺少对人的行为习惯的关注。

可见,当前在城市规划设计教学中对学生人文思想的培养缺乏力度,低年级侧重技能训练、高年级注重形态设计,很少有专门针对人文规划的教学环节。实际上,刚进入专业领域的低年级学生最初形成的认知和思维往往对其影响最深,因此从低年级开始对学生进行"人文思维"训练至关重要。另外,人文思想的培养单纯依靠教师单方面的灌输效果平平,更重要的是建构合适的平台和方法让学生亲身体会在设计中如何实现人文关怀。因此,如何将"人文思维"训练纳入城市规划设计教学环节、让学生在实践中掌握人文规划的一些内涵与方法成为当前城市规划专业低年级教学的一项重要课题。

3 低年级设计课程中训练"人文思维"的教学尝试

基于以上分析,笔者建议在低年级阶段引入"人文思维"训练的教学。我校的教学改革在城市规划专业二年级开设《城市规划思维训练》课程为低年级人文教学提供了一个很好的平台,"人文思维"训练作为一个专项可以纳入该课程的整个过程中。《城市规划思维训练》教学在一个学期中安排了"规划思维"理论课讲授、社区调查与分析研究、社区中的局部地段设计等环节,将"人文思想"融入到这样一个从理论到实际再到实践的流程中,人文规划教学应该能产生良好的效果。

3.1 人文思想作为专题纳入"规划思维"理论——人文讲授

课堂教学环节是低年级学生接触"人文规划"的第一步,在讲述宏观到微观、整体到局部、系统论等规划思维与方法的同时,"人文思想"也应作为一种规划思维强调给学生、并通过"以人为本"、"文化为魂"等专题的讲述强化这一思维的重要性。当然,人文的含义很广泛,涉及社会隔离、文化缺失、人情淡漠、贫富差距等诸多课题与内容,不可能在几堂课讲透、也不可能让低年级学生完全领悟,但关键是让学生意识到"人文思想"是城市规划与设计必不可少的思维之一,设计不仅仅是形态美化的工作,更需要关注社会、历史、文化以及各阶层人士的不同需求等各个方面的问题。

在这一环节中,教师可以结合自身的经历与积累选取国内外比较成功的案例与做法,通过对案例的解读,让学生理解如何在具体的城市空间中体现人文思想、怎样才算具有人文关怀的优秀设计等。所选取的案例不一定是书本上的"经典案例",往往发生在身边或亲身体验的事件比起书本的解读更能体现人文特色与内涵。

3.2 铁路局社区调查研究——人文体会与感知

在理论课讲授后,学生将借助"社区调查研究"环节进一步理解和感悟"人文思想"的内涵。通过对传统"老社区"系统性地调查研究,一方面从规划的专业视角分析铁路局社区的现状,从住宅建筑、道路交通、公共空间、服务设施、绿化环境等不同系统进行研究;另一方面,要求学生除了关注物质空间外还要寻找和体会传统社区内蕴含的精神文化层面的特征,如和谐的邻里关系、较强的社区意识、传统的生活方式、特殊人群的习惯等。在此基础上,要求学生在作业环节中以小组为单位编制铁路局社区"人文信息卡",除了一般的容积率、绿化率、建筑密度等指标外,还需对地块的人文信息进行深入研究,比如社区的历史背景、沿革发展、社区主要人群、社区生活特点等体现地方文化特色的软性人文信息。"人文信息卡"的建立既能够帮助学生认识"人文"内涵的具体表征和体现,又为下一个教学环节(人文设计实践)提供了科学的依据和准确的引导。总之,学生将在社区调查研究的过程中逐步体会到"人文思想"的广泛内涵与意义,并能感受到老社区的温情与丰富与当前商品楼盘的冷漠与单调两者之间的强烈反差。

现场调研之后,要求学生在发现问题、分析原因的基础上,提出针对物质空间建设现状问题的解决途径和后续空间改造的相关建议,并能够结合调研过程中的人文感知提出基于"人文思想"的、促进社区发展的多样化的途径。例如"通过社区文化建设为居民提供相互交流的载体,促进人与人之间的融合"成为重要的规划理念之一，基于此学生们提出"发动家庭参加慈善募捐活动、举办烹饪、茶道之类的学习班、组织郊游活动等措施"，从而调动居民相互认识交往的积极性，建设人际关系融洽、邻里交往愉快的和谐社区; 还有的学生提出"通过拓展社区服务、繁荣社区文化、美化社区环境等方式提高居民对本社区的认同和归属感，并让居民意识到自己作为社区成员的权利和义务，积极主动地投身于社区文化建设和发展中"。

3.3 铁路局社区局部地段改造——人文设计实践

在经过半个多学期的社区调研与分析之后，学生将进入到人文设计的实践阶段。在对铁路局社区充分认知的基础上，学生各自选择一块感兴趣的地块进行"社区改造"。在这一环节中引入"公众参与"的思想，让学生初步认识与掌握基于人文思想的设计内涵与方法。区别以往"看完现场闭门设计"的状态，让学生通过与居民的深度访谈去寻找灵感、现场构思、并要求学生在设计的整个过程反复去现场修正构思与方案。当地居民对于自己一直生活的环境要比别人更加熟悉，也只有使用者才最了解自己的需求和意愿，因此，合理有效的公众参与可以集思广益，并且最大化地满足居民的需要，更好地促进社区的建设与发展。例如，欧洲一些国家的住区建设本身就是由一些有志于改善生活环境的当地居民自发发起，并且邀请建筑师共同参与规划、建设和管理，在这样一个居民主导、设计师协助的家园建设过程中，人们需求的最大化满足、地方文化与特色的传承都充分体现了"人文"特征。最终的方案也许没有奇异张扬的空间形态，但却是实实在在解决某个具体问题、满足使用者需求与利益、延续传统街区生活氛围的有效途径，是充满热情与活力的设计创作。在学期末有条件的情况下，还可以组织"设计后评估"活动，将以往只有任课教师参与的评图工作在社区内进行，学生自己可以相互评价、学习，社区居民也可参与其中提出他们的观点和建议。

通过人文设计的训练，首先让学生了解"人文思想"导向下的规划设计绝对不是主观的遐想，而是源于设计所在地块和其中生活着的人的需求，因此公众参与是规划设计方案最有力的支撑。例如一个社区"音乐花园"的设计，如果缺少孩子们的参与又怎能创造出灵动活泼的构思呢？其次，让学生认识到"人文思想"导向下的

规划设计难点不再只是空间与造型的创意，更多是怎样协调不同居民利益方的诉求，以及如何将居民的观点和想法恰当地融入空间形态方案中。最后，学生们开始意识到居民参与社区改造可以使居民在沟通协调的设计过程中体会到归属感和亲切感，促进社区的融合，设计过程本身就已经起到了人文关怀与促进的作用。

4 结语

从城市自身的产生和发展来看，"人"是城市发展的基础，城市规划的目的之一在于组织协调"人"在城市中的空间活动;"文化"是城市发展的动力源泉，城市规划的重点之一就是延续城市文脉特色、创造活力空间。城市规划的人文复兴要求城市规划专业的院系积极弥补以"物质形态规划"为核心的传统教学存在的不足和问题，不断提出能兼顾人文素养训练的教学方法。其一方面要求从事城市规划教学的教师自身要明确"人文规划"的重要性和技术方法;另一方面需要城市规划专业的教学团队不断进行教学改革和创新，从理论讲授到设计辅导以及最后的作业评判都应该融入与"人文"相关的知识和内容。

当然，最后需要指出城市规划设计的主体之一仍然是空间形态的塑造，本文并非主张城市规划专业教学不需要空间形态的支撑，而是旨在提出应设法将"人文规划"思想融入城市规划设计课程中，尤其是在低年级思维训练等专业课程中并不一定要过分强调空间形体优势，而应让学生更多关注人文主义的设计情怀与意识。

参考文献

[1] 段德罡, 白宁, 吴锋等. 城市规划低年级教学改革及专业课课程体系建构. 建筑与文化, 2009, 1.

[2] 白宁, 段德罡. 城市规划专业基础教学改革初探[A]. 社会的需求·永续的城市——2008 全国高等学校城市规划专业指导委员会年会论文集[C], 北京: 中国建筑工业出版社, 2008.

[3] 张建栋, 林瑾. 城市人文与规划建设. 浙江建筑, 2008, 8: 5-8.

[4] 李山勇. 当前加强城市规划专业人文素养教学改革的若干创新与思考——以工科院校城市规划专业为例. 科教文汇, 2010, 12: 61-62.

The Humanism Training in the Elementary Education of Urban Planning_ From "spatial planning" to "Humanism Planning"

Tian Darui   Bai Ning   Sheng Ying

Abstract：This paper emphasizes the importance of enhancing the humanism education in Urban planning under the new situation，because the traditional education of urban planning based on "spatial planning" brings about several deficiencies. Then the article discusses the possibility and the method of bringing the "Humanism" into the teaching of the planning and design depending on the courses of Training of Urban Planning Thought.On this basis，it proposes to push forward constantly the humanism training by the reform of basic teaching in Urban planning.

Key Words：urban planning；basic teaching；humanism；method and innovation

"析理以辞，解体用图"
——城市规划专业结构思维与结构图示的教学思考[❶]

沈葆菊　李　昊　周志菲

摘　要：本文从城市的系统性特征出发，结合城市规划学科自身的学科特点，从学生在学习中的困惑开始，论述了结构思维训练在规划专业教学环节中的重要性，同时这种思维也需要能够便于直接沟通及创造的图示能力。这种图示能力不仅仅是简单的制图技法，而是从当代图学设计思考的角度出发，简洁明晰的以图达意的创造力。因此在设计课中增加对结构思维及其图示这一内容的训练环节，有利于帮助学生深化对规划结构的理解，拓展规划的艺术视野，激发学生的主动性和创造力。

关键词：城市规划；结构思维；结构图；教学思考

城市作为一个典型的复杂巨系统，是由相关联的要素按照一定的结构方式组成的整体，它包含着多种层面、多种类型的构成方式，并处在持续不断的发展演化中。系统的切入视角和研究方法成为梳理，解构，重组和整合城市要素的重要手段，也构成了与城市相关的学科最主要的思想方法和技术手段。城乡规划学在城市学科群中承担以土地为主要内容的城市空间系统的研究，作为社会大系统在大地上的物化投影，城市空间系统深刻地反映着社会与经济生活的内在秩序，系统、要素、结构概念群在城市规划思维体系中占据着重要的位置，在城市规划本科教育中同样扮演着重要角色。但是，在系统中承担核心骨架的"结构"概念往往被冠以抽象的、隐形的外衣，学生知其然，而不知其所以然。古语云："析理以辞，解体用图"，形象的阐释了对于"结构"这种隐匿于现象之下的本质体系的抽离办法，就是通过简要的"图式"概括和抽象复杂系统内要素间的逻辑关联。本文尝试探究结构思维和结构图式在城市规划专业教学中的具体应用，以提高学生的综合分析能力和系统研究能力。

1　结构思维与结构图示的现实问题与教学目标

1.1　学生对规划结构及规划结构图的认识

目前，结构思维与结构图示的相关训练并没有在教学的过程中被分离出来，成为单独的教学单元，而是从学生接触到城市这一研究对象开始，潜移默化的将系统化的"结构"理念植入到学生思维之中。"谈规划必提结构"，从总体结构到功能结构再到道路结构以及景观结构，通过各种结构体系将规划对象层层剥离已经成为规划设计从前期研究到方案表达的典型手段。然而对于大部分学生而言，对结构的认识仅停留在浅层的认知阶段，对图解语言的运用停留在自我摸索阶段。

通过对规划学生的调研，发现学生们普遍对规划结构图存在困惑，主要表现在：

①对规划结构内涵的不理解；

②对规划结构的核心价值认识不清楚；

③规划结构图的图示表达意义不知道；

大多数学生已经意识到自己对结构及其图示的困惑（图1）。这种困惑不仅仅存在于低年级学生中，在许多高年级的学生中也普遍存在。

❶　基金项目：西安建筑科技大学校级教育教学改革重点项目：基于创新实践能力培养的城市设计系列课程教学体系建设，项目编号 JG090115.

沈葆菊：西安建筑科技大学建筑学院助教
李　昊：西安建筑科技大学建筑学院副教授
周志菲：西安建筑科技大学建筑学院讲师

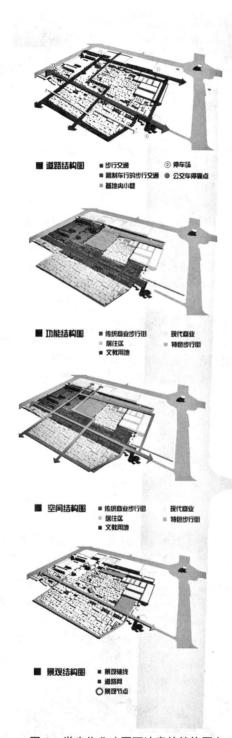

■ 道路结构图　■ 步行交通
　　　　　　　　■ 限制车行的步行交通　◎ 公交车停靠点
　　　　　　　　■ 基地内小巷　　　　⑩ 停车场

■ 功能结构图　■ 传统商业步行街　　现代商业
　　　　　　　　■ 居住区　　　　　　特色步行街
　　　　　　　　■ 文教用地

■ 空间结构图　■ 传统商业步行街　　现代商业
　　　　　　　　■ 居住区　　　　　　特色步行街
　　　　　　　　■ 文教用地

■ 景观结构图　■ 景观轴线
　　　　　　　　■ 道路网
　　　　　　　　○ 景观节点

图1　学生作业（图不达意的结构图）

1.2 教师在规划结构及规划结构图教授中存在的问题

在授课过程中，针对于不同层次城市问题的关注占据了大量的课时计划，在对结构思维的内在的涵义及结构思维外在表达方式的相关内容与判断标准的讲授层面相对较少。

从居住区规划、城市中心区规划到总体城市规划的课程教授中，对于结构思维及其结构图示的教学往往流于浅层次的模仿，并没有开展针对性的教学研究。造成的结果显而易见，在每个教学阶段关于结构及其图示的问题均层出不穷。这也引起了专业教师对规划教育组织中增强结构思维及其图示训练的讨论。

1.3 规划结构及规划结构图示的教学目标

教与学双方面的问题反馈促成了对于结构思维及其图示训练环节的思考，在规划设计的教学体系中融入结构思维及其图示表达的目标归纳起来包括了以下四点：

①强化学生对城市系统性整体性的认识；
②形成全面而准确的结构思维和结构概念；
③提高学生对结构研究手段的素质培养；
④提升学生对结构的图示语言运用技能。

2 结构思维与结构图示的教学要点

2.1 规划结构思维的内在涵义

结构"structure"一词来源于拉丁文"structura"，其原意为"部分构成整体的方法"。在《中国大百科全书》中对"结构"的定义是"两个以上的要素按一定的方式结合组织起来形成一个统一的整体，其中诸要素之间确定的构成关系就是结构。"更近一步我们认为结构思维即是分析事物构成方式的一种逻辑性思维，尤其是针对于包含了元素与整体的系统对象而言，结构思维无疑是一种认知其本质的最佳途径。规划设计同建筑设计、景观设计类似，同样也要遵循图形要素和视觉传达的形式设计法则，规划结构图往往采用的是一种象征和抽象的图解语言形式来概括表达抽象的规划结构内容。一幅简洁大方，清晰明确的规划结构图能够清楚地表达规划师的设计意图，同时也是一个好设计的必要条件（图2）。

（1）划结构思维的训练在教育体系中的融入
首先结构思维及其图示训练应该贯穿于整个的规划设计教育体系中。图示是将设计思维呈现的重要表现方

图2 学生作业（图示清晰的结构图）

式，不同的设计思维的展现需要相应的图示方式与之对应，不同的研究对象采取相应的图示方式。不同的设计阶段采取相应的图示方式。

（2）规划结构思维的训练在课程设计中的融入

其次，规划结构图的图示在课程设计的过程中，设定具体的应用与讲评环节，前期多以徒手表达为主，而在方案成型后的表现阶段，可使用计算机绘图方式。两种表达方式各有侧重，前者结构偏分析，重在提出问题，打开缺口；后者偏整合，重在阐释方案，表现特色。

2.2 规划结构图基本形式

"使思考形象化的图解思考具有若干胜过内在思考之处"，一般来讲，徒手图是最常使用的结构思维表达方式（图3），尤其在设计构思阶段，要求脑、眼、手的高度配合，互相启发，这一过程在保罗拉索的《图解思考》一书中被反复强调："图解思考的潜力在于从纸面到眼睛到大脑，然后再返回纸面的信息循环之中"。这种循环方式在规划结构图的表达上也体现为两个阶段的基本形式。

（1）构思类结构分析图

构思类结构分析图（图4），往往是针对于规划现状的设计思路的再现，表达方式往往不拘一格，汇集了设计要素、功能推敲以及空间布局为主要目的。

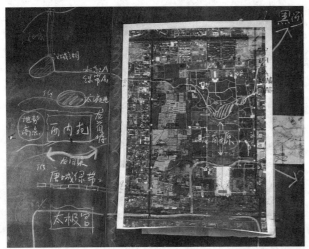

图3 图解思考

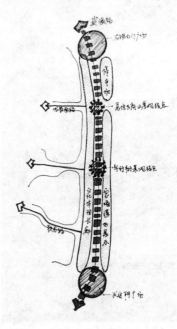

图4 构思草图

此类结构分析图往往无特定的比例要求，线条自由灵活多样，是设计者思维过程的图示再现，一般来说每一个人都可以形成自身独特的构思草图习惯。当然只有能够让人理解，能够说明方案特征的构思类结构分析图才能凸显其价值所在，因此此类结构分析图要遵循人们对图示语言的一般认识。

（2）表达类结构分析图

表达类结构分析图通常需要遵循一些一般性的规则。在居住区规划设计中结构分析图一般以"住宅组团和公共建筑"、"道路与步行系统"、"绿地与开放空间系统"等为主要表达对象，而城市中心区规划设计常要表现"轴线与分区"、"功能结构"、"交通结构"、"绿地和开放空间"等内容为主。城市设计类结构分析图解，以表达"功能关系"、"空间关系"、"交通组织"、"景观特色"为核心，根据具体的情况各类结构分析图可以进行适当的组合和拆解。

此类结构分析图往往需要标明相应的比例，主要目的是通过结构图的绘制突出设计的层次感和要素的主次

关系，一般来说规划结构图由"要素，联系，修饰"三个部分构成，要素多以简单的几何图形表示，相互关系多以线条和箭头表示，而修饰多表现为本体符号的强调来表示。

2.3 规划结构思维的图示步骤

（1）明确规划结构图图示的内容

规划结构所传达的是规划要素及其相互关系的基本内容，在这里特指表达类结构分析图的基本内容，每一张结构图都有其明确的主题要素，以城市设计结构图为例：功能结构图——着重于表现各功能要素的构成及分布；空间结构图——着重于表现出入口空间，主次节点空间，主次轴线空间等若干种空间要素的相互关系；道路交通结构图——着重于表现道路交通这一系统下各个要素的关系；绿地景观结构图——着重于表现景观点、线、面的构成以及景观渗透、景观通廊等线性的联系规律（图5）。

（2）灵活运用符号化的图示语言

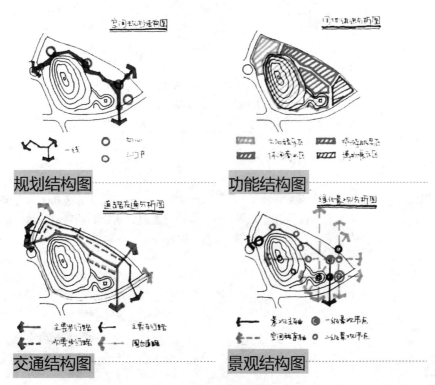

图5　表达类结构图

规划结构图是用符号化的语图示传达信息的过程。符号作为一种人们共同认知的视觉信息的简化形式,是一种替代性的图示,用来表示实际所见的事物,不管是构思分析图还是表达分析图,符号起着直观的、概括的作用。这些符合成为约定俗成的法则控制着读图人思考的方式。一般情况下点代表了要素的核心,线条表达了相互的关系,面表达了区域的范围,箭头说明了指向性(图6)。

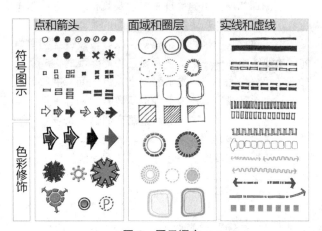

图6　图示语言

(3)选择恰当的色彩修饰技巧

规划结构图绘制中的色彩是在线条的处理基础上为了强化设计侧层次感和要素关系的层次关系而增加的修饰性图示语言,一般来讲,结构图的宜采用一些较为明快的色彩组合,色彩的色调变化进一步加强了要素之间的虚实,大小,强弱的对比关系,使得图面更加的饱满丰富。

总而言之,规划结构图的图示步骤基本上包含了首先要明确图示的内容,即所要表达得要素及其关系的深入剖析;其次,针对符号语言的筛选,点线面的形式以及图示的具体手段。这需要在平时的学习过程中多积累,眼、脑、手并用才能在规划结构图的图示上发挥自身的创造力。最后,色彩的选择,即对图形的强调与修饰。简单的黑白灰也能产生强大的化学作用,关键要把握色彩的层次以及对比关系。

2.4　规划结构图的评判标准(图7)

(1)信:传达信息的准确性

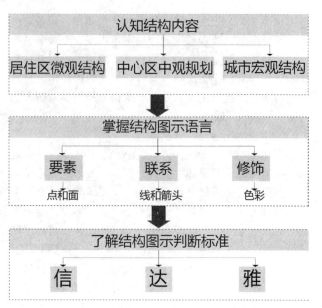

图7　城市规划专业结构思维及图示训练内容

规划结构图以传达设计构思为首要功能,这也是其图示存在的根本意义和价值,同所有图形的视觉表现与创造一样,均是围绕其根本目的——准确传递相对称的信息进行的。规划结构图图示的训练目的就是促使学生选择合适的角度,用自己的"图语"表达对设计对象的认识、理解和看法,传达自己的意念,从而实现其设计意图传达的目的。好的图示表达意义明确、意味深长,既可准确表意,又带给人们深刻的回味和无尽的想象。

(2)达:传达信息的直观性

规划结构图以具体可视的形象来表述信息,通过丰富的表现力能轻而易举地吸引人的视线。这种图示的直观性是判断规划结构图的重要标准,图示的形式以及色彩可以使人们心理转换迅速、简单,无需费太多的时间,这和视觉观看图形的思维过程有关。图形所呈现的画面与其所表达的内容十分相似,大脑在感知时无需再进行转化过程。是一种大脑本能的直觉反映。规划结构图就是通过图示的方式,是人们在关注规划设计方案时与理性分析、判断等思维活动划清界限,而是以直观的图示促进直觉迅速、便捷对方案产生理解。

(3)雅:传达信息的美观性

规划结构图作为现代图示体系中的一种特定类型,

除了对设计构思的解析之外，也将成为而现代图形设计的一部分成为独立的信息传导实体而存在，具有一定的原创性，个性化表达趋势。一张主次分明，色彩协调的规划结构图能够为设计方案的表达增添直观的说服力！

3 规划结构图图示训练在城市设计课程中的融入教学

城市设计课程是城市规划专业的主干课程，其研究对象的复杂性与多样性更加凸显了规划结构图示表现方式的多样与创造性，为了将规划结构的图示训练融入城市设计的课程体系中去，采取作业安排与课堂讲评相结合的方式进行，在已有的教学体系下，增加规划结构图的练习环节，同时通过设计讲评环节贯穿规划设计图示的要点及步骤。使得学生在一个循序渐进的过程中把握针对城市复杂系统的结构提取与设计（图8）。

4 结语

结构思维是规划专业的基本技能与专业素养，规划结构图是城市规划专业分析问题解决问题的一种图示工具，图示清晰，简洁美观的规划结构图能够体现的是规划思路与逻辑的清晰与明确，有助于规划设计理念的传达。因此，在教学环节中融入对结构思维及其图示语言的强化训练有利于凸显城市规划学科的系统性特征，并且激发学生的图像思维与表达能力。

参考文献

［1］李昊，周志菲编著.城市规划快题手册［M］.武汉：华中科技大学出版社，2011.

［2］吴葱.在投影之下：文化视野下的建筑图学研究［M］.天津：天津大学出版社，2004.

［3］刘光，徐强.城市规划设计中分析图的绘制［J］.青岛建筑工程学院学报，2002，3.

［4］保罗·拉索著，邱贤丰译.图解思考［M］.北京：中国建筑工业出版社，2002.

准备阶段		
1	主要内容	针对课题所提出的研究对象，展开相关案例的搜集及实地调研工作。
	作业安排	按照功能结构，空间结构，交通结构，景观结构的分析层次对调研对象进行分析。
	图示形式	计算机与徒手图均可。
发展阶段		
2	主要内容	明确研究对象，现场实地踏勘。
	作业安排	针对现状进行现状结构分析图的图示。
	图示形式	徒手草图形式。
调整阶段		
3	主要内容	完成现状分析报告，初步概念设计方案。
	作业安排	概念结构草图的多方案对比。
	图示形式	徒手草图形式。
完善阶段		
4	主要内容	设计方案定稿，完成设计成图。
	作业安排	按照功能结构，空间结构，交通结构，景观结构的分析层次对成果进行分析。
	图示形式	计算机绘图形式。

图8 结构思维及图示训练在城市设计课程中的融入

"Interpreting theory by words and Analyzing objects by drawings"
——Reflections on nurturing students' systemetical thinking and graphical analysis abilities in urban planning teaching practice

Shen Baoju   Li Hao   Zhou Zhifei

Abstract：This article discusses the importance of the structure thinking training in the urban planning teaching from the systemic features of the city，combined with the subject characteristics of the urban planning discipline，It began from the students in the study.Meanwhile this way of thinking need to be able to facilitate direct communication and a creation ability.This is not just a simple mapping techniques，but from the point of view of contemporary graphics design thinking，which can make his ideas of creativity concise and clear.The training aspects of the structure of thinking and their graphical representation of the content，design course to help students to deepen the understanding of the planning structure，expanding the artistic horizons of planning，to stimulate the students' initiative and creativity.

Key Words：urban planning；the structure thinking；structure graphics；teaching thinking

强化专业意识培养的"过程式"教学在理论课中的运用
——以居住环境规划原理课程为例

杨 辉

摘 要：本文立足于外部环境变化对教学提出的新要求，结合居住规划原理课程的教学目标和特点，尝试在理论课的教学中引入"过程式"教学方式，以一个贯穿教学过程的作业作为过程式学习载体和课程考核内容，并将公共意识、系统意识、规范意识、反思意识、创新意识的培养融入教学内容和考核内容之中，以改善理论课的学习效果和强化专业意识的培养。

关键词：专业意识；过程式教学；理论课

居住环境系列课程是诸多规划院校自建校伊始便设立的课程，其中的小区规划设计曾多年作为城市规划专业本科学生专业比评的重要作业，各个院校在相关课程的教学方面也都积累了较为丰富的经验。然而，随着我国经济的高速发展，信息知识的高频更新，城市化进程的快速推进，新的城市现象和问题层出不穷，对作为城市构成基本单元的居住区的规划与建设提出了新的挑战，对居住系列课程的教学提出新的要求。基于此，本文以我校居住环境系列课程（居住环境规划原理、居住环境规划设计、住宅设计原理、住宅设计）中的居住环境规划原理课程为例，探讨"过程式"教学的运用，并强调将相关专业意识的培养融入各个教学环节。

1 外部环境的变化对教学提出新的要求

1.1 "公共政策"成为大势所趋

随着《城市规划编制办法》（2006）颁布和实施，"公共政策"一词进入城市规划业界的视野，城市规划从传统"关注物质空间"向"公共政策"转化，纯粹的城市空间研究已不能满足现代城市发展的需要，关注物质空间所承载的公共利益已经成为规划界理论和实践研究的焦点，因此在城市规划的教学中充分考虑对学生公共政策意识的培养已成为大势所趋。然而，由于学生缺乏规划实践经历和社会生活经历的阶段性特征，在城市规划各个教学环节当中如何适当引入公共政策概念，让学生

在一定程度上理解这一概念并初步建立积极的、良性的公共政策意识，需要我们努力思考和积极探索。

1.2 居住区的建设实际不断变化

在城市快速发展过程中，居住区的建设也在不断发生着变化，如开发强度变化导致规模界定的变化，居住用地单元规模的变化。

就土地开发强度而言，随着城市化进程的不断推进，在市场经济环境下，土地资源的稀缺性愈发凸显，为了达到城市建设用地的高效使用，和在一定程度上实现土地经济效益的最大化，城市居住用地的开发强度不断提升。因此，单位面积用地内住宅的建设量明显增大，相应的居住人口也随之增加，对居住区、居住小区以及居住组团的界定亦应有相应的变化。这一变化在《城市居住区规划设计规范》（2002）中已有所体现，将不同层级居住空间的界定要素由原来的用地、人口双要素调整为以人口规模为准，强调人口与其享有资源的直接相关性。

从居住用地基本单元来看，尤其是在城市新区中，由于有整体的规划和建设，城市道路网系统性较强，层级清晰。住宅用地的基本单元用地往往由城市支路分割而成，若按照常规的城市支路间距150~250m，相应划

杨 辉：西安建筑科技大学建筑学院讲师

分出的用地规模在 2.25ha~6.25ha。换言之，这一规模范围内的用地已成为居住用地基本单元的主体，这需要我们对相关规范进行新的审视。

1.3 住区公共资源配置滞后或缺失

公共设施尤其是公益性公共设施的服务范围往往超出开发范围，其建设产生的大量外部效益无法转化为开发商的利润。而作为市场化的开发企业，必然会追求利润的最大化，因此，当开发商被赋予公共服务设施的建造责任之后，在缺乏有效监管的条件下，必然会利字当头，加之分散配套，建设效率不高，公共设施的不当建设是难以避免的。❶在住区开发中，一方面，公共服务设施的建设往往滞后于商品房的开发，甚至被建设为其他功能；另一方面，本应建设的小区中心绿地、广场等公共空间经常被偷换概念，以组团中心甚至宅间绿地所代替。教学参考书和规范上所讲的公共设施和公共空间的配套难于找到建设实例，学生很容易认为这些公共资源可以省去，以致形成错误概念。

1.4 老龄化社会已经到来

根据"六普"数据显示，我国 60 岁及以上人口为 1.78 亿人，占总人口的 13.26%，65 岁及以上人口为 1.19 亿人，占总人口的 8.87%，我国的老龄化问题已较为突出。随之而来的"四、二、一"家庭模式和抚养系数比的上升将使现行的家庭养老模式陷入困境，社区养老将成为家庭养老的延伸和补充，进而将影响居住区公共服务设施配置内容和指标的变化。

2 概念引介

对于城市规划基础理论课而言，不仅要教授学生规划的基本原理、原则和方法，更为重要的是帮助学生树立初步的和必要的专业意识，养成良好的发现问题、思考问题、解决问题的专业习惯，并在一定程度上培养学生良好的职业操守。然而，从一般的理论课教学情况来看，由于多种因素的限制，理论课的教学容易成为简单的目标式教学，如单纯的以死记硬背为方法，以考试为手段，以分数为标尺，以致于学生逐渐丧失学习兴趣，学习效果不佳，基本上学完考完即忘，对后续的设计课缺乏足够的有效支撑，亦不利于专业素质的培养。因此，

笔者试图在居住环境规划原理的教学中，以"过程式"的教学方式和"强化专业意识"的教学内容，来优化教学效果。

2.1 过程式教学

素质教育要求教师授学生以渔，若想让学生学到"渔"之法，必然首先让学生经历、体验"渔"的过程，进而让学生获得属于自己的"渔"之法。"过程式教学"即教师在传播知识的时候，不仅要告诉学生知识本身的内容，还要让学生了解这一知识形成发展的过程。美国教育心理学家布鲁纳认为：最佳的学习方法是发现法，即重视学生学习的信心和主动精神，反对将人作为知觉、概念的获得、推理等方面的消极感受体。因此学习应该是让学生自己在情境中去探索、去发现问题，并努力提出解决问题的设想，以达到掌握知识的目的。"过程式教学"注重思考和活动的过程，经历过程能加深学生对知识的理解、记忆和应用；感受过程能领悟方法；创设过程能有效教学；体会过程能有效学习。"❷

2.2 城市规划专业意识

规划的思维方式并非是某种单一的、自我封闭的思维方式，而是一个综合的、开放的、不断学习着的整体。基本包括系统思维、辩证思维、经验思维、价值判断、模拟思维、不确定性思维、行动思维。❸对于一个规划从业人员而言上述思维意识是非常重要而且必备的，其中部分思维需从学生时代即开始培养和建立，如系统思维、辩证思维、价值判断、模拟思维、不确定性思维。参考上述专业思维方式，结合居住环境原理课程的教学目标和内容，笔者认为在教学过程中应融入公共意识、系统意识、规范意识、反思意识、创新意识，后文将结合教学内容进行详细表述。

---

❶ 杨震，赵民.论市场经济下居住区公共服务设施的建设方式.规划研究，2002，5.

❷ 黄文平.高职院校思想政治课运用"过程式教学"的体会［J］.校园之声，2010，1.

❸ 孙施文.城市规划哲学［M］.北京：中国建筑工业出版社，1997.

3 将强化专业意识的过程式教学引入理论课

充分考虑到理论课的特点和居住环境规划原理的教学需求，笔者在该课程的教学中，尝试引入"过程式"教学方式。将过去的课终考试改为过程式的作业考核，结合原理课程的教学重点内容和后续设计课所需的体验积累，以一个实例调研作业贯穿整个教学过程，作为过程式教学的载体，作业要求内容与讲授的理论内容充分对应，学生以小组合作的形式展开，通过课堂讨论、点评和课下交流，教师对作业进行阶段性的验收，以保证最终作业成果能够达到作为课程考核所需的质量。为了保证所选实例的典型性和调研的针对性、系统性，笔者分别从城市的不同片区选取典型案例供学生选择，案例选择上，既有城市新区中较为成熟的住区，也有旧城内建设年代较早的住区。同时，对作业成果内容做明确的要点要求，包括相关规划研究、所研究区域的居住用地概况、调研对象基本数据信息、居住结构组织情况、建筑布局、公共设施配置情况、交通组织、公共开敞空间、社会公共生活、分析及建议等。

通过实例调研，使学生在现实中探寻问题、发现问题，进而运用课程知识分析问题，尝试性提出解决问题的思路，同时以实际情况为参考对所学知识进行反思。同时将所需培养的专业意识，融入到作业内容要求之中，希望通过完成作业这一过程的潜移默化，在一定程度上实现学生专业意识的初步树立。专业意识培养与教学内容及作业要求的对应关系如下表。

下面以专业意识的培养为主线，进行具体阐述。

3.1 公共意识——从"目中无人"到"以人为本"

从学生自身来看，由于他们大多数时间身处相对单一的校园环境内，缺乏对社会生活的深切感受，在作业设计过程中，很容易纸上谈兵，甚至是"目中无人"，习惯于在白纸上刻画未来的理想蓝图，经常忽视设计面对的是活生生的人群，面对的是鲜活的生活——这一设计最根本的出发点和构思源泉。例如，在小区设计当中，很多学生往往忽视规划设计用地内原有居民的诉求，将小区规划简单的理解为物质空间的设计。

就行业属性而言，作为公共政策的城市规划，应该以体现公共利益为核心。换句话说，公共性是现代城市规划的根本属性，是城市规划活动的价值基础，维护公

专业意识培养与教学内容及作业要求的对应关系

专业意识培养目标	对应的主要教学内容	对应的作业要求
公共意识	城市居住生活空间环境的功能、作用及基本概念； 城市住区（所）规划建设理论思想历史发展概述； 社区思想和建设实践	公共设施配置和使用分析； 公共开敞空间分布及使用分析； 社会公共生活组织
系统意识	城市与居住区的关系； 居住区内部系统	相关规划研究； 居住小区内部系统分析
规范意识	规划结构域规划指标； 总平面设计	居住结构组织情况； 公共设施配置和使用分析； 公共开敞空间分布及使用分析； 建筑布局
反思意识	城市居住空间组织结构； 社区思想和建设实践	居住结构组织情况； 公共设施配置和使用分析； 公共开敞空间分布及使用分析
创新意识	观念设计； 规划结构； 总平面设计	分析及建议； 后续设计课程

共利益是其核心价值取向。❶城市规划要最大限度的体现公共意志，首先应充分了解公众的需求，而获得这方面信息最直接有效的方式便是访谈与问卷调查。

对于居住环境，要了解人们对居住环境的需求和预

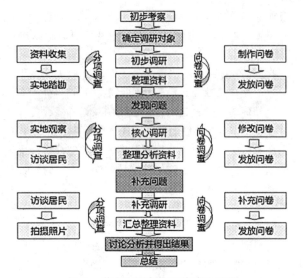

图1 学生作业：调研访谈流程图

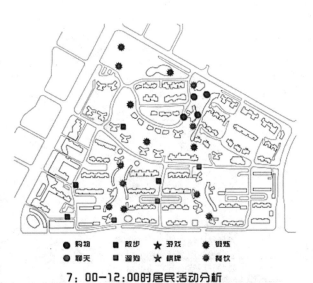

7：00—12：00时居民活动分析

此时段居民活动主要为锻炼、购物、餐饮、活动，购物餐饮的人群主要集中在步行街，锻炼大多为中老年人或带幼儿的人群，散布在小区主要景观轴线，或者前往周边的不远寺公园。

图2 学生作业：某时段居民活动分析图

期，了解不同居住环境给居民带来的影响和作用，首先应对居民进行访谈和问卷调查，对居住空间进行直观感知，这也是选择实例调研作为考核方式的主要原因。此外，针对我国进入人口老龄化阶段的社会背景，要求学生对老年人的需求进行重点了解，分析现实中问题，并提出相应的规划设想。笔者试图通过这样一种学习方式和过程使学生深刻意识到规划成果中的一句话、一幅图都可能会对实际建设和人们的生活造成不同程度的影响，以帮助学生实现从"目中无人"到"以人为本"的转变。

3.2 系统意识——从"点式思维"到"系统思维"

城市是一个多种要素共同构成的复杂的巨系统，城市系统又可按照不同的方式分为多个子系统，要认识城市、认识城市居住环境，自然离不开系统思维意识。从所处的学习阶段来看，在学习居住环境规划原理课程之前，学生面对的设计对象主要是建筑单体和较小的建筑外环境，要解决的主要是空间问题，其思考问题的方式相对居住区这个建筑群体空间和多种异质人群生活空间载体而言，可以看做是一种较为局部的点式思维。因此，

图3 学生作业：A小区用地构成，B小区空间结构，C空间层次分析，D建筑布局分析

❶ 蔡克光.城市规划的公共政策属性及其在编制中的体现［J］.城市问题，2010，12.

在该课程的教学中，很重要的一点便是要帮助学生以系统的思维方式去认识城市和分析问题，逐渐实现从"点式思维"到"系统思维"的转变。鉴于此，在作业中要求学生在对调研对象所在区域的总体规划和控制性详细规划有所了解的基础上，分别通过纵向系统和横向系统对案例小区进行分析。纵向系统分析即基本按照（城市－城市片区－居住区－居住小区－居住组团）来认识调研案例；横向系统即案例小区的用地配置、道路系统、绿化系统、公建配置、空间结构等。

3.3 规范意识——从"天马行空"到"合情合理"

公建配套的缺失、日照间距的违规缩减、绿地率概念的偷换等各种违背规范的行为最终导致的就是居民生活的不便、居住环境品质的低下。作为未来城市规划专业人才的学生，必须对规范有良好的遵守意识，并能很好的理解规范，运用规范。对于学生而言，条条款款式规范是枯燥无趣的，因而对规范的学习往往是蜻蜓点水，对重要规范中的一些重要内容缺乏足够认识。如居住区需要配套哪些公建，各类公建配置的原则和规模，绿地率如何计算，居住建筑的日照、通风如何考虑等，这些问题都直接影响着将来小区设计的构思和空间布局。若对这些规范内容缺乏概念，其方案设计必定是天马行空下的空中楼阁，缺乏实践价值。因而在该课程教学过程中要求学生了解规范并对上述和设计密切相关的内容进行详细讲解，进而要求学生运用规范对案例小区进行分析，针对不符合规范和有待改善的方面，重点进行访谈和问卷调查。例如学生通过对实际建设过程中小区公建配套情况的调查分析发现，许多中小学及幼儿园的服务半径明显大于规范要求的最大距离。从使用者来看，相应住区的居民普遍反映孩子上学不便，深受其累，希望教育设施配置水平得到提高。通过耳闻目睹和独立分析，使得学生对违背规范而建设的小区给居民带来的问题有较为深刻的感知，自然树立规范意识，在一定程度上提高学生学习规范的积极性和学习效率，有利于其从天马行空转向合情合理不逾矩的设计习惯。

3.4 反思意识——从"单向接受"到"反思质疑"

行业的发展和知识的进步都离不开对过往历史和经验的反思，对于学生反思意识的培养至少包括两个方面，一方面要对实践中新的或不合理的现象和问题进行反思；一方面要对已有的知识和规范进行反思。

从实践来看，自1999年中国房地产市场进入快车道，房地产业的发展可谓如火如荼，这种快速建设缺乏足够的时间用于实践的检验、反馈和规划建设思路的调整、完善。于是乎"百花齐放"，各种组织结构的居住区、小区如雨后春笋般破土而出；一时间"百假争鸣"，假以各种新名词、新口号的伪小区、伪社区不断撞击着人们的眼球。对此，在居住环境规划课程教学过程中，不但要教授给学生"科班"功夫——"正统"的规划专业知识和方法，更要对市场上出现的容易误导学生的现象进行及时剖析，帮助学生养成对现实进行独立分析和反思的习惯。如针对假"社区"之名行单纯的商品房开发之实的现象，在教学中专门安排了"社区思想和建设实践"相关内容的讲授，并选取典型案例，讲解不同类型（动迁住区、原住民住区、商品房住区）的住区进行社区建设时可采取的措施和建议。

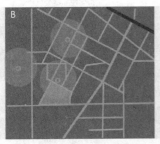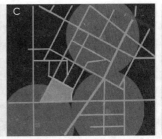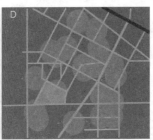

图4 学生作业：A小区周边超市分布图，B小区周边小学分布图，C小区周边医疗设施分布图，D小区及周边幼儿园分布图

从规范来看，如前文所言，由于规范具有普适性要求和修订周期长的局限，随着城市的快速发展，其具体内容中必然出现对实际建设缺乏足够指导意义的部分。因此，在教学过程中要求学生在熟悉规范和一定专业知识的基础上，通过实际情况与规范的对比提出疑问。

以课程作业调研区域之一的西安市高新区为例，经过20余年的发展，西安高新区不仅成为关中－天水经济区中最大的经济增长极，同时也形成了成熟的住区环境。学生根据课程作业要求在西安高新区选取了50个独立开发的居住地块进行用地规模统计，其中有25个地块的面积在2.25ha~6.25ha之间，结合前文的分析可知，这意味着支路网为边界的独立住区占到了住区总数的近50%，这些住区在进行结构组织和公建配套时无法直接以规范为依据。因此，笔者引导学生在现有规范环境下，结合实际建设情况对居住区结构组织和公建配套进行尝试性的思考，提出一种新的结构类型和相应的公建配套建议。

3.5 创新意识——从"空中楼阁"到"垒土筑台"

无论是从高等教育培养人才的要求而言，还是从城市规划专业需求来看，学生创新意识的培养是必不可少的。学生学习过程中的创新有一个重要的前提，就是对已有理论和实践有一定的了解，且具备一定的专业意识，否则所谓创新便成为空中楼阁般的空想。本文中创新意识的强化主要是针对原理课的后续设计课程而言，即以原理课的教学内容和所强化的公共意识、系统意识、规范意识、反思意识为作为创新的基础，使学生在小区设计课程之中充分发挥创造力，在观念设计、规划结构、总平面设计等各个环节进行深入思考，提出自己的见解和方案，变"空中楼阁"为垒土筑起的"九层之台"。

4 结语

伴随着城市化进程的推进，城市规划专业教学外部环境也在不断变化，对城市规划专业的教学提出了新的要求，需要我们在教学的内容甚至方式上进行相应的调整。笔者结合居住环境规划原理课程，尝试以"过程式"教学方式，进一步改善理论课的教学效果，并将专业意识的培养融入到整个教学过程之中。希望通过该课程的学习，学生不仅能够较好的了解和掌握基础理论知识，更为重要的是能够初步树立良好的专业意识，为后续学习打下专业知识基础和专业素质基础。

参考文献

［1］孙施文.城市规划哲学［M］.北京:中国建筑工业出版社，1997.

［2］杨震，赵民.论市场经济下居住区公共服务设施的建设方式.规划研究，2002，5.

［3］李晴.基于第三场所理论的居住小区空间组织研究［J］.城市规划学刊，2011，1.

［4］李飞.对《城市居住区规划设计规范》(2002)中居住小区理论概念的再审视与调整［J］.城市规划学刊，2011，3.

［5］蔡克光.城市规划的公共政策属性及其在编制中的体现［J］.城市问题，2010，12.

［6］魏薇，王炜，胡适人.城市封闭住区环境和居民满意度特征——以杭州城西片区为例［J］.规划研究，2011，5.

［7］黄文平.高职院校思想政治课运用"过程式教学"的体会［J］.校园之声，2010，1.

［8］俞斯倩.社区规划在大型居住社区建设中的实践——以上海宝山区顾村一号基地为例［J］.上海城市规划，2011，3.

'Process Teaching' by Strengthening the Cultivation of Professional consciousness in the Use of the Theory Course ——Take Living Environment Planning Principles Course as an Example

Yang Hui

Abstract：Basing on the new teaching requirements along with the change of the external environment，combining with the teaching goal and characteristics of Live Planning Principles Course，This article try to introduce 'Process Teaching Method' in the teaching of the Principles Course.This method uses an homework throughout the teaching process as the carrier of the process learning and examination content，besides putting the public consciousness，system consciousness，standard consciousness，reflection consciousness，innovation consciousness into the teaching content and the examination content，in order to improve the theory study effect and strengthening the training of the professional consciousness.

Key Words：professional consciousness；process teaching；theory course

阅读城市：一门城市规划入门方法课程的探讨

王 兰 刘 刚

摘要： 针对本科低年级学生学习中存在从高中学习转入到城市规划专业学习入门难的问题，本文探讨如何开设城市阅读课程，帮助学生掌握对城市空间及其相关信息进行收集、分析和表现的方法，从而使学生尽快进入城市规划专业领域，为高年级专业课程学习积累专业知识和分析技能。

关键词： 阅读城市；方法课程；城市规划入门

大部分城市规划专业本科生在从高中学习转换到城市规划专业学习的过程中遇到一定的困难，或是数理化学习方式无法适应创造性的专业设计课，或是对于城市这一学习客体缺少认识和感知。城市阅读是对城市空间及其相关信息进行收集、记录、分析和表达，有利于本科低年级学生转换理科学习思维和习惯，增强对城市的理解，从而帮助学生尽快进入城市规划专业领域，为高年级学习积累专业知识和分析技能。

1 城市规划专业入门的难点

城市规划专业目前属于工科，通常考入的学生在高中时为理科学生；而城市规划日益成为包含了与城市相关的经济、社会、公共政策等文科内容，注重美学和创新，并以城乡物质环境和空间为对象的学科。在这种差异性下，高中生转变为城市规划专业本科生需要一个入门转换过程，其难点包括：

1.1 学习客体的转变

城市规划专业学习的客体是复杂的城市，主要领域涉及到城市物质环境的多个方面，包括空间形态、土地使用、道路交通、公共设施等。客体的复杂化、动态化以及与日常生活的紧密联系需要城市规划专业学生改变学习方法和思维方式。

1.2 学习方法需要转变

高中学习方式注重习题和考试，通常以题海为高考成功的保障。重复计算和记忆是主要的学习方式。而城市规划的专业课，特别是 Studio 形式的设计课，均没有简单的重复，课堂学习内容的简单记忆并不能帮助很好的完成设计作业。学生需要注重的是在对设计客体理解基础上的创意和构思。因此更好的理解设计客体将帮助学生将设计内容与实际环境联系在一起，寓学于日常生活。

1.3 思维方式需要转变

高中时期的思维方式以接受知识灌输为主，而规划专业课注重自发学习和对知识的实际应用，对案例能举一反三，以及能在理解、积累和发现问题基础上进行创新。思维方式需要从简单的接受到质疑、批判和反思，从而创造新的方式。同时，理科注重精确的抽象思维方式需要转为注重正确的综合性思维，例如学会理解不同人群具有差异性的诉求，在住宅区规划设计或市中心城市设计方案中进行综合考虑，满足多样化需求。

城市阅读将帮助学生实现学习方法和思维方式的转变，并提供工具和路径，以理解城市这一复杂的学习客体。

2 现有城市规划入门课程

目前，我国城市规划院校设置的入门课程包括以建

王 兰：同济大学建筑与城市规划学院副教授
刘 刚：同济大学建筑与城市规划学院讲师

筑学为基础的设计初步、以城市规划专题为特点的城市规划概论、以住宅区为对象的认识实习等。麻省理工大学（MIT）设置了多个城市规划和设计的入门课程，包括"城市到城市：比较、研究和书写城市（City to City: Comparing, Researching and Writing about Cities）"、"城市设计技巧：观察、解读和表现城市（Urban Design Skills: Observing, Interpreting and Representing the City）"和"曾经和未来的城市（The Once and Future City）"。

这些课程都非常注重通过对城市本身的观察、记录和分析，实现学生对城市这一学习客体的理解。例如"城市到城市：比较、研究和书写城市（City to City: Comparing, Researching and Writing about Cities）"包括到特定城市的参观和研究，作业包括每周提交的周记、基本分析、细节研究分析和规划、最终规划和报告等。而"城市设计技巧：观察、解读和表现城市（Urban Design Skills: Observing, Interpreting and Representing the City）"课程重在介绍记录、评价和交流城市环境的方法。通过视觉观察、实地分析、测量、访谈等方式，学生将发展他们对于城市环境如何使用和评价的感觉和能力，从而演绎、推论、质疑和测试城市空间问题。同时通过使用画图、摄影、计算机建模等表现方式，学生将交流他们观察到的城市空间和设计理念，从而为进一步的城市设计专业课程（studio）提供基础。而"曾经和未来的城市（The Once and Future City）"设置了一个学期长的四步课程作业。笔者建议在城市阅读课程中采用，以帮助学生掌握理解和表现城市的路径。

3 作为入门工具课的城市阅读

3.1 城市阅读课的目的

城市阅读课希望通过课程中对城市案例的解析和学生作业的完成，帮助本科低年级学生掌握不同城市类型、空间特点及时代特征，理解城市的空间独特性、历史唯一性和文化多样性，感知城市对建筑的意义和建筑对城市的意义，从而逐步学会从城市和环境分析入手的专业思维逻辑，建立基本的城市观，形成正确的城市规划价值观。

3.2 城市阅读的内容

城市本身提供了比其他任何文本更丰富的阅读材料，城市阅读课程希望不仅应能运用文字，地图，照片和图表，更重要的是通过学生的眼睛和心灵去认识城市，进而充分理解各类规划和设计问题都与所在城市环境或自然环境密不可分。

城市阅读的内容可包括城市及其特定地区的历史文化特征、经济社会特征、自然地理特征、空间结构形态与肌理、及其空间变化背后的成因。阅读的案例可包括不同城市发展阶段的亚洲、欧洲、美国的典型城市。

3.3 城市阅读的方法

城市阅读有多种方式，可包括注重物质空间要素的城市意向方式、注重城市经济发展阶段和产业结构的经济学解读、注重城市开发潜在动力的政治经济学解读、关注社会结构变化的社会学解读。

（1）空间要素的意向解读

这种解读以凯文·林奇的城市意向（city image）为主要理论和方法支撑，分析城市形态中的特定要素、变化及其关系。林奇认为"一个可读的城市，它的街区、标志或是道路，应该容易认明，进而组成一个完整的形态"。他对城市意象中物质形态研究的内容归纳为五种元素，包括道路、边界、区域、节点和标志物，为阅读城市提供了空间要素的意向解读工具。

（2）空间发展的经济学解读

城市空间发展的经济学解读注重城市化阶段、产业结构和就业情况。城市在产生、成长、城乡融合的整个发展过程中的经济关系及其规律为解读城市空间的变化提供了依据。这一解读方法拥有大量理论支撑，例如韦伯的区位理论、汤普森在《城市经济学导言》中对城市发展阶段的经济学判断、以及经济全球化的相关理论。

（3）空间发展的政治经济学解读

这一解读方法着重探究城市空间发展变化的政治经济相关动力机制，包括政治的经济学解读和经济的政治学解读。当前美国对城市开发的剖析主要使用两个重要的政治经济学理论工具，一个是以空间的使用价值和交换价值为基础的增长机器理论（growth machine theory），一个是以个体理性及其联合行为作为核心的政体理论（regime theory）。两个理论均基于具有价值判断和利益驱动的体制内外的个人或群体分析空间变化，为阅读城市提供了特定的理论分析工具。

（4）空间发展的社会学解读

这一城市阅读方法关注城市发展的社会影响，主要包括空间使用者特征、社会的流动性和差异性、不同人群的相互作用等议题。大量社会学理论可支撑空间的社会学解读。例如梅因爵士分析城市化过程中家庭依赖性逐渐解体和个人责任的增加，滕尼斯的对礼俗社会和法理社会的区分，西美尔探究了工业化前后两种社会的心理学关系，萨特尔斯对邻里社区的剖析等，可分析社会关系与空间的互动。

4 城市阅读课的设置

4.1 课程框架

课程框架包括教师授课、学生的课程项目作业编制及汇报（见图1）。

讲课的内容建议以城市发展历程为脉络，分为城市的过去、今天和明天板块，解析工业化前城市、19世纪到20世纪城市发展以及21世纪城市发展新理念。在每

个板块整体介绍这一阶段城市发展的背景、特点和面临的主要问题。同时课程选择多个国内和国际案例，重点展现城市发展中的各个特定历史片段的印记。课程通过以案例为基础，介绍分析阅读的方法。

课程作业的完成和汇报是城市阅读课的重要内容，让本科低年级学生摆脱单纯接受知识灌输的方式，学会自我发现问题、做出选择、积极收集资料解决问题。课程作业将在学期开始就布置，完成时间为整个学期。内容包括：研究基地选取、研究基地客观发展分析、研究基地空间意义解读以及研究基地未来发展判断。

4.2 注重体验的课程作业

根据"曾经和未来的城市（The Once and Future City)"，课程将请学生运用教学过程中所学的理论和方法，在所在城市市域范围内选择一个"城市阅读"的研究对象基地，进行研究报告的编写。报告可细分为以下四个任务。

（1）任务1：研究基地选取

本阶段需要选择一个基地并对此作出说明。基地可以在所在市域内的任何地点，需要包含2~4个街坊、以及两种以上的土地利用类型。建议基地内部具有多元混合使用，经过分析解读后能够引人关注的现状态势、以及随着时间推移可能发生的重大变化。

要求对这一基地进行基本描述，阐述选择的原因、存在问题、改善需求等，明确基地的土地使用性质，包括混合使用在二维和三维中的组合情况。成果中要求至少有一张个人制作的建成环境意象地图。

（2）任务2：研究基地客观发展分析

本阶段集中分析基地在城市化发展中经历的客观过程。通过文献和图档资料，研究基地及其周边环境已经发生的客观进程。解析出随着时间推移，影响和塑造了基地物质空间的自然地理和经济社会历史过程，建立随着城市随着时间受到各种影响力发生变化的意识。

学生需要查找早期的文字和地图，以便能帮助描绘基地原本的自然特征，例如河流或池塘等地形因素。研究可探索这些地形要素与现状基地形态的形成和发展之间存在怎样的相互影响过程；也可将基地在更大范围的城市区域中进行审视，对变化的发生做出判断。土地利用、所有权、建筑密度、建筑物增加、建筑的样式、交

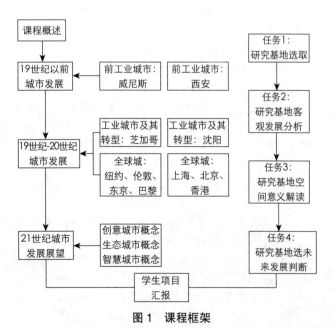

图1 课程框架

通方式等的变化通常体现了社会历史的进程。

本阶段希望学生能够划分出基地发展的合理阶段，确定发生变化的关键时间点，从而为探究变化背后的原因和作用力提供基础。问题可包括在基地曾发生过的变化中，哪些会比其他更重要？变化是逐步改变还是突然发生？成果需包括不同时期的地图、发展规划和照片。

（3）任务3：研究基地空间意义解读

本阶段旨在识别基地作为建成环境的发展痕迹，揭示空间的意义。根据划分的进程阶段，课程希望学生能够对具体变化的现象进行解释。通过资料分析和访谈，学生可以比较不同阶段空间使用者的身份特征、活动和生活方式等，进而搜索和认识城市发展的脉络和发展机制。

问题包括变化是来自具体个人的行动还是与更广泛的力量（社会、文化、政治、经济，或更直接的条件如政策、事件、技术变化带来的影响等）的联合作用？各个阶段的发展模式是否相同？需要整体分析所得线索，对应连贯的过去、现在和未来，从而获得城市阅读和发展趋势分析的线索，获得揭示建成环境意义的经验，推测未来可能发展的条件。成果要求高质量的论据表达，特定空间解读理论和方法的应用，并提供最体现关键点的图像和图标。

（4）任务4：研究基地未来发展判断

最后任务是对基地未来发展趋势作出判断，反映出学生对城市发展的理解和观点。论证内容包括基地未来变化的可能性、变化的内容、以及发生变化所需的条件。变化包括土地使用性质、空间结构、空间使用者等多方面内容，也可对变化的结果和影响进行评估。可尝试对基地建成环境的城市化发展模式进行概要的总结。

这一部分同时作为课程研究的总结，需要回应前面三个部分的内容。包括分析对基地的问题认识在研究开展前后有否发生变化，对基地未来发展的预测或解决问题的方式在研究进行的前后是否发生变化。概要总结在推理判断空间形成进程中的因果关系，并针对未来发展的空间特征进行总结。

4.3　课程考查标准

成果形式可为在3000~5000字之间的报告，并基于此完成15页PPT，进行10分钟课堂交流准备。

评判标准包括：

（1）问题选择：要求视角清晰、方向明确、能在标题上有所体现；

（2）结构与分析技巧：要求逻辑清晰完整，基本框架简洁，能将整体对象分解为简单的部分，并指出其中的关系；

（3）内容：以对象的空间物质属性为主，选择运用地图、照片、数据和简要文字，对形态、发展等内容进行描述；

（4）结论：简要归纳空间形成的规律，回应研究问题。

5　结语

城市阅读的教学和作业要求学生审视城市或城市中特定街区的客观对象，进行质疑和评判，提出疑问，努力寻找答案，并通过解读和表达，将自己对研究区域的变化理解进行交流。学生通过城市阅读课程可形成一个建成环境如何随时间变化的意识，以及在现实中识别各种发展线索和作用机制的能力，从而理解城市发展动力和规律。课程力求使学生在方法总结、价值观建设的基础上，对建成环境和空间发展初步形成自己的观点，为进一步的规划专业课学习提供支撑。

参考文献

［1］ 布赖恩贝利．顾朝林，汪侠等译．比较城市化．北京：商务印书馆，2010.

［2］ 凯文·林奇．方益萍等译．城市意向．北京：华夏出版社，2001.

［3］ 麻省理工学院城市研究与规划系网站 http://ocw.mit.edu/courses/urban-studies-and-planning.

Reading Cities: A Methodology Course for Introducing to Urban Planning Field

Wang Lan   Liu Gang

Abstract: Difficulties for fresh students in undergraduate schools exist during the process of transferring from high school study to professional study of urban planning. This paper explores a course about reading cities to help students learn how to collect, analyze and represent urban space, in order to introduce them into the field of urban planning smoothly and provide knowledge and analytical skill needed in senior studio classes.

Key Words: reading cities; methodology course; introductionto urban planning

理论教学

2012全国高等学校城市规划
专业指导委员会年会

历史城镇、村落保护规划中的生态保护问题
——村镇规划教学研究的点滴体会

柳 肃

摘 要： 历史城镇、村落的保护规划是未来规划发展的一个重要领域，但是在今天的保护规划中，历史文化保护和生态环境保护是两个互相独立，互不相关的内容。然而实际上二者关系紧密，论文通过对今天农村地区历史传统丧失和生态环境破坏的实际情况分析，提出了相应的对策和未来规划应该注意的相关问题，并结合作者教学和研究工作的实际，提供一些值得借鉴的启示。

关键词： 历史城镇和村落；历史文化保护；生态环境保护；问题

随着中国城镇化进程的深化，城镇化过程已经开始从大中城市向小城镇甚至农村集镇村落蔓延。在这种快速推进的城镇化运动中，历史城镇和历史村落的保护成为了城乡规划学科在未来一段时间中必须关注的重要课题。

由于我国规划学科起步较晚，而过去的规划本来在村镇规划方面就比较薄弱，加之村镇规划与城市规划的诸多不同特点，因此在村镇规划中存在不少问题。笔者亲自做过多个城镇村落的调查研究和保护规划，参与过大量村镇保护规划的评审，同时担任本科和研究生相应课程的教学。在此过程中，我发现不论是现实的村镇规划文本编制，还是在大学规划专业的村镇规划类课程教学中，都存在着很多缺陷和漏洞。尤其是在保护规划方面，过去分门别类划分清楚，历史文化保护和生态环境保护两者互不相关。而笔者在现实研究中发现，这两者在很多时候是互相关联的，文化破坏的同时生态也被破坏了；生态破坏的同时文化也破坏了。

1 文化破坏与生态破坏的重叠

在今天许多地方的历史城镇和历史村落所呈现出的破坏情况，往往都是一种双重的破坏，即历史文化的破坏和生态环境破坏的重叠。就南方地区来说，这种破坏大体可归纳为以下几个方面。

1.1 森林的破坏与木造建筑传统的丧失

表面上看，是由于木造建筑的原因导致了森林的破坏，然而实际上这个因果关系恰好是反过来的。大跃进时期大炼钢铁，大规模砍伐森林，用于炼铁，这是第一次大规模破坏；20 世纪 80 年代经济大开发时，大量砍伐森林用来加工制造各种用品和出口（包括无节制的一次性筷子等），这是再一次的大规模破坏。到 20 世纪 90 年代后期，中国的森林资源已经岌岌可危，于是国家强令禁止砍伐。而南方地区很多传统村落传统民居是以木结构为其主要特色的，在森林资源日渐枯竭，加之禁止砍伐之后，已经没有可用于建造房屋的树木。于是村落民居改用砖块水泥建造，传统特色逐渐消失。

人们普遍有一种认识误区，认为木造建筑要砍树，是不生态的。其实恰好相反，木造建筑才是真正的生态建筑。当然，前提是首先要种树。如果有了一定的森林资源，而又在使用过程中保持着轮番砍伐和轮番种植的良性循环，就会有足够多的木材量供应农村地区建造房屋所需的材料。日本就是这方面的典型例证，日本不仅传统住宅是木造，现代住宅中除高层大楼以外的独立住宅也绝大多数是木造。这么大的木材使用量，而日本的森林覆盖率却是全世界最高的国家之一，国土的 70%

柳 肃：湖南大学建筑学院教授

是森林。人们会说日本大量使用进口木材，而不砍伐自己的森林。其实不然，本人查阅了相关资料，日本也有49%的木材是国产，将近一半。即使一半左右，这木材的使用量也已经是很大了。最主要的原因是他们已经形成了砍伐和种植轮番交替的良性循环。这说明木造建筑根本不是森林破坏的原因，相反，有了木造建筑市场的需要，反而会促使人们去大规模植树造林的积极性。与此同时木造建筑的传统建筑风貌也会得以保存和延续。今天日本农村地区的大多数民居住宅不仅传统的老建筑得以很好的保存，就是新建的住宅也大多数保持着传统的风貌。

事实上木造建筑是真正的生态建筑，建筑业是消耗地球资源最大的行业之一。今天地球资源正在走向枯竭，节约资源对于建筑业来说是必须面对的重要问题。而在今天各种建筑材料中木材是唯一不要消耗有限的地球资源的材料，只要种树，取之不尽。它不仅不消耗资源，不污染环境，而且还会改善环境。

1.2　传统水源破坏与水体污染

农村地区传统的用水完全是自然形态取水，即水塘、水井、河流、山泉溪流等。而今天广大农村地区的自然水源正在遭受或已经遭受到严重的破坏。具体表现在两个方面，一是枯竭，一是污染。随着很多地方森林的破坏，自然涵养的地下水源逐渐枯竭，河流水量减少；山泉枯竭；池塘、水井水位下降。随着生产方式和生活方式的改变，化肥、农药以及家庭用洗洁剂、洗衣粉的大量使用，而且未经处理的自然排放，直接污染了大部分生活水源。今天是完全依赖于现代机械方式打深井取水，还是回复到传统的保持良好的自然水源，又是一个摆在面前的严重现实问题。

1.3　传统景观的破坏与耕地危机

过去，青山绿水的田园风光，是一种令人向往的美好景色。而今天大规模的土地开发、建设，甚至于那些所谓保护性的旅游景点的开发和建设，都在迅速地破坏着这种千百年流传下来的自然美景。同时，人口的不断增加，而耕地却在大开发过程中日趋减少。虽然国家十分重视耕地的保护，规定了粮食生产所用耕地的警戒红线，并在地方政府批准开发建设用地是严格控制占用耕

地。但是在实施的时候，却由于种种原因往往很容易就打破这种控制，在全国各地一窝蜂上马的各种"开发区"和四通八达的高速路建设中，大片大片的良田被开发占用。不仅田园风光的自然美景被破坏，而且将来人口增加所需的粮食耕地也得不到保障，危及国家的经济安全。

1.4　防洪与滨水景观的问题

我们今天在做村镇规划的时候，离不开防灾，而防灾规划中又以防洪为最重要的内容。但每当提到防洪，今天人们似乎想都不用想就是建堤坝，好像这就是防洪的唯一办法。由于南方地区山多水多，滨水城镇和村落是常见的自然形态，而且凡滨水城镇村落，其自然景观一定漂亮。或自然沙滩、坡地，垂柳成行，绿树成荫；或吊脚楼民居悬于水边；或船运码头一派繁忙，传统建筑风貌和自然景观融为一体。然而近二三十年来，村镇防洪的问题打破了千百年来形成的平衡和宁静，为了防洪动辄建堤筑坝，自然的水边景色再也看不到了。不仅自然水边岸线美景没有了，传统的水边吊脚楼和船运码头的历史景观风貌也被彻底破坏了。

2　对策与建议

从以上所说的几个方面来看，要解决问题往往并不需要多么高深的现代科技手段，很多时候就是采用传统的方法就可以解决问题。当然有的方面还得要采用现代科学技术的方法。

2.1　关于森林的破坏与木造建筑传统的丧失问题

实际上在人类千百年来的生产和生活经验中就已经形成了一种符合自然规律的模式。我们的祖先是爱护自然，爱护森林的。数千年的农业社会，人们懂得爱护自然的重要性。中国古人即使是要砍伐树木也必定按照自然界春生、夏长、秋收、冬藏的季节规律来行事，叫做"必以时"。直到20世纪70年代，笔者作为知识青年下农村的时候，农民们自家建房子都要在房屋周边造点"风景林"，农民们平时决不会滥砍滥伐森林。混乱和破坏主要发生在大跃进时代的大炼钢铁和20世纪80年代改革开放时的无节制欲望膨胀且管理混乱。这两次大破坏就足以使几十年的时间都难以恢复，南方农村地区传统的，符合于生态的木造建

筑传统风貌也为之消失。因此，在南方地区要保持或恢复传统的以木造民居建筑为特色的村落风貌，就必须植树造林，在这里，历史文化的保护和生态环境的保护完全融合在一起。所以在本人所参与或评审的规划项目中总是特别强调植树造林和生态保护的内容，而这方面往往是被规划编制者所忽视了。在未来的村镇规划中不仅要关注森林保护，而且最好还要有鼓励农民植树造林的政策和措施。

2.2 关于传统水源破坏与水体污染问题

传统村镇的生活用水都是来自于自然水源，即山泉、水井、溪流、水塘等，但是今天大多数村落的自然水源都出现了危机，或者干涸，或者被污染。其主要原因一方面是森林的破坏，水土流失，地下水量减少。而随着人口的增加，和生活方式的改变，用水量增加，打深井取水，使地下水位进一步降低。另一方面，由于生产方式和生活方式的改变，化学制剂的使用越来越普遍，除了农药、化肥以外，家庭使用的洗涤剂、洗衣粉的用量也日益增加。而所有这些使用的化学制剂都未经任何处理直接排放，有的地方没有自来水，就直接把洗衣机搬到小溪流旁边洗，污水就直接向溪流里排放。这种情况在广大农村地区已经很普遍，未来将会越来越严重，但是我们今天的村镇规划中对于这一问题似乎并没有过多考虑。既没有考虑水源问题怎么解决，也没有考虑水流污染怎么治理。笔者认为这是今后村镇规划中必须加入的内容。而且这其中涉及一些技术性的问题，例如如何涵养水源的问题；如何处理生活污水的问题，是集中处理还是分散处理，处理设施的效果及经济性问题等，都是规划中应该考虑的问题。

2.3 关于传统景观的破坏与耕地危机问题

随着城市化的迅速发展，今天的农村地区正在大片大片的变成城市，一些有着优美的田园风光的地方也逐渐变成城镇面貌。一方面是原有村落景观的丧失，另一方面是人口在增加而耕地在减少，如何解决这一对矛盾是未来村落规划中一个重要的内容。我们今天做城市规划都有"发展用地"的考虑，而村落规划中很少有人考虑到发展用地的问题，而且事实上在南方很多地方的农村实际上已经没有发展用地了。人口和土地的比例已经

超过了警戒线，又不可能向外移民。怎么解决？可以预计在未来的村落规划中，怎样平衡土地使用和节约用地的问题将要成为一个必不可少的重要内容。

2.4 关于防洪与滨水景观的问题

今天广大农村地区的自然灾害（洪水、干旱、泥石流等），大多数是因为生态破坏而造成的。从纵向看，考察历史记录过去自然灾害没有今天这么多，是因为今天的生态环境被破坏了；从横向看，凡是生态环境保护得好的地方自然灾害就少，凡生态环境破坏严重的地方自然灾害就多。我们今天的防灾规划基本上都是被动的防灾，即修建堤坝防洪水。而修建堤坝一定会破坏优美的自然风光和有特色的村镇景观风貌。其实在这方面我们的先人们比我们今天做得好，一方面保护自然，保护森林，保持水土，减少洪水干旱泥石流的发生；另一方面，开挖沟渠，疏通河道，使洪水尽快流走。而我们今天似乎还不如古人，一想到防洪就只有最坏的方法——修堤坝。在我看到过的所有村镇规划中的防灾规划，没有一个提到植树造林，保持水土，疏通河道，开挖沟渠等主动防灾的，全都是修堤坝的被动防御。这是我们未来村镇规划所必须改进的内容。

3 教学研究的启示

本人在长期实践中做过多个历史村落的保护规划，也参加过很多村镇保护规划的评审，在此基础上积累了一些经验和想法。在本人所担任的本科生和研究生的教学课程中，运用这些经验和想法，取得了一定的成效。在本科生课程《村镇规划概论》的教学中，本人联系了一个古村落，带领学生为其做一个保护规划。在调查之前专门作了有关生态保护和历史文化保护之关系的讲座，并要求学生们在做古村落保护规划时必须体现出这些思想内容。最后作出的成果表明同学们对于有关森林保护，保持水土，涵养水源，主动防灾，人口、景观与发展用地等问题都有了真正的理解。相信他们将来走上工作岗位，从事实际规划工作的时候是会主动运用这些思想的。

在本人带领研究生所做的实际古村落保护规划项目中，关于历史文化保护和生态环境保护的规划和措施就更加具体，更加实际了。例如哪些地方恢复森林植被；

水源地的保护保养措施；自来水的供水方法；村民生活污水处理的方法和设施的选择；村落发展用地的选择和人口发展警戒线的划定等。

把历史文化的保护和生态环境保护结合起来考虑，不仅仅是村镇规划的现实中已经存在的问题，而且这样做可以在很多问题上取得一举两得甚至一举多得的效果。在方兴未艾的未来村镇规划中，这是一个值得重视的大问题。

Research on the Problem of Historical Town and Village Protection Planning
——Experience from Town Planning Teaching and Research

Liu Su

Abstract：Conservation of historic towns and villages planning is an important area for future planning and development, but in today's conservation planning, protection of historical cultural and ecological and environmental protection are two separate, un related content. But in fact they are close related, the thesis analysis the loss of historical environment and ecological destruction of rural area, propose appropriate measures and future plans should be aware of related issues, combined with the Practical Teaching and Research of Author, provide with some inspiration which is worth learning.

Key Words：historical towns and villages；historical culture protection；ecological environment protection

以培养创新人才为目标的城市规划专业外语教学改革探索

陈　萍　徐秋实　吴怀静

摘　要： 国际项目合作与国际间科学技术交流的迅速发展要求专业外语教学必须不断地进行改革。阐述了在城市规划专业外语教学中引进新的教学理念的必要性和迫切性，同时就目标、方式、方法进行了初步探讨。

关键词： 自主学习；情景化教学；任务型教学；课堂延伸

在国际化不断提高的趋势下，国际项目合作与国际间科学技术交流迅速发展，专业外语水平在合作与竞争中将起着重要的作用。为使得城市规划专业的人才培养能够满足新时期对于创新人才以及具有国际竞争力的复合型人才的需求，在客观上要求传统的专业外语教学必须不断地进行改革以适应社会发展的需求。本文尝试从城市规划专业的特点入手，结合实际教学经验，探讨专业外语教学从理念到实践的改革尝试。

1　教学理念的变革

专业外语的学习建立在大学英语知识和专业知识的基础之上，传统教学理念通常以延续大学英语基础教学模式兼有专业知识的方式开展，多以"单词＋阅读＋翻译"的方式进行授课；以创新人才培养为目标的城市规划专业外语教学改革尝试从规划专业的特点入手，转变传统教学方式，突破有限的教学课堂限制和时间限制，最大限度地提高教学质量，具体主要反应在以下两个方面。

1.1　构建学生"自主"学习模式——在探索中激发学习潜能

传统的专业外语教学体系中，主要采用教师讲授为主的教学模式，具体表现为"讲授－学习－考试"这一过程，而结果往往呈现"应试"学习的局面。绝大多数学生完成课程的动力并不在于被调动起来的学习兴趣，而是为了最终通过考试，这种源于"应试"的动力和压力的学习是机械而短暂的。在课堂上经常会出老师埋头讲，学生埋头听的现象，而考试的结束对于相当一部分

的学生而言则意味着专业外语学习的终结，外语词汇的使用只是停留在笔记本上。这种教学结果并不是开设专业外语学习的初衷。那么，究竟怎样的方式可以真正的、充分的调动学生的自主学习兴趣呢？通过近几年来的课程实践和研究，我们发现，在教与学的过程中，让学生真正掌握课堂的主动权，体验在具体实践中获得知识的充实感和运用知识解决问题的成就感，可以有效地激发学生的学习兴趣和潜能，也只有在这种动力的推动下，以往相对枯燥无味的外语课程才能栩栩如生。因此，构建教师引导下地学生"自主"学习模式，是我们在专业外语教学改革中确立的首要目标。

1.2　培养学生应用实践能力——交流、理解与表达

语言的学习是以交流、理解和表达为目的，城市规划专业外语教学中的一个重要教学目标是结合城市规划的专业特征，培养学生的应用实践能力，具体表现为——自如的交流、清晰地理解与准确的表达。交流、理解、表达的培养是一个前后关联，循序渐进的过程。交流，要求彼此能运用外语与对方进行沟通，它是专业外语学习的基本要求；理解是在交流的基础上，彼此在专业领域对相关专业知识或专业技能具有一致的认同性；表达是通过交流和理解，达到正确运用外语阐述专业知识或设计思想的水平；表达分为语言表达和文字表达两部分，需要学生具有一定的文化积累和语言积累才可以实现。

陈　萍：华北水利水电学院建筑学院讲师
徐秋实：华北水利水电学院建筑学院讲师
吴怀静：华北水利水电学院建筑学院讲师

2 以学生为中心的任务型教学和情景教学相结合

构建学生"自主"学习模式的理念使得教师在实际教学中不再充当家长式的角色，与学生的互动、对话和共同参与成为教学改革的主导方向。通过近几年的实践，我们尝试使用任务型教学和情景教学法相结合的方式，注重教师的组织和引导作用，在实际教学中取得了良好的效果。

2.1 注重教师的组织、引导作用，调动学生的思考潜能

"自主"学习模式不能等同于"自学"模式。专业外语又称为科技外语，是外语学习中教难的部分。城市规划专业是一个综合性的学科，涉及了建筑、城市、文化、社会、经济、法律、哲学等众多的领域，单凭学生自己的满腔热情也是无法在短期内达到一个有效地学习目标，因此，教师的有效组织和合理引导是调动学生学习、思考潜能的先决条件。通过实践教学和调研我们发现，在学习外文资料的过程中，造成学生理解困难的并不全是专业词汇匮乏的问题，更多的是由文化差异和知识背景的缺失引起的。究其原因，国内的学生从英语学习起，更多的关注了词汇量和应试技巧，很少关注真正的文化渊源和知识背景。很多国外的设计大师，他们中有的是雕塑师，有的是电影导演出身，有的是社会学家，或者同时具有多重身份，在他们的著作或设计方案中往往涉及很多社会学、哲学思想、当地文化背景。因此，在跨国文化交际中，不仅有语言差异，也有文化差异。对于学生而言，文化差异会使他在阅读外文资料时有很大的困扰，因此，采用文化内涵注入的方式引导学生进入学习状态，效果比较好。

文化内涵注入就是把与讲授内容相关联的人物，事件或者时代背景详细介绍给学生。这种方法得益于笔者早年在法国 Cavilam 法语教学中的学习心得。比如在讲授 Early City Form 的时候，先把文章的写作背景，古代埃巴斯王朝的兴衰、古埃及人的宗教思想以及涉及的圣经传说解释给学生。学生不仅对文章理解快，答题正确率高，而且在课后主动预习了新课内容。又或者在讲授 The Ten Books（建筑十书）中关于建筑师培养的章节，这里面不仅涉及了很多古希腊、古罗马帝国时期的历史事件，而且还展示了当时的军事、政治、科技的发展水平。因此，在阅读文章之前，教师有针对性的回忆、补充这一时期的城市建设史和建筑历史对于文章的快速理解有着积极地作用。通过这种阅读前的文化内涵注入，教师可以有效地组织课堂训练，引导学生快速进入学习状态，完成练习题已经不再是学生听课的主要目的，沿袭教师的思路，发挥自我学习潜能，主动用英语去思考文章中的意境和问题才是关键。

2.2 场景表述训练——情景教学训练与任务型教学相结合，提高学生的实践应用能力

情境教学法是指在教学过程中，教师有目的地引入或创设具有一定情绪色彩的、以形象为主体的生动具体的场景，以引起学生一定的态度体验，从而帮助学生理解教材，并使学生的心理机能得到发展的教学方法；情境教学法的核心在于激发学生的情感。任务型教学法是以意义为中心，实际任务为具体形式，任务的焦点是解决某一交际问题，这一交际问题必须与现实世界有着某种联系；任务的设计和执行应注意任务的完成，即完成问题的解决；任务完成的结果是评估任务是否成功的标志。通过近几年的实践，我们将两者结合使用形成"场景表述训练"，在培养学生的实践能力，提高交流、理解、表达的质量上有突破性进展。

场景表述训练由任务、场景设定、评估体系构成。训练首先以任务为中心，让学生的注意力放在怎样利用英语进行交流上。二是教学要为学生运用外语进行专业知识实践创造场所条件。强调学生在特定场所下的主动性和互动性，促使学生用已经掌握的语言来表述专业知识，提高对英语的运用能力，培养学以致用的意识。三是训练的主要内容应结合城市规划专业的特点实现"模块化"和"多元化"。在深度方面由较为形象的案例设计逐步过渡到理论性较强、专业知识点较为突出的科技文章的阅读与写作上来。四是形成完善的评估体系，改变原有卷面考试为唯一评价方法的模式，引入教师主观评价与学生客观评价相结合的综合评价方式。

场景表述训练依据教师参与程度划分为初期阶段，中期阶段和后期阶段，三个阶段相互关联，循序渐进。初期阶段主要是由教师单方参与预设的教学情景阶段。这一阶段主要由教师围绕某一特定的主题和内容，为学

生预先设计好详细的教学任务并提出可能性的选择，引导学生进行研究学习。中期阶段由教师和学生共同参与，在教师选定的教学框架下，通过教师和学生以及学生小组之间的讨论、互动最终形成情景教学目标，并由各学习小组协作完成既定的场景表述任务。后期阶段由学生独立完成场景表述的全部过程，教师仅作为场外指导角色加入。综合评价体系贯穿各个时期，教师透过评价不断优化自己的教学方式，充实教学内容，学生通过教师的引导不断地反思自己的学习方式、方法和工作绩效。

从课堂教学实践看，这种场景表述训练不仅使学生可以充分发挥他们的想象力、创造力，而且能够有效地激发学生的学习兴趣，钻研精神和自学能力，并且有助于充分提高学生的自主表达能力。

2.3　引入竞争性训练，加强团队合作，激发学习热情，谋求共同进步

竞争性的训练可以有效地激发学生的学习热情，在短时间爆发出强烈的学习积极性和自主性。因此，在课堂训练中有目的地进行一些带有竞争性质的联系可以很好的调动课堂气氛。比如在学习城市地图地过程中，采取一种游戏竞赛的方式记忆和回顾专业词汇以及用法，让各个小组的学生在规定的时间内，在黑板上写出和城市地图内容要求相匹配的单词，并明确其用法。其结果是在一种紧张而又轻松的气氛中完成了小组成员对专业词汇用法的学习和记忆。竞赛结束后，配合发给学生的"术语生词表和用法"将更加有助于学生对词汇和用法的长久记忆。

除了竞争的训练，在课堂任务的完成中还鼓励团队合作精神，几乎所有的场景表述训练和竞赛训练都是以小组合作的方式完成，同时在不同的题目下，鼓励不同的学生之间进行合作，既能培养学生之间的团体意识，又能在不同水平的学生之间形成信息的交换和流动，起到学生之间互相影响互相学习的目的，谋求班集体的共同发展。

3　课堂的延伸

专业外语教学应该具有延伸性，课程的结束不能意味着学习的终结。教师的职责不仅仅是讲授某一种词汇的用法和某一种语句的理解，更为重要的是教授给学生一种自主学习的能力和方法，并且为他们指引正确的方向，这样才能保证学生在教学之外随时随处都有可能成为专业外语学习的课堂。在我们的实践教学中，通常会结合自身教授的专业设计课程，在设计课中有针对性的渗透英文表述的练习，并且经常鼓励学生浏览外国建筑院校的网站，观赏他们建筑院校的公开课。同时，专业外语网络教学资料库也处在尝试阶段，未来能够为专业外语教学提供更多的素材资料。

4　结语

专业外语应该成为学生了解世界的一扇窗户，成为他们走进国际世界的一扇大门。专业外语教学的成果不应该仅仅是学生结束学业后停留在成绩册上的一个数字符号，我们更加期待的是一批又一批的毕业生可以自主的利用外语这门工具为他们的专业拓展一个更加广阔的天地，可以帮助他们参与更多的国际交流与合作。

参考文献

［1］渠秀芳.外语教学中应特别注重跨文化交际能力的培养.高等工程教育论丛（第三卷）［C］.北京：今日中国出版社，1996.

［2］马玉梅.英语课堂的启发与多样化教学.高等工程教育论丛（第三卷）［C］.北京：今日中国出版社，1996.

［3］张宏，陈映苹.情景教学法在城市规划专业英语教学的改革探索术［J］.广东工业大学学报（社会科学版），2010.2（1）：24–27.

［4］高早亮，孙明.浅谈我校城市规划学科专业外语教学体系的改革［J］.科教文汇，2008.11：133.

The Exploration for professional foreign language teaching reform of urban planning in order to cultivate innovative talents as the goal

Chen Ping　Xu Qiushi　Wu Huaijing

Abstract：With the development of the international cooperate of project and the international intercourse of technique，accelerating the education reforming of English for urban planning is necessary.This paper discusses about the necessity and urgency to bring new education technologies into the teaching，and also carries out first step to discuss how to approach it in the objective，the method and the mode.

Key Words：autonomic learning；teaching scenes；task-based learning；extended class

为学日益，为道日损
——《城市环境与城市生态学》双语教学改革新思路

刘 丽 刘 强 罗先诚

摘 要：本文在总结《城市环境与城市生态学》课程教学实践的基础上，提出了通过双语教学实现将"术"的传授，上升为 "道"之熏陶的新思路。是进一步发掘城市规划专业双语教学的潜力，改革教学方法的有益尝试。

关键词：城市环境与城市生态学；双语教学改革；新思路

1 引言

俞孔坚在《我的桃花源梦想》中提到，"几乎国内所有的城市都在修建大马路、大广场、大草坪，在那些气派的城市广场和景观大道的背后，是肮脏拥挤的小巷和臭气熏天的垃圾场"。

在城市人文特色日渐缺失、生态环境不堪重负的今天，该如何重建内心深处的桃花源呢？或许，教师应在城市规划的教学中，更多的让同学们理解城市规划的创意目标之所在：我们需要的不是一个展示型的城市，而是一个市民的城市，是一个可持续发展的城市，是一个符合自然之道的城市。

自从 1992 年在巴西里约热内卢的世界环境与发展大会上，针对生态环境问题提出"可持续发展"的理念以来，环境的可持续性已逐渐成为现代城市规划的指导性原则[1]。而《城市环境与城市生态学》是指导可持续城市规划的切入点之一，也是近年来发展较快的一门学科，国际上每年有许多最新的研究成果。对于该课程的双语教学，不仅仅是知识的堆砌，而是通过众多最新研究成果和案例的引入，让同学领悟其中的"道"之所在。

"为学日益，为道日损"，研究学问，学问将随之增长；而不断参悟道理，对道的理解会越来越简单明了，回归本质。新的时期，城市规划教学应引领学生不断参悟自然之道，在规划中跳出物质形态的束缚，回归以人为本的核心。实现创新转型的方法正来源于对于自然之道的体会。

2 《城市环境与城市生态学》双语教学改革理念

2.1 课程的灵魂——"自然之道"

联合国人居署发布的《全球人类住区报告 2009：可持续城市规划》全面评估了城市规划专业作为一种工具手段在应对 21 世纪城市的新变化和加强可持续城市化方面的有效性。并指出当前的传统城市规划必须进行变革，需重新定位城市规划在实现可持续城市化进程中的角色[2][3]。

建设部副部长仇保兴认为："城市应当被融合进当地的生态系统之中，而不是凌驾于它们之上"。我们的每一个规划都在改变生态系统的条件，每次规划产生的结果是形成新的生态系统[4]。自然界的循环规则和物质交换要求这个改变了的新的生态系统尽可能形成一个新的稳定状态，对已有的自然界循环规则或生态系统的改变都要回答这个问题：即自然界能否承受这个改变[4]。所以，每一个规划师在做出规划决定时，都要扪心自问：这种改变是不是人类生态环境所能承受的[4]。因此，在城市规划专业的教学过程中，应通过课堂的教学活动，将可持续的思想传达给同学们。

纵观城市规划专业的课程体系，《城市环境与城市生态学》是从环境与生态层面指导城市规划的主导理论

刘 丽：江西师范大学城市建设学院副教授
刘 强：江西师范大学城市建设学院副教授
罗先诚：江西师范大学城市建设学院副教授

课程。在环境日益恶化，生态系统日益脆弱的今天，城市规划师必须比以往更慎重地作出能产生各种影响的关键决定。从生态学和环境学的角度，指导我们建设适合人与自然生态平衡的人居环境，实现可持续的城市规划，是本课程的精髓所在。

中华民族有着五千多年的悠久历史。中国古代先贤的"天人合一"，道教的"道法自然"，佛教的"慈悲为怀"，儒家的"温、良、恭、俭、让"生活方式等思想深刻反映出中国的历史发展观是追求人与自然和谐共存，并顺应自然规律的。中国传统哲学"和为贵"、"和而不同"的思想也彰显出文化的多样性、民族的多样性、生物的多样性和谐相处的美好局面[5]。

因此，在可持续城市化与城市规划专业变革的新形势下，我国城市规划专业教育应更多地让同学们理解可持续城市规划的"道"之所在。《城市环境与城市生态学》课程的灵魂也即是让同学们在掌握基本理论知识的基础上，理解自然界的人本主义之"道"。

2.2 课程的目标——多元化思维

《城市环境与城市生态学》课程双语教学的巨大意义在于让学生了解学科研究的最新动态，并于中、外两种极具差异的思维方式引领下，通过联系、比较、综合两种思维方式对于同一问题的诠释，从而建立多元化思维模式，以掌握参悟自然之道的方法。

正如新东方的副校长王强所述："如果没有区别开来英语和汉语在思维层面上的差别的话，你说出来的还是汉语的内容，只不过是罩了一个英文的外皮而已。"在专业交流的时候，被普遍认同和参照的规划国际期刊以英文期刊为主。在很大程度上，不仅是语言阻碍了非英语国家的规划学者将各自的理论在世界范围内传播；更是语言背后的思维障碍阻碍了国际化的专业沟通。也就是说，不是英文知识不够用、词汇太贫乏，而是对于英语背后的思维模式理解基本空白。由于思维方式的差异，尽管我们完成了语言层面的交换，仍然无法理解这些语言符号所表达的意思，无法体会语言符号背后的逻辑之美。

所以，在双语教学过程中，应摈弃对于语法的过于苛求，而将重点放在对于最新专业成果的传达，以及对英美文化思考问题、表述问题模式的领悟上。课程的目标应超越"英语表述"的层面，达到"思维交流"的境界。应以语言为载体，使学生理解语言背后的思想和思维方式。将专业思维的多元化作为教学目标，引导同学们融汇中、西文化在实现可持续城市规划方面的解决之"道"，在不同思维的理解和碰撞中实现创新。

2.3 教改的思路——为道日损

老子曰："为学日益，为道日损，损之又损，以至于无为，无为而无不为"。老子对于"道"的概念包含着宇宙观方面的丰富内涵，主要意指天地万物的存在本根，即所谓的"道者，万物之奥"。对于城市规划的专业课教学，应让同学理解可持续的城市规划之"道"，其途径正需将专业课教学对于"术"的传授，上升为对于"道"的熏陶，即从技术的层面，上升为思维的层面。在课堂中增加学生的学习主动性，让学生在主动参与中，活跃地思考，沉静地体会。

作为教师，在课堂教学中可采用更为灵活的方式，在对基本知识点精讲的基础上，留下更多的空间让学生参与到教学活动中。引入课堂讨论、头脑风暴、案例式教学等方法和手段，并鼓励"求异"精神，让学生在主动参与的学习环境中，深刻体会中、西可持续城市规划的"道"之所在，并逐渐形成自身的思想体系框架。我国众多城市出现"千城一面"的局面，或许正是缘于设计师缺乏独立的创新思维；也正是缺少对于最新理论的研究，所以100年前美国人和欧洲人兴起的城市化妆运动正在我国如火如荼地进行着。没有独立的思想，只会沦为一个普通的工匠。所谓"为学日益，为道日损"，教学的思路不仅仅是灌输知识，让同学们的学问增长；更重要的是不断悟道理，最终对道的理解越来越简单明了，回归本质。如此，才能达到"无为而无不为"的境界。课堂教学的方法可以灵活多样，但其唯一思路应是让同学忘记课堂中所介绍案例和理论的"形"，体会其中的"神"。

3 《城市环境与城市生态学》双语教学改革实践

3.1 中西合璧的专业教材

原版教材与国内教材相结合，在过去被视为双语教学中由采用中文教材向全英文原版教材的过渡，是一种"折中的办法"，但这种结合正是实现多元化思维的重要途径。

我国的高等教育由于受受传统思维和观念的影响，教材强调知识的系统性、逻辑性、严密性，以此来反映该学科体系的基本原理。因此，国内教材体系完整，对于理论的解释和说明也严谨细致。国外原版教材的优势则在于其创新性。国外很多高校着眼于培养学生创新能力、探索精神、科研能力，因此教材编写中常把学生当成科研者而不是学习者。引进这样的原版教材，可以学习到新的教学思想和教育理念。且原版教材可以将国外最新的科研成果、最新的发展动态和变化最新的统计数据、完整的国外文献资料以最快的速度传递给教师和学生，有助于将教师和学生推向专业知识的前沿。因此，生动新颖的原版教材与系统严谨的国内教材相结合，无疑会促进学生深刻理解专业知识，开阔视野，启发创造力。

3.2 形式多样的教学模式

选择何种双语教学模式对双语教学课堂的构建至关重要。在具体的教学过程中，可循序渐进地采用多种教学模式（表1），以调动学生主动参与教学的能动性。

（1）第一阶段：初步适应期

由于绝大多数学生没有接触过双语教学，如果在专业课授课初期就使用全英语授课，学生会因听不懂而无法积极参与到课堂活动中来。因此在第一阶段采用过渡型的双语教学模式，课程以英文板书汉语讲授为主。但是采用张弛结合的教学模式。

一方面，增强课程的挑战性。在每一个章节的学习中，由教师针对关键知识点，提出问题（图1）。学生只可默记问题，不能用笔记录。这种默记模式，既可加深

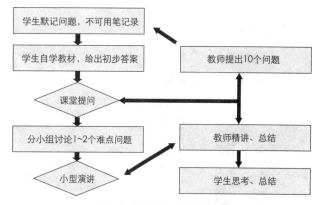

图1　初步适应期的默记模式

印象，也激发学生的挑战意识。而课堂提问、分组讨论和小型演讲的环节，也是让学生逐渐适应参与课堂互动的关键步骤。在这些环节中，尽可能给予学生鼓励。例如有些同学独自上台演讲缺乏自信，则可邀请两位同学一起上台，坐着和大家交流（图2）。

另一方面，增强课程的趣味性。采用"友谊之圈"，"抛皮球"等游戏，在轻松的氛围中培养学生用英语表达想法的勇气。以"友谊之圈"为例，让同学面对面围坐成两个同心圆，分别朝相反方向移动；移动暂停时，每位同学与正好面对的同学进行对话。在几番移动之后，每位同学都有多次机会向不同的同学阐述自己对于指定议题的观点，每次都能比上一次阐述更符合逻辑。通过此类游戏，能够让学生逐渐突破英语交流障碍。

（2）第二阶段：互相配合期

第二阶段采用保持型双语教学，以英语讲解为主，汉语讲授为辅。此部分的教学内容包括城市生态规划、

《城市环境与城市生态学》分阶段的多样教学模式　　　　表1

	双语类型	教学内容	教师授课形式	学生参与形式	教学要点
第一阶段初步适应期	过渡型	城市生态学基本原理、城市生态系统的分析与评价	英文板书与中文讲授相结合；指导自学，提出问题	课堂提问、"友谊之圈"、"抛皮球"等口语游戏，小型演讲	强调基本知识点的学习
第二阶段互相配合期	保持型	城市生态规划、生态城市建设	英文讲解为主，中文讲授为辅；侧重对课堂讨论的组织	课堂讨论，小组作业，辩论	刺激学生的主动性，引导学生对于专业知识"心领神会"
第三阶段独立思考期	浸入型	城市环境问题、城市环境规划	全英语教学。提供选题，总结议题	调研分析，课程汇报，模拟会议	创造机会让学生独立思考

图2　两位同学坐着演讲以缓解紧张情绪

小组代表做课程汇报（图3~图5）。此阶段挑战最大，也最大程度地发挥学生的独立思考和创造精神。

图3　小组代表做课程汇报

生态城市建设，是引领学生深刻体会可持续城市规划之"道"的关键部分。

　　此阶段主要采取课堂讨论的形式，组织学生对美国可持续发展规划的范例——西雅图市总体规划、新加坡的花园城市、德国鲁尔工业区的改造、英国伦敦的智能交通管理系统等进行研讨。实验心理学家Treicher的研究表明：人们一般能记住阅读内容的10%，听到内容的20%，看到内容的30%，在交流过程中自己所说内容的70%[6]。课堂讨论的效果可见一斑。此外，课堂讨论在我国也有着深厚的历史渊源：战国时期的官办高等学府"稷下学宫"曾容纳了当时"诸子百家"中的几乎各个学派，学者们互相争辩、诘难、吸收，成为真正体现战国"百家争鸣"的典型。因此，课堂讨论是促进学生与学生、学生与老师之间交流，激发思想碰撞，实现多元化思维的有效措施。

　　（3）第三阶段：独立思考期

　　第三阶段采用浸入型模式，以培养学生"独立思考"为目的。不直接告诉学生应当如何去解决面临的问题，而是由教师向学生提供解决该问题的有关线索。例如需要搜集哪些资料、从何处获取有关的信息资料以及现实中解决类似问题的探索过程等。即使在教师精讲的过程中，也不把书本知识作为唯一正确的答案，鼓励学生发表不同见解。课堂组织形式以课程汇报为主。学生们在课堂之外搜集资料、调研分析、研讨议题，在课堂上由

图4　课程汇报中的模拟评委

图5　课程汇报中学生的互动交流

3.3 多媒体辅助教学

多媒体授课以图形和动画为纲，强调用恰当的教学媒体来展示不同的知识点。屏幕图像中新颖的色调、合理的画面设计和跳出频率，不但传播了大量的信息，而且给学生清晰明快的感受。形象的照片与模型，将概念、判断、推理融于美感之中，富于启发、有助思考、印象深刻。能够促进学生较快地完成感觉、知觉、表象、想象、思维的全过程。《城市环境与城市生态学》课程涉及生态系统，环境问题，城市规划等多个方面。与此相契合的经典英文视频包括《探索》(Discovery)和《国家地理杂志》(National Geography)等。优秀的视频资料不仅可以激发学生的学习兴趣，更能通过生动的画面精准迅速的表达意义。在感受英语情境的同时，学生更能体味的是领先的理念和思维方式。这正是专业学习的目标。

3.4 网络教学平台

国外的课堂教育非常注重实验，他们的课堂非常活跃。老师经常为了证明一个简单的理论，用大量的时间去做演示实验，而留更多的时间让学生自己去思考和推导，这也必然需要充分地利用课余时间和网络平台。《城市环境与城市生态学》两堂课间隔时间为一周，如果仅靠课堂上有限的时间很难营造出持久的英语环境。这样就客观上要求我们摒弃原有的狭义课堂概念，依托网络获取无时无处不在的学习平台。

双语教学不应该仅仅是引入语言，更应该引入先进的教学理念。网络教学体系可以提高学生的自学能力和学习自主性，通过课堂之外大量阅读英文资料，与世界各地的学生用英语进行专业交流，有助于克服语言和思维带来的障碍。而网络的沟通，更可以使得学生有机会接触到国际一流大学的教学，把握国际的研究动态，拥有一个全球的视野。

4 总结

《城市环境与城市生态学》双语教学的重要价值在于通过中外建设可持续发展城市的先进案例和理论，引领同学参悟其中的真谛，并在两种思维模式的熏陶下建立多元化思维模式。实践证明，双语教学强调师生间的互动，强调教学资源、教学环境等全方位的第二语言的交互，而绝不仅仅是在英语课堂上听教师从头到尾用英语授课。基于双语教学的特点和难度，教师必须有魄力、有能力运用多种途径和方法引导学生独立地、能动性地去理解城市可持续发展的"道"，并逐渐形成自己在城市规划设计中平衡生态环境、经济、社会发展的解决之"道"。

参考文献

[1] 陈文，周昕.城市规划中可持续发展思路探——以昆明市为例.昆明理工大学学报(社会科学版).2010,10(4).

[2] UN-habitat.Global report on human settlements 2009：planning sustainable cities.UN-habitat，2009.

[3] 杨东峰.可持续城市化与城市规划专业变革——联合国人居署的观点及启示.更好的规划教育,更美的城市生活,北京：中国建筑工业出版社，2010.

[4] 黄琲斐.面向未来的城市规划和设计——可持续性城市规划和设计的理论及案例分析.北京：中国建筑工业出版社，2008.

[5] 屈宏乐.中德合作：可持续生态城市规划与管理项目.规划一级学科，教育一流人才.北京：中国建筑工业出版社，2011.

[6] 张远."网络化+交互式"双语教学探索与实践.高等教育研究学报.2007,30(1).

Constant Learning Makes Knowledge Richer and Principium Clearer
——A New Theory of the Bilingual Teaching Innovation of Urban Environment and Urban Ecology Curriculum

Liu Li　Liu Qiang　Luo Xiancheng

Abstract：Based on the bilingual teaching practice of urban environment and urban ecology curriculum，the paper put forward a new theory of teaching method innovation.The importance of bilingual teaching in achieving the conversion from "technique" to "idea" is proposed.The research is beneficial in further exploring the potential of bilingual teaching in urban planning，and is a useful attempt in reforming the teaching methods.

Key Words：urban environment and urban ecology；bilingual education innovation；new theory

"城市道路交通设计"课程的教学创新、实践与发展设想

王　燕　傅白白　李卓然

摘　要： 为提高城市规划专业学生的交通素养，山东建筑大学创新教学改革，增设"城市道路交通设计"课程，从教学目标、教学安排、教学内容、教学方法诸多方面构建完整的教学体系，尤其对教学内容进行有益尝试与总结。本文最后对城市交通规划教学提出发展设想，以期全面提升学生的综合交通规划能力。

关键词： 城市道路交通设计课程；教学创新；教学体系；教学实践；发展设想

随着我国城市化进程的快速发展，城市交通规划已成为城市可持续发展的重要环节。交通作为城市发展不可或缺的要素之一，它对城市定位、城市发展潜力以及城市生活品质、幸福指数等具有至关重要的影响。面对城市交通问题呈现出的从小范围路段向全城大范围区域、从高峰时段向全天时段、从大城市向中小城市蔓延的新特征[1]，交通规划人才的培养应适应城市发展的需求。面对"城乡规划学"一级学科的提升，二级学科的教学体系与教学内容也随之发生着重大变化，交通规划人才专业教育要同步于城市规划学科的发展。山东建筑大学创新城市交通规划教学改革，由既往单纯的"城市道路与交通规划"理论课程建设转变为课程群体系建设，增设核心课程"城市道路交通设计"（以下简称交通设计课），以期全面提升学生的综合交通规划能力。

1　课程的创新性

目前各类院校均将"城市道路与交通"设置为城市规划的专业基础课程，课程的重要性不必赘述，但孤立存在的理论课无论从教学质量还是从设计能力来讲都稍有欠缺。从长远意义来讲，对于缓解城市交通问题、促进城市交通可持续发展也会略显不足。因此，本校增设交通设计课的教学改革意义显著，其创新性体现以下几点：

1.1　创新课程设置，完善教学体系。

城市道路交通专业词汇多且陌生，过于抽象、枯燥、非空间化；工程数据知识和刚性规范要求多且繁琐，城市道路与交通规划课程被城市规划专业的学生认为过于抽象、枯燥和非空间化，难以引起强烈的学习兴趣[2]。因此，借鉴传统城市规划课程的设置情况配套交通设计课（见表1）。

城市规划本科专业核心课程设置表　　表1

序号	理论课程	学时	教学计划	设计课程	学时	教学计划
1	居住区规划原理	24	三上	居住小区详细规划	64	三下
2	控制性详细规划原理	16	三下	控制性详细规划	64	四上
3	城市总体规划原理	32	三下	城市总体规划	64	四上
4	城市道路与交通（上）	40	三上	城市道路交通设计	32	四下
	城市道路与交通（下）	40	三下			

1.2　创新培养方式，提升逻辑思维能力

传统城市规划与城市交通规划所采用的思维方式仍有一定差异，后者更侧重于基础数据量化分析的逻辑思维能力培养，而交通数据的科学获取与合理分析能力是

王　燕：山东建筑大学建筑城规学院讲师
傅白白：山东建筑大学建筑城规学院教授
李卓然：山东建筑大学建筑城规学院讲师

城市规划专业学生所欠缺的，因此，需设置交通设计课来强化学生的逻辑思维能力。

1.3 创新教学内容，交通专题选题宽泛

城市道路交通设计课程的教学内容既有经典理论知识应用，如交叉口设计、停车场设计、道路横断面设计等，又有路网规划、公交专项规划、交通枢纽设计、交通影响评价等综合性较强、涉及面较广的专题规划，选题宽泛，学生也可自主选题。

1.4 创新人才培养，适应行业需求

城市交通问题日益复杂，通过"城市道路与交通"理论课与设计课全面提升学生逻辑思维能力，深化理论实践融合，熟悉不同层次城市交通规划的工作流程、工作内容与设计方法，培养面向行业需求的交通规划人才。

2 "城市道路交通设计"课程的教学实践

本校在 2005 版教学大纲修编中提出交通规划课程体系建设，增设"城市道路交通设计"课程。自 2010 年起开始实施"城市道路交通设计"课程教学改革，其教学目标与教学安排、教学内容以及教学手段和方法也已日臻完善。

2.1 教学目标

通过本门课程的学习，初步掌握交通规划的内容、步骤、方法，培养学生在现状调查的基础上，分析现状存在的问题，灵活应用城市道路与交通课程的理论知识解决实际交通问题，对学生所学理论知识有系统地提升，使学生初步具备局部地区道路交通系统规划的综合能力，给出以城市道路交通的通畅、安全、低碳、可持续发展为目标的设计方案。在培养设计能力的同时，训练学生感知交通热点问题，关注社会需求。提高学生发现问题、分析问题与研究问题的能力，锻炼社会交往、群体协作的综合工作能力。

2.2 教学安排

本校交通设计课安排在四年级上学期（见表 1），各院校可从理论课教学和学生培养计划等方面进行统筹兼顾、合理安排。讲课学时是 32 学时，教学组织可采用

每周 4 学时（8 周）、每周 8 学时（4 周）两种方式，本校在教学过程中都进行过有益尝试。

（1）4 学时 /8 周方式——慢工细活式

交通设计的工作流程和工作思路对于城市规划专业的学生而言十分陌生，即使学习过理论知识依然对于如何开展交通设计束手无策，尤其是交通基础数据的调查环节，学生不能灵活掌握数据的获取手段，也不能完全保证数据的真实性和科学性，采用 4 学时 /8 周方式可以有时间让师生进行充分沟通之后再进行调查环节，并且对于交通调查的具体时间选择上留有余地。至于后续的设计也是如此，学生能有时间消化、吸收、反思、创新，有效提高教学质量。本校四年级上学期安排学生参加全国城市规划专业指导委员会组织的 2 周"社会调查报告"和 8 周"城市设计竞赛"，学生有时间来安排交通设计课并最终采用 4 学时 /8 周方式。

（2）8 学时 /4 周方式——趁热打铁式

紧凑的教学方式也适应部分院校。趁热打铁能加速学生紧迫感，也能在高压状态和连续思维下进行交通设计，但必须保证学生有课余时间能完成课下调查和课下作业，确保学生遵守教学进度，否则会影响教学质量。

2.3 教学内容

（1）教学内容的选择

交通设计课内容选择原则：一是紧贴理论教材，方便学生复习理论知识，达到理论实践融会贯通的目标；二是结合交通热点问题，提升学生学习的积极性和主动性，达到学生自主参与互动式的教学目标；三是采用教学任务书详细、明确，学生能尽快融入课程设计，达到预知难点问题提前探索答案的目标。根据上述原则，设计内容主要分为两部分：一是涉及面相对较窄的经典理论知识，设计深度要求高，为学生深化掌握理论知识和后续考研服务，例如交叉口设计、停车场设计、道路横断面设计等；二是涉及面相对较广的综合应用知识，但由于学时短、学生能力弱故深度要求相对较低，重在让学生熟知工作流程、工作内容和设计方法，例如路网规划、公交专项规划、交通枢纽设计、交通影响评价等。

（2）教学内容的实践

1）2010 年专题——交叉口及道路横断面设计

本专题为经典选题，理论课教学的重点与难点章节，

且日后无论考研还是工作都需掌握的知识。选题内容针对城市拥堵交叉口及相交道路断面进行实地调研、现状交通量统计，分析现状存在的问题及分析问题产生的原因，进行交叉口和道路断面通行能力计算，通过车道重新划分、交通渠划、信号灯配时、断面改造等措施提高交叉口及相关路段的通行能力，改善慢行交通环境，将城市道路与交通规划（上册）第七章第一节"平面交叉口"的核心内容纳入本设计专题（见表2）。

设计难点两方面：一是在于交叉口早晚高峰的基础数据调查，必须保证数据的准确性和早晚高峰时间的准点性。二是交叉口及路段的改造方案灵活度较大，需要熟悉交叉口及路段的所有细节，前期布置调查事项时就要引入案例教学，阐明发现问题、解决问题的着手点。注意事项主要是合理安排调查时间和每位学生的分工，交代清楚需要注意的事项，事无巨细，保证调查的高效率。

区居民"行车难、停车难"，进行交通微循环设计，并通过支路网梳理缓解周边城市干路交通压力，局部解决城市交通拥堵问题。

设计亮点是交通规划与管理并重，规划角度从打通支路网、渠化主要交叉口、加快停车设施建设、加强公建交通管理、慢行交通优先等方面规范行车、停车秩序，管理角度从管理机制、规划实施、推广实践等方面保障交通微循环的实施效果（见表3）。以学生比较熟悉的社区为研究对象，能充分调动学生的学习积极性。学生作业内容新颖全面，如"交通宁静化"社区交通微循环（见图2）、"老龄化"社区交通微循环、"共享"社区交通微循环等，并在设计中融入交通管理知识板块，提升方案的可实施性。设计难点在于全面权衡各方利益，营造良好的社区交通环境。

通过对基地小、问题多的社区交通微循环规划，促使学生举一反三、以小见大，对于学生日后参与城市综合交通规划打下良好的基础。

2010年"城市道路交通设计"课程的教学内容及学时安排 表2

周次	教学内容	学时	备注
1	系统讲授相关理论知识，布置任务书、交通调查分工	4	课外调查
1	讨论现状调查成果及问题	4	补充调查
2	交叉口、路段通行能力计算，对现状进行综合评价	4	
2	问题导向的道路交叉口、路段设计，第一次汇报	4	
3	导入交通规划理念，设计方案的理论提升	4	
3	设计方案的完善，第二次汇报	4	
4	成果初稿（说明书＋图纸）	4	
4	成果定稿，第三次汇报	4	

2）2011年专题——开放式社区交通微循环设计

本选题源自济南市"十二五"重点推进的交通热点问题，并与济南市历下交警大队联合进行实际项目的规划设计与管理实施。设计对象是建设年代早、停车设施缺、区内道路窄、社区出入口多、商住混合严重、交通管理缺等交通规划与管理的"贫民窟"社区。为缓解社

2011年"城市道路交通设计"课程的教学内容及学时安排 表3

周次	教学内容	学时	备注
1	系统讲授相关理论知识，布置任务书和交通调查分工	4	课外调查
2	讨论社区基本情况及道路、交通现状调查	4	补充调查
3	规划定位，第一次汇报	4	
4	路网规划、停车规划、重要节点及慢行交通规划	4	
5	管理机制、规划实施、推广实践等交通管理，第二次汇报	4	
6	规划听证会	4	社区内
7	成果初稿（说明书＋图纸）	4	
8	成果定稿，第三次汇报	4	

3）2012年专题——济南市古城区交通组织优化设计

本选题是针对历史文化名城古城区交通矛盾更为激烈的情况下提出，设计内容从济南市古城区土地利用、交通流特征、旅游景点对城市交通的影响、古城保护与

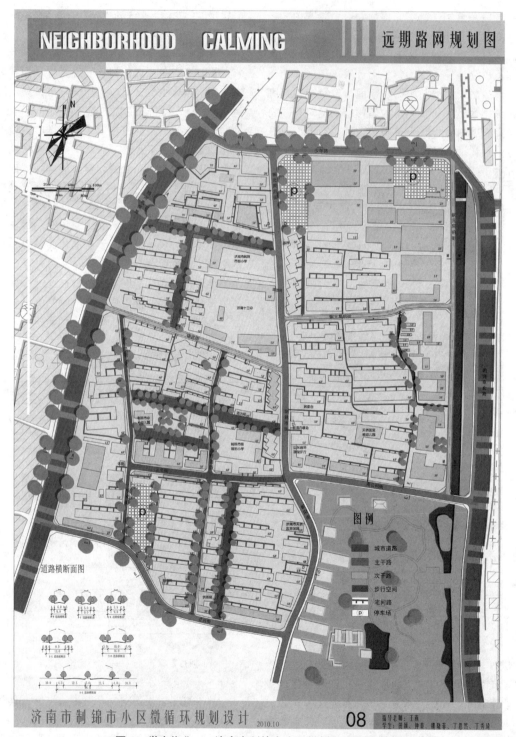

图1　学生作业——济南市制锦市小区微循环规划设计图

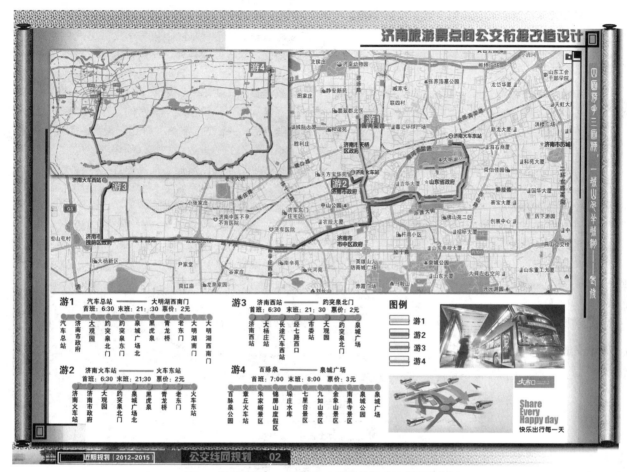

图2 学生作业——"泉水之都"旅游公交线网规划图

旅游开发等多角度考虑，包括路网规划、重要交叉口设计、停车规划、公交旅游线路优化设计四个次专题内容，各专题设计内容限于篇幅，不作详述（见表4）。

本选题亮点是学生自主选择设计专题，可从上述四个次专题选择一至两个进行设计，学生根据自身情况选题自由度较大，通过方案汇报共享学习成果，达到"作一知三"的效果。学生学习积极性较高，例如公交旅游线路优化设计专题，学生通过现场调研、问卷调查和公交站点数据统计获取旅游景点信息、游客信息及对公交满意度信息、公交站点客流量信息，完成作品有"公交＋自行车＋步行"绿色旅游交通线路规划、"泉水之都"旅游公交线网规划（见图2）、大学生旅游公交线路规划等。该选题有助于学生熟悉公交专项规划工作流程、工

2012年"城市道路交通设计"课程的
教学内容及学时安排   表4

周次	教学内容	学时	备注
1	系统讲授相关理论知识，布置任务书、选题、交通调查分工。（路网规划、重要交叉口设计、停车规划、旅游线路优化设计四选一或四选二）	4	课外调查
2	讨论现状调查成果及问题	4	补充调查
3	分组讨论设计方案	4	
4	方案深化，同选题内第一次汇报	4	
5	方案完善	4	
6	不同选题第二次汇报	4	
7	成果初稿（说明书＋图纸）	4	
8	成果定稿，第三次汇报	4	

作内容和采用技术方法，并结合相关交通理念深化城市旅游公交线网规划。

2.4 教学手段和方法

（1）交互方式，教学相长：老师主讲任务书、交通调查，学生自主选题，在设计过程中把主动权交给学生，培养其发现问题、解决问题、深化问题的能力，增加互动实现教学相长。

（2）学生团队，互触互动：课程采用分组设计，五至六人为一组，团队合作完成一套成果。学生分组采用学生主动结合、老师适当干预的方式，避免团队实力相差悬殊，要利用团队的荣誉感和好学生的示范带动作用来提高学生学习的积极性。

（3）多次汇报，你争我赶：本门课教学内容中至少保证三次汇报（见表2~表4），不仅可以使同学们之间互相学习，还有助于形成同学们你争我赶的学习氛围，有助于教学质量的提高。

3 城市交通学科教学的发展设想

"城市道路交通设计"课程是城市交通学科教学的一个必须的环节，它与"城市道路与交通"课程成为城市交通学科的核心课程。但培养学生交通规划能力绝不仅限如此，除核心课程外，还需要整合学科课程资源时时渗透、门门深化，创建联动教学模式，实现城市交通学科教学贯穿学生培养计划的全过程。山东建筑大学通过课程梳理和定位，体现不同时间、不同课程的交通规划教学目标，并通过"认知、理论、设计、实践、研究"五个不同层次的递进达到教学联动培养、过程无缝衔接的目标，采用"循序渐进、反复锤炼、层层提高"的教改措施，实现了学生系统的专业理论知识和扎实的专业技能全过程的培养（见图3）。

山东建筑大学构建的"城市道路交通设计"完整课程体系，创建的五层次、全过程、无缝衔接的交通规划联动教学模式，将会为城市交通学科累一定教学经验，但也仍有问题有待于学界进一步的研究与交流。

参考文献

[1] 柴彦威，肖作鹏.面对十二五——规划的中国城市交通发展转型[J].规划师，2011，（27）04：21-25.

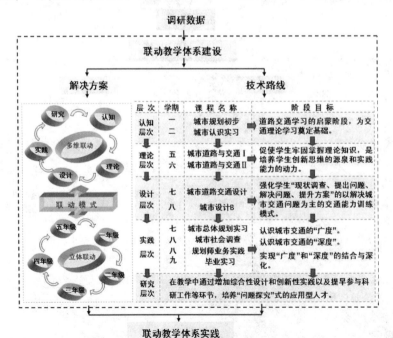

图3 联动教学体系图

［2］ 张艳，黄建中.从工程思维转向城市思维——城市道路
与交通规划课程教学实践初探［C］.2010 年全国高等学
校城市规划专业指导委员会年会.北京：中国建筑工业
出版社，2010：269-273.

［3］ 徐循初,汤宇卿主编.城市道路与交通规划（上册）［M］.
北京：中国建筑工业出版社，2005.

［4］ 徐循初,黄建中主编.城市道路与交通规划（下册）［M］.
北京：中国建筑工业出版社，2007.

"Urban Road and Traffic Design" Course
on Teaching Innovation and Practice and Development Ideas

Wang Yan　Fu Baibai　Li Zhuoran

Abstract：In order to improve the professional traffic literacy for urban planning students，Shandong Jianzhu University have teaching innovation and add "Urban Road and Traffic Design" course.The paper tried to build complete teaching system on teaching goal，teaching plan，teaching content，teaching method，especially on the teaching contents try and summarizing.In the end，the article puts forth some development ideas in order to improve the students' comprehensive ability of transportation planning.

Key Words：urban road and traffic design course；teaching innovation；teaching system；teaching contents；development ideas

"城市灾害防治"课程教学改革的探索与实践

王 燕 孙雯雯

摘 要：伴随城市化进程加快下的城市灾害问题日趋严重，社会对城市综合防灾规划教学提出新要求，需要学生掌握城市灾害基础知识，具备城市防灾规划的综合设计能力。山东建筑大学创新教学改革，增设"城市灾害防治"课程，从教学目标、教学安排、教学内容、教学方法诸多方面构建完整的课程体系，有效提高学生综合防灾规划能力。
关键词：城市灾害防治课程；课程体系；城市综合防灾规划

面对城市日新月异的快速发展，城市灾害问题宜不容忽视，其高频度与群发性、高度扩张性、高灾损失性、区域性等特点足以令城市倒退几十年甚至毁灭，城市防灾尤其是综合防灾工作迫切需要全面展开。城市综合防灾主要有两层含义，一是为应对自然灾害与人为灾害、原生灾害与次生灾害，要全面规划，制定综合对策；二是要针对灾害发生前、发生时、发生后的各项避灾、防灾、减灾、救灾等各种情况，采取配套措施。城市综合防灾应该是多灾种、多手段、全过程来考虑城市的防灾问题[1]。从城市规划学科的角度，主要体现为城市规划的城市综合防灾规划，其包含从总规层面、控规层面及详规各个层面，有规范约束、编制复杂。但目前多数高校仍将"城市灾害防治"设为"城市工程系统规划"的独立章节显然已不能适应社会需求。因此，山东建筑大学在社会需求背景下提出建设"城市灾害防治"课程。

1 课程设置的必要性

1.1 城乡规划法的提出

《中华人民共和国城乡规划法》规定城市总体规划的强制性内容包含防灾减灾，中心城区规划应确定综合防灾与公共安全保障体系，提出防洪、消防、人防、抗震、地质灾害防护等规划原则和建设方针。这对城市防灾规划提出更高要求。

1.2 学科综合性的特点

城市防灾学作为一门新兴学科和交叉学科，对城市

综合防灾的内容深度、规划设计方法与程序、实施管理、保障体系等均提出更高要求。目前，城市防灾从属于课程章节的教学现状已不适应学科的发展。例如同济大学高晓昱[2]提出"城市工程系统规划"课程中8学时的综合防灾规划理论与方法已迫切需要改进，可设置"城市综合防灾规划"课程。大连理工大学栾滨[3]提出"城市基础设施规划"课程中6学时的防灾工程，内容并不完善。

1.3 面向社会的需求

高校作为人才培养基地，需以社会需求和学科发展角度出发，适时调整教学体系，为培养社会急需、必需的人才打下良好基础。新编《城市综合防灾规划》(2011年5月，中国建筑工业出版社)教材的出版为教学体系的调整提供保障。

2 "城市灾害防治"课程的教学要点

本校2005版教学大纲修编中提出增设"城市灾害防治"课程，2010年起开始实施，其教学目标与教学安排、教学内容、教学方法、考核方式正在完善中。

2.1 教学目标

本课程是城市规划专业的专业任选课。课程任务是

王 燕：山东建筑大学建筑城规学院讲师
孙雯雯：山东建筑大学建筑城规学院讲师

使学生熟悉地震、洪灾、地质灾害、火灾等城市主要灾害类型，掌握城市抗震防灾、防洪、消防、人防、地质灾害防治等城市专项防灾规划内容，掌握城市综合防灾规划编制层次、各层次综合防灾规划编制内容与审批程序。

2.2 教学内容

本门课安排在四年级上学期，共16学时，每周2学时上8周。主教材是同济大学戴慎志主编的《城市综合防灾规划》（2011年5月，中国建筑工业出版社），该教材紧贴城市规划专业，重点阐述城市规划范畴内与城市规划编制层次相对应的城市综合防灾总体规划和详细规划，内容从广度和深度上能有效提高城市综合防灾规划的法定性和可操作性。补充教材为华中科技大学万艳华[4]主编的《城市防灾学》（2003年5月，中国建筑工业出版社），教材年代较早且与城市规划专业结合的不够密切，但第三章和第六章的内容可与主教材形成优势互补。第三章"城市主要灾害研究"重点论述地震、洪灾、地质灾害、火灾、可吸入颗粒物等灾害特征及成灾原因，

第六章"城市防灾规划"全面、系统的论述城市抗震防灾规划、城市防洪规划、城市消防规划、城市人防规划、城市地质灾害防治规划等主要专项防灾规划的内容。其中第六章内容与主教材第二章"城市综合防灾规划与相关专项防灾规划的关系"内容大相径庭，主教材立足点更倾向于两者的关系，对于还没有掌握城市综合防灾规划的学生来讲，重点知识混淆，难以消化理解，故以补充教材为主简化讲解城市专项防灾规划内容。补充教材的第三章和第六章为学生更好地掌握城市防灾规划重点内容起到举足轻重的作用（表1）。

2.3 教学方法

采取问题引导式——案例主导式——教师提升式三大步骤，层层递进、环环相扣，采用完整链条式教学方法提高教学质量，提升学生综合防灾规划设计能力。

（1）问题引导式：问题引导式是根据教学重点和难点知识设置问题，学生以小组形式通过查阅专业资料、社会实践考察、网络资源利用等方法，倡导学生自主思考、主动思考。

本课程教学内容、重点知识和难点知识、学时分配及采用教材情况一览表　　　　表1

周次	章节	教学内容	重点知识	难点知识	学时	教材
1	第一章 绪论	城市灾害、城市防灾、城市综合防灾、城市综合防灾规划的定义	城市灾害、城市综合防灾、城市综合防灾规划	无	2学时	主教材
2	第二章 主要灾害研究	地震、洪灾、火灾、地质灾害、水土流失、可吸入颗粒物、突发公共事件	地震、洪灾、火灾、地质灾害	地震	2学时	补充教材+主教材
3	第三章 专项防灾规划	城市抗震防灾规划、城市防洪规划、城市消防规划	抗震防灾规划、防洪规划、消防规划	抗震防灾规划、消防规划	2学时	补充教材+主教材
4	第三章 专项防灾规划	城市人防规划、地质灾害防治规划、重大危险源布局规划、灾后重建规划	人防规划、重大危险源布局规划、灾后重建规划	灾后重建规划	2学时	主教材+补充教材
5	第四章 城市综合防灾总体规划	内容构成、对策研究、现状分析、城市总体防灾空间规划	现状分析、城市总体防灾空间规划	城市总体防灾空间规划	2学时	主教材
6	第四章 城市综合防灾总体规划	城市疏散避难空间体系规划、公共与基础设施的防灾规划、危险源布局规划	疏散避难空间体系规划、公共与基础设施的防灾规划	疏散避难空间体系规划	2学时	主教材
7	第五章 城市综合防灾详细规划	类型与作用、控规的综合防灾引导、疏散通道规划设计、避难场所规划设计	控规综合防灾引导、疏散通道规划设计、避难场所规划设计	控规综合防灾引导	2学时	主教材
8	第五章 城市综合防灾详细规划	防灾公园规划设计、防灾安全街区规划设计、防灾社区规划	防灾公园规划设计、防灾安全街区规划设计、防灾社区规划	防灾公园规划设计、防灾社区规划	2学时	主教材

（2）案例主导式：伴随灾害频发，相关专业网站、新闻报纸等渠道的城市灾害案例不胜枚举，学生搜集案例、整理汇报、班级讨论的案例主导式教学客观条件满足，案例主导式可有效调动学生学习积极性，增加学习的趣味性。

（3）教师提升式：在学生积极性被充分调动，课题气氛活跃的基础上，教师对学生的问题进行总结、提炼，对学生的案例内容与理论知识有效融合，既培养学生逻辑思维能力又提升学生理论知识素养。

2.4 考核方式

本门课以期末考试成绩为主，平时作业完成情况为辅，比例为6：4。期末考试题型包括选择题、填空题、名词解释、简答题、案例分析综述题，选择题考查学生知识面，填空题和名词解释考察重要专业词汇及对其的理解，简答题考查学生重要知识点的综合分析能力，案例分析综述题为考试题型的亮点，提前告诉学生案例分析范围，让学生在考试前依然保持积极的学习态度，尽可能完善自己的答案，并在这个准备过程中获取所需知识并进行内容提升。平时作业完成情况以小组为单位评出总成绩，每个人表现不同而进行差别化打分。

实践结果表明案例分析综述题没有出现学生之间雷同答案，学生平时作业完成消极怠工的情况，通过考核方式有效促进教学质量的提高。

3 结语

随城市化进程的加快及全球气候变化，城市灾害呈现类型全而新、爆发多而广、灾害损失大而重的特点，通过教学改革，课程由独立章节上升为一门课程，学生的城市综合防灾规划能力有显著成效。当然新课程的建设仍有许多问题有待于进一步探索，比如城市综合防灾规划与城市规划其他专业课的融合，城市综合防灾规划成功案例的获取。希望本课程的建设能为广大教育同行提供借鉴，深入探讨。

参考文献

［1］戴慎志编著．城市综合防灾规划［M］．北京：中国建筑工业出版社，2011．

［2］高晓昱．同济大学城市规划专业本科教学中的工程规划教学［C］．2010年全国高等学校城市规划专业指导委员会年会．北京：中国建筑工业出版社，2010：263-268．

［3］栾滨，沈娜．知识、技能、价值取向——基于社会发展的城市基础设施规划课程教学探索［C］．2010年全国高等学校城市规划专业指导委员会年会．北京：中国建筑工业出版社，2010：275-279．

［4］万艳华编著．城市防灾学［M］．北京：中国建筑工业出版社，2011．

Exploration and Practice on Reformation of "Prevention and Cure of Urban Disaster" Course Teaching

Wang Yan   Sun Wenwen

Abstract：Along with the urbanization of urban disasters is getting more and more serious，new requirements have been raised for the comprehensive urban disasters prevention in the teaching，which demands students to master basic knowledge of urban disasters and have the design capabilities on the comprehensive urban disaster prevention.Shandong Jianzhu University have teaching innovation and add "Prevention and Cure of Urban Disaster" course.The paper tried to build complete teaching system on teaching goal，teaching plan，teaching content，teaching method and so on，which has effectively improve the comprehensive urban disasters prevention ability.

Key Words：prevention and cure of urban disaster course；teaching system；the comprehensive urban disasters prevention

多元、开放与包容：关于《中国近代城市建设史》[1] 教学与研究的思考

张天洁　李　泽

摘　要：聚焦近年来关于中国近代城市史的英文研究，分析学术多元化的场景中其对新文化史、城市研究等领域理论发展的吸收与借鉴，并探究这些转变对城市建设史教学和研究的启示。

关键词：城市建设史；近代中国；现代转型

1　导言

20 世纪末后结构主义和文化研究冲击了人文学科的大部分领域。围绕西方城市营建历史的研究已试图将历史行动者所表达的当时的惊讶复制到城市现代转型之中，视其为一种复杂的辩证关系，并将这一感受置于学术研究的中心。对于中国城市建设史的教学和研究，在一定程度上也相应走向"景观化"，即承认环境含义的多样性和分裂性，更倾向于揭示关系的丰富，而非通过体系或抽象而获取简明。这些转变已逐步显现在英文世界对中国近代城市的调查与探讨之中，在某些方面将为中国城市建设史的教学和研究提供新的思路与视角。

2　重塑近代中国城市

19 世纪末 20 世纪初见证了改造中国城市的重要努力。在此之前的封建统治时期，为了遏制地方精英的权力，城市并非独立的管理单位，而是由中央或省级行政机构管辖下的贸易枢纽。直至 19 世纪末伴随外国租界在中国通商口岸的建立，西方城市管理与建设的新理念逐步传入。租界的有序、美观、高效，为当时中国人自身的现代化蓝图提供了便利的范本，同时也提出了严峻的挑战。中国人改革城市的努力主要集中在几个领域，首先是重塑城市的空间体制，主要体现在建筑与城市规划领域，同时装扮城市及其市民，集中于公共卫生及保健方面。[1] 城市改革者们借鉴西方模式，并利用中国已有的机构制度，开始实施现代城市的管理和规划理念。他们努力将中国城市建设为清洁、健康、安全、有序、高效且高产。这种从物质空间到社会现象的城市现代转型引起了当代历史学者的热切关注。

一些研究跨越了像 1911 年这类旧的年代划分界限，而将清末和民国视为连续时期展开更广泛的考察，探讨有关近代中国城市的物质、政治、社会和文化转型的诸多议题。它们大多聚焦于某座特定城市的某一方面，详细阐述了中国近代城市新制度与基础设施的发展，对各种城市改革项目作出了多样化的评价。另有部分学者穿透了民国城市的摩登表象，挖掘呈现出更加复杂的场景，其研究对象也不再局限于以男性为主导的精英阶层。还有一些著述通过旅游业、报纸、通俗小说、画报、广播、电影和其他大众娱乐活动深入探究城市文化。它们试图揭示出城市大众文化与消费文化之间的联系，探讨意义超出城市本身的论题，例如民族主义、社会变革中性别身份的建构、中国的现代性，等等。

前述围绕中国近代城市的著述呈现出多层次、多样化、世界性的都市肌理，新与旧、现代与传统交织在一起。这些研究者多来自历史、政治学或国际关系研究领域，学者们在关注社会显现（social manifestations）的

❶　基金项目：国家自然科学青年基金（51108307）、天津市艺术科学规划课题（E10034）联合资助。

张天洁：天津大学建筑学院讲师
李　泽：天津大学建筑学院讲师

同时，但逐渐地，部分学者开始转向空间实践（spatial practices）以寻求其研究论据。

3 城市空间议题

近年来，"空间"受到了越来越多的关注。来自不同学科的学者们开始意识到人与其居住的社会空间有着紧密而又复杂的关系。城市空间寂静但明确的记录了其显现（manifest）同时帮助塑造（shape）的社会变革。Henri Lefebvre 在其经典著作 The Production of Space 中强调，空间不是被动的容器，而是一种社会产物，一种对社会实践以物质形式的显现（manifestation）。他以"空间实践（spatial practice）——空间的表征（representations）——表征的空间（representational space）"的回溯式进步来强调社会、历史、空间三者之间的辩证统一关系，并认为社会的变革只有在与之同步的空间社会的变化中才会发生。[2]David Harvey 在 Social Justice and the City 中提出空间与社会关系的联系并非简单的因与果，而是错综复杂的，这两个概念应该互补的思考，而非相互排斥。[3]相应地，城市空间正成为近代中国研究的热点问题之一。

史明正的博士研究聚焦北京的公共空间，意欲调查北京现代转型过程中政府与社会分别充任的角色。他认为从晚清到民初的改革改造了城市空间，官方和私人力量即市政府和地方绅商的相互作用促成了这一结果。其研究的出发点是加入到当时关于市民社会（civil society）和公共领域（public sphere）问题的热烈讨论之中。[4]而董玥在 Republican Beijing 中则将建成环境和人们的空间意识视为塑造民国北京城市特征的关键因素，细查了民国时期北京在空间上与行政方面的变革，揭示了在不同势力为控制城市空间而产生的争斗中所体现的权利关系格局，阐释了由政府支持的新公共性、象征性和礼仪性空间的建设工程。[5]

另一座首都南京亦受到关注。当时，国民党政府将南京作为国民政府的象征，意欲将南京建设成世界一流城市，与西方的强国首都巴黎、伦敦、华盛顿一比高低。国民政府领导人认为一座现代首都无疑有助于构建新生的国家的政治正统性。在外籍专家的帮助下，政府发起了一系列城市改造工程，包括建设中山陵、中山路、平民新村，拟定颁布《首都计划》等。Charles

Musgrove 以首都城市象征性正统性的建构为出发点，详细诠释了规划民国南京的科学方法论、运用于建设的美学实验、为营造神圣官方空间而对传统的重构等。其目的是要证明这种正统性是冲突的产物，而不是像惯常认为的在已故孙中山人格魅力感召下的全体一致。[6]徐颂雯则结合当时民国社会政治背景，剖析 1927 年至 1937 年间南京的城市改造，探究其背后蕴含的政治议程、规划尝试对于现代中国发展的意义、导致计划夭折的原因等。

首都之外，Peter Carroll 在 Between Heaven and Modernity 中调查了 19 世纪末到 20 世纪初苏州在心智、物质、社会等方面的城市空间的变革。甲午战争后根据《马关条约》苏州成为通商口岸，中国商人和官方都希望通过在苏州实行西式市政计划以增强中国对抗日本影响的能力。高彼德分析了政府官员、商界精英和普通民众如何努力将苏州这座传统古城重塑为充满活力而又具有明显中国特色的现代都市。他重点分析了苏州第一条马路的辟设、当地宏伟的孔庙的改建、各类园林古迹的修复，诠释了该近代城市空间如何从关于本地利益、国家文明和地方历史的诸多理念的冲突中产生出来。[7]

汪利平选取民国初期杭州的空间变化为研究对象，旨在考察理解中国城市进入现代的种种变化。该时期杭州的变化揭示了它与周围乡村、与毗邻大都市上海在社会和文化关系上的重大变迁。当时杭州经历着重新定位，以代替正迅速转移到其他地方的产业，其城市布局的变迁反映并影响了这种重新定位。汪的研究关注这一过程，分析其通过对城市空间的重组和对"游山玩水"历史传统的操纵，从而将杭州打造成一座近代旅游城市。它从传统的再造和文化的商品化等方面入手，剖析了杭州精英对于城市地位衰落的现代应对。[8]

大中城市之外的小城市也开始受到关注。之前因为小城市史料积累不足且十分零散，常常使研究者望而却步。邵勤以 Culturing Modernity 打破了这种局面。该书围绕小城南通对现代性的模仿展开了多维度研究，分析 1890 年至 1930 年短短 40 年间南通如何由闭塞的农村转变成进步的典范。作者详细剖析了以张謇为代表的地方精英用来展现现代的一系列新制度和文化现象，例如博物馆、剧场、电影院、体育场馆、公园、照片、名片、纸币、钟楼、建筑、调查性旅游，等等。这些均作为南通城市变革的不同方面，用以诠释 20 世纪初期中国政治文化商品化的趋势。

地处内陆腹地的成都也吸引了研究者的兴趣。Kristin Stapleton 的 *Civilizing Chengdu* 以清末新政和民国时期的都市改革为主要内容，研究近代的市政概念和管理如何在成都形成。作者认为始于 1901 年的成都市政改革是地方上对清政府提倡的新政运动的一个积极的响应，也得到民间的积极支持，其目的是使市政"文明"化。尽管辛亥革命打断了清末新政，但 20 世纪 20 年代成都的市政改革事实上是重整旗鼓，试图完成新政时期的未竟事业。另一位学者王笛则细致入微地调查了成都的街道，分析其在 1870 年至 1930 年间的转变。作者着重探究了城市平民和公共空间的关系、社区与邻里在公共生活中扮演的角色、城市改造运动和辛亥革命如何改变了日常生活，以及大众文化和地方政治如何相互作用。之后对茶馆的研究是王笛关于新文化史和微观史的进一步探索。

4 结语

前述的这些研究以变化中的城市景观作为新的讨论议题，并在相当程度上融入了文化史与城市研究领域新的理论发展。一方面，这些研究大多在分析中直接引用了福柯的著作，知晓福柯对学科权力的质疑，赞同福柯反对将文化理解为社会现实的发射。它们视城市为文化生产和文化表征的双重场所，因此详细审视细微且实证经验上可观察的特征细节，旨在揭示塑造文化形式的准则、力量和进程。实际上，受后结构主义和新文化研究影响，研究者们在诠释文化形式时，不再拘泥于发掘初始含义，而是寻求揭示含义的生成，这一生成过程被假定依据施动者和受动者而不同。因此，这些著作呈现了清末民初城市复杂多样的景象，物质的、心智的、社会的变革相互交织嵌套在一起。另一方面，前述著作也受到如列斐伏尔、哈贝马斯、哈维等理论家的启发，探究诸如表征、社会控制、城市特征、领域、空间的使用和日常生活等论题，力图揭示人们赋予空间意义的方法。

在讨论中，它们往往视空间为令社会关系显现的场所，提出了解释和感知城市景观的方式的重要问题。总体而言，这些研究倾向于用令社会关系显现的场所来理解空间，从不同角度丰富了我们对于近代中国城市的理解，在城市建设史的教学和研究中亦需有所体现。

参考文献

［1］ William T.Rowe, "Review of *Remaking the Chinese City: Modernity and National Identity*, 1900-1950, by Joseph Esherick," *The Journal of Asian Studies* 59, No.3（2000）: 706-07.

［2］ Henri Lefebvre, *The Production of Space*（Oxford, OX, UK; Cambridge, Mass.: Blackwell, 1991）, 26-39.

［3］ David Harvey, *Social Justice and the City*（Oxford: Basil Blackwell, 1988）, 46-47.

［4］ Shi Mingzheng, "Beijing Transforms: Urban Infrastructure, Public Works, and Social Change in the Chinese Capital, 1900-1928"（Ph.D.diss., Columbia University, 1993）.

［5］ Madeleine Yue Dong, *Republican Beijing: The City and Its Histories*（Berkeley: University of California Press, 2003）.

［6］ Charles David Musgrove, "The Nation's Concrete Heart: Architecture, Planning, and Ritual in Nanjing, 1927-1937"（PhD diss., University of California, San Diego, 2002）.

［7］ Peter James Carroll, *Between Heaven and Modernity: Reconstructing Suzhou, 1895-1937*（Stanford, Calif.: Stanford University Press, 2006）.

［8］ Wang Liping, "Paradise for sale: urban space and tourism in the social transformation of Hangzhou, 1589-1937"（PhD diss., University of California, San Diego, 1997）.

Pluralistic，Open and Inclusive：Thinking about Teaching and Research on Modern History of Chinese Urban Construction

Zhang Tianjie   Li Zhe

Abstract：The paper focuses on the recent English studies on urban history of modern Chinese cities.It analyses their engagement in new theoretical developments in cultural history and urban studies within the context of academic diversification. The paper intends to identify the scholarship shifts and further explore inspirations for the teaching and research in urban construction history.

Key Words：urban construction history；modern China；modernization

城乡规划视角下的灾难社会学研究

黄 怡

摘 要：本文探讨了在城乡规划中引入灾难社会学研究的重要议题。文章首先定义了灾难与灾难社会学的概念，接着分别从灾难社会学的研究内容及其规划应用、灾难社会学的空间导向及其规划关联、灾难社会学的研究趋势及规划呼应三方面阐述，最后强调了灾难社会学研究与城乡规划合作应用的意义。

关键词：城乡规划视角；灾难社会学

1 城乡灾难问题与灾难社会学研究

近年来，全球灾难的发生趋势表明，世界范围内即将迎来一个社会和自然灾难的高发时期。频繁发生的灾难，对人类以及城市和乡村的定居环境造成了极大的影响与破坏。并且随着全球化进程的加速，灾难的局部性不断降低，区域关联性不断增强，从某一地区引发的灾难往往会牵动整个区域，其破坏力甚至远远超出了灾难的发源地。灾难的频发性、不可预见性和关联性，也引起一连串的社会问题。因此，从社会学的角度研究城乡灾难问题，从城乡规划的角度关注灾难社会学的研究，值得引起规划学界的高度重视。

灾难的社会学定义众多，按照《美国英语遗产辞典》（1992），灾难被通俗地定义为"造成广泛破坏和苦难的情形的出现"。目前西方社会学界比较公认接受的是著名社会学家 C.E. 弗里兹（C.E.Fritz，1961）的灾难概念，它具有四个核心内容：①灾难发生的时间和空间；②灾难所产生的社会影响；③灾难所危及的社会单位（包括个人、家庭和整个社会）；④社会单位做出的反应或采取的措施。

对灾难的类型划分，若从主要的产生源讲，包括由环境危害产生的"自然灾难"（水灾、森林火灾、飓风、地震、海啸等）、由社会不稳定产生的"社会灾难"（基础设施、技术失控、金融市场崩溃、恐怖主义等），以及两者叠加的影响共同造成的混合灾难（例如传统的污染）。从产生的后果来讲，分为环境灾难、技术灾难（诸如飞机失事、石油泄漏和化学物释放等）和社会灾难（恐怖主义和其他故意的暴力行动）；至于后果的严重程度，Quarantelli（2001）曾提出，在任何单一的自然灾难情形中超过 25 人死亡和在工业与人为事故中 5 个人及以上死亡可被判定为灾难。从灾难影响人类社会的速度来讲，又可以分为突发性灾难（突然的、出乎意料的）和慢发性灾难（缓慢进行的）。尽管划分标准不同，这些灾难的共同之处是，它们造成了广泛的社区瓦解、异地安置、经济损失、财产破坏、死亡和受伤以及人们深刻潜在的情感创伤等。

灾难社会学是研究灾难的一个新兴而特殊的社会学分支领域，1920 年代开始起源于美国，自 1970 年代以来，国外灾难社会学的研究有了比较迅速的发展。相较而言，我国在灾难社会学领域的起步较晚，至 1980 年代末相关领域的社会学研究几乎仍处于空白状态。与其他学科相比，灾难社会学虽然在研究对象上与它们有一些交叉或叠合，但灾难社会学着眼于灾难及灾难同社会的相互关系的研究，聚焦于灾难带来的广泛的社会结构的改变和调适。它着重从社会学的角度，以社会学的一些方法研究灾难条件下的社会现象和社会行为，是宏观社会学与微观社会学交叉的一门应用性较强的学科。

2 灾难社会学的研究内容及其规划应用

关于灾难问题的社会学研究是灾难社会学的主体内

黄 怡：同济大学建筑与城市规划学院副教授

容，也是这门分支学科产生的根本目的。对灾难社会学领域现有大量西方文献的研究发现，主要内容涉及以下几方面。

（1）灾难的类型、功能研究，包括灾难对人类社会的负面影响以及正面功能，特别是如何扩大灾后社会重整的效应，这种重整效应可以使受灾地区的整合、生产率和发展达到受灾前的水平（Fritz，1961）。概括起来就是对社会中的灾难的考察，比较偏重理论研究。

（2）灾难中的社会行为、社会组织与社会结构。研究面对大规模突发灾难的集体行为和多样组织反应；研究人类对灾难的系统反应，包括个体、群体、组织、社区和国际层面对于灾难的反应（Drabek，1986，2003）。根据卷入灾难的团体的任务和结构，组织理论（Quarantelli，1966；Dynes，1970）将其分为既定组织、扩展组织、延伸组织以及应急组织，并对组织行为进行研究。研究也关注对灾难受害者和灾难综合症的讨论，以及人种与种族、阶层、性别等议题对灾后活动的深刻影响。这一部分着重是对灾难中的社会组织、社会结构的考察，理论研究为主，兼顾实际应用。

（3）针对灾难事件前和灾难事件后的突发现象的应急管理。确立在灾难研究中不同的关注领域，诸如规划、警告、疏散避难、应急、恢复、重建、感知和调适（Drabek，1986）。针对灾难周期的阶段分类（例如反应、恢复、准备和减缓的四个阶段）（Mileti 等，1975），制定相应行动策略；此外还有对灾难风险管理中的脆弱性的研究，以及如何利用灾难社区的资源种类和运用社会网络帮助灾后社区重建的研究。这一部分着重是对灾难条件下和灾后的社会管理、社会控制的探讨，比较强调研究的实际应用。

（4）灾难的定量研究，包括量化的判定与技术方法，主要针对灾难研究中数据统计的可靠性和有效性、研究变量选取、以及量化分析模式的建立与量化技术的改进展开研究（Dynes 和 Quarantelli，1975；Quarantelli，2001）。

对于城乡规划来说，规划过程涉及对潜在的灾难地区进行防灾减灾问题研究与防灾规划编制，在灾害发生地区进行灾后恢复重建规划。灾难社会学的研究内容为城乡规划理论研究和实践操作都提供了基础的社会与空间分析依据，具有重要的指导和启发意义。灾难社会学

的经验研究和知识传播，还有助于地方公众重构并增强地方性的防灾减灾意识，并为他们理解防灾规划提供知识支持。更直接地，灾难社会学中对于灾难与社会群体和组织的研究，可以作为灾前和灾后规划过程中基层社区公众参与的理论基础和行动指导。此外，灾难社会学的研究成果，包括对灾难本身的起因、范围、后果等的系统研究，可以通过规划设计策略转化落实，将在一定程度上预防某些灾难，及时制止灾难的蔓延，减轻灾难对社会造成的损失。

3　灾难社会学的空间导向及其规划关联

就一般意义而言，社会与空间之间存在着辩证的相互交织与依存关系，在灾难社会学的研究中，对灾难与社会之间关系的研究离不开对空间的关注。因为任何灾难的发生都具有特定的时间和空间，并且在特定的时间对特定的空间产生巨大影响。当一个区域或地区严重受灾后，不仅人员受到伤害，其物质空间也存在相当程度的损毁或破坏。物质空间的恢复重建既是灾后重建的实质性部分，也是社会重建与精神重建的寄托与象征所在，因此灾难社会学中的空间维度是不可或缺的，空间的介入将使得灾难社会学研究的实际应用功能发挥得更全面、更彻底；而空间维度的缺失将使得对灾难形成的深层结构因素的探讨、灾难影响的评价和对救灾减灾行动策略的制定缺乏应有的深度与向度。延伸一下，城市社会学科在 1970 年代以后也出现了空间的转向，并因此获得了对于城市现象与问题更合理、更深入的解释与分析。这对（城市）灾难社会学研究来说是个极为有益的启示。

空间研究对于灾难前的防灾规划和灾难后的恢复重建具有举足轻重的意义。而在灾后物质空间重建和恢复中，城市规划的责任与工作是首当其冲的，需要对灾后的物质空间进行重新鉴定和规划，为人员的未来发展提供新的空间。这不仅需要考虑受灾地的社会与人员状况，也需考虑灾难对社会及人员的后续影响以及相应的防护措施，以避免或减少灾难再次发生时的损失。恰当引入灾难社会学对于灾后重建体制的社会学研究，从文化、社会网络、系统功能等方面思考灾后社区重建的原则、策略和社会经济途径，将助于进行灾后评估、灾后重建规划及其实施、以及预判灾后发展中的社区发展等问题。

这既有利于针对受灾区的社会状况建立一个新的或完善的物质空间结构，还将有利于为灾后社区的构建提供积极的意义，并且从具体灾难之后的应急性规划中获得的认识、经验与智慧经过概念化、理论化后可以应用于灾前的长期性、稳定性规划。反过来说，城乡规划，尤其是城乡 / 城市防灾规划，则可为灾难社会学研究提供清晰的空间导向。

4 灾难社会学的研究趋势及规划呼应

在 30 年来灾难社会学的发展中，显露出这样一些实质性的趋势：①无论是考察灾难对社会的影响以及社会对灾难的反映，日益强调群体而不是强调个体作为分析的基本单位。②从对灾后状况的研究日益扩展至对灾前状况的研究，并越来越强调将灾前时期作为灾后影响改变的根源，研究日益聚焦于维持功能正常运行和造成功能障碍的长期因素的结果，并尝试进行灾难影响前后的模型建构。③研究过程遵循了从描述性的定性分析逐步向定量分析发展的要求与趋势。④趋势之四，灾难社会学研究对空间向度的强调。灾难社会学从社会维度朝向空间维度的转向，将进一步拓展其学科研究领域，有利于以社会 – 空间辩证法的视角综合地探讨灾难与社会之间的关系，形成灾难社会学全面的、联系的概念与分析框架。

灾难社会学的上述发展趋势很大程度上也在我国城乡规划的理论与实践动向中找到了呼应。例如，在规划环节上，从灾后应急过渡规划、灾后恢复重建规划扩展到全面系统的防灾减灾规划；在规划范围上，从城市规划拓展为城乡规划，从城市与农村的分离对待转为城乡统筹。尤为重要的是，这个空间导向，一方面意味着城乡将作为灾难社会学研究的整体社会 – 空间背景，另一方面更有助于在我国城乡规划中建立起城乡统筹的综合防灾规划体系。

5 灾难社会学与城乡规划的合作应用

灾难社会学从其学科形成之初，其实际应用的目的性就非常突出。随着当今灾难的频发性和影响关联性的不断加强，灾难社会学领域的研究越来越受到各国的重视，并日益被转化应用于广泛的实践领域。近年来我国正处于经济高速发展时期，其中难以避免地潜存着风险。

灾难社会学研究以及包括城乡规划在内多学科的有效合作也就具有格外紧迫的意义。

就城乡规划来说，其学科特征及专业特点决定了其最适合从空间维度探讨城乡灾难社会学，并能将研究成果应用于城乡防灾减灾规划的实践。另一方面，在城乡规划学科与专业领域中进行灾难社会学角度的思考，通过从经济、社会、空间、生活、政治等多个维度对城乡空间、社会与灾难之间的互动关系进行审视和反思，并进一步反映到各类型与各阶段的具体规划中，涉及产业布局规划与灾难风险规避（特别是工业选址布局的灾难风险规避）、基础设施防灾规划、住房与定居空间选址与避难规划、社会融合的居住规划等，这将有利于更深入地揭示在广义的人类城乡定居空间中灾难问题形成的深层结构，探讨人类面对灾难和应对灾难的基本理念和方略，并将有助于在我国城乡规划中建立起城乡统筹的灾难统一防御机制。

参考文献

[1] The American heritage dictionary of the English language [M].3rd Edition，1992，New York：Houghton Mifflin Copany：529.

[2] Charles.E.Fritz."Disaster."In R.K.Merton and R.A.Nisbet（eds.）Contemporary social problems [M].1961.New York：Harcourt，Brace and World.

[3] E.L.Quarantelli.Statistical and conceptual problems in the study of disasters [J].Disaster Prevention and Management.2001，10（5）：325-338.

[4] Thomas E.Drabek.Human system response to disaster：An inventory of sociological findings [M].1986，London：Springer-verlag.

[5] Thomas E.Drabek and David A.McEntire.Emergent phenomena and the sociology of disaster：Lessons，trends and opportunities from the research literature [J].Disaster Prevention and Management.2003，12（2）：97-112.

[6] E.L.Quarantelli.Organizations under stress.In R.Brictson（ed.）Symposium on emergency operations [M]，Systems Development Corporation，Santa Monica，

CA：3-19.

[7] R.R.Dynes.Organized behavior in disaster ［M］.1970, Lexington，MA：Lexington Books.

[8] D.Mileti，T.E.Drabek and E.Haas.Human systems in extreme environments ［M］.Institute of Behavior Science.1975.The University of Colorado，Boulder，CO.

[9] R.R.Dynes and E.L.Quarantelli.The role of local civil defense in disaster planning ［M］.1975.Washington D.C.：Government Printing Office.

[10] 黄怡 . 为风险社会规划：应对不确定性、挑战未来——第 21 届欧洲城市规划院校协会（AESOP）国际大会议题综述 ［J］. 城市规划学刊，2007，6：72-83.

Research on Sociology of Disaster in the Perspective of Urban and Rural Planning

Huang Yi

Abstract：This paper explores the issue of introducing the research on sociology of disaster into urban and rural planning.The article first defines the concepts of disaster and sociology of disaster；then elaborates the contents of sociology of disaster and planning application，its special-orientation and planning linkage，its tendencies and planning response.Finally，it specially emphasizes the significance and necessity of sociological research of disaster in cities and countries aiming to our national context，to help establish an integrated disaster prevention system in urban and rural planning，both in theory and practice.

Key Words：perspective of urban and rural planning；sociology of disaster

面向实践的城市道路与交通课程教学改革
——以城市道路交叉口调查和评析为例

汤宇卿

摘　要：本文以城市道路交叉口规划设计教学这一城市道路与交通课程中的难点为例，分析了原先通过知识点灌输的教学方法的弊端，提出了面向实践的主动教学方法。该方法通过组织学生进行城市道路交叉口调查和评析，让学生向城市这个大课堂学习，既能系统串联各知识点，又能使学生变被动学习为主动研究，并希望以此为突破口，在其他方面的教学中运用该方法，综合提高学生的水平和能力。

关键词：城市道路与交通课程；实践教学；改革

引言

城市道路与交通课程为城市规划专业基础课。通过该课程学习使学生掌握城市道路规划与设计的基本知识及方法，提高学生的综合设计能力，为后续的城市总体规划、详细规划以及城市设计的教学打下基础。

在具体的教学过程中，学生普遍反映该课程知识点多，知识点之间逻辑关系不强，记忆和运用困难，尤其是城市道路交叉口规划设计这部分，内容更加复杂，要考虑交叉口的具体设计，包括视距三角形的校核、交叉口展宽、人行横道线的设置等，又要考虑交叉口的渠化交通和信号配时，还要分析交叉口的通行能力，林林总总不下一百多个知识点。原先以课堂讲授为主，并通过相关作业进行巩固，学生往往觉得知识点太多太分散，缺乏主线的串联，对所学内容的重要意义缺乏认识，因此在课程学习上积极性不高，学习效果不明显。导致学生在实际过程中不知道如何运用所学知识点，具体表现在与该课程同时进行的"居住区规划设计"中，在"居住区规划设计"作业中，出现交叉口规划设计错误，而这些设计规范已经在本课程中有非常详细的讲解，这充分反映出在原先教学方法下学生不知道如何把所学的知识点运用到具体的设计之中。

面对这一问题，城市道路与交通课程必须要进行整体改革，要全面提高学生对本课程的兴趣和关注度，要培养学生主动学习和研究的习惯，提高学生运用所学知识解决问题的能力，实现课程与学生的互动。这就需要对满堂灌的传统教学方法进行调整，引入激发更多创造性的实践教学方法，并以学生觉得难度最大的城市道路交叉口规划设计为突破口，进行城市道路交叉口调研和评析，包括交叉口区位分析；交叉口现状调查，绘制交叉口平面图；交叉口交通组织调查，注意画线、信号灯周期和各相时间；交叉口交通流量调查，重点是直行、左转和右转机动交通量，同时兼顾自行车和行人量的分析；交叉口通行能力计算，进行涉及交通量和通行能力的道路服务水平分析；评析交叉口，提出改造建议。

通过交叉口调研和评析，让学生向城市这个大课堂学习，使课程学习更加生动有趣；让学生运用所学知识对现实进行评析，激发学生的积极性；让学生经历调查分析的全过程，从而实现知识点的有机串联，使知识体系更加完整。学生们对此投入了极大的热情，运用的多种方法，使出浑身解数，不仅递交了高水平的成果，而且感觉扎扎实实学到了很多东西。其主要特点包括以下方面：

汤宇卿：同济大学建筑与城市规划学院副教授

1 培养协作精神，体现城市规划教学特色

城市道路与交通课程针对城市规划专业三年级的学生，在此之前，学生完成作业往往是单打独斗，没有进行协作，但是，城市道路交叉口调查靠一位同学难以完成，需要团队协作。在课程组织上让学生自由组合，构成小组，如丁字路口调研由三位同学组成，十字路口由四位同学组成，五岔路口和六岔路口分别由五至六位同学组成，每位同学各占据一个象限，调查进入交叉口左、直、右的车辆数，分别进行统计核算。调查完成后，数据汇总、交叉口评析也要通过团队协作来完成。这就要求教师在课堂上对于团队协作的方法和作用进行补充讲解，并让学生参阅相关书籍，培养他们的合作精神，为以后在总体规划课程实践阶段，展开更广泛的协作打下坚实的基础。如有学生提到："在这次调查期间，小组成员互助合作，积极配合，凸显团队精神的重要性。"从而为将来学生走向社会，在学术、工作等方面展开全面协作，大兵团作战进行攻坚奠定基础。更符合当代社会对于开放性人才培养的要求，服务于我国高精尖人才的人格的培育。

2 利用现代技术，鼓励更新调查研究方法

按照教材的调查方法，需要学生结合交叉口信号灯的周期时长，交叉口的划线制作相应的调查表格，分别计算大型车、普通车、中型车、小型车和微型车的数量，然后换算为当量交通量，最后进行合计。但是，学生在

图1 交叉口的照片往往是评析的依据

交叉口一个人要管一个进道口左转、直行和右转车辆的统计，往往无法眼观六路、耳听八方，导致学生有时候统计不过来。在这种情况下，鼓励学生进行技术创新。有学生采取了在人行天桥上调查的方法，往下俯瞰，一目了然。有学生跑到了交叉口高层建筑的楼顶，并架设摄像机进行摄录，然后回去进行统计，大大降低了工作难度和强度，而且提高了调查的准确性，这也需要教师对此进行鼓励和引导，让学生八仙过海，各显神通。在调查过程中，拍照是每个组最常采用的方法，把照片引入作业内容，作为评析的依据，也取得了很好的效果。

3 结合课程设计，提高学生方案可操作性

在城市道路与交通课程授课同时，本人也承担"居住区规划设计"课程的授课工作，而"居住区规划设计"课程也选择了上海的曲阳新村和新江湾城两个区块作为学生课程设计的基地。因此，鼓励学生对这些基地周边的交叉口进行调研，通过调研，了解这些交叉口的设计的原则和方法，并自觉地运用在课程设计中，如交叉口人行横道的设置，公交站点的设置，地铁出入口的设置以及居住小区出入口和道路交叉口的关系都作为学生研究的重点。这样学生在交叉口规划设计所学的内容马上在他们的课程设计中得以运用，他们学习就更主动，所学就更扎实。如有学生提到："通过这次调研让我们体察到虽然是一个看起来貌不惊人的十字交叉口，但其实里面有很多学问。"

4 关注学科交叉，鼓励运用其他学科分析方法

这是本次城市道路交叉口调查和评析始料不及的，

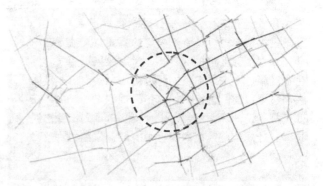

图2 某组同学绘制的交叉口连接度分析图

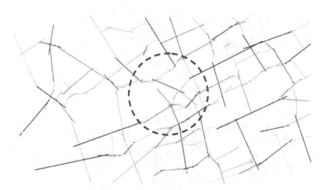

图3 某组同学绘制的交叉口控制度分析图

学生一下子迸发了很多热情,他山之石、可以攻玉,他们把所学知识全身心投入到调查和评析中,取得了意想不到的很好的效果。如某组学生运用 Axwoman3.0 软件分析该交叉口的可达性以及与城市主要路网的连接性。从交叉口的控制度和连接度等方面进行分析,研究车流进入交叉口的难易程度,分析交叉口交通的疏导作用,这就是一个很好的运用其他学科的知识运用于交叉口调研和评析的案例。

5 体现人性关怀,关注交叉口无障碍设计

无障碍设计在交叉口是重点,但是课本中讲解内容比较少,鼓励学生对于残障人士的关爱,仔细研究交叉口无障碍设计的要求和具体的做法,落实在调研交叉口平面图的绘制过程之中。同时,鼓励学生比较发达国家更为全面的无障碍设计内容,在此基础上进行对比和借鉴,让学生拓展了视野。如有组学生在调查报告中写道:"作为重要的平面交叉口,其无障碍设施还是较为良好的。在人行道上常常可以看到无障碍设施的标志,并且红绿灯运作时也有忙音指导。然而,美中不足的是在交通岛上缺乏盲道而人行道上的盲道,而且往往与其他设施相矛盾。其无障碍设施还可进一步完善。"该组同学发现盲道中断,且与电线杆"相撞",这不禁让人嘘唏,他们也为盲人在此捏一把汗,并拟马上把相关情况向有关部门报告。

6 细节决定成败,仔细分析各项设施布局

交叉口的各项交通设施布局也是本次调研的重点之

图4 某组学生发现某交叉口盲道设置的重大问题

一,在此基础上需要绘制交叉口总平面图,把交叉口范围内的各项交通设施,包括信号灯、人行横道、路缘石等的分布、位置、尺寸等一一标明。然后与课堂所学进行比照,看看是否一致。有学生反映:"在我看来,无论是前期的现场调研,还是后期的绘图和计算,最关键的就是两个字:仔细。在前期的实地调研中,除了基本的车道宽度、人行道宽度、划线、标识等内容之外,我还特地留意了盲道、缘石坡道的位置,甚至是划线宽度等一些细节。"这样,交叉口内原来认为互不关联的诸多细节,通过学生的调研,自然形成了一个整体。在此之后,发现学生在课程设计中也开始着重关注这些细节,有关交叉口方面的错误率大大降低。

7 有机组织调研,研究相邻路口的联动性

为了提高学生调研的兴趣,交叉口的选择由学生自主完成,但也引导几个组研究一条主干路上相邻交叉口的信号联动情况,如引导几组学生在上海北外滩选定采

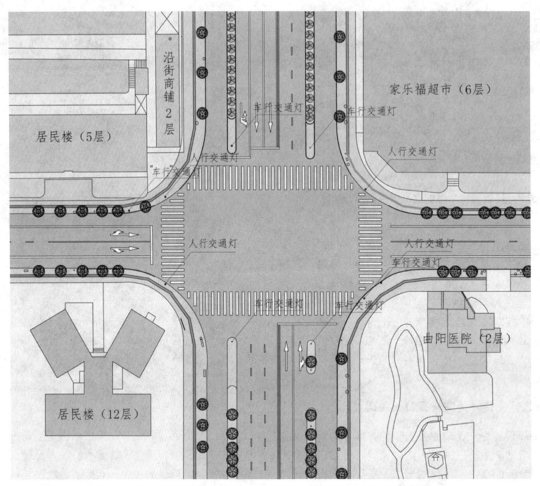

图5 某组学生绘制的上海曲阳路、玉田路交叉口平面图

用绿波交通的周家嘴路为研究对象，让各组在同一时间调研，分析相邻两个交叉路口同一方向或同一相位的绿灯起始时间之差，引导学生研究绿波交通，即分析该主干路上相邻信号灯的相位差，看该主干路上的一系列交叉口，是否有一套具有一定周期的自动控制的联动信号，使主干道上的车流依次经过前方各交叉口时，均会遇上绿灯。使学生从点控研究走向线控和面控研究，从一个交叉口的研究，拓展到多个交叉口或交叉口群的研究，也实现了大兵团作战的目的，学生的积极性更加高涨。

8 不必迷信现实，批判性地大胆评析

现实交叉口的规划设计并非尽善尽美，虽为专业人士所设计，但某些交叉口在具体的运营过程中不免走样，存在这样那样的问题，鼓励学生发现问题，并针对这些问题提出调整优化的建议。在调研中鼓励学生勤于思考，要带着怀疑的态度向现实学习。如学生发现三块板的道路，在交叉口自行车流量很大，但是公交站设在机非分隔带上，大量坐公交的人流和大量的非机动车流存在很大矛盾，指出了这一缺陷，并提出通过信号灯进行管理解决此问题的方法，做了很好的探索。

9 关注供需平衡，运用定量计算进行分析

现实交叉口的规划设计，包括信号配时、道路划线、交叉口展宽等，均与交叉口的通行能力密切相关。通过

图6 让学生在北外滩地区周家嘴路沿线选择交叉口

对交叉口通行能力的计算，分析交叉口的饱和度，对交叉口的运营进行评价，提出交叉口优化改善意见，是交叉口规划的工作重点。

如交叉口交通量超过通行能力时，则需要提出相应改善的建议，如改变信号灯周期、调整绿信比，交叉口展宽等；如某组同学发现信号灯绿信比设置不合理，流量大的绿灯时间少，流量小的绿灯时间多，他们把绿信比进行调整，有效地提高了交叉口的通行能力。通过定量计算和分析，可以引导学生们对交叉口的现状进行科学的客观的评价，为规划方案的提出指明方向，对规划方案的改善效果有了清楚的认识，也使规划决策可以做到心中有数。

但是这些平面交叉口改善的措施是有限的，当交叉口交通量达到一定量后，学生也发现这些措施都将失效，剩下的办法就是建设立体交叉口，或者对交叉口的流量进行分流，而这在寸土寸金的城市内部是很困难的。通过这些问题的分析，让学生知道，城市不可能无限制地

进行道路建设，进行机动交通供给，需要进行交通需求管理，构建供需平衡的交通体系，和谐才应运而生；另一种方法是构建发达的公共交通体系，倡导绿色交通的理念，这从另外一个方面来讲也是降低机动出行交通总量的有效措施，使机动出行总量的增长和城市道路的建

图7 某组学生做的交叉口改造方案——采用立交形式

设速度能够匹配，这不仅仅是交通领域，在城市规划的其他领域也是如此。

10 培养表达能力，通过交流共同得以提高

通过学生作业的批阅，使不同层次的学生都有表达机会。通过初选，把学生的作业分为 A、B、C 三等，并不是仅仅让 A 等的学生进行交流和讲解，而是从 A、B、C 不同等级的作业中分别选出 3 份，涵盖不同类型的交叉口，让九组同学上台介绍自己的调研和评析成果，教师进行点评。通过交流，让大家都有机会进行讲解，提升口头表达能力，使学生无论在调研能力、表现能力和相关知识拓展方面都受益匪浅。

结语

城市道路与交通规划是一门应用型的课程，调研和评析是搭建课堂所学与实际应用的桥梁，因此，需要把城市道路交叉口调研和评析的成功经验向整个课程拓展，拟进行城市道路路段流量调研与评析，城市停车场（库）调研与评析等，让学生有更多的站在讲台上介绍自己成果的机会。"授人以鱼不如授人以渔"，可以预见，这样的教学必然会激发学生更多的学习热情，学得更主动，更积极，更扎实，新一代具有丰富知识和全面能力的规划师也将应运而生。

参考文献

［1］ 建设部. 城市道路交通规划设计规范 GB50220—1995. 北京：中国计划出版社，1995.

［2］ 徐循初，汤宇卿. 城市道路与交通规划（上册）［M］. 北京：中国建筑工业出版社，2005.

The teaching reform of the curriculum of urban road and transportation which facing practice ——By example of the investigation and analysis of urban road intersection

Tang Yuqing

Abstract：Planning and designing of urban road intersections is a difficult part in the curriculum of urban road and transportation.By this example，this thesis analyzes the defect of infusion method of teaching，and proposes a new method in teaching which emphasizes practice.By organizing survey and analysis of urban road intersection，we provide students access to the school of city，then we can not only connect the knowledge in series systemically，but also change students from passive learning to initiative research.Moreover，we want to make it as a demonstration lesson which can be applied to other subjects，to improve the students' standard and ability in study.

Key Words：the curriculum of urban road and transportation；practice teaching；reform

三个层次的要求、三个层次的课程
——对城市规划专业 GIS 课程的思考和建议

钮心毅

摘 要：城市规划学科和规划实践对 GIS 应用存在三个层次的要求。第一层次普及型要求是规划师必须掌握的基本要求，第二层次专业型要求是部分规划师应达到的要求，第三层次研究型要求对少数从事特定研究方向的规划科研人员的要求。城市规划专业的 GIS 课程应适应三个层次要求，设置三个层次 GIS 教学内容。现有 GIS 课程的主要缺陷在于缺失了第一层次 GIS 教学，从而出现了课程内容过于庞杂、教学时间有限、与其他规划专业课程脱节等问题，导致了 GIS 课程实际教学效果并不理想。为此，建议本科阶段 GIS 课程的重点是围绕第一层次的教学要求，精简现有教学内容，突出"认识数据、阅读数据、专题制图"的教学重点。GIS 课程教师参与到设计课程教学中去，在使得学生设计课程中应用、巩固以上 GIS 技能。

关键词：城市规划；GIS 课程；教学要求；教学内容

1 引言

国内高校城市规划专业开设地理信息系统（GIS）课程开始于 1990 年代中后期。近些年来，各个开设城市规划专业的高校均陆续设置了 GIS 课程。虽然各高校设置该课程方式各所不同，课程名称也略有差异，但该课程在整个教学体系中的设置方案、讲授内容基本类似。以本科生阶段教学为例，现有 GIS 课程一般设在第 3-4 学年，内容由两大部分组成：GIS 基本原理、GIS 应用。基本原理部分讲述 GIS 一般原理，GIS 应用部分的内容与规划设计、规划管理相对应。

从教学效果来看，城市规划专业的 GIS 课程总体上不尽人意，与设置该课程的初衷仍有较大落差。1990 年代初，CAD 和 GIS 几乎同步引入规划行业。各高校的 CAD 课程开设时间虽然略早于 GIS 课程，但也相差不了几年。至今，CAD 应用早已普及，规划专业毕业生无一不会 CAD。相比之下，在中国城市规划中，GIS 仍尚未被普遍地、实质性地接受。学习过 GIS 课程的规划专业毕业生仍无法展开实际应用。学生很少有机会将专业课程和 GIS 联系起来。进入工作岗位后，应用机会更少，学过的知识技能很快被遗忘。

造成当前 GIS 应用局面的主要原因在于城市发展阶段、规划业务需求，基础数据供应不足等原因，笔者曾经专门撰文讨论过[1]。此外，笔者认为当前城市规划专业 GIS 课程内容、设置方式与此也有一定关系。笔者以下将对当前城市规划专业 GIS 课程存在问题提出一些看法和改进建议。

2 当前城市规划专业 GIS 课程面临的问题

2.1 对城市规划专业中 GIS 课程作用的认识

GIS 对城市规划是重要的工具。GIS 课程在城市规划专业中是专业基础课，重点是在于培养 GIS 应用能力，使得学生使用 GIS 解决规划中的实际问题，使 GIS 知识与城市规划专业理论、基本知识相联系，培养学生在未来实践中的应用能力。城市规划专业的 GIS 课程作用应该是通过该课程学习，使得学生认识到城市规划中的一些基本问题借助 GIS 可以做得更好，一些城市规划理论上应该做的事情缺了 GIS 难以做到。课程设置方式、教学内容应该从这个角度调动学生的求知欲望，为未来工作中主动应用 GIS 打下基础。

钮心毅：同济大学建筑与城市规划学院副教授

2.2 当前城市规划专业 GIS 课程存在的主要矛盾

对照前述对课程作用的认识，当前城市规划专业 GIS 课程设置方式和课程内容存在以下三个方面矛盾。

（1）课程内容体系庞杂

GIS 是一门独立的学科。国内高校中已经设置的 GIS 专业数量远大于城市规划专业。显然，不可能将一门学科的主要内容浓缩在一门课程内讲授完毕。当前城市规划专业 GIS 课程的授课内容已经根据规划专业需求进行了提炼，但是仍显得课程内容体系较为庞杂。

从各个高校已经设置的课程来看，讲授核心内容都包括了数据结构和数据管理、数据输入和数据转换、空间查询和空间分析三大板块。以上基本原理的三大板块内容，每一部分对应在 GIS 专业内，都是一门或者多门专业课程。除了 GIS 基本原理，课程内容还要涉及城市规划领域的相关应用，例如专题制图、土地适宜性分析、地形分析等案例。

另一方面，规划专业学生缺乏 GIS 学习的必要背景知识。从学科发展来看，GIS 学科脱胎于地理科学和测绘科学，与地理学、测绘学、计算机科学有密不可分的联系。学习 GIS 不可避免地涉及这些学科的背景知识。在这些背景知识中，城市规划专业学生最缺乏的是地学知识背景。例如，地图投影和空间坐标系是地学基本概念。在 GIS 中，不同数据来源的图层，如果不具有统一的地图投影和空间坐标系，就无法进行拼接、无法进行叠合分析。不了解地图投影和空间坐标系，许多 GIS 应用也就无法展开。城市规划专业学生无法从其他课程中获取这些背景知识，这就要求在 GIS 课程教学中不得不增加一些地学基本知识的教学。以上情况在工科建筑学背景高校的城市规划专业中尤其突出。为此，本来就庞杂的教学内容又不可避免地进一步增加。

（2）教学课时极其有限

在目前普遍设置的五年制城市规划专业中，多数学校设置了一门 GIS 课程（17~18 教学周，34~36 学时）。教学课时分成理论课程教学、上机实验教学两个部分。在理论课程教学中，主要讲授前述三大板块的基本原理，补充必要的背景知识。上机实验课程选择一种典型 GIS 软件，通过实验操作验证基本原理、学习城市规划专业应用方法。上机实践教学需要占用很多学时。

GIS 课程的教学课时极其有限，这与需要讲授庞杂内容形成了一个巨大的矛盾。学生要在短时间内接纳理解大量知识点，学习运用多种技能，教学效果难以保证。

（3）GIS 课程其他规划专业课程教学脱节

GIS 课程与其他规划专业课程脱节是城市规划专业 GIS 课程面临的另一重要问题。

因受历史的局限（GIS 在发达国家诞生和中国的"文革"几乎是同步），GIS 进入国内城市规划教育体系的时间并不长。目前处在规划编制、规划管理领导岗位上的资深专业人员，绝大多数不具备 GIS 基本知识。相应地，各个高校中除了负责 GIS 课程的教师，其他规划专业课程教师大多数也不具备 GIS 基本知识。在这一状况下，GIS 只能在 GIS 课程上出现，在《城市规划原理》《城市规划设计》等核心课程上不出现 GIS 内容。学生很少有机会将城市规划专业课程和 GIS 联系起来，学到的知识技能难以使用。

相比之下，学生能够很快具备城市规划实践需要的 CAD 技能，原因在于 CAD 相关技能贯穿到设计课程之中。设计课程要求学生必须使用 CAD。计算机辅助规划设计的许多制图要求，本身就是设计课的教学内容之一。学生在 CAD 课程上学习到的技能在设计课程上得到了充分的应用、巩固。

一方面，目前城市规划实践对 GIS 的需求并不迫切，规划专业毕业生不具备 GIS 知识并不妨碍在规划行业就业。另一方面，GIS 课程与城市规划原理脱节、与设计类课程教学脱节。在前期专业课程学习中缺少知识准备，在后续专业课程学习中缺少应用机会。很多学生未到毕业，所学的 GIS 技能已经忘却。

3　三个层次的要求

如何应对城市规划专业 GIS 课程所面临的问题，笔者认为应该从理清城市规划学科对 GIS 教学的要求、理清我国城市规划实践对 GIS 教学的要求出发。美国旧金山州立大学的 Richard LeGates 曾撰文讨论过城市规划专业如何进行有关地理信息课程教学，提出了一些有意义观点和建议[2]。虽然这些建议是针对英美城市规划教育提出的，对国内相关课程教学也有启示。笔者受 LeGates 的观点启发，结合自身教学实践，将城市规划学科对 GIS 教学的要求、我国城市规划实践对 GIS 教学的要求划分为三个层次。

3.1 第一层次——普及型要求

第一个层次是普及型要求，是每一位城市规划师应具备的基本 GIS 知识要求。GIS 是一门关于处理空间信息技术。规划师要面对各种类型的空间信息，如何处理已有的各种空间信息是每一个规划师必须具备技能。

结合我国现有的城市规划实践，掌握基本专题制图（thematic mapping）技能是普通规划师必须具备的基本 GIS 技能。城市规划的日常业务几乎每天和地图打交道，随着 GIS 出现，传统制图发生了很大变化。例如：地图的组合、移动、缩放变得灵活，对已有的 GIS 空间数据、属性数据作进一步处理，能产生出多种专题地图。即便在美国，这也是规划专业工作者使用 GIS 最频繁的工具[3]。

目前，许多国内城市已经建立的规划、土地、建设的 GIS 数据库。规划师会有很多机会接触到现成土地使用、土地管理、项目建设等 GIS 基础数据。很遗憾，在现实工作中，笔者发现许多规划设计机构的规划专业人员无法阅读现成 GIS 数据所包含的信息，一定要将其转换成 CAD 数据格式才会使用。GIS 基础数据转换成 CAD，会丢失相关属性信息，无疑对规划编制、规划设计带来许多不便。掌握了专题制图技术，就能够从数据中发掘出更多有用的信息。

3.2 第二层次——专业型要求

第二个层次是专业型要求。这一要求是规划师使用通用 GIS 软件，依托成熟的 GIS 功能、应用现成的技术方法，展开城市规划领域的分析应用，为解决城市规划中的实际问题提供决策支持。

规划编制中的许多问题可以依靠简单的 GIS 分析来辅助规划决策。其中，依托 GIS 的叠合分析（overlay）功能进行土地适宜性评价，已经是非常成熟的应用方法。进一步配合使用缓冲、地形坡度坡向等分析，可以组成较为复杂的 GIS 决策支持应用。笔者认为，并不是每一个规划师必须掌握这一类型 GIS 应用技能。在我国现有的规划实践需求下，一个规划设计机构有部分专业人员能够达到第二层次专业型的要求也就足够了。即便在重视 GIS 教学的西方国家，也不是每一个规划专业人员都能够达到上述的要求。

3.3 第三层次——研究型要求

第三个层次是研究型要求。这一要求是不仅能够使用通用 GIS 软件、现成的 GIS 技术解决城市规划的应用和决策支持，还能够掌握高级空间分析方法，能够将规划中的定量模型与 GIS 结合，在城市规划研究中发挥作用。在这一层次上，还要求规划专业人员对现有 GIS 功能进行适当的二次开发，解决现有 GIS 功能无法解决规划问题。

就我国当前的城市规划实践来看，对这一层次的要求主要集中在高校等研究机构内，是对特定研究方向的规划科研人员的要求。

4 三个层次的课程体系设想

4.1 三个层次对应的 GIS 教学内容

城市规划学科和城市规划实践对 GIS 三个层次要求对应了不同的 GIS 课程教学内容。

（1）第一层次的教学内容

对应第一层次的普及型 GIS 教学，主要目的是使得学生能依据现成的 GIS 数据，绘制出规划中应用的专题图，要掌握的技能就要包括阅读现成的 GIS 数据所包含信息、进行基本空间查询、依靠现有的 GIS 数据进行专题制图。第一层次 GIS 课程的核心可以简单归纳为："认识数据、阅读数据、专题制图"三个要求。这一层次教学的特点是普通规划师虽不足以进行很多 GIS 分析，但能够确保正确地阅读、利用现成的 GIS 数据。

目前通用 GIS 软件的发展，用户界面更加友好、更加易于学习使用。这使得普及型的 GIS 教学有了可能。在基本原理教学中重点应是数据结构、数据管理的基本知识，初步的数据的转换、专题地图的表达、空间查询。上机实验课程教学要求初步掌握一种 GIS 软件，实现正确地阅读、利用现成的 GIS 数据的目的。

（2）第二层次的教学内容

对应第二层次的专业型 GIS 教学，主要目的是使学生掌握成熟的 GIS 功能、掌握城市规划领域的应用基本方法。学生应该接受完整的、城市规划中 GIS 应用的技术与方法课程教育。在基本原理教学内容应包括数据结构和数据管理、数据输入和数据转换、空间查询和空间分析三大板块。在第一层次的基础上，第二层次的教学重点应是"数据输入、数据维护、空间分析"。

目前，商业化GIS产品已经能提供规划专业所需基本空间分析的功能，上机实验课程教学应选择一种适宜的GIS软件，重点学习如何使用该软件，实现掌握"数据输入、数据维护、空间分析"的相关技能。

（3）第三层次的教学内容

对应第三层次的研究型GIS教学，除了掌握第二层次的数据结构和数据管理、数据输入和数据转换、空间查询和空间分析三大板块教学内容，还要学习空间统计等高级空间分析方法，掌握更完整的数据结构、数据管理的知识，还要进一步学习编程技能，掌握一二种编程语言，便于进行二次开发。对于这一层次的GIS教学，显然单一的GIS课程是不够的，需要设置一系列相关配套课程。

4.2 基于三个层次的GIS课程设置设想

对照上述三个层次的教学要求和教学内容，可以发现，在三个层次中，第二层次的GIS教学是当前最普遍的模式。当前城市规划专业GIS课程设置就相当于笔者归纳的第二层次专业型要求。第三层次的GIS教学也不少见，在当前一些高校城市规划专业研究生教学中，已经为GIS应用方向的规划专业研究生开设了类似的课程。需求最广泛的第一层次普及型GIS教学恰恰是当前城市规划专业GIS课程的空白。

当前的本科层次的GIS课程教学目的、教学内容是试图将所有城市规划学生都培养成专业型的GIS应用人才。事实上，正如本文前面所述，这超越了城市规划学科和城市规划实践的要求。在十几年来的该课程教学实践表明，在有限教学时间内，要完全达到这一专业型教学目标是不可能的。为此，笔者提出了一个"三个层次的GIS课程体系"的建议。

（1）增加本科阶段第一层次的普及型GIS课程

第一层次的普及型GIS课程应是城市规划专业本科阶段学习的必修课程。本科阶段GIS课程教学目标应是第一层次GIS教学。对现有GIS课程庞杂的教学内容进行精简压缩，只保留第一层次的教学内容，围绕"认识数据、阅读数据、专题制图"三个要求展开教学。教学内容减少也能解决有限教学课时和庞杂教学内容之间的矛盾。精简后的多余教学课时可更多地用于上机和应用实践。

第一层次的课程教学核心技能是当前城市规划实践中经常有机会运用的，这也为GIS课程和其他专业课程相结合提供了接口。笔者设想，如果在4~5年级设计课程中，GIS课程教师主动参与到设计课程中。在设计课中，有意识地提供一些GIS基础数据，哪怕这些数据是由GIS课程教师专门制作的。在规划设计分析中，要求学生运用GIS绘制各种专题分析图。第一层次课程学习的"认识数据、阅读数据、专题制图"技能在设计课中得到应用、巩固，为毕业后参与工作实践打下基础。

（2）第二层次的专业型GIS课程作为本科阶段选修课程

当前GIS课程中其余的内容作为一门本科阶段选修课程仍可保留。学生学习完第一层次的普及型课程后，部分有兴趣、有能力的学生可继续选修第二层次GIS课程。有了第一层次普及型的课程基础，也就不必沿用18周36学时的课程模式。在第一层次基础上，设置一个9周左右的第二层次选修课程。其中，一半学时用于讲课、一半学时用于实践操作，就可以完成教学要求。第二层次选修课程应围绕"数据输入、数据维护、空间分析"的教学重点组织教学。

（3）保留目前研究生阶段的第三层次GIS教学

第三层次GIS教学是为特定研究方向的城市规划专业研究生开设。英美许多大学规划系也有类似课程设置，提供一系列不同层次高、中、低的GIS空间分析课程。国内也有高校采用了类似的模式。笔者对此层次课程的建议是，第三层次是以培养研究性人才的课程教学，要保留目前研究生阶段的类似教学课程，要进一步鼓励这一层次的学生跨专业选修一些地理信息科学、地理学、计算机科学领域的课程。

5 结语

当前城市规划专业的GIS课程教学效果并不理想，存在课程内容体系过于庞杂、课程教学时间极其有限、与其他规划专业课程脱节等问题。要解决这些矛盾，关键在于理清城市规划学科、城市规划实践对GIS应用的要求。在这三个层次的要求中，第一层次普及型要求是规划师必须掌握的基本技能，第二层次专业型要求是部分规划师应达到的要求，第三层次研究型要求仅是对少数从事特定研究方向的规划科研人员的要求。

城市规划专业的 GIS 课程应对应三个层次的要求，设置三个层次的 GIS 课程体系。现有的课程体系主要缺陷在于缺失了第一层次的 GIS 教学。为此，在本科阶段，重点是围绕第一层次的教学要求，精简现有的教学内容，突出"认识数据、阅读数据、专题制图"三个教学重点。GIS 课程教师参与到设计课程教学中去，使得学生能在设计课中应用"认识数据、阅读数据、专题制图" GIS 技能。保留现有的 GIS 课程其余内容，作为选修课程，教学重点是"数据输入、数据维护、空间分析"。

以上讨论和建议仅是笔者根据自身教学实践经验提出的设想，尚有待教学实践的检验。

参考文献

［1］ 宋小冬，钮心毅 . 城市规划中 GIS 应用历程与趋势——中美差异及展望［J］，城市规划，2010，34（10）：23-29.

［2］ LeGates R.，Tate N.，and Kingston R.，Spatial thinking and scientific urban planning ［J］，Environment and Planning B：Planning and Design，2009，36（5）：763-768.

［3］ Drummond W J，French S P.The Future of GIS in Planning：Converging Technologies and Diverging Interests［J］.Journal of the American Planning Association，2008，74（2）：161-174.

Requirements of Three Levels and Courses of Three Levels: Some Suggestions for GIS Course in Urban Planning Education

Niu Xinyi

Abstract：There are three levels of requirements for GIS applications in urban planning.The first level of the universal requirement is the basic requirement for all planners.The second level of professional requirement is that some planners should meet.The third level is research requirement for a small number of researchers engaged in some specific research fields in urban planning.GIS courses in urban planning education should be adapted to the requirements of the three levels by establishing three levels of GIS courses.The major shortcoming of the existing GIS course is missing of the first level GIS teaching.It brings some serious problems, such as too numerous curriculum, limited teaching time and out of touch with other planning professional courses etc., which result in poor teaching effectiveness.It is recommended that the undergraduate GIS course should focus on the first level of teaching, streamline the existing course contents, highlight the three key issues "understanding data, reading data, thematic mapping".Professors in charge of the GIS course should participate in design courses in order to give students opportunities to consolidate GIS skills in the design courses.

Key Words：urban planning；GIS course；teaching requirements；teaching contents

让学生讲给我们听
——城市规划管理与法规课堂互动教学的探索

杨　帆

摘　要： 本文阐述了城乡规划管理与法规课程中一堂"城乡规划行业管理"课的课前准备、课堂组织以及授课效果三方面的内容，具体介绍了笔者如何启发学生共同参与教学活动，让学生在领会和参与的基础上，通过"短剧"的形式表达学习到的内容。生动的教学过程使师生双方都印象深刻并受益匪浅，对继续提高教学方法和进一步开展研究都带来了很好的启发。

关键词： 城乡规划管理与法规；互动式教学；规划研究

同济大学城市规划专业本科生"城乡规划管理与法规"课程教学中，设置了"城乡规划的行业管理"这一内容。"城乡规划行业"概念的提出，是基于将城乡规划视为一个社会活动领域——这一活动能够产生相对明确的行为结果，比如，规划蓝图、政策建议、规划文本等，它有较为明显的社会经济作用，如，提供了城市管理的工具，能够对提高城市空间利用效率发挥作用；它遵循相近的工作程序，如，调查、研究、意见征询和部门协调等等；有相对固定的参与群体，并有一个以此为职业的核心群体，等等。同时，这一社会活动领域具有价值取向、参与成员、利益目标等方面的多元化特征；从城市管理乃至社会管理的目标要求出发，它提供了一个实现城乡管理的工具或者平台。

从"城乡规划"专业知识的学习，到建立起"城乡规划行业"的概念，对城乡规划专业学生来说，是一个不小的跨越。结合城乡规划与管理课程的整体教学计划，"城乡规划行业管理"这一内容占的分量较小，需要在两节课堂教学中讲清楚这一问题，授课难度较大。为了上好这一内容，笔者对授课方式进行了探索，事实证明，这一探索收到了良好的教学效果。

1　从对城乡规划行业属性的理解入手

对"城乡规划行业"概念的接受，以及对这一概念内涵和具体所指的理解，基于对"城乡规划"社会行为特征的把握。

从以往的教学经验来看，高年级的学生随着知识面的扩展，尤其是在参加了总体规划实习之后，对城乡规划社会行为特征的接受不存在很大的问题。课堂教学中，这一内容可以放在城乡规划与管理课程的开篇进行讲授，并在城乡规划行业管理这节课花一定时间进行适当回顾和提醒，即能达到效果。

需要强调的是，对"行业"这一概念的传统理解，往往与生产和经营活动相关。因此，除非以此为业，从事规划工作的人较难说服他人接受"城乡规划行业"这一概念。"城乡规划目前是不是已经形成一个行业了"——这是我向学生们提出的第一个预备性问题。弄清楚这一问题，主要通过布置课外阅读，让学生自己查找关于"行业"分类的相关知识，理解城乡规划行业的公益特性、公共特性和咨询特性。

因此，城乡规划行业管理这一讲授内容，是在理解规划过程和规划行政管理基本知识基础上的自然延伸。也是在学生掌握基本空间规划技能之后，需要补充掌握的对规划社会行为过程进行理解和观察的技能。

2　梳理城乡规划参与者的角色构成

"谁参与了城乡规划"，这是我向学生们提出的第二

杨　帆：同济大学建筑与城市规划学院副教授

个预备性问题。

首先，学生们必须弄清楚，是不是只有我们这些学了规划专业的人参与了城乡规划，规划的编制和实施的主体分别是谁，一个完整的规划或者说一个有现实意义的规划应该是什么样的。

其次，运用社会运行模式中"三个部门"的划分❶，提示学生们列出一个城乡规划参与者的清单。这一环节一般提前两个授课周期，通过课间交谈的方式发布，并请学生及时反馈不同意见和补充性信息，最终在课前形成一个较为全面的列表（参见表1）。

经学生投票形成的
"城乡规划参与者列表" 表1

编号	参与者名称	主要构成解释
1	规划院	规划师集中的地方
2	规划教育机构	大学里教规划、研究规划的老师
3	政策研究机构	官方、事业、民间的研究者
4	规划管理机构	局长、总师、科员、公务员
5	政府机构	市长、书记、分管副市长
6	政府职能部门	发改、国土、环保、住建等局委
7	立法监督机构	人大、政协；四大班子、五大班子
8	开发商	国企、民企；城投
9	境外事务所	负责人
10	市民	普通市民、业主委员会、居委

资源来源：笔者自绘，课堂使用。

第三，由学生课后对这十类参与者进行进一步的细化并具体到"个体"。这一细化过程，既需要学生有一定的规划实践参与经验（如，总规实习，或者是实题实做的课程设计），也需要学生平时关注规划热点问题，关心发生在身边的规划事件。

第四，"城乡规划的行业管理"是否存在"广义"和"狭义"之分，这是一个值得探讨的问题。狭义上，规划行业管理是指对规划从业人员的执业管理、规划机构的资质管理；广义上，规划行业管理是对参与规划的所有固定利益群体的规范、引导和约束管理。这一概念延伸，有助于学生形成一个认识：规划活动需要形成一套"游戏"规则，或者"行事"规则。

从实际授课过程来看，参加过总体规划实习的学生理解和完成上述预备内容并不难。在这里需要老师进行辅导和提醒的要点，在于逐步使学生接受"城乡规划非规划专业人士独享"这一事实，并养成去理解和揣摩其他参与到规划进程中的各种角色和人群所思、所想和所为，以及他们的行为特征、表达特征、利益诉求方式等的习惯。还需要提醒学生在了解利益取向多元化的同时，注重维护城市规划的核心价值，并从中找到理性思维的基础，因为城乡规划空间技能是以前人总结出的"科学的"规律为基础的，而"科学无需提高我们对事物表象的精确性，但是它必须提高我们处理事物的能力"❷。

3 组织课堂教学

在完成了上述预备内容之后，笔者向学生布置了教学要求：请你们讲给我听。

学生们听了之后表现出了兴奋的状态。同时笔者建议，分成十个组准备材料，然后推举代表在大课上交流是我以往的课堂交流方式，如果有更多的同学参加这一环节，就必须找到更好的方式。最后，笔者和学生达成了一个共同的意见：采用短剧的形式。

"城乡规划行业管理"这次课堂教学，在笔者用上半段时间对前述预备性内容和知识进行梳理的时候，已经感觉到学生们按捺不住的情绪。事实表明，接下来的后半段时间，是笔者讲授这门课以来受益最大、最满意的一段。

学生们编排了一个名为"规划那些事儿"的短剧。"演职表"显示，全班共有33人参加"演出"（该年级学生人数总计约50人），全"剧"时长近30分钟。从组织和表达方式上，学生们有如下几点创造性发挥：

其一，他们在课后进行了长时间的策划、酝酿、编排，仅提供给笔者的"剧本"就长达7页。短剧和剧本本身是集体智慧的结晶，学生们用实际行动诠释了规划的内涵。其二，为了突出短剧的效果，学生们制作了幻灯片用于将"规划事件"串联成具有逻辑关系的系列场

---

❶ 第一部门为政府机构，第二部门为企业组织，第三部门为非盈利性组织，这是一种社会机构的划分方法。

❷ 〔美〕约瑟夫·劳斯著．盛晓明，邱慧，孟强译．知识与权力［M］．北京：北京大学出版社，2004：19.

景，并配置了"画外音"以突出他们对一些重要环节的理解；而恰恰是这些"画外音"使短剧具有了学术探讨的氛围。其三，为了突出对规划角色的掌握，学生们将角色名称举在手中上场，既体现了学生因陋就简、就地取材的灵活性，也显示了学生的乐观幽默态度。❶

短剧是学生对"城乡规划活动"的直观理解和体会，也是学生用自己的表达方式做的讲述。老师这时候要做的，不是苛求短剧表述的完整性和准确性，而是适当地给予引导和点评。笔者针对学生们的短剧做了如下几个方面的点评：

其一，学生们对城乡规划过程中所涉及的各种复杂社会关系的理解是值得肯定的。在短剧中，学生们设定了除了直接参与城市规划的角色，还着意设定了若干个与关键决策者有关的社会亲属关系。这一处理的确超出了教室印象中的大学生所应该了解的，说明我们现在的城乡规划本科生并不是在死读书，也并不从主观上认为躲在象牙塔里能学好规划。对城市规划涉及社会关系的延伸理解，有助于学生在实际进入规划实践时更快地成长。

其二，学生们在短剧中模拟了一个征求部门意见的场景，多行政管理部门通过评审会主张利益诉求的情景，说明他们理解了城乡规划对多元利益的协调作用。笔者进而启发学生，在学校学到的规划理论，树立起来的规划核心价值，在面对这些利益诉求矛盾的时候应该如何行动；城乡规划又如何在协调多元利益诉求的时候，主张共同的价值基础。由此引发的思考，对学生们在共同的知识基础上承担不同的规划参与角色、为不同的利益群体服务提供了思想根源。

其三，学生们对专家角色构成的细分也值得肯定。短剧中模拟了专家评审会的场景，将专家设定成规划大师、经济学家、环境保护专家、境外设计师等几种类型，专家们的发言也各有特点、各有侧重、各具特色，生动地把握了国内规划界的最新思潮、最新动态和最新现象，既风趣又深刻。这一场景细节设定，说明学生们基本上具备了对规划行为的观察能力，并逐步将对规划活动、规划行为的观察，理解为规划从业者应当具备的基本知识和技能之一。这是非常难能可贵的。

其四，学生们也同时表现出了对某些社会现象的无奈，短剧中宴请、家庭、私人场合等情景的模拟，虽然

是现实的客观写照，但也必须在点评中指出这样做的危险性，提醒学生既然成为利益冲突的协调着，就要树立起客观公正的信念。角色扮演的意义和作用，不是一种揶揄或者调侃，而应当是启发思考和研究的钥匙，由此促使学生继续探索和寻找管理的良方才是这一节课的本意所在。

4 启发

从学生参与的积极性、参与效果和课后反应来看，这次授课取得了一定的成功。笔者和学生都从中受到了教益，达到了教学相长的效果。从授课方式和授课内容两个方面，都给笔者带来了启发，也对更深入地讲解和研究城市规划活动本身提供了灵感。

4.1 给授课模式带来的启发

有学生在课程小论文中感叹道，"随着进入城市规划的高年级，老师上课时用的PPT字越来越多，图越来越少"。缺少图示、图表和生动实例的课程，很难引起学生的兴趣，降低了教学效果。

即便是图表和图示丰富的课件，如果没能有效地吸引学生的注意力，让学生跟着老师的思路行进，也仍然只是停留在"举例说明"的层面，难以达到最佳的授课效果。比较理想的情形，是老师和学生在充分酝酿和必要的课前知识、信息准备基础上，共同完成的课堂学习。这样的课堂不仅对双方来说印象深刻、终生难忘，而且能够通过相互启发，获得新的灵感，达到对所学知识的融会贯通。

4.2 给选择授课切入点带来的启发。

在对课堂授课的反馈意见中，学生建议"多一些案例的分析，多一些课堂的互动，多一些学生能亲身参与的教学"。反观我们通常采用的教学模式，先灌输概念、文献、背景知识，再进入实例分析和案例介绍，可能这个时候已经过了若干教学周了，学生们已经产生了厌倦情绪，缺席现象和缺席比率逐步增长。

如果采用学生的建议，用新鲜的、经过精心挑选的

---

❶ 见学生提供的短剧视频录像。

通过本次课所形成的对研究领域的划分　　　　　　　表2

学术领域 学术活动	"城乡"	"规划"	实践领域
	Urban-rural	Planning	实践活动
研究（study）	城市 乡村 "城市研究" 区域	规划过程 规划机制 "规划研究" 规划管理	管理
编制（plan）	法定规划 技术规范	规划实施 规划实效	实施

规划案例入手，师生平起平坐共同探讨这些规划案例所包含的有价值的信息，然后将这些信息逐步收敛而导向一些知识点、理论范式或者规则要点。这样的教学模式，学生很难中途而退，也会学得更有主动性。

4.3　对可能的研究领域带来的启发

学生们排演的"规划那些事儿"短剧给笔者的最大启发，是对于城市规划研究领域的划分，这将有助于笔者继续开展针对规划活动和规划行为的研究。

笔者将这一启发在后边几节课中与学生们分享，指出"城市研究"的基础性作用，以及"规划研究"对实践活动的指导作用。事实上，目前规划研究中缺少对"规划活动"、"规划行为"本身的研究，而这一研究对城乡规划的实践指导意义甚为关键。通过对规划行为的研究，可以厘清城乡规划的行事原则、工作原则，探讨规划师应当遵循什么样的行为规则和准则，应当针对不同的城市问题而采取什么样不同的工作方式，运用什么样的工作流程，或者建立一套相对可行的判断方法。

在启发学生们继续进行研究的同时，推崇科学理性的研究态度，提倡通过调查分析得出结论。尽管对规划行为的研究面临重重难题，面临着调查方式、调查内容等的多种限制，但是，这项研究并不是简单的叙事，而是一项科学性研究，因为"科学研究很大程度上包括产生可靠的、可重复的结果，这些结果或者提出了重要的科学问题，或者有助于解决问题"❶。

参考文献

［1］ 杨帆.培养面向社会实践的规划师品质——对城市规划管理与法规课程教学目的和方法的理解［J］.全国高等学校城市规划专业指导委员会年会论文集.北京：中国建筑工业出版社，2011.

［2］ （美）约瑟夫.劳斯著.盛晓明，邱慧，孟强译.知识与权力［M］.北京：北京大学出版社，2004.

---

❶ （美）约瑟夫.劳斯著.盛晓明，邱慧，孟强译.知识与权力［M］.北京：北京大学出版社，2004：21.

Let Students Give a Lecture by themselves
——the Research of Interactive Teaching of Urban Planning Management and Regulation

Yang Fan

Abstract： This paper elaborates the preparing, organizing and instructing of the lecture of planning profession management, one lecture of The Course of Urban Planning Management and Regulation.Students produced one short play to express what they have learned，and interacted with teacher in the classroom.This kind of interactive teaching give both of students and teacher inspires and will help the coming study of urban and planning.

Key Words：urban planning management and regulation；interactive teaching；planning study

城市规划中的市政工程规划教学探讨

刘学军

摘　要：随着城市建设中越来越重视市政工程设施的建设，城市市政工程规划在城市规划中的地位日益增加。当前城市市政工程规划的教学中还存在着学生学习困难、对课程重视程度不高、缺少课程实践等问题。本文在分析上述问题的前提下，提出应加强城市市政工程规划课程体系建设，增加课程计算量、拓展相关设计课程的理念，以完善城市市政工程规划课程的教学。

关键词：城市规划；城市市政工程规划；课程教学

1　城市市政工程规划在城市规划中的意义

1.1　城市市政工程是城市的基础

　　城市市政工程涵盖的内容十分广泛，我国所指的城市基础设施通常是工程性的基础设施，包括交通、能源、水、通信、环卫、防灾六大工程系统。它们既是工业生产的的物质基础，也是人民生活必不可少的物质条件[1]。城市建设离不开城市市政工程，城市能高效正常的进行生产和生活等各项社会经济活动，依赖于城市基础设施的保障[2]。建设好各种市政工程设施是城市政府的基本职责之一。

　　城市基础设施建设，将是我国未来城市建设的重点任务之一。我国城市建设速度举世瞩目，创造出了很多辉煌的成绩。但是在建设过程中，也存在许多的问题，其中之一即是重视地面上的建设，轻视地面下的建设。随着城市人民生活水平的提高，对城市生活质量的要求逐步提高，对市政建设提出了新的要求。比如对交通拥挤、环境污染的容忍度下降，要求改善交通、治理污染的呼声越来越高。近年来极端的气候现象对城市基础设施提出新的考验，比如高强度的降雨造成的城市内涝对城市排水系统的提出新的要求，高温酷暑对电力系统的考验，冬季寒冷天气催生居民对供热工程的要求。这些都将促使城市政府在城市建设和规划过程中更加注重城市市政工程建设[3]。

1.2　城市市政工程规划与城市规划相互作用

　　城市市政工程规划是城市规划的重要组成部分，是完整的城市规划不可或缺的一部分。一方面城市规划内容必须包含市政工程规划，为城市市政工程建设规划预留用地和管线通道，保证城市的功能完整。另一方面，城市的基础设施供应能力，也制约和促进城市的发展。好的基础设施能保证城市提高良好的生活和工作环境，促进城市健康发展；城市基础设施供应不足，会制约城市的承载人口和相应产业项目的空间。

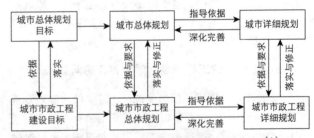

图 1　城市市政工程规划与城市规划的关系[1]

1.3　城市市政工程规划教学中应达到的目标

　　城市市政工程规划是城市规划专业教学中的必修课程，通过该课程的学习，应使城市规划专业学生掌握必要的市政工程专业知识，能在宏观层面上把握城市基础

刘学军：武汉大学城市设计学院规划系讲师

设施建设和城市建设的相互协调关系，在城市规划过程中合理布局城市基础设施，并能与相关专业人员进行良好的沟通合作[4]。为了达到这个目标，要求教学过程中，使同学了解各市政工程的基本工作原理，掌握市政工程规划的基本方法。

（1）使学生了解各市政专项工程的工作原理

城市基础设施建设中的各个工程系统差别大，专业性强，作为专业的城市规划人员，必须了解其中的工作原理，清楚基本的工作流程，才能理解其对用地选址、规模和管道走向的要求，并在城市规划过程中，合理的进行空间布置。比如在排水工程中，了解了污水处理厂的污水处理流程中，会有较大面积的污水沉淀池暴露在空气中，散发出难闻的气味，就很容易理解污水处理厂选址中的位于城市下风向的要求；同时知道污水处理过程中各工艺中，需要污水流经不同的反应池，就很自然明白，有一定地面坡度的用地比平地能减少污水处理厂的建造成本。

（2）使学生掌握城市市政工程规划基本方法

城市市政工程规划与城市用地空间规划在操作方法上有很大的不同，其中的量化分析远多于城市用地规划，对于工程经济的要求也较多。因而要求城市规划专业人员理解城市市政工程规划的过程，做到和各专业之间的协调，做好规划用地方案和市政工程规划的衔接[5]。同时，城市市政工程规划中，各专业工程系统由于工作原理不同，规划方法也不一样，同学应在熟悉其工作原理的基础上，掌握其规划操作方法。

2 当前城市市政工程规划教学中存在的问题

从施教者的思想认识角度来讲，目前城市规划专业教育中有一种"去物质化极端"[6]思想的存在，而要求在城市规划中淡化城市市政工程规划的想法可能是这种思想的主要内容之一，因而造成对城市市政工程规划的教学的重视程度在下降。从学生的角度来讲，由于市政工程规划中涉及专业内容较多，教学中各专业内容难以深入展开，造成学生理解上的困难；同时量化分析较多，相对于其他课程计算量较大，市政工程规划往往成为城市规划专业同学认为比较难学的一门课程，教师在教学过程中也难以调动学生的学习积极性。分析其中的原因，大致有以下三个方面。

2.1 课程涉及专业门类多、跨度大

本课程涉及专业门类有：给水、排水、电力、电信、燃气、供热、环卫及综合防灾，每一个工程系统都是一门专业，而且各专业门类涉及的基础知识也较为分散，即使是对每一门专业作粗浅的了解，都需要较多的时间和精力。目前有不少学校对于城市规划专业的招生是文理科兼招，文科同学一般数学和物理知识较为薄弱，掌握起来难度更大。

城市规划专业即要掌握对城市的整体宏观控制，也需要对一个小的地块进行详细的平面设计，相对应的市政工程规划，也是既有宏观层面的把握，也有微观层面的控制。比如供电工程规划中，同学既要学习在总规阶段的对整个城市的用电量和用电负荷的预测计算，又要学习在修建性详细规划阶段，变压器之间的接线关系。这种多专业门类知识的学习、每门专业知识宏观和微观层面的同时把握，使得一门课程中的教授和学习都面临较大困难。

2.2 学生对课程的理解和认识不足

相对于规划专业的其他课程，市政工程规划课程内的计算量较多，更注重定量分析。市政工程规划课程一般开设在第六学期，同学们先期接触的课程一般计算量都不大，而且较为偏重空间形象思维，在学习市政工程规划课程之前，同学们心中的城市规划更多的偏向对城市地面空间形态、功能分区等方面的理解，对注重基于定量分析的市政设施空间布局和容量预测难以短时间内适应。因而许多同学在学习市政工程规划课程中，需要进行较多计算时，感到不是十分适应。

另一方面，在实际的规划过程中，市政工程规划一般是规划院的专业市政机构完成的，其中的规划设计人员较多不是城市规划专业毕业，专职的城市规划设计人员较少进行市政工程规划设计，因而工作中的规划师有的认为城市规划专业不需要掌握太多市政工程规划的知识。这种信息难免会通过各种途径传递给规划专业的同学，使得他们对市政工程规划课程的重要性认识不足，对课程的重视程度也不高。

综合起来，同学们有一种认识是，本课程即难学，毕业后使用的机会也不多，因而学习的积极性难以提高。

2.3 课题教学时间的限制，同学缺少实际设计的机会

城市市政工程规划和其他城市规划课程一样，是实践非常强的课程，如果有实际的设计题目将有助于同学理解相关概念，掌握规划设计方法。但是由于课程时数限制等原因，很少有院校开设专门的市政工程规划课程设计。通常是在总规设计课中要求同学完成市政工程规划的相关内容，而此时的课程指导老师主要精力放在总规的整体把握上，关于市政工程规划的指导较少，难以深入，相关的量化计算和分析往往很难落实，还会给同学们一种市政工程规划充满随意性的感觉。

3 城市市政工程规划教学中应加强的几个方面

首先从学科认识层面上，应该清醒的认识到，城市规划学科应适应当前的国情。教育者应该认识到，由于我国当前还处在工业化的历史阶段，许多新城镇，大量新城区正在建设，规划师从事物质性规划的技能培养仍然是当前我国城市规划和建设的需要，所以规划师要具有较强的建筑和市政工程的专业基础与技能，这是我国城市规划教育区别于西方发达国家的历史阶段与经济、社会背景[7]。

随着城市建设中对市政工程规划的重视程度越来越高，要求在城市规划编制过程中对城市市政工程规划的考虑更加深入[8]，对城市规划师关于城市市政工程规划方面的知识和技能的要求会更多，城市规划教育中对市政工程规划课程教学的重视也越来越迫切。笔者建议从以下几个方面加强城市市政工程规划的教学。

3.1 加强课程体系建设

单独的一门课程很难在学生的思想中形成一套深入的系统思想，城市市政工程规划本身就和其他课程联系十分紧密，因而有必要建立以城市市政工程规划课程为主，结合相关课程中的课程体系。

以城市道路交通规划、城市市政工程规划、城市综合防灾规划课程为轴线，建立市政基础设施课程体系。这三门课程的内容联系十分紧密，比如，城市道路网通常就是城市管线的通道；道路横断面规划设计时，需要考虑地下管线的埋设；城市道路的竖向规划设计必须与城市的竖向规划相结合，道路竖向规划是城市用地竖向规划的一部分；城市防灾规划中的生命线工程主要就是

灾害发生时期的市政管线的紧急使用等[9]。这三门课程在教学团队、学时安排、相关课程设计上整体考虑，能使得教学过程相互促进。

在详细规划和总体规划设计课程中，加强对市政工程规划的要求和指导，使得课程在理论和实际操作上能很好的结合起来。在详细规划和总体规划课程设计中，同学们都有自己的规划方案，针对该方案强化市政工程规划设计，能使同学们对城市规划有更完整的感受，也有利于同学对市政工程规划的理解和掌握，必要时，可以由市政工程规划课程老师参与到相关设计课程中进行专门的针对性指导。

城市市政工程系统规划的整个课程体系相互关系如图2所示。

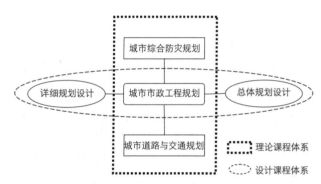

图 2　城市市政工程规划课程体系框架

3.2 适当加强计算练习，帮助同学深入理解

有一种看法认为，实际规划工作中，市政工程规划一般由相关专业的设计人员配合完成，并不是城市规划专业人员来具体计算，因而在教学中不必进行专业计算分析。但是市政工程规划的很多内容是建立在计算分析的基础上，比如排水管道的埋深，必须依赖计算来确定，而排水管网的布设是否合理，一个很重要的判断依据就是埋深是否合理，如果没有计算埋深的体验，同学就很难理解管网布设中的相关原理和原则；又比如变电站的选址和容量，如果不以负荷预测计算为基础，就很难判断不同方案的优缺点，也无法确定变压器容量的选择。

在目前发行的几本城市市政工程规划的教材中，均有给水、排水管网的计算步骤的文字叙述，但是没有相关的计算实例，很难想象，只是阅读计算过程的文字描

述，而没有实际的例题，同学能够理解计算的方法。结果往往是学生为了应付考试而死记硬背，碰到实际问题时无法下手。所以笔者认为，在课程的学习过程中，适当增加一定量的计算分析，可以帮助同学更好的理解相关概念，更好的把握市政工程规划的重点。

3.3 探讨与详规和总规课程的联合课程设计

对于城市市政工程规划课程来说，需要增加课程设计来加强实际的操作技能和对概念的理解。对于详细规划设计和总体规划设计课程来说，也需要加强市政工程规划的内容来完善规划内容，检验方案与市政基础设施的配合程度。如果在详细规划设计和总体规划设计课程中强调市政工程规划设计，增加相关专业老师指导的课时，将有利于学生对市政工程规划理论知识的运用，加深对相关概念的理解，也能保证详细规划和总体规划设计的深度和完整性，对三门课程的教学都有利。

4 结论

随着城市建设中越来越重视基础市政工程设施的建设，城市市政工程规划在城市规划中的地位日益增加。当前城市市政工程规划的教学中还存在着学生学习困难、对课程重视程度不高、缺少课程实践等问题。在当前情况下，应加强市政工程课程体系建设，增加课程计算量、拓展相关设计课程能理念，以完善市政工程规划课程的教学。

参考文献

[1] 戴慎志.城市工程系统规划［M］.北京：中国建筑工业出版社，2008.

[2] 刘兴昌.市政工程规划［M］.北京：中国建筑工业出版社，2006.

[3] 高建珂.市政规划与循环经济［J］.北京规划建设，2007，3：92-93.

[4] 陈秉钊.谈城市规划专业教育培养方案的修订［J］.规划师，2004，4（1）：0-11.

[5] 郝天文.市政工程专项规划编制几点问题的探讨［J］.城市规划，2008，9：84-86.

[6] 吴志强，于泓.城市规划学科的发展方向［J］.城市规划学刊，2005，6：2-10.

[7] 陈秉钊.中国城市规划教育的双面观［J］.规划师，2005，21（7）：5-6.

[8] 刘光治，葛幼松，周彧.市政工程规划编制工作探讨［J］.江苏城市规划，2008，8：36-8+44.

[9] 刘亚丽，彭瑶玲，孟庆等.国内城市市政工程规划管理技术规定的经验借鉴和启示［J］.规划师，2010，2：56-60.

The Explore of Teaching Method of the Municipal Engineering Planning in Urban Planning

Liu Xuejun

Abstract：With the increasing emphasis on the construction of municipal engineering facilities in the urban construction, municipal engineering planning plays a more and more important role in the urban planning.While there are some problems in current teaching of city municipal engineering planning, such as the students' learning disabilities, insufficient attention on the course, lack of curriculum practice and so on.Under the premise of analyzing the above issues, it have been present in this paper that construction of municipal engineering curriculum system should be strengthen, the curriculum calculation should be increased and the concept of design course should be expanded in order to improve the teaching of municipal engineering planning.

Key Words：urban planning；urban municipal engineering planning；teaching

立足素质教育 培养创新人才❶
——《市政工程规划》考试课程改革的思考

李建伟 沈丽娜 刘兴昌

摘 要：素质教育的推进和社会对创新人才提出的要求，需要对传统考试模式进行必要的改革。通过《市政工程规划》课程考试改革实践与探索，提出基于"弱化传统考试，重视过程考核"的考试改革的思路，提出"作业习题＋综合训练＋课堂讨论"的考试模式。实践证明，这种考试改革的思路和考试模式使学生的综合能力得到了提高。

关键词：素质教育；创新人才；考试改革；市政工程规划

素质教育是全面发展教育在当今社会的实践形态，是一种更加注重人才的人文精神的养成和提高，重视人才的人格的不断健全和完善，更加重视使学生学会做人的教育理念[1]。高校素质教育的目的是提高学生的综合素质，培养实践能力强的开拓创新型人才，突出人在教育中的核心地位，发挥学生的潜能与个性[2]。而创新能力是学生全面发展的综合能力，是具有发展性、创见性和开拓性的能力。创新能力的培养是一个综合的过程，集收集和处理信息的能力，获取新知识的能力，分析和解决问题的能力，以及社会活动能力等为一体的培养、训练和发展的过程。素质教育和创新能力的培养要求重新确立教育目标、构建新型教育模式，改革教学内容和方法体系，建立教学评估体系，而作为教学效果的考察手段——考试，也必须进行改革，满足素质教育和创新能力培养的要求，从而充分体现学生的能力和创造意识。面对知识经济的时代背景，如何提高学生的综合素质，推进教育创新和考试改革，是一个值得研究的问题。本文以《市政工程规划》课程为例，从考试改革层面对素质教育和创新人才培养进行探讨。

1 传统考试的弊端

考试通常作为了解掌握学生对所学专业知识和技能掌握的程度和情况，检查教学效果的主要手段之一，有时还被用来评价学校的教学质量与教师的教学效果。传统考试方式主要通过闭卷的形式，以一次考试来决定或评判学生对知识的掌握情况。根据对历届学生的交谈与了解得知，相当一部分学生要么平时学习并不太下功夫，考试前死记硬背勉强及格，要么囫囵吞枣，不求甚解，对知识点根本谈不上融会贯通、灵活掌握和解决实际问题。这种现象归根结底是因为目前传统的考试存在这诸多弊端：①考试成绩的偶然性。由于过分关注结果而忽视过程，容易造成学生平时放松学习，考前突击复习，致使系统的理论知识和操作实践技能得不到检验。②考试内容的片面性。考试以记忆型知识为主，而学生通过课程学习获得的分析问题、解决问题以及综合运用知识的能力无法真实反映出来，将期末评价等同于一次书面考试，忽视平时成绩和综合素质的考察内容，这样容易造成"死读书"、"读死书"，而忽视其他能力的培养[3]。

❶ 本文系陕西省城市与区域规划人才培养模式创新实验区建设项目和西北大学教改项目《多维递进式城市规划专业实践教学模式研究》的部分研究成果。

李建伟：西北大学城市与环境学院讲师
沈丽娜：西北大学城市与环境学院讲师
刘兴昌：西北大学城市与环境学院教授

③考试形式的单一性。考试的形式主要是通过纸笔测验，即以书面考试为主，忽视对实践动手能力的测验与考察。而培养适应素质教育和创新教育要求且具复合型特点的人才，必需通过包括讲授内容、作业练习、综合训练、综合考核在内的一系列的改革。总之，传统的考试评价体系，虽然具有其合理性的一面，但是面对社会需求和专业发展要求传统考试在在调动学生的学习积极性、提高学生的综合素质、促进创新人才培养方面还存在一定的不足之处[4]。

2 《市政工程规划》课程的教学要求

作为城市规划专业的基础课《市政工程规划》，包括城市给水、排水、电力、电信、供热、燃气、综合等内容，是一门理论性、技术性和实践性很强的专业主干课程。这些工程体系虽然隶属不同的专业门类，有着不同的基本理论、计算方法等，但各个工程之间的技术程序、规划原则、规划方法、规划内容等却有很多相似的部分。该门课程除要求掌握学习基本概念和基本理论外，熟悉市政工程规划的技术要点和关键环节，培养综合分析能力、实践操作能力则是该课程内容适应社会发展重要的目的所在。

《市政工程规划》课程既有基础理论又有分析计算，同时还要求绘制规划图件，具有要求高，难度大，综合性强的特点。要真正学好该门课程，不仅需要熟悉基础理论，掌握计算方法，了解规划设计程序，而且必须有思想，有理念，能写（规划说明书、文本和专题报告等）能绘（现状图件、规划图件和分析图件等）。如果不重视平时作业练习和基本功底训练是断然不能达此目的的。对于强调理论又注重实践能力的课程，考试是必须的，但考什么，怎样考，如何评定学生的真实水平，则是考试改革必须解决的基本问题。因此如何狠抓平时的训练与考察，并将平时考察结果与期末成绩挂钩，即平时考察结果在期末总评成绩要有所反映，则成为考试改革的基本思路。

3 《市政工程规划》考试改革的实践

3.1 基本思路

（1）弱化传统考试

传统考试以期末的闭卷笔试为主，主要考查学生对基础理论、概念及有关技术要点的掌握与理解程度，并辅以一些综合分析题和发挥题，其成绩的比重由2000年的80%逐步降至现在的60%。2008年以来，由于教学计划的调整、教学内容的增加，在教学阶段除加强对学生进行平时基本功训练，加强课堂讨论外，重点采用了师生互动，教学相长的教学模式，不断引导和启发学生学习的积极性、主动性和创造性，发挥学生思维敏捷且富于想象力的特点，效果很好。

（2）重视过程考核

重视学习过程的考核，就是将考试贯穿于整个教学过程之中，在考试方式上多采取课程讨论、论文、口试、答辩等形式[5]。重视学习过程的考核，能够督促学生平时多下工夫，有利于教师和学生及时发现教与学两个方面存在的问题，及时进行调整，从而顺利实现教学目标。同时，重视过程考核还能够真实地反映出学生平时学习努力与不努力的差别，使考试能够真正地全面测试与评价学生的知识、能力和素质[6]。过程考核的成绩将作为总评成绩的一部分，其比重从2000年的20%逐步调整到现在的40%。这种全新的考察形式自2003年实施以来，得到了学生普遍的欢迎，全面地调动了学生的积极性。

3.2 改革途径

针对《市政工程规划》课程的特点，将平时训练分为三个环节：一是作业习题，二是综合训练，三是课堂讨论。这三个环节相辅相成，缺一不可。对于学生在三个环节中的表现均进行记录，这个成绩将作为总评成绩的一部分。成绩评定由主讲教师和城市规划系专业教师组成（一般为3人），包括规划程序、规划设计说明书、所绘制的图纸等——进行审查，按照内容结构（占40%）、规划方案（占25%）、表达能力（占25%）、创新性和创造性（占10%）进行成绩评定，最后定出不合格、合格、良好和优秀四个档次作为学生这门课程的最终评定成绩。

（1）作业习题

作业习题以考查学生对市政工程规划的基本概念、基本理论和基本方法的掌握情况，主要针对重点节进行工程计算，以课后习题为主要考察对象。这个环节由于是对基础知识的考察，学生一般都能在教材或参考书中找到参考答案，一般均能保质保量完成。

（2）综合训练

综合训练以考查学生对各个专项规划的关键技术或核心内容的掌握情况，主要针对重点章安排方案设计，以一规划设计案例（多为真题假做）为主要考察方式。首先对学生进行分组，一般2~4人为宜。要求学生根据讲授的规划程序、技术要点和编制要求，针对实际案例提出多个规划设计方案，充分调动学生的积极性、主动性、创造性。可以说，如果学生独立按时保质保量完成这些作业，则教学内容和教学效果基本上就完成了。

（3）课堂讨论

课堂讨论设置的目的主要是保证学生对规划案例进行独立设计，独立思考。课堂讨论针对第二个环节的综合训练进行，要求每组学生结合作业进行总结汇报。由学生讲解方案构思及规划过程，总结规划方案的特点、优点和缺陷，然后组织学生进行讨论学习，最后教师针对总结汇报以及必须强调的问题进行点评。通过三个环节的教学，不但使学生加深了重要内容和关键技术的印象，而且使学生对容易出现偏差和错误的部分得到了及时纠正和合理引导。

3.3　效果评价

《市政工程规划》课程通过上述考试改革，已收到了较明显的效果，学生对基本知识与基本技能的掌握上均有很大的提高，过程考核增强了学生的动手能力与创新意识，在毕业设计、考研深造和就业实践中显现出了这一改革方向的美好前景。通过三个环节的综合实践，学生的综合能力得到显著提高，主要表现在以下几个方面。

（1）综合分析能力

进行市政工程规划必须综合分析研究自然、社会、经济、环境、生态等多领域的资料，以及国家政策，当地政府要求、发展计划与规划等对市政工程发展的要求。就市政工程本身而言，必须掌握历史，熟悉现状，科学地预测未来，运用市政规划专业知识进行规划，同时要综合协调各种工程管线的相互关系，使各得其所，共同良好地发挥作用，服务于城市。因此，使学生的综合概括与协调能力得到训练和提高。

（2）科研创新能力

任何规划方案的形成都要有一个从开始朦胧到逐步

明晰的过程，既要考虑现状，又要考虑发展，其中充满了艰辛的脑力劳动，这里需要活跃的思维和丰富的想象力，理所当然地为学生培训规划设计构思的能力提供了平台。通过方案的构思、各方面关系的协调以及方案的比选可大大增强学生的独立思考能力、创新能力和协调能力，随着方案的不断完善和规划深度的增加，这种能力也会得到深化。

（3）动手操作能力

每一项工程规划都必须绘制图纸，它不仅要求表现规划意图和构思，还必须符合国家的规定、政策和技术规范，因此绘制规划图纸作为工程技术人员的基本功进行训练。

（4）科技写作能力

规划设计说明书是工程规划必不可少的技术文件，它须按照科技写作的要求进行，结构要合理，层次要清晰，语言要规范，行文要得体。通过规划设计说明书的编写可使同学们的科技写作能力得到普遍的锻炼和提高。并且通过课堂讨论、汇报交流规划方案使学生的口才、表达能力得到了锻炼。

4　小结

考试是对学校培养人才的质量进行检验的有效方法，而传统考试方法存在三个方面的弊端：考试成绩的偶然性，考试内容的片面性和考试形式的单一性，这三个方面对素质教育和创新人才培养构成了直接威胁。

《市政工程规划》课程不仅是城市规划专业的基础课，而且是一门理论性、技术性和实践性很强的专业主干课，不仅要求学生掌握学习基本概念和基本理论，而且要求学生熟悉市政工程规划的技术要点和关键环节。综合分析能力和实践操作能力的培养则是该课程教学的目的所在。

课程考试改革的基本思路为弱化传统考试（由80%下降为60%），重视过程考核（由20%上升为40%）。课程考试改革的具体环节包括作业习题、综合训练和课堂讨论三个环节，其成绩将作为总评成绩的一部分，这种全新的考察形式调动了学生的积极性、主动性和创造性，培养学生独立思考能力、综合分析能力、创新意识和创新能力以及实践操作能力，使学生的综合能力得到了提高。

参考文献

[1] 张树斌.加强素质教育，完善教育创新[J].人力资源
管理，2010，4：90.

[2] 黄乃文.基于素质教育和创新能力的高校教学管理制度
改革研究[J].中国成人教育，2010，4：23-24.

[3] 王欢.我国高等教育考试改革的目标与方向的探索[J].

西南科技大学高教研究，2007，2：13-15.

[4] 赵会彦，欧阳昉昕，龚静.城市规划课程考核方法的探
讨[J].高等建筑教育，2010，19，4：115-117.

[5] 石敏，孙桂清.基于国际化的高校考试改革[J].中国
科技信息，2005，15：120.

[6] 田建荣.科学的考试观与义务教育质量[J].江苏教育
研究，2010，7：3-7.

Quality education and Innovative talents： a case study of the examination reform of the "urban infrastructure planning"

Li Jianwei　Shen Lina　Liu Xingchang

Abstract： It is need to reformed the traditional mode of examination for the development of quality education and the request of innovative talents.Based on the examination reform of the "urban infrastructure planning"， the reform idea， "weakening of the traditional test， attention to the process of assessment"， was proposed.Moreover， the test mode， "exercise， comprehensive training， and class discussion"， was also proposed.It was proved to effectively improve the student's comprehensive capacity.

Key Words： quality education；innovative talents；examination reform；urban infrastructure planning

实践教学

2012全国高等学校城市规划
专业指导委员会年会

基于过程性的城市设计评图机制建构

武凤文

摘　要：《城市设计》是城市规划专业三年级的学科基础必修课，针对学生的特点，本课程进行了一系列的教学过程改革，在教学过程中增加了评图机制，在《城市设计》教学过程中采取了评图机制，主要机制有：自我评图、相互评图、专家评图和总结性评图四种。自我评图是学生针对自己的设计方案草图及成果，进行自我评图；相互评图是团队内的同学之间，团队之间的设计方案草图及成果的相互评图；专家评图是请校外的专家对学生的设计方案草图及成果进行评图；总结性评图在自我评图、相互评图、专家评图的基础上，教师对学生的设计方案草图及成果进行总结性的评图。通过评图机制，提高学生在语言表达及方案设计等方面的能力。

关键词：城市设计；自我评图；相互评图；专家评图；总结性评图

自从 2011 年城市规划专业升为一级学科城乡规划学以后，各学校对城市规划专业的设计课程也越来越重视，《城市设计》是城市规划专业设计课中的重中之重，我们学校在对《城市设计》这门课的教改中，采取了一系列的机制，教学改革要体现时代特点，体现与时俱进的精神，为了更好的促进教学改革，我们在城市设计课程中引入了教学评图的理念，整合城市设计课程教学的理念。在教学评图方面我们主要做了以下几方面的尝试。

1　转变教学理念，增加教学评图机制

我们教学改革的核心理念为：以学生发展为本，结合学科教学建设，结合全方位的教学评图特点，为学生今后参加工作奠定基础。结合城市设计课的教学实际，我们建立新的理念：注重学生之间的互评；关注学生全面发展；培养学生的语言与徒手的表达能力；注重方案研究，提倡多样化评图的模式；注意学科渗透，改变学科本位观念；构建多元评图机制，激励学生设计方案走向现实。

所谓的过程性，就是指设计的过程中。在《城市设计》教学过程中主要采取的评图机制有：自我评图、相互评图、专家评图和总结性评图四种机制。自我评图是学生针对自己的设计方案草图及成果，进行自我评图；相互评图是团队内的同学之间，团队之间的设计方案草图及成果的相互评图；专家评图是请校外的专家对学生的设计方案草图及成果进行评图；总结性评图是在自我评图、相互评图、专家评图的基础上，教师对学生的设计方案草图及成果进行总结性的评价。通过四种评图，提高学生在语言表达及方案设计等方面的能力。

2　自我评图机制

城市设计课中学生的自我评图是学生自己通过认识自己的设计、分析自己的设计方案构思，在自我评图的过程中，提高自己的设计水平。自我评图是一种自我发展的动力因素，对提高学生方案设计水平很重要，是学生设计水平进步的根本内部动力。辩证唯物主义认为：内因是起关键作用，它决定了外因。因此，我们通过学生设计方案的自我评图的机制，通过学生的认同，使设计方案更具有现实意义；自我评图一般没有一个客观的标准，其主观性比较强，每个同学都可以各舒己见，把自己的设计构思与大家交流，在自评的过程中，就会有一些启发。自我评图机制贯穿在城市设计的全过程中，在每一个方案阶段，学生针对自己的设计方案草图，进行自我评图。

武凤文：北京工业大学建筑与城市规划学院城市规划系副教授

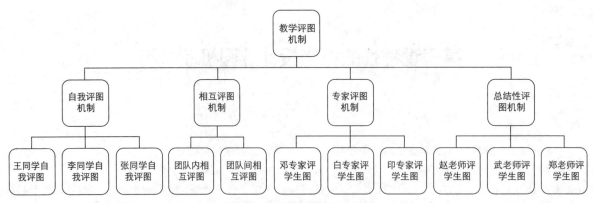

图 1　城市设计评图机制构架图

2.1　自我评图的内容

　　城市设计的自我评图教学内容包括四个阶段：课程设计每一个教学机制阶段；每一次方案设计的草图阶段；最后的成果阶段；结课后的自我评图阶段。每个阶段的自我评图的内容包括：方案的合理性、方案的可实施性、徒手画的表现技巧、草图的画法等方面的评图。

2.2　自我评图的机制

　　充分调动同学们的积极性，每个同学都针对自己的设计方案，从方案的构思开始讲解，原始设计方案的由来；方案的发展过程，进行自我评图，总结出它的优缺点，其中，方案的优点继续发扬，方案的缺点加以改正；只有这样设计水平才能提高。

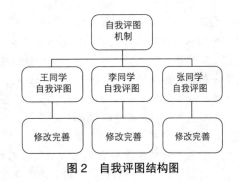

图 2　自我评图结构图

3　相互评图机制

　　在自我评图的基础上，同学们在每一个设计阶段都要展开相互评图。相互评图的机制是把整个班级分成四

个团队，每个团队内的同学之间，团队之间的设计方案草图及成果的相互评图。

3.1　相互评图的动力

　　为了促进学生们展开相互评图，我们首先要做好硬环境和软环境的建设。这里的硬环境是指多媒体设备、徒手画展示栏、各团队对比榜等；软环境指团队之间的竞争，提供取长补短的团队组合，尽力创设同学间相互交往的机会等。置身于这样的软硬环境中，同学们相互学习、竞争，使教学环境从原来的以教师为中心的教学模式向以老师为指导的学习模式转变，从而，提高学生参与课堂教学的积极性，使学习的成果事半功倍。

3.2　相互评图的团队形成方式

　　团队的形成是相互评图成功与否的一个重要原因。那么，团队如何形成呢？团队内如何进行分工，如何选择队长以及队长如何开展小队活动都是非常重要的。下面是我们团队形成的主要模式：一般有以下三种团队形成模式：

　　3.2.1　根据座位形成团队

　　根据座位形成团队，团队形成后保持到一个课程设计的结束。按照学生的设计水平、动手能力、语言表达能力等因素，进行团队内分工。这种团队的特点是优劣不均。

　　3.2.2　根据教学单元形成团队

　　根据教学单元形成团队，按教学单元形成团队持续的时间比较短，一般只在一个课程设计中的不同教学单元中使用，一旦教学单元完成，团队也随之解散，这种团队形成的模式有三种：

第一种：根据设计水平的侧重形成团队，其特点是侧重于方案设计的同学共同形成一个团队，侧重于生态设计的同学共同形成一个团队。这样，老师根据不同的要求给他们上课，同时老师也分成不同的团队，因人而异进行教学，使同学们的设计能力提高更快。

第二种：根据爱好相同与否形成团队，其特点爱好相同设计水平却不尽相同。例如在广场教学单元中，同时交通广场、休闲广场和集散广场，让同学根据自己的爱好选择自己喜欢的设计项目，从而充分调动同学的主观能动性，挖掘同学的设计潜力，确保每一位同学的设计水平都有所提高。

第三种：根据设计水平好坏搭配形成团队，这种团队的目的是扩大团队内的差别，让设计水平好的帮助设计水平差的，让学习兴趣浓的培养学习兴趣淡的，发挥同学们之间的团队精神，让学生成为设计的主体，加强了同学们之间的交流，培养学生良好的团队精神，改善了人际关系。

3.3 相互评图的机制

首先，每个团队的队员在自我评图的基础上，对各自负责的设计部分进行讲解；其次，团队内进行相互评图，共同讨论，在此基础上，使上课的中心多元化、不再是以教师为中心的教学模式，从而促进学生的独立发展；同时是他们有了很强的团队精神，在此期间，学会了相互帮助、相互激励、相互交流、相互启发，并在团队中寻求发展；与此同时，学生通过各种评图正确认识自我、完善自我；最后，各个团队派代表主

讲，同时，有一辩、二辩、三辩准备解释和现场把其他同学不理解的地方用徒手画的形式进行形象的描绘，这样，即锻炼了学生的语言表达能力，又展示了同学们的徒手表达能力。

3.4 相互评图的成果

通过相互评图从课堂教学的一个机制逐步走向以评图学习为主导的设计课程新型教学模式，将这一评图形式设计为课程模式，并将其推广为师生相互评图、师师相互评图、专家与学生相互评图等相结合的评图体系。

从相互评图引导学生逐步走向其他的综合性评图，将评图的结果从单纯自我评图到综合的总结评图过渡。

图 4 学生讲解图

图 5 学生相互评图

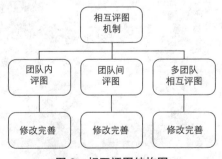

图 3 相互评图结构图

4 专家评图机制

在自我评图和相互评图的基础上，同学们在每一个设计阶段都要展开专家评图。专家评图机制是请校外的同行专家对学生的设计方案草图及成果进行评图。

4.1 专家评图的机制

首先，每个团队把自己的设计成果展示出来，其次，请校外的校外的同行专家对学生的设计方案草图及成果进行评图。最后，根据专家的评图结果，进行最后的修改。

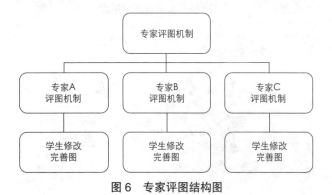

图6 专家评图结构图

4.1.1 典型方案点评

专家首先对所有的方案进行逐个的分析，最后，选

图8 校外专家听学生讲方案

出一个具有代表性的好的方案和问题方案进行剖析，让学生从中发现优点，吸取精华；找到缺点，在今后的设计中改正。这样点评的优点是：使学生一目了然，更清晰地从方案中学到设计技能。

4.1.2 逐个方案点评

专家对所有的方案进行逐一的点评，使所有的同学都从中受益，知道自己设计中存在的问题，在今后的设计中，使设计技能提高更快。

图7 校外专家评图

图9 学生与校外专家交流

图10　校外专家给学生讲评方案

4.2　专家评图的成果

通过专家评图使学生从假题设计过渡到真题设计，从专家评图当中学到更多的实践经验，在设计时会更加从实际出发，少犯从理论到理论的错误，为今后走向工作岗位地下良好的基础。

5　总结性评图机制

总结评图机制是在前几个评图的基础上，对设计进行总结性的评图，这个评图在整个设计过程中是非常重要的，如果学生在每个设计结束后都作总结性评图，那么，他们的设计水平会提高很快。

5.1　总结性评图的机制

首先，每个团队把自己的设计的自我评图、相互评图、专家评图进行总结；其次，老师把每个团队的设计

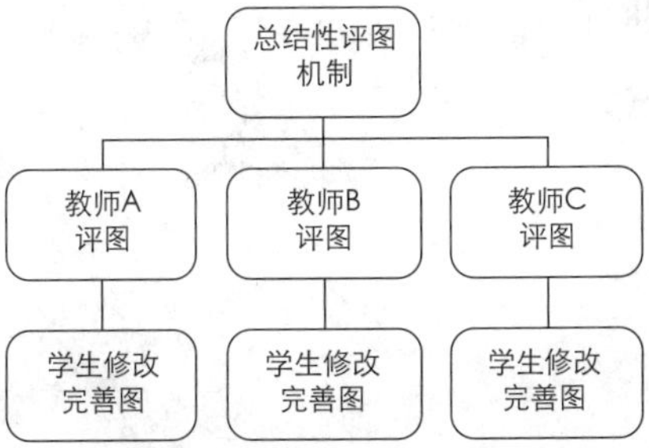

图11　总结性评图结构图

方案进行总结。最后，由同学们和老师共同对每个设计方案进行总结评图。

5.1.1　典型方案总结评图

老师和同学们首先对所有的方案进行逐个的总结性的分析；最后，选出一个具有代表性的好的方案和有问题方案进行总结性的剖析，让学生从中发现优点，吸取精华；找到缺点，在今后的设计中加以改正。

5.1.2　逐个方案总结评图

老师和同学们对所有的方案进行逐个的总结性点评，使所有的同学都从中受益，知道自己设计中存在的问题，在今后的设计中，使设计技能提高更快。

图12　学生与校外专家交流

图13　校外专家给学生讲评方案

5.2 总结性评图的成果

通过总结评图使学生在今后的设计中少走弯路，我们把总结评图的形式推广为师生总结评图、师师总结评图、专家与学生总结评图等相结合的评图体系。这对设计课有很大的好处。

结语

我们在《城市设计》教学过程中采取这四种评图机制：自我评图、相互评图、专家评图和总结性评图，学生和老师在这个过程中都得到了很大的提升，在今后的设计课中将进行一系列的课程教改建设，使我们的设计课程不再是纸上谈兵，而是能够越来越接近实践。

参考文献

［1］ 陈玉琨著.教育评价学［M］（第一版）.北京：人民教育出版社，1999.

［2］ 豪尔·迦纳博士.多元智能教与学的策略［M］.北京：中国轻工业出版社，2001.

Based on The Construction of A Process of Urban Design Assessment Mechanism

Wu Fengwen

Abstract：<Urban design>is the basic and required course to the third year of the urban planning professional，against the characteristics of the students'，this course have a series of the teaching process reformed，in the teaching process，we added the mechanism of assessment diagram，in the teaching process of the<urban design> adopted the mechanism for assessment diagram.The main mechanism：self-assessment diagram，and mutual evaluation map，and expert assessment diagram and summative assessment diagram.Self-assessment diagram is the students against the design sketches and results they have finished，self-assessment diagram by themselves.The mutual evaluation diagram is between the students within the team，between teams against the design sketches and results，mutual evaluation diagram.Expert commentary diagram is we ask experts outside the university against the design sketches and results of students assessment diagram.Summative assessment diagram is on the basis of self-assessment diagram，mutual evaluation map and the expert assessment diagram，the teacher against the design sketches and results of students summary assessment diagram.Through the assessment diagram mechanism，improve the ability of the students in the language and program design.

Key Words：urban design；review figure by oneself；review figure by each other；review figure by experts；review figure in concluding

基于场景再现下虚拟调查的城市设计分析
——以欧洲优秀规划实践为例

刘涟涟　蔡　军　沈　娜

摘　要： 利用谷歌地图等互联网平台实现场景再现下的虚拟现场调研，引导学生对欧洲成功的城市规划案例进行研究分析是本科城市规划专业教学的一次具有创新性的尝试。本文从教学方案制定、实施、学生作业成果及分析等几方面，详细记述了本次教学的实施状况，并简要总结了本次试验性教学的问题与启示，期望为我国当前城市规划教育提供新的思路与方式。

关键词： 互联网；虚拟调查；谷歌地图；城市规划专业教育；欧洲城市规划案例

引言

　　相比发达国家的学生，国内大多数建筑与城市规划专业的学生很少有机会出国去实地考察国外的优秀城市规划建设成果。学生即使是从书本或是老师讲授中获得了最新的国外先进的城市规划思想和设计理念，但是由于缺乏实地感受，很难真正的理解城市规划新思想、理念及其与城市建设实践的关系。

　　利用互联网信息资源引导学生对发达国家与地区的优秀城市规划与设计案例进行认知。如借助谷歌街景地图实现真实场景再现的虚拟现场调研，通过网站平台获得国外优秀案例第一手的文献资料，不仅使得学生由过去对杂志中二维图像或文字的认识，提升到亲临其景的"真实场景再现"现实中去虚拟"实地"探查，还有助于学生深入了解和掌握当今城市规划设计最前沿的理念和设计手法，并由此比较与反思我国的城市规划思想、设计与法规现状。

1　教学方案制定

1.1　教学对象

　　本课程教学对象预设置为城市规划专业的高年级学生，这次实践对象选择的是城市规划系 5 年级学生，并将课程设置于 5 年级上学期，也是学生毕业设计前的最后一门规划设计课程。这些学生刚由国内各大规划设计院实习归来，他们已经基本完成了国内建筑与城市规划理论和实践的教育过程。

1.2　教学目的

　　本课程教学目的即利用谷歌街景地图等互联网信息平台，通过对欧洲优秀城市规划设计案例的调研，了解当前欧洲先进的城市规划设计理念与方法，对其城市规划设计的规范和法规，以及城市道路交通与绿色交通系统规划等方面有更为深入的理解，并据此比较与反思我国目前在以上几方面的差异与不足。通过该课程不仅有助于学生拓宽视野，完善其城市规划的理论知识体系与实践认识；还将为他们在进入社会工作之前，提升对我国未来城市与交通规划的可持续发展方向认识。

1.3　师资配置

　　本次任课的三位老师各有学术专长：一位是在城市与交通规划方向具有丰富理论和实践经验的教授；一位是有欧洲留学经历，研究方向为城市更新与绿色交通的讲师；还有一位是对国内外城市设计与控制性规划具有深入研究的讲师。此外，这些教师对欧洲城市与交通规

刘涟涟：大连理工大学建筑与艺术学院讲师
蔡　军：大连理工大学建筑与艺术学院副教授
沈　娜：大连理工大学建筑与艺术学院讲师

划的理论和实践都具有一定的研究背景与经验，这也是本次课程设置与实施的基础条件。

1.4 案例选取与任务制定

根据任课教师的教学和研究经验，共同商讨后，选定了欧洲三个城市的四个案例地段，分别是德国柏林的新火车总站及行政区；柏林波茨坦广场；法兰克福的火车总站区（包括金融区和部分老城区）；以及位于西班牙巴塞罗那的诺坎普体育场周边地区。这些案例地段都是当前先进城市与交通规划理念的典范实践区。例如，柏林的波茨坦广场更新改造是城市设计的经典案例；巴塞罗那市区具有独特的城市规划特征；法兰克福火车总站区和柏林新火车总站区是城市核心行政、经济与交通枢纽统一规划协调的经典范例。这些地段都位于城市中心区，是城市更新规划与绿色交通系统规划的重要实践区。案例地段范围限定在 $2 \times 2km$ 之内。

教学任务主要工作包括以下三个方面：一是，根据谷歌地图与街景信息绘制研究案例地块的总平面图，道路与交通体系平面与组织图，以及城市空间形态等各类图纸，并总结、分析其设计手法与特征；二是，将案例地段信息转化为与我国控规和法规相对应的控制要求或指标，用于分析与比较研究；三是，通过对欧洲城市规划设计与管理规范的总结，对我国城市规划规范与法规进行反思。

本次课程强调学生以小组团体合作方式完成任务，每个小组 5~6 人。目的就是要增强学生们之间团结与协作的工作能力，不仅是作为城市规划毕业设计的合作工作的预演，也有助于日后在规划工作中与其他专业人员的协作。

2 教学方案实施

2.1 实施计划

本次教学过程共进行三周，主要分为以下几个过程：

首先，教学案例说明。这个环节是由任课老师分别对设置的案例进行相应专业性的介绍。首先是从城市规划、控制性规划以及城市绿色交通等方面总体介绍选定国家的一些基本状况，并针对四个案例地段的城市与交通规划设计方面的介绍一些具体细节特点。例如功能规划布局方式，城市轨道交通方式、步行与

自行车交通设计与标识以及不同的城市控制性规划标准特征等。

其次，小组案例文献研究与汇报。这一环节以学生为主，教师为辅。各小组将通过谷歌地图初步了解选定案例对象的实际现状，并通过案例城市规划网站的公开信息资源，对各自案例进行资料方面的收集、整理与分析。这一阶段强调将理论学习融入具体案例文献研究中，了解国外先进的城市规划设计理念和发展现状。各小组还将就文献研究总结汇报，目的是让各小组之间互通信息和分享研究经验和成果。

最后，小组案例分析与比较研究。在案例有了一定程度地认识和了解基础上，各小组的研究任务主要有两项：一是，进一步对选定案例进行虚拟实地调查与分析，借助谷歌地图与街景地图细致深入地进入到"虚拟"真实场景的城市案例中，观察案例区域的城市设计与交通规划的布局特点，并将这些信息数据化，绘制平面图和三维的研究模型。二是，通过研究案例获得的图像和数据结果，同自我选定的中国城市类似案例进行比较分析，探讨当前中国城市规划设计与交通规划方面的差异。

2.2 实施情况

学生们在通过街景地图观察分析案例地区现状时，针对中国和欧洲城市与交通规划与实施方面明显的差异，会产生各类问题。一方面是有关图纸绘制方面，相对于我国现状，欧洲城市道路规划设计更为系统和细致，且步行、自行车和轨道交通方式较普遍，这需要学生绘制以前未曾接触过的交通设计模式，如静态交通布局和非机动交通的规划。另一方面是对部分欧洲城市规划布局意图的不理解，例如，在柏林火车新站选址邻近德国总理府，这需要学生通过柏林政府网站等相关资源探寻答案。整个教学过程中，教师会定时与学生讨论并解答相关专业的问题。在整个教学过程中，除了要求学生完成必要的实物性成果，还要引导学生能够学会思考图纸背后的问题。总体上，学生的表现显示出，他们对欧洲城市公共空间形态、设计的认知较深；但是关于规划意图、建筑、交通规划布局方面的理解有限，这或许与他们自身受到国内规划理论和实践案例等方面限制。

3 学生作业成果

学生作业成果要求包括：图纸、手工模型，总结报告以及 ppt 汇报文件。通过这些一系列的成果可以清晰完整地看到学生们的任务完成的总体状况，了解他们通过这次课程所掌握的知识水平、深度，以及发现和思考问题的能力。

3.1 图面成果

图纸是衡量学生完成任务水平的主要指标之一。根据案例地段的城市规划特点，教学任务中对图纸要求，不仅包括总平面、土地利用、城市空间形态与高度分析，道路交通分析等一些基本要求，还包括对公共交通、自行车、步行交通以及汽车静态交通分析图等内容，这是根据案例地区的特点而特意设置。从各小组提交的图纸成果来看，基本达到了教学任务要求（图1、2、3），也能够明显的体现出各地段的规划特征。例如。柏林波茨坦广场的城市空间与形态分析，显示了该项目在城市设计规范和法规方面具有严格和有序的控制要求；四个小组的图纸中，均对案例城市的地铁、有轨电车、自行车交通和静态交通的详细分析图，这与柏林、法兰克福和巴塞罗那近年来促进绿色交通的政策和建设发展趋势是相一致的（图4）。

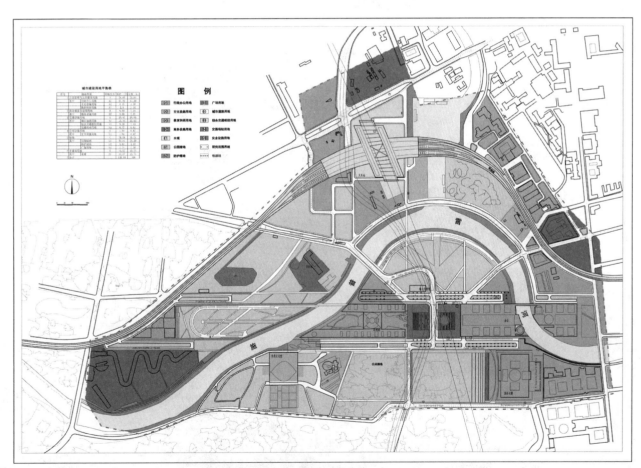

图 1　根据谷歌地图街景绘制的柏林新火车总站地区土地利用图
资料来源：学生绘制。

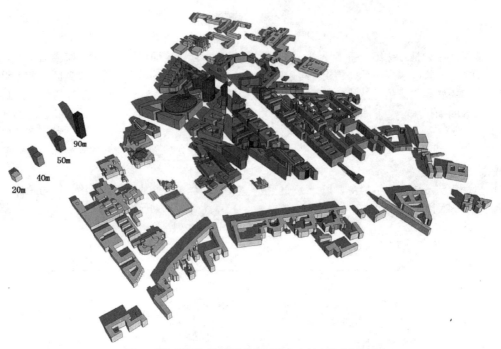

图2　通过模型对波茨坦地区的高度控制规划分析

资料来源：学生绘制。

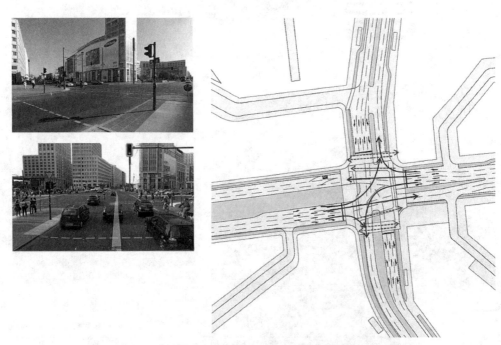

图3　根据谷歌街景地图绘制的柏林波茨坦广场十字路口交通设计

资料来源：学生绘制。

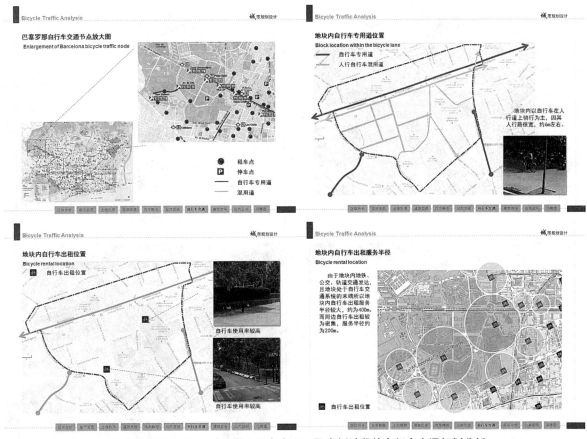

图4 根据网络信息对巴塞罗那市中心区及案例地段的自行车交通规划分析
资料来源：学生绘制。

3.2 模型成果

相比学生绘制的电脑模型，各小组提交的手工模型成果显得略微简易而粗糙，未能达到教学任务初期可作为研究和学习模型的设想（图5和图6）。究其原因：一是，目前我系的城市规划教育中，手工模型主要是在方案的前期作为推敲方案的手段，而最终成果中主要采用电脑模型表现，极少有成品手工模型制成；二是，由于时间、制作条件和学生自身的制作水平限制，影响了模型制作的成果水平。

3.3 综合报告

作为所有图纸和文献资料的整合、分析与总结，ppt汇报文件可以完整地呈现了各小组对这一课程任务

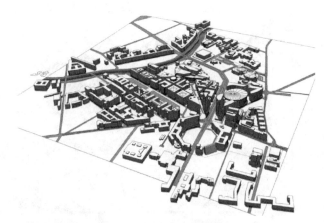

图5 波茨坦广场电脑模型
资料来源：学生绘制。

图 6　巴塞罗那诺坎普体育场周边地区手工模型
资料来源：学生制作。

的总体完成状况。就提交成果来看，四个小组的 ppt 汇报内容，包含了案例地段所在的国家和城市地区的发展历史，地段的具体城市空间形态、土地利用、公共空间和绿地规划、道路交通和绿色交通系统规划设计与分析，以及与我国类似城市规划项目的比较，及规范法规的启示研究等多方面。整体呈现的内容丰富、深入而细致（图 7），较好地体现了作为城市规划专业 5 年级生的专业素质。

　　四个小组的总结报告内容重点存在一定差异。法兰克福小组更多地是体现了学生在本次课程中的收获，对该课程任务的直观感受；对柏林两个地段研究的两个小

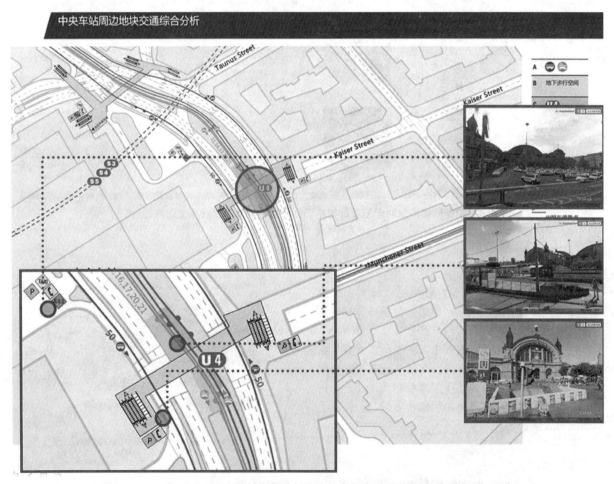

图 7　ppt 汇报展现，结合谷歌街景绘制的法兰克福火车站前区的交通组织与设计
资料来源：学生绘制。

组针对研究案例进行了较为细致的分析总结，并以此对中德城市规划的差异与不同进行了粗浅的探讨；巴塞罗那小组则更多的思考了中国应该从欧洲的城市规划中学习什么。虽然报告深度有一定差距，但是探讨的问题点都显示出了学生敏锐的判断能力。不足之处是，文字报告写作规范性上还需要改进。

4 教学效果分析

4.1 学生反馈

在本次教学中，学生们对德国和西班牙这些欧洲国家的城市规划项目的整个过程，规划编制、土地利用、公众参与和建设实施等方面有了一个初步的整体认知。

透过本次教学课程，学生看到了在课本和当前我国多数城市中未能看到的新的城市交通规划设计手段。特别是对于公共交通 – 自行车 – 步行交通，以及汽车的静态交通的系统规划与细节设计有了直观的认识。例如，通过谷歌街景地图，清晰地看到法兰克福火车总站地段中，长途运输与短途轨道交通，和自行车、步行交通等多种交通的立体便捷转换；在波茨坦广场和巴塞罗那案例地段，可以清晰的看到自行车道路系统规划和自行车停车位的设置方式。

借助虚拟现场的案例研究，学生们也看到我国与发达国家在城市规划法规控制等方面的差距。以德国的城市规划体系为例，他们认为，"德国的规划自上而下，每个层次都对应着一个明确的尺度，一个明确的法律体系和一个城市组成级别。相比较我们中国只用三个层次（总规，控规，详规）来概括规划的所有内容，显然，我们的规划细分的还不够科学。"这一认识在来自学生的自我学习和思考，而非教师的盲目灌输，这也正是我们在该教学任务设置之初预想达到的目的。

学生们提高了对城市规划项目公众参与性的直观认识。例如，通过柏林市城市规划网站，他们可以看到"既有面对普通公众的图示，也有面对专业规划人员的专业图纸"，使得他们在对发达国家的城市规划项目的公开性上有了更直接的了解。相比之下，认识到我国政府的规划项目公开透明性与公众参与性等方面还需进一步改进。

学生对这一实验性教学方式显示了较好的认同感，正如他们在总结报告中所说，"通过 Google earth 这个强大的平台，有卫星图，有街景，有 3D 建筑，这些甚

至比亲身到实地调研来得准确。" 这也抵消了我们在设计初期担心学生对此教学方式能否接受的顾虑。

4.2 教学体会

作为一次新的教学尝试，整个教学实施与成果基本达到原先设定的教学目标。透过学生的作业成果及其整体表现，我们可以发现：

从提交成果完成情况来看，本次教学的案例选择城市、地段和范围基本适当。特别是在我国城市规划与交通规划脱离，城市交通普遍拥堵的当下，案例选择地区地块均为城市与交通规划相协调的范例，对于学生的城市规划知识的完善和促进是比较合适的。在案例项目知名度上的选择有一定差异，例如相比其他三个地段，由于波茨坦广场的城市更新改造更为熟知，国内外相关研究也较多，对各小组最终提交的总结报告的深入程度会有一定影响。在绘制的图纸和掌握的专业知识信息方面，四个组的成果差异并不明显。就汇报文件来说，ppt汇报文件应该与总结报告的配合度不高，这与此前教师未对报告内容和规范作详细规定有直接关系。以上存在的问题需在日后的教学任务中给予重视和改善。

从学习态度来看，学生普遍表现出对这一新教学方式的积极性和好奇性。学生通过借助网络平台进一步发掘到案例地区项目更充分的资料。尽管选择的案例国家语言是他们不熟悉的德语和西班牙语。但是借助语言工具，他们可以从这些国家城市的政府专业网站上查询到他们需要的信息。而从学生与老师的教学互动来看，本次课程对老师的教学实践来说也是一次新鲜而有意义的尝试。此外，通过学生作业成果及其学习态度来看，本次教学课程时间安排，和教学对象的选择也是适当的。

5 结语

总体来看，本次课程教学实践取得了较好的教学成果，不但丰富了学生的学习研究经历，也丰富了教师的教学经验。学生作业成果与学生反馈表明，通过发展迅速的互联网平台进行国外优秀城市规划设计案例研究的学习方式是可行的；尽管目前的教学方法改进仍存在一定的不足，相对之前的传统教育模式，采用借助谷歌地图街景实现场景再现下的虚拟现场调研的教学实践是一次极为有价值的理论与实践相结合的突破性创新。

Urban Planning study based on the Virtual Investigation for City Scene by Google Earth ——European City Planning Projects as Case Studies

Liu Lianlian   Chai Jun   She Na

Abstract：It is a meaning try to guide the students to virtual investigate and analysis the successful European city panning projects by internet information such as Google map.This paper discusses the implementation course of experimental teaching include course planning， process and student works etc.in detail， and summarizes the teaching problems and enlightenment.We hope that the experimental project can offer a new thought and mode for our urban planning education.

Key Words：internet information；virtual investigate；google earth；urban planning education；european city planning

基于 CDIO 理论的高校城市规划毕业设计教学模式探索

孙 明 刘维彬

摘 要：城市规划专业是应用性极强的职业化专业，其毕业设计设置策略与教学方法的探讨是一项值得深入研究的课题。因此，深入研究城市规划专业毕业设计教学对于提高毕业生职业教育质量有着重要作用。本文基于 CDIO 教学理念的内涵及特点，对城市规划专业毕业设计问题进行剖析和探索教学改革，提出了城市规划专业毕业的设计构思，设计，实现和评价的程序方法，提出了毕业设计的四种教学模式，即问题分析模式，选题设定模式，成果实践和成果评价模式，并应用 CDIO 教学模式对东北林业大学城市规划专业几届毕业生进行教学改革试点，取得了较好的效果。这为城乡规划学专业全面引入 CDIO 工程教育理念提供有效的教学改革范例。

关键词：CDIO 理念；城乡规划学；毕业设计；教学改革

引言

2011 年城乡规划学成为一级学科后，对城乡规划人才的培养提出了新的要求：一学生必须具备宽广的城乡规划学科知识，加强区域城乡一体化规划；二学生必须拥有熟练的工程教育系统与社会组织协调能力。因此，东北林业大学城乡规划系在 CDIO 教学模式指导下，对毕业设计的教学模式进行了系统化，工程化的教学改革，重点培养学生的城乡规划能力和职业素质，制定明确的考核目标和规划成果培育的机制，在形成一个规划基础知识、现状调研教学和规划设计实践为一体的本科学习团队的整体培养机制，通过本科导师的帮扶下，在团队中全面均衡的提高规划设计创新能力和执业教育素质。本文基于 CDIO 理念，研究规划专业毕业设计执业教学方法，探索出适合北方院校的教学模式相互支撑的毕业设计教学方法。[1]

1 毕业设计教学模式与选择

（1）课程教学模式。课程教学模式主要包括教师、学生、内容和载体，其中教师与学生为主体，内容及其载体为客体，即活动的对象。教学模式还包括教学目标、教学过程、教学环境与教学评价等内容要素。教学规律的研究是清晰教学活动要素之间的相互关联，教学设计是建立符合教学规律的教学模式过程，教学实践是通过教学管理进行教学活动，并通过教学质量监控确保教学模式能够实现预期的教学目标。因此，建立高水平的教学方法与模式是实现高质量课程教学的基础，是高校教学设计的核心任务。[2]

（2）教学模式是当前教学论研究的前沿与热点之一。由于现代科学研究和工程技术应用开始向多元化领域发散的趋向，对创新人才需求若渴。因此，教学模式从偏于客观主义的传统教育文化向培养创新意识的建构主义教育文化转变，并且现代化信息技术为建构主义学习提供了强有力的条件保证。[2]

（3）CDIO 教学理念。二十一世纪初，国际四所著名的高等工程类院校：瑞典查尔姆斯技术学院、瑞典林克平大学、美国麻省理工学院、瑞典皇家技术学院共同提出了一种全新的工程教育培养模型。CDIO 模式即构思－设计－实现－运作的首字母缩写，表达了设计产品从开发到生产的四个阶段，体现模型与工程生产的紧密结合。该模型是近年来国外高等工程教育的创新教学模

孙 明：东北林业大学土木工程学院副教授
刘维彬：东北林业大学土木工程学院副教授

式，其目标是为工程教育创造一个通用的教学目标，主要将个人的、社会的与系统的制造技术和基本原理相结合，使之适合工程教育的全部领域[2]（图1）。因此，融入该模型进行城市规划专业具有可行性。

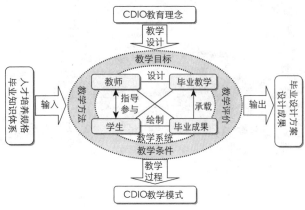

图1 课程教学系统模型

（4）基于CDIO的城市规划专业教育改革。为了改革目前毕业设计依靠的教学经验和水平，忽视教学设计、忽视学生参与性和规划实践性等的问题，东北林业大学选定了CDIO教学理念作为城市规划专业的指导思想，制定了新的培养目标，立足于为北方城市培养具有

符合国际化、具有扎实的工程科学基础、创造性和系统思维能力、多学科背景和国际视野、良好的管理和沟通能力、团队合作精神、职业道德和法律意识的人才。并将CDIO理念融合在城市规划工程教学的全过程，并在毕业设计得到了综合体现（图2）。

城市规划专业毕业设计课程设置较好地融入CDIO工程教育理念，推广注册规划师职业化教育和工程教育结合的创新之路，并在教学中提出了毕业设计教育的4种模块，（图3）即课程分析模式、毕业选题模式、答辩流程模式和成果评价模式，通过6届毕业生教学实践与反馈得出：学生通过培养，能够快速融入社会，并在1~2年内迅速成长为设计单位的业务骨干。

2 毕业设计课程分析模式

（1）毕业题目设置过于强调规划的综合性与复杂性而忽视规划的实践性。由于自身规划实践知识的薄弱，学生在毕业设计中忙于应付复杂题目中各种因素探索等之间矛盾，很少对规划现状进行调研，学生进行纸上谈兵式方案设计，导致对城市空间、形态、序列、风貌等问题考虑不足，因此，毕业题目的设置与工作实践产生了一定的脱节，应降低题目复杂度，而转向实践，必须对现状有清晰的分析与认识前提下，才能做出合理完善的规划成果。

图2 基于CDIO城乡规划毕业设计教学模式

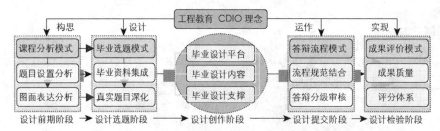

图3 基于CDIO理念的城市规划毕业设计模式框架

（2）教学主要切入点以总平面大体功能组织和技术性为主。许多学生总是先从平面形式入手进行规划设计，只是完成粗线条的功能布置与路网结构布局，而对规划项目本身内涵和空间尺度等关系缺乏深入的推敲，结果在毕业设计中，学生只是规划技术规范的简单罗列，而规划协调能力没有得到更进一步发展，甚至是对能力的抑制。

（3）毕业设计图面有"重表达而轻理念"的倾向。由于当前高校扩招和人才竞争激烈等因素、为了在研究生和设计单位快速设计考试中取得好成绩，学生在五年的期间主要精力更注重图面的手头表达，而对规划理念缺乏必要的梳理，导致学生不会"做"毕业设计，规划项目图面花哨，而理念表述苍白无力，规划方案的思想性缺失严重。

3 毕业设计选题模式

（1）毕业设计课题选题要真实，尽量采取真题真做，将毕业设计放在生产实践中去完成。通过对东北林大规划专业毕业生反馈调查发现：采取真实题目的毕业生实践性更强，知识体系更扎实，进入设计单位能更快的进入角色。毕业设计之初，应根据教学大纲和毕业设计导师的实际规划项目，组织老师对设计题目仔细甄选，主要考察规划项目的实用性和时间性等情况，适当考虑学生的兴趣和爱好，将毕业设计与规划实践有机的结合。[3]

（2）规划成果应深化设计分析。尝试把现状分析要求提高，强化分析图的分量，不仅要求绘制常规的总平面区位图、道路分析、功能分析，应增加对项目地域周边的独特解读，如从地缘经济学和地缘政治学对项目进行思想把握后，再进行规划构思，使学生不仅学习到规划师的技术手段，更是学习到规划师的思想精髓，为今后的职业规划生涯提供平台。[5]

（3）指导方式采取"双师"与"双指导"结合的方式。面向社会，与规划设计单位联合搞开放型办学，选择具有教学理论与规划设计经验的双师型导师。即首先建立本科生导师制，导师必须是具有一定规划实践设计经验的优秀教师，鼓励导师以"工作室模式"带领学生设计项目，提高学生规划实战能力；其次构建开放培养机制，与学生实习单位建立横向联合，通过网络和不定期汇报

等方式，资深规划师与导师共同指导毕业设计，强化工程实践教育，缩短理论与实践存在的距离（图4）。

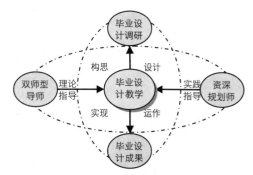

图4 毕业设计教学过程

4 毕业设计答辩流程模式

（1）毕业设计教学必须制定出全过程的毕业设计流程。导师指导学生要参与毕业设计的每一个过程，首先是确定完毕业设计课题、分组与调研方案；其次学生在导师的指导下对规划项目进行现场调研踏勘，规划调研和现状分析是毕业设计的基础阶段和重要环节，必须重视起来，老师尽可能带队调研，清晰熟悉考察的全过程，避免枯燥的讲解。调研过程主要包括用地的现状考察调查和相关部门的文字调研，收集相关文献、统计资料与历史资料，了解城市的未来发展状况、存在问题，发展战略规划及对项目的影响。[6]毕业生应在导师帮助下掌握城市总体规划编制和详细规划设计的理论与相关方法，利用五年的知识在规划项目中进行综合运用，如用总体规划原理、城市详细规划理论、城市道路交通规划原理、城市设计和城市工程规划等知识绘制城镇总体规划、控制行详细规划与城市设计，并通过规划项目实践，提高规划调研与表达能力。[7]

（2）毕业设计答辩流程采取分级审核制。为了客观透明地评价毕业设计质量，规划规划系成立毕业设计答辩领导小组，对每一份毕业设计进行评阅和审核，通常采用学生导师初审，答辩小组会审，规划系终审的分级审核，学院备案的制度。导师应该根据毕业设计过程中学生的表现和平时成绩，逐级决定是否给予学生的答辩资格。首先学生的毕业设计成果必须由导师初审通过；

其次由5~6名导师组成答辩小组进行会审；最后由规划系牵头组织全体导师对毕业设计进行终审，终审通过后才能获得毕业设计答辩资格，方可参加毕业设计答辩。（图5）规划专业毕业设计答辩委员会要在学校和学院制定的评分标准基础上，制定更加具体和适用的评分要求，并对答辩成绩进行抽样调查以核查成绩是否合理公平。

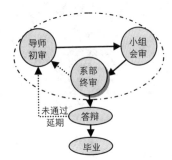

图5　毕业答辩审查框图

5　毕业设计成果评价模式

（1）注重规划毕业设计成果质量。毕业设计成果质量的要求是全面的，成果评价主要依据包括：一、毕业设计最终成果主要以设计图纸和文本说明书的形式清晰表达出来，通过对学生设计方案能力、工程美学修养和艺术气息等素质培养，鼓励学生采用新技术、新方法、新理念进行成果创新，如使用参数化设计，BIM设计体系。应用各类计算机辅助设计软件进行绘制图纸时，必须还要绘制能一张体现学生五年专业学习的手绘图纸，学生的毕业设计最终成果要求电子图纸质量精美、表达清晰、思想深刻、有一定的表现力和感染力；二、就规划设计内容而言，规划理念、设计构思、规范合理性、技术可行性、规划可操作性及认真程度等是毕业设计成果质量的基本保证；三、规划方案评价体系必须突出特色，优秀毕业成果要反映出一定的思想独创性，这是区分优秀规划成果与一般规划成果的重要依据。[8]

（2）毕业设计成果评分的客观性与公开性。评价成果优劣是毕业设计的关键环节之一，教师和学生对此都相当重视，必须采取规划系统一领导下的以答辩小组为主导的集体评分机制。一、学生答辩评分小组必须由非学生导师参与的答辩小组组成，并聘任校外专家担任评

分组长，各答辩小组评分之后进行汇总，在规划系统一指导下进行评分结果审核，加强各组设计成果评价过程的客观性；二、全组教师在答辩前应预先审阅图纸并做好答辩记录，导师先在图上标示主要出主要考察点和问题点，各答辩老师根据成果预先设置答辩过程的提问，并区分问题的难易程度，答辩现场根据学生答辩的实际情况灵活提问；三、答辩评分要客观透明，毕业设计评分被分解为指导教师评分和小组答辩评分两大部分，每部分又对学生的思想内涵、设计过程、图纸质量、现场表达等情况进行评价，使最后评分机制具有操作性和科学性。[8]与此同时，城市规划专业毕业设计还引入了校外专家审查体制，如聘请哈尔滨工业大学建筑学院，建筑设计研究院，城市规划设计研究院，社会团体等有丰富实践经验的专家为毕业设计校外评审专家，担任学生答辩小组组长，对毕业设计评分进行最后把关，重点对两头的学生进行审核，如对优秀毕业设计成果要复核，对处于及格边缘成绩的设计成果由规划系统一进行重点评价，并对当年的毕业设计的整体进程提出建议，提高规划毕业设计结果的权威性。

（3）建立完善的毕业设计成果评判的反馈机制。完成毕业设计答辩评分阶段并没有结束毕业设计，还需要增加一个重要环节，评判和反馈阶段。一、应做好学生与用人单位对毕业设计的意见反馈工作，建立毕业设计的反馈机制，建立学生反馈档案，对学生的合理诉求进行登记改进，不断修正教学方法；二、反馈方式应及时组织以答辩小组为单位的毕业成果讨论会，让学生在轻松的环境畅所欲言；三、制作调查问卷和随机走访相结合，并对反馈的结果进行甄别和总结。最后根据学生和单位对毕业设计选题与全过程提出的具有建设性的反馈意见，在以后毕业设计指导中不断完善地教学模式。[9]

结语

规划专业毕业设计反映了当前的教学水平、教学目的和社会科技水平的发展状况。因此，规划专业毕业设计的教学改革必须随着社会的急速发展变化而创新，并根据社会需求，生源条件等因素不断调整毕业设计教学模式，使其更具有预见性与适应性。本文针对了传统城市规划专业毕业设计教育模式的弱点和不足，如教学手段单一，教学思维封闭，教学与实践脱节，学生方案能

力差、缺乏创造性等弱点，以东北林业大学城市规划专业毕业设计教育改革创新模式为例，基于 CDIO 工程教育理念与模式，分析和梳理毕业设计的程序与全过程，提出了可操作性强的四种教学创新模式，并获得了一些的成功，这将为同类地方院校工程类专业的教学改革提供了一种切实可行的教学模式案例与范式。

参考文献

［1］ 查建中,何永汕.中国工程教育改革三大战略［M］.北京:北京理工大学出版社,2009.

［2］ 张红延.面向能力培养的工科专业课教学设计方法［J］.计算机教育,2010,6:50-55.

［3］ 张强,代敏.城市规划专业毕业设计教学改革［J］.高等建筑教育,2008,1:99-101.

［4］ 杨光杰.城市规划设计类课程教学改革的研究与探索［J］.规划师,2011,10:111-114.

［5］ 梁献超,宣卫红,李宏.应用型建筑学专业毕业设计的过程控制对策研究［J］.高等建筑教育,2009,3:100-103.

［6］ 布正伟.建筑师的类型与设计服务型建筑师的培养-我国城市规划教育转型中的一个实质问题［J］.新建筑,2004,1:69-70.

［7］ 赵万民,李和平,李泽新.城市规划专业教育改革与实践的探索［J］.规划师,2003,05:71-73.

［8］ 蓝刚.建筑学专业毕业设计教学的实践探索［J］.山西建筑,2008,2:230-231.

［9］ 单赛卖.地方院校城市规划专业毕业设计教学体系建设初探［J］.新课程研究,2010,12:30-32.

黑龙江省高等教育学会"十二五"期间教育科学研究规划课题 基金号（HGJXH C110892）。

Rearch on Teaching Mode of Universities Urban Planning Specialty Graduational Design based onCDIO

Sun Ming   Liu Weibin

Abstract：Urban planning is strongly applied professional specialty.Undoubtedly it is a worth further research to discuss its curricula setting strategy.Therefore，it is very important significance to research further graduation design teaching of city planning profession and improve the professional education quality of city planning students.In this paper，based on the CDIO teaching idea，firstly we focus on the need for architecture teaching reform by analyzing and exploring graduation design problems.Secondly the block diagram expression of a whole model conception about design，implementation and evaluation method of the graduation design are presented.Finally，the paper put forwards four modules of the teaching reform，namely problems analysis，topic setting，practice and achievement evaluation results.Based on application of CDIO teaching mode，graduation design teaching reform experimentation in northeast forestry urban planning profession，have been achieved good results It will provide one effective teaching examples for introducing urban planning specialty under CDIO engineering educational idea

Key Words：CDIO idea；urban planning；graduation design；educational reform

城市公园规划课程教学优化改革思考

胡赛强　林幼丹　林从华

摘　要： 介绍城市公园规划课程定位、教学内容安排，针对教学过程中学生学习主动性不足、基本原理掌握不牢、实践教学失衡、设计成果重图面轻分析过程等问题提出教师角色转换、重视原理考查、加强阶段控制，注重思维培养等优化措施。

关键词： 城市公园规划；课程教学；优化措施

　　随着，"建筑学—城乡规划—风景园林"三位一体的城市规划本科专业教育大背景，为构建综合多元的专业知识结构，培养学生全面综合素质，我校城市规划本科专业，依托建筑学、风景园林专业背景，开设了《城市公园规划》这门课程，旨在培养学生掌握景观规划方面的知识，"具有在城市规划中应用景观规划设计原理的基本能力"，[1]扩充自己的专业技能和专业视野。在实践教学过程中，受客观因素制约，出现了一些不利于教学的因素，围绕这些不利因素，展开教学改革优化措施。

1　课程概括

1.1　课程定位

　　《城市公园规划》是城市规划本科专业学生由低年级基础课进入高年级规划设计课程的一个重要学习阶段，在课程体系中，起着承前启后的重要作用，与城市园林绿地系统规划、居住区规划设计、城市设计、风景区规划设计概论课程衔接紧密（图1）。

　　课程以城市公园为对象，通过基本理论学习和设计实践，使学生掌握城市公园规划设计基本理论和设计方法，熟悉城市公园调研分析、规划设计内容、方法以及成果表达，提高综合设计能力和专业素养。

1.2　课程内容

　　课程共72学时，教学内容包括集中理论讲授、调研及案例分析、方案构思与设计、模型制作分析、成果表达、评图总结6个环节，同时穿插课堂交流、讨论、设计辅导、评图等环节（表1）。设计课题以所在城市市区范围内规模在12~20公顷的城市公园为主，方便学生对现场进行调研分析，选题以"真题假作"、重新设计或改造为主（表2）。课程以调研报告、设计成果、模型制作结合平时成绩作为课程考核方式。

2　存在问题

2.1　学习热情匮乏，主动积极性差

　　随着高校以"精英化"教育向"大众化"、"普及化"教育转变的教育大背景，知识基础参差不齐的学生结构，学生学习主动性差成为时下高校普遍存在的问题。在教学过程中，一方面由于学生由低年级基础课进入专业设计课程学习阶段，设计类课程作业任务相对增加，学生主动积极性差，不能很好的适应专业设计课的要求，出

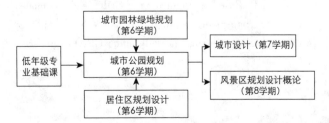

图1　城市公园规划课程与其他相关专业课的相互衔接关系

胡赛强：福建工程学院建筑与规划系讲师
林幼丹：福建工程学院建筑与规划系高级工程师
林从华：福建工程学院建筑与规划系教授

课程内容及学时安排 表1

序号	课程环节	学时	课程内容安排
1	集中理论讲授	16	讲解城市公园的设计原理及综合性公园规划总论，调研及设计任务书布置、讲解
2	调研及案例分析	4	现场踏勘、资料收集、案例分析
		4	调研成果汇报、点评
3	方案构思与设计	24	概念方案草图表达、总体布局、专项规划、序列空间节点详细设计
4	模型制作与分析	8	制作公园简单体块模型，对方案进行分析、论证和优化
5	成果表达	12	利用 CAD、photoshop、SU 等软件进行图纸成果制作；说明书撰写，最终成果的排版
6	评图总结	4	评图、总结、成绩评定

近5年城市公园规划课程设计选题情况统计表 表2

年 份	课题名称	规模	备注
2008 年	福州湾边公园	16.1 公顷	真题假作
2009 年	福州儿童公园规划设计	10 公顷	真题假作
2010 年	福州温泉公园规划设计	19 公顷	改造为主
2011 年	福州温泉公园规划设计	19 公顷	重新设计
2012 年	福州青口中央公园规划设计	13.8 公顷	真题假作

现疲于应付各门课程设计作业，顾此失彼，学习热情匮乏；另一方面在教学过程对教师对学生要求稍有懈怠，或"放养"模式，直接导致学生课堂松散，"懒散懈怠"、作业"偷工减料"、"拖图"现象，导致教学效果大打折扣。

2.2 理论讲授枯燥，原理掌握不牢

由于公园规划基本原理、设计方法等理论知识的专业性和系统性，集中理论讲授相对于设计实践较为枯燥，学生课堂掌握吸收的程度相对不高，加上学生课后对理论知识复习的自觉性差，导致学生对公园设计基本原理、设计规范掌握不牢，体现在最终设计成果中，出现的低级、甚至原则性错误，如混绕公园与城市用地类型、经济技术指标内容，园路等级宽度设置不合理等问题存在。

2.3 学生参差不齐，实践教学失衡

在课程设计阶段，实践教学以教师辅导学生完成设计作业为主，由于学生人数多，在专业基础、学习能力、主动性、所遇问题等方面的差异，决定教师全面"一对一"跟踪辅导任务加大，加上长期传统"放养"模式影响下，学生由于缺乏对各阶段图纸内容、深度要求的把握以及学习主动积极性不高，出现进度缓慢、懈怠松劲、图纸深度与阶段性成果要求不符等现象，如方案设计已接近尾声部分同学布局结构尚未确定，或存在重大问题，甚至部分同学设计成果"只见最终结果不见过程"的现象时有发生。同时教师看作业往往较多集中在少数优秀学生身上，而对相当一部分成绩一般或较差的学生由于学习缺乏主动性，导致教学难以顾及整体，也使得这部分学生出现学习松劲、越学越没有兴趣的现象存在。

2.4 成果注重图面，弱化分析过程

课程考核成绩和教学效果最终反映在学生提交的设计成果上，学生因为关注成绩，往往投机的注重图面效果和形式，而忽略自身综合设计能力的提高，体现在前期调研、分析所花时间较少，往往流于形式，方案缺少

理性分析，尤其是忽略对公园设计较为重要的生态、人的使用行为活动、外部环境等方面的分析，过于重视作业成果，而忽略对学生发现问题、分析和解决问题能力以及创造性思维的提高和培养。

3 优化措施

3.1 教师角色转换

针对学生疲懒的学习状态，首先，改变传统以教师讲学生听的"填鸭式"教学模式，教师需转换角色，即在教学过程中大部分时间学生充当设计者，教师充当评委或顾问角色，以提高学生学习的自主性，体现在设计的各个环节，包括在调研阶段，教师布置任务书、讲解要点，学生自主分组分配任务、明确分工，避免"集体偷懒"，自主组织调研成果汇报，教师集中点评；在方案设计和模型制作分析阶段，教师通过制定详细的任务安排，明确重点内容，学生自主完成，提高学生发现问题和解决问题的能力。

3.2 重视原理考查

针对集中理论讲授效果差，学生基本原理掌握不牢，在新的教学中对授课计划安排和考查方式进行调整。首先调整集中理论讲授的课时，化整为零，前期理论讲授注重使学生建立对公园的基本认知，而涉及场地分析、总体布局、专项规划等知识点，则分散在课程设计实践的各个环节，并通过设计实践加以强化巩固，做到使学生在"设计中学""边学边用"，避免"学后便忘"（表3）；其次，调整课程考查方式和内容，一方面增加理论考查，加强公园设计基本原理、设计规范重点知识点内容的考查，通过开卷或闭卷考试的方式，强制性要求学生识记

掌握；另一方面，在最终设计成果成绩评分标准中加大对基础原理和规范内容掌握的比重，对出现于基本原理、规范要求相违背的原则性、低级错误采取扣分、降档制。

3.3 阶段控制有序

针对学生在课程设计阶段设计进度缓慢、学习懈怠松劲，教师一对一辅导难以顾及全面、过程失控的现象，通过阶段性成果的考查，强调设计过程的完整性。首先，通过调整教学计划和设计任务书，明确设计各阶段、环节任务及重点，要求学生定时定量、如质如数的完成，同时加强交流、跟踪，安排阶段性成果的汇报、点评、交流，要求学生根据阶段性的成果进行集中的汇报（图2、图3），师生互动评图交流，一方面可以提高学生自主学

图2 学生进行阶段性成果汇报

图3 学生制作方案分析模型

课程设计阶段课堂穿插讲解内容　　表3

序号	实践教学进度与内容	课堂穿插讲解内容
1	调研与案例分析阶段	调研分析方法、内容及要点
2	方案构思与设计阶段	公园总体布局、场地分析、道路交通、竖向、设施、绿化等规划内容及要点
3	制作模型与分析阶段	模型制作、分析方法及要点
4	成果表达阶段	图纸内容深度及制图、表达要求

习的主动积极性，避免"放养式"带来的懈怠、松散、进度慢等不良现象，另一方面改变以往学生作业上交后教师打分的方式，代之以教师针对学生的成果当面直接指出设计中存在的问题，更有利于学生进步的提高。其次，要求学生保留完整设计过程阶段性成果，包括调研报告、分析草图、模型、最终成果电子和纸质存档，同时要求学生对不同阶段成果进行比较、总结，它是一个完整的设计思维过程的写照，一方面，有利于培养学生理性思维的形成，另一方面学生通过自我管控，可以改变传统灌输式下学生学习动力和能力不足的问题，倡导学生创造性地获取知识和经验。[2]并在一定程度上缓解教师无法同时完成跟踪辅导多个学生设计任务的问题。此外，加强阶段性成果的考查并作为期终成绩评分的重要前提条件，对未按时完成阶段性任务的同学采取扣分、重做等措施，以强调教学的严肃性和设计过程的完整性（表4）。

考核内容与评分比例　　表4

分项	考核内容	评分比例（%）	小计
平时成绩	出勤、学习纪律和态度等（缺勤课时1/3者不参与评分）	5	10
	理论知识点考查、平时作业	5	
课程设计成绩	调研及案例分析	10	80
	设计阶段性成果	20	
	最终成果	50	
实验成绩	模型制作分析	10	10

3.4　注重思维培养

针对教学中重图面效果，轻分析和解决问题能力提高的问题，通过调整在教学各个环节强调分析推导过程，培养学生专业逻辑思维能力。首先，重视前期调研、场地分析环节。改变以往调研前目的不明、调研过程走马观花、完成作业上网复制的调研方式，通过认真挑选场地、制定详尽的调研任务书和技术路线，讲解调研分析方法、要点，可以让每个学生针对调研任务，结合自己的兴趣，通过查阅资料、现场踏勘、同类案例分析比较展开深入的调查分析。

其次，在方案设计和模型制作过程中，强调分析推导过程，加强对场地、空间、生态、人的使用行为活动、历史人文等方面图文内容的分析，在草图构思阶段通过多个方案的比选，并随着方案设计的深入，通过体块模型制作加强对空间设计加以论证、优化和调整，培养学生的规划思维，有效改变学生在低年级阶段形成的建筑设计思维方式，培养规划专业整体观和系统分析方法；[3]另一方面监督学生在设计过程中"偷懒"或动力不足等消极态度，提高自主能动性。

4　结语

通过教学设计的优化，从学生提交的成果质量和学生反馈信息分析（图4），教学效果明显，学生自主学习能力得到显著的改善，也大大提高了课堂教学质量。同时在教学还发现学生在方案设计创新能力、图解思考、

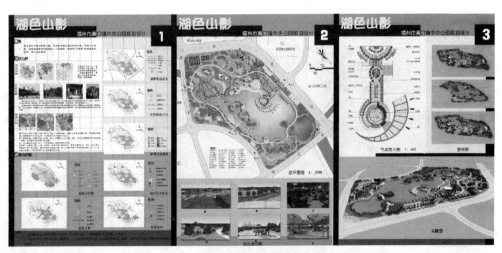

图4　学生提交的部分设计成果

口头表达等方面能力培养不足，将作为今后课程进一步深化改革的方向。

参考文献

［1］ 全国高等学校城市规划专业本科（五年制）教育评估标准（2009 版）.

［2］ 郭剑锋，聂晓晴，孙国春 . 公园课程设计教学优化探索［C］2011 全国高等学校城市规划专业指导委员会年会论文集 . 北京：中国建筑工业出版社，2011：354.

［3］ 段德罡，白宁，王瑾 . 城市规划专业基础教学的基本问题梳理［C］2011 全国高等学校城市规划专业指导委员会年会论文集 . 北京：中国建筑工业出版社，2011：63.

The Thinking adout Urban Park planning Education optimization Reform

Hu Saiqiang   Lin Youdan   Lin Conghua

Abstract：This paper introduce the Location and arrangement of teaching content of The city park planning curriculum，Put forward Optimization measures on Switching the role of teacher which is adviser instead of instructor，Clearing the focus of the different stages，enhancing communication and tracks work statu，attaching importance to basic teaching and analytical derivation process to solve the problem which students' learning initiative，theory teaching effect is poor，lack of basic knowledge in prison，practice teaching process out of control，the design results of heavy surface light analysis In the process of teaching.

Key Words：urban park planning；curriculum education；optimization reform

"建筑设计基础"课程教改刍议
——在基础教学中加强城市空间与人体尺度感的培养

倪轶兰　　卢一沙

摘　要： 随着建筑学城市规划专业学科的发展，传统的"建筑设计基础"教学作为建筑学和城市规划专业的基础课程教育，在注重基本概念与技法训练的同时往往忽视了建筑与环境、建筑与人的密切联系，表现出一定的局限性，从而使学生在深入专业学习时缺乏尺度感。本文阐述了我校在学科大类招生的基础上，对专业基础教育体系进行改革尝试，以期建构一个适应当前发展、适宜未来不同方向培养又重点突出的专业基础教育体系。让一年级学生在吸收专业基本概念知识、进行基本技能训练时，也能培养对城市空间与人体尺度的感知，提升学生的综合学习能力，进而为高年级阶段的专业学习打下良好的基础。

关键词： 建筑设计基础；城市空间；人体尺度

1　究研背景

在学科大类招生的背景下，很多高等院校的建筑学城市规划专业也开始了这种"厚基础、宽口径"的培养模式，即所谓的2+3或3+2模式，一般前2年或3年建筑设计基础部分学习相同内容，后面再分别进入建筑学或城市规划的专业深入阶段。当然对于这两个专业来说这种模式并不是什么新的模式，在传统的教学中，很多院校的城市规划专业基础教学本身就是建立在建筑学的基础上，前两年的学习内容跟建筑学专业的基础内容基本相同，或直接由建筑学老师来担任教学任务。只是在大类招生后，这种方式得到了更明确的界定。不过随着国务院学位委员会、教育部在2011年下发通知《学位授予和人才培养学科目录（2011）》，把城市规划和风景园林学调整为独立的一级学科，城市规划变为城乡规划学后，将城市规划专业的基础教学从单纯的建筑学基础课程中分离出来，提早进行单独教学的呼声也越来越大，两个专业的基础教育是分是合也颇多争议。

其实无论是建筑学还是城市规划都无可避免把"建筑设计基础"课，即"建筑初步"作为专业基础的入门课程。无论是统一的基础培养模式还是各专业单独的基础培养模式也都无法避免要探讨在新的教学环境下，基础课中如何加强培养学生的专业学习兴趣，提高专业学习素养与技能的问题。但是传统的教学方法过于重视学生技法的训练，即建筑在图纸上的表现表达，而忽视了建筑在"三维"下的创新思考。尤其是对城市规划专业的学生来说，在基础教学阶段单纯学习建筑的基本概念、形态构成与表达表现技法是不够的，这些都仅仅只是停留在图纸层面。如果能在基础阶段就让学生慢慢对周边事物、空间环境产生感知，一点点建立城市空间与人体尺度的概念，能帮助他们轻松过渡到专业设计阶段，更好把握城市与城市问题。

2　存在的问题

现有的"建筑设计基础"课在教学中一般要教授的内容非常宽泛，以清华大学田学哲、郭逊为主编的《建筑初步》（第三版）为例，学生在一年的学习中主要围绕建筑概论、基本知识（中国古典 – 西方古典 – 西方现代）、表达技法（设计、图纸、模型）、形态构成（平面 – 立体 – 空间）、设计方法入门（调研 – 资料收集 – 构思 – 草图 – 深入），这五方面内容来展开。涉及面广而学时有限，因

倪轶兰：广西大学土木工程学院讲师

卢一沙：广西大学土木工程学院讲师

此很容易缺乏重点，学生刚对一项内容提起兴趣却不得不又开始进行下一项内容的练习。根据以往的教学经验，可以把问题归纳为以下两个主要方面：

（1）学生素质参差不齐，难把握教学深度。以广西大学为例，建筑学城市规划专业基本以广西区内学生为主，很多来自偏远地区，入学前美术基础非常薄弱，绝大多数都没有经过专门的学习，同时欠缺审美能力，为教学带来一定难度。

（2）学注教重技法培养，缺乏创造思维。老教师传统上对学生的表现能力图纸表达技法比较看重，而且受学生入学水平所限，在图纸表现上除了美术课的练习外，建筑设计基础课就不可避免的要加强这方面的训练。因而往往造成作业量大，学生疲于交差应付，提不起专业学习兴趣的后果。

3 探索解决模式

针对以上突出的两个问题，在专业新一轮的教学改革实践中，我们调整了原有的教学大纲，删减了一些重复练习项，增加了一些小单元式的参观调研、研讨、手工模型等练习，把一些需要大量时间的技法练习，如仿宋字、建筑配景、水彩渲染等作为课后作业，并结合寒暑假，使老师和学生能够更充分的利用课堂上的有限时间，提高学习效率。

4 新增教学内容

4.1 初看建筑

针对学生美术基础弱，同时欠缺审美能力的问题，我们在第一学期期中布置了"初看建筑"这一题目，完成时间为8周，不占用课堂学时。学生利用课余、周末时间参观校园，选择自己感兴趣的一个事物、一个地点进行观察。以一个准建筑人或准规划者的角度来表达自己对建筑内涵的初步认识。作品要求要有一个明确的主题，用分析图和文字说明的方式来表达，必须A3图纸两张。作品内容以图为主、文字为辅，图要求手画（徒手或用绘图工具均可），鼓励用草图、分析图的形式，而不只是写实，不允许复印粘贴，表现手法不限，但要注意图面的构图排版设计及落款。

选择在第一学期期中布置这个题目，主要是希望通过开学前几周建筑概论知识的讲授，让学生在对建筑有

了初步感受的同时，能够进一步调动他们的积极性，进而自己去感受周边的建筑与环境。尤其现在的新生都是"90后"，刚刚脱离沉重的高考，对于崭新的环境不管他们来自哪里，都跃跃欲试、有话要说。

图1以西校园凉亭为例，对其所在位置、凉亭特点、使用人群、人流方向等一一进行了分析，采用三维漫画地图的形式对凉亭的位置进行了表达，在分析三个凉亭的基础上设计了自己的理想凉亭。图纸表达生动活泼。

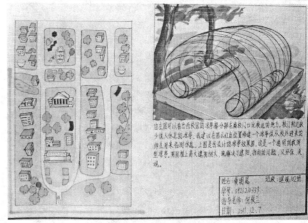

图1 西校园凉亭分析
资料来源：学生作品。

图2以西大围栏与环境为例，对散布于校园的围栏进行了观察。不同环境下，围栏的功能、外观都表现出极大的不同。图纸表达简洁明了。

图2　西大围栏与环境
资料来源：学生作业。

从这两位同学的作品可以看出，学生们用自己独特的视角对西大校园进行了细致的观察与分析。对建筑与环境的认识，从感知自身所处的校园开始。尤其是前一位同学，已经在不自觉中对校园的空间尺度进行了描绘，对今后步入专业学习进一步分析城市空间将大有帮助。这一练习的目的不在于考察学生的手绘能力，而强调学生对建筑环境的认知。同时建议在一年后，布置类似题目，以初步进入专业学习的视角再对空间环境进行观察，可以让学生对比一开始的感知，体会逐步认识建筑与环境的过程。

4.2　坐具设计

这个练习设置于第二学期开学，完成时间为2周。目的是希望通过坐具的设计来认识人的身体和物体之间的基本关系，让学生建立一个广泛的设计概念，体验如何借助草图和草模来发展和表达设计。要求用两张8mm厚，2400m×1200m的瓦楞纸板来设计和制作一个可供一个人坐的坐具，并且还要提供可以支撑人体背部"靠"的可能。也可以在设计中加入便携、折叠等附加功能。练习所涉及的问题主要包括人体工学、材料、力学方面知识和制作方法等。设计将在评图时被教师和同学试坐并评判，要求造型合理、舒适、有效使用材料、

结构稳固。2人为一组。除了利用纸板的特性进行卡接外，可以用白乳胶粘贴，但是不允许用订书机和胶带。说明图纸A3大小一张，要设计图框，标题自取，表现手法不限，图文并茂，内容应包括设计说明、分析图与文字、过程照片（草模照片）及成果照片（要有人坐在实物模型上）。

说明图纸

设计作品

等待检验

图3　纸质坐具作品
资料来源：学生照片。

在这次练习之初，我们先在课堂上补充了一些关于人体尺度方面的知识，然后通过草图、小的草模、1：2比例草模等一步步对人体尺度进行分解。面对同样材料的限制，有的同学做出的成果尺度要小很多，有的合乎比例却不够牢固，有的结构复杂不够舒适，有的造型简单却经久耐坐。在互相试坐检验的过程中，他们开始学会提出问题发现问题并努力解决问题。时间虽短，但练习充分激发了学生们的积极性。为了给他们提供更多的展示机会，在课题练习结束后还举办了一次纸质坐具设计展，邀请全院的老师和同学们来参观评价。其他包括结构、材料等专业的老师同学们也都过来进行了交流。从中学生们既对人体尺度有了更深的体会，又增强了动手能力，既展现了良好的沟通能力，也通过交流获得了更多实际的力学知识，学会尊重材料的客观特性。

图4　纸质坐具展海报

资料来源：学生作品。

5　教学总结

大类招生这种"厚基础、宽口径"的培养模式要求

我们在进行学科基础教育的时候能够与各专业进行良好的结合。城市空间感与人体尺度感都是建筑学和城市规划专业在高年级阶段所必须要掌握的知识，能够从基础教育阶段开始认知，可以大大提高学生的感受度，更易于运用到建筑和城市规划设计各个层面中去。其实在我们的教学改革中补充的小单元式练习已经出现在一些院校，不过在总结其他前辈同行的经验基础上结合我校自身的实际情况我们又进行了一些改进，期望以此能进一步提高教学效果。

参考文献

［1］　顾大庆，柏庭卫.建筑设计入门.北京：中国建筑工业出版社，2010.

Humble Opinions of Reform in "Elementary Teaching on Architecture" —— Cultivating Sense of Urban Space and Human Dimension in Elementary Teaching

Ni Yilan　Lu Yisha

Abstract：With the development of architecture and urban planning, the traditional teaching of "Elementary Teaching on Architecture" is as the basis of architecture and urban planning professional education courses focus on basic concepts and techniques of training, another ways ignore the close contact between building and the environment, or architecture and human. It shows some limitations, so that the students lack scale sense in depth professional learning.This paper describes that, the university after recruit students of heavy caliber, tries to reform the basis of professional education system, adapt to the current development, and construct a suitable future training direction.First-year students could absorb the professional basic concepts of knowledge, receive basic skills training, but also cultivate the perception of urban space and human scale, to enhance students' learning ability, thus lay a solid foundation for high-grade stage of professional learning.

Key Words：elementary teaching on architecture；urban space；human scale

产学研结合型毕业设计教学
——卓越工程师教育培养计划实施探索

卢一沙　王红原　倪轶兰

摘　要： 本文在本校城市规划专业开展教育部 "卓越工程师教育培养计划" 的实施计划制定背景下，展开产学研结合型毕业设计教学的初步探索。从选题角度、教学方式、教学重点等方面结合学生设计方案进行相关探讨。

关键词： 城市规划教育；毕业设计；产学研结合；卓越工程师计划

2010 年，教育部为推进高等工程教育适应我国新型工业化和创新型国家建设需要，提出"卓越工程师教育培养计划"，旨在培养造就一批创新能力强、适应经济社会发展需要的高质量各类型工程技术人才。全国多所就此展开了各学科专业培养计划的修订与论证，至 2012 年上半年，多所大学逾 400 个本科专业或专业类加入了卓越计划。

笔者所在学校于 2012 年名列第二批"卓越工程师教育培养计划"高校名单中，目前正积极开展各专业的卓越计划制订。

在此背景下，笔者于今年城市规划专业的毕业设计中，展开了产学研结合型毕业设计的初步探索。

1　毕业设计教学方式的确定——产学研合作

卓越计划遵循"行业指导、校企合作、分类实施、形式多样"的原则，具有三个特点：一是行业企业深度参与培养过程；二是学校按通用标准和行业标准培养工程人才；三是强化培养学生的工程能力和创新能力。住房和城乡建设部也表示，对"卓越计划"给予支持，支持高校土建类专业开展校企合作，培养优秀工程技术人才。

城市规划专业毕业设计的形式归纳起来基本有三种：真题真做、真题假做、假题假做。真题类型在实际操作中又可采取以下几种常见形式：一是设计单位与校方联合共同指导、紧跟项目进程，二是校方主导、校外

设计单位或专家协助指导，三是完全由指导教师主导。第一种形式多为真题真做，受实际项目影响较大，指导教师与学生容易被动，未有实际操作经验的学生容易迁就于一些不合理的行业现象并与教师产生意见分歧；第二、第三种形式指导教师主动权较大，可以真题真做也可以真题假作，但与实际生产结合较第一种形式弱。

本校地处西部地区，西部开发建设需要大批工程技术人才，城市规划专业培养目标明确。根据市场需求与卓越计划的原则与特点，笔者认为采用真题作为毕设题目、校企合作的形式进行毕业设计指导为好。同时卓越计划认为要适度超前培养人才，强化培养学生创新能力，因此，在毕业设计中可是当增加难度进行一些探索性的研究。

综上，本次毕业设计教学方式确定为产、学、研结合的模式。以实际项目为题，紧跟项目进程，设计单位与校方联合共同指导但应由指导教师主导，同时根据实际项目特色进行探索性的研究。可真题真做也可真题假做，必须保证前期基础资料收集整理与实地调研的真实性。

本次毕业设计组共 8 名学生，分成两组，一组题为荔浦县城城市设计，一组题为崇左市村庄整治规划。毕

卢一沙：广西大学土木建筑工程学院讲师
王红原：广西大学土木建筑工程学院副教授
倪轶兰：广西大学土木建筑工程学院讲师

业设计成果除常规成果外必须包含文献综述、专题研究报告、多方案比选三部分内容。

2 产学研结合型毕业设计的指导思路

2.1 协调与引导

（1）时间协调性

实际项目的工作进程具有不确定性，而毕业设计具有硬性的完成时限的约束，因此在时间上要注意协调性。毕业设计的时间协调主要从选题和工作计划两方面考虑。

毕业设计选题应尽量选择周期较短、规模适中、前期调研与资料收集整理耗时较少、方案协调过程不复杂、地理位置不偏远的实际项目。毕业设计周期一般为16周，通常在实际项目中这个时间段处于初步方案阶段，本着教学为主、完成项目为辅的原则，在工作计划上应以毕业设计成果为重，需要指导教师在项目进行的中后期引导学生如期完成个人的毕设。

（2）团队协调性

选题类型以修建性详细规划、城市设计等有较大发挥弹性和灵活性、适宜学生独立完成的为佳。如本次毕设村庄整治规划选题小组共三名学生，一人一村一主题，各有侧重点，并能保证学生独立完成与综合锻炼。当然，作为城市规划工作者，应具备团队合作的能力与协调力，因此选择较大规模的项目进行小组合作也未尝不可。例如本次笔者所指导的荔浦县城城市设计一课题中，划分五个主题，每个学生负责一部分，按照"先合后分、分后再合"的工作形式进行毕业设计，同时考虑学生的团队协作能力培养与独立完成的可能性。

（3）价值观与职业素养引导

如同社会对一切职业一样，社会对规划师有一定的要求，这个要求的中心是规划师必须对社会负责。一个合格的规划师必须具有知识，技能和价值观三方面的素质。常见学生在为期三个月的设计院实习环节结束后发出如此感叹：实际项目的操作与在校所学相去甚远，一是规划师不得不屈服于环境，二是现实中漏洞太多、不合理之处太多。于是笔者在近几年的毕业设计环节中，在对学生的方案提出异议的时候常听到学生回答说：在设计院那么做也是可行的、或者不可行的。同时常见学生落实选题后便直接套用一些过往项目的文本和图集，

不假思索，从一定程度扼制了学生创造力、研究欲与对"理想规划"的坚持。

以上也许是结合实践的教学过程中难以避免的现象，在学生走向社会与职业生涯钱的最后一个教学阶段，指导教师应该在毕业设计中对学生进行正确的职业素养与价值观的引导。

2.2 可研与创新

与以往不同的是，本次产学研结合型毕业设计教学注重"研"这一部分的探索。首先学生在接到任务书之后着手进行开题报告撰写，提出自己的兴趣点与创新之处，在指导教师的引导下确定研究课题。其次鼓励创新与适度超前，但忌没有经过任何论证，而直接进入方案设计并提出异想天开、天花乱坠的设计构想。最后应确保研究有结论，避免空谈以及泛泛而谈。

3 产学研结合型毕业设计重点

诚然，就本科生的积累与综合能力来说，要做到"创新"不是那么容易，要做"科研"也显得稚嫩，笔者就以下几个内容进行了本次产学研型毕设的探索。

3.1 因地制宜，因材施教

产学研型毕业设计教学要重视因地制宜、因材施教，本节以村庄整治规划小组为例。

首先在选题上综合考虑学生的设计水平、分析能力、兴趣点、就业方向，如本次村庄整治规划小组三名学生均来自于农村，对于农村生活有深刻的体会和一定的认识，同时三位同学对计算机辅助设计方面感兴趣、愿意尝试采用建筑信息模型技术对村庄规划的方法与理论进行研究，因此本小组毕设采取定性定量相结合的研究路线，以模型、数据支撑规划设计方案。其次三名学生根据自身就业意向提出分别对建筑能耗、建筑热环境、建筑组合空间形态感兴趣，由此确定具体研究方向与内容。

此外，卓越计划鼓励"创新"和"超前"，如何创新是关键，"超前"多少是重点。就本科生的积累与综合能力来说，要做到"创新"和"超前"不是那么容易，因此本次毕设中，我们考虑从地域特色出发、从项目本身特点出发，挖掘可研究题材，并鼓励跨专业、涉及相关领域研究。项目位于广西崇左市域，冬湿冷夏闷热，

日照充分，按照常规规划思路理解，建筑布局应南北朝向为最佳，但在现场调研过程中发现该地区村屯房屋皆为东西向布局，研究就此展开。该组学生以实地测量、问卷调查、访谈等形式进行实地调研，根据现状建筑质量拟定拆建方案，作出南北布局、东西布局、混合布局多种方案，并采用 ECOTEC、热环境分析等软件进行不同方案的论证（图 1、图 2），并提供给村民、当地建设局比选，最后综合村民、当地建设局、设计院意见以及

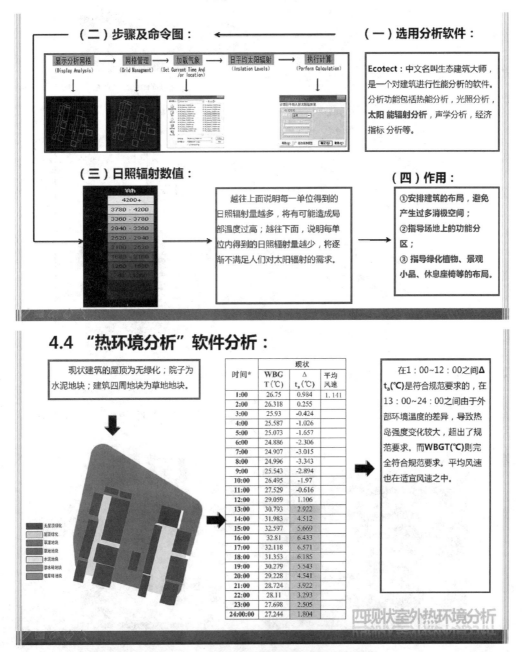

图 1　毕业设计 A　农村室外热环境改善研究

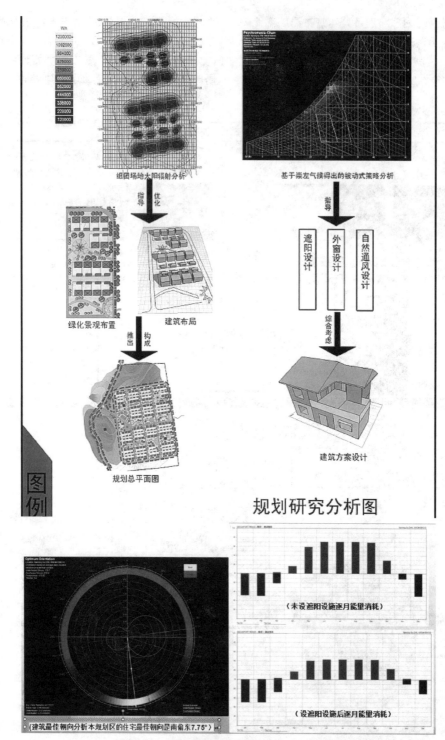

图2　毕业设计 B　基于建筑节能角度的村庄规划设计研究

论证结果确定并完善最终方案。

城乡规划学时一门综合性的学科，需要综合考虑社会、经济、人文等各方面，此次村庄组毕设强调"技术支持"与"人文关怀"，帮助学生树立基本职业原则、确立合理的价值取向。学生 C 所调研的村庄中，村民皆反对南北向建筑布局，并且要求每户有院落，该生尊重村民意愿，将视角着落在改善该村屯人居环境上。从崇左地区农村院落空间形态中挖掘设计语言，研究新农村生活形态、院落功能，最后基于以上分析优化院落空间形态、组织规划布局（图 3）。

3.2 注重研究分析

如前文所述，研究型的毕业设计忌没有经过任何论证，而直接进入方案设计并提出异想天开、天花乱坠的设计构想。开题报告中应进行选题的充分论证，应确保研究有结论，避免空谈以及泛泛而谈。

因此此次毕业设计过程中，我们从研究综述、案例分析以及研究报告三个环节严格把关。研究综述必须切题，案例分析应在本项目中具有可借鉴之处、可实践之处，研究报告必须对规划设计有切实指导意义。学生 D 的毕业设计"荔浦县城老城区城市设计"，以旧城保护为初衷、采用类型学的分析方法进行古城肌理与生长节律的研究，方案采取"保守治疗"，使旧城改造具有可读性、可延续性，同时也尝试了一些空间创新，在广西地区鲜少此类研究与实践，因此该设计具有一定的探索意义（图 4、图 5、图 6）。

3.3 进行多方案比选

研究性的毕业设计鼓励创新与适度超前研究，多方案比选是一个较好的途径，通过多角度的构想拓展学生的思维，有利于培养学生的创新能力。本次毕设中村庄整治规划组的每位同学皆进行了两个以上方案的比选和论证，作出建筑南北布局、东西布局、

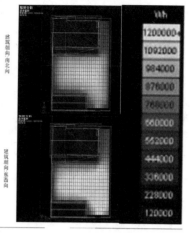

全年太阳辐射量分析图

通过建筑不同朝向的全年太阳热辐射量的统计，东西朝向的建筑受辐射量高于南北朝向。但是由于该村历史原因，为延续村庄传统肌理，规划建筑都为东西朝向，可从院落功能布局上缓解东西向受辐射的问题。

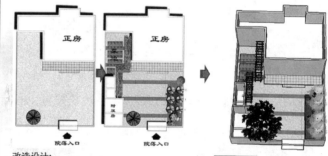

前院布置改造：

改造设计：
a) 杂屋前部加建功能用房，满足需要，同时利用牲畜圈和厕所的地下建设沼气池；
b) 正房前面规划成果园，栽植果树，减少硬地面积；
c) 加建房屋和厨房之间建葡萄架、栽植葡萄，遮荫避雨，厨房前面设计成菜地，利于管理，也方便采摘。

改造后的院落功能齐备、分区明确、空间丰富。

院落布局优化：

根据院落年太阳辐射强度分析，东西向的规划建筑中部辐射总量较高，可种植常绿乔木，在各个季节都可以提供阳光遮挡，硬地铺装采用透水性生态铺装。

而在辐射相对较小的地方，即红色区域内，种植落叶乔木，既可以在夏季提供荫凉，在冬季也不会对阳光产生较大的遮挡。此项分析对于东西朝向的建筑来说非常实用。

正房

晒场

菜地

附属房

院落入口

图 3　毕业设计 C　新农村院落空间研究

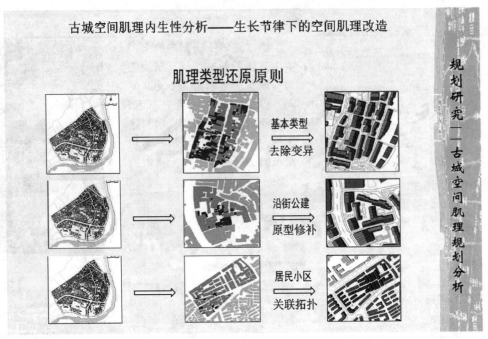

图4 毕业设计D 生长节律下的空间肌理改造

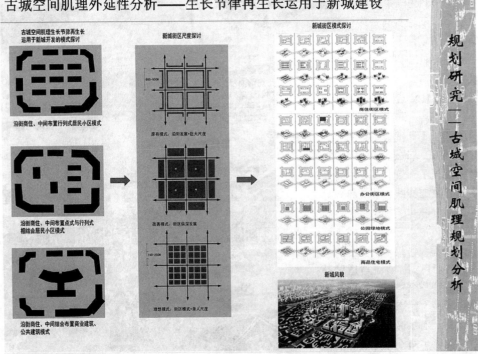

图5 毕业设计E 古城空间肌理外延性研究

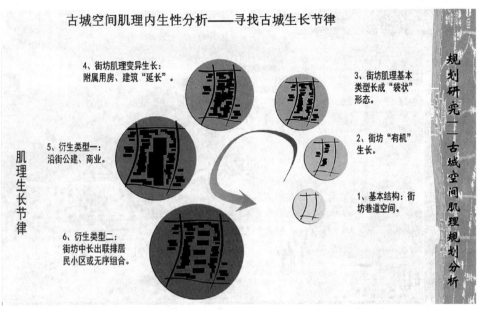

图6　毕业设计D　古城肌理与生长节律研究

规划理念二："圈城"空间格局

　　将古城的保护框架、道路系统、绿地系统按"圈城"理念进行规划设计，"碧水环抱绿绕城、绵山排闼送青"使绿地系统以"绿"绕城、滨水空间以"江"抱城、道路系统以"路"环城。

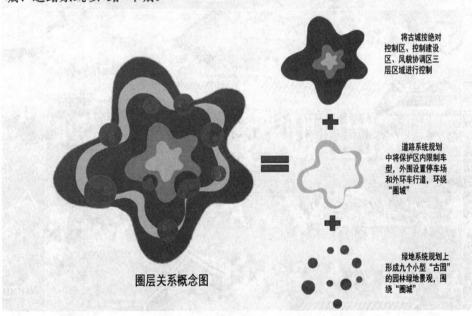

图7　毕业设计D　古城空间肌理外延性研究与规划理念

混合布局三种方案进行比选（图7），在研究重点部分采用计算机辅助设计对建筑设计、建筑热环境设计、院落空间形态设计进一步进行论证，进而对规划方案进行优化（图8、图9）。

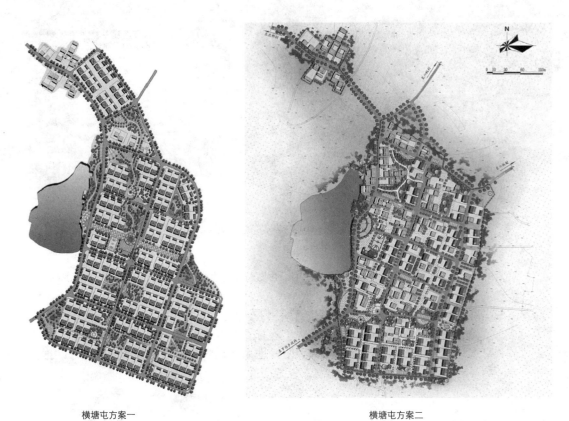

横塘屯方案一　　　　　　　　　　　　横塘屯方案二

图 8　毕业设计 C　多方案比选

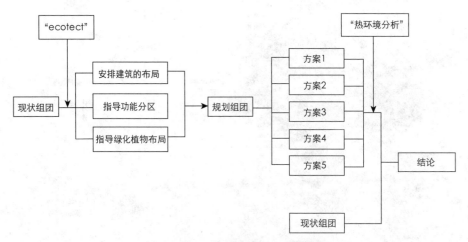

图 9　毕业设计 A　研究框架

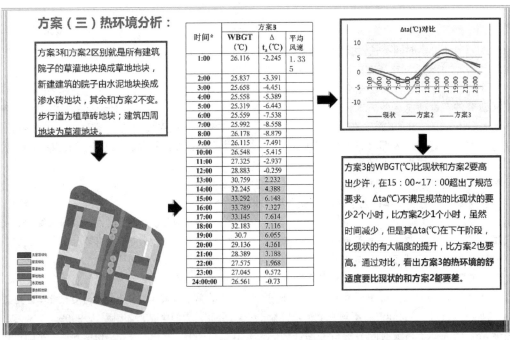

方案（三）热环境分析：

方案3和方案2区别就是所有建筑院子的草灌地块换成草地地块，新建建筑的院子由水泥地块换成渗水砖地块，其余和方案2不变。步行道为植草砖地块；建筑四周地块为草灌地块。

时间*	方案3		
	WBGT (℃)	Δt$_a$(℃)	平均风速
1:00	26.116	-2.245	1.335
2:00	25.837	-3.391	
3:00	25.658	-4.451	
4:00	25.558	-5.389	
5:00	25.319	-6.443	
6:00	25.559	-7.538	
7:00	25.992	-8.558	
8:00	26.178	-8.879	
9:00	26.115	-7.491	
10:00	26.548	-5.415	
11:00	27.325	-2.937	
12:00	28.883	-0.259	
13:00	30.759	2.232	
14:00	32.245	4.388	
15:00	33.292	6.148	
16:00	33.789	7.327	
17:00	33.145	7.614	
18:00	32.183	7.116	
19:00	30.7	6.055	
20:00	29.136	4.361	
21:00	28.389	3.188	
22:00	27.575	1.968	
23:00	27.045	0.572	
24:00:00	26.561	-0.73	

Δta(℃)对比

现状　方案2　方案3

方案3的WBGT(℃)比现状和方案2要高出少许，在15：00~17：00超出了规范要求。Δta(℃)不满足规范的比现状的要少2个小时，比方案2少1个小时，虽然时间减少，但是其Δta(℃)在下午阶段，比现状的有大幅度的提升，比方案2也要高。通过对比，看出方案3的热环境的舒适度要比现状的和方案2都要差。

在相同地块、相同面积、相同时间下，运用热环境分析软件，对不同的方案进行分析。

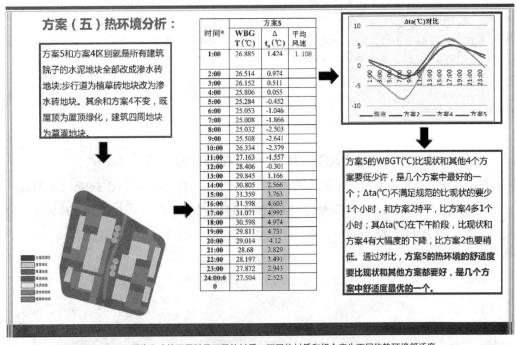

方案（五）热环境分析：

方案5和方案4区别就是所有建筑院子的水泥地块全部改成渗水砖地块；步行道为植草砖地块改为渗水砖地块。其余和方案4不变，既屋顶为屋顶绿化，建筑四周地块为草灌地块。

时间*	方案5		
	WBGT (℃)	Δt$_a$(℃)	平均风速
1:00	26.885	1.424	1.108
2:00	26.514	0.974	
3:00	26.152	0.511	
4:00	25.806	0.055	
5:00	25.284	-0.452	
6:00	25.053	-1.046	
7:00	25.008	-1.866	
8:00	25.032	-2.503	
9:00	25.508	-2.641	
10:00	26.334	-2.379	
11:00	27.163	-1.557	
12:00	28.406	-0.301	
13:00	29.845	1.166	
14:00	30.805	2.566	
15:00	31.359	3.763	
16:00	31.598	4.603	
17:00	31.071	4.992	
18:00	30.598	4.974	
19:00	29.811	4.731	
20:00	29.014	4.12	
21:00	28.68	3.829	
22:00	28.197	3.491	
23:00	27.872	2.943	
24:00:00	27.504	2.523	

Δta(℃)对比

现状　方案2　方案4　方案5

方案5的WBGT(℃)比现状和其他4个方案要低少许，是几个方案中最好的一个；Δta(℃)不满足规范的比现状的要少1个小时，和方案2持平，比方案4多1个小时；其Δta(℃)在下午阶段，比现状和方案4有大幅度的下降，比方案2也要稍低。通过对比，方案5的热环境的舒适度要比现状和其他方案都要好，是几个方案中舒适度最优的一个。

屋顶、院子、道路和建筑四周赋予不同的材质，不同的材质和组合产生不同的热环境舒适度。

图10　毕业设计 A　建筑热环境舒适度比较

4 结语

本校城市规划专业办学时间不长,生源差异较大(半数来自于偏远山区),主要就业市场在广西地区,教学以培养应用型人才为主。本次毕业设计结合卓越计划的开展尝试了重视研究的产学研结合的方式,在以往的毕业设计教学基础上突出研究部分的内容,取得良好的效果,学生成果获得了甲方的好评,大部分方案和意见得到了采纳,城市设计组的专题研究报告被整合进入设计院项目成果。虽然因为加重了研究内容使得工作量较往年增加许多、难度较往年大,由于工作计划紧凑、实施严格,学生皆如期完成并反映收获良多。

此次尝试也遇到许多困难,同时还有很多不足与缺憾,在此过程中我们得到了许多经验与启发。首先,在确定研究主题上花费时间过多,2 月下旬下达任务,多数同学 4 月初才确定主题与初步方案,5 月中旬提交初步成果,即深入研究及完善设计的时间仅有不到一个半月,显得紧张和局促,今后进一步将就时间分配与工作计划问题进行探讨。其次,研究性的题目需要做大量的基础工作,学生在此过程中会不断的改变想法、产生新思路,指导教师应及时引导、帮助学生果断抉择,有时候需要比较"强硬"的引导方式来保证教学进度。此外,研究性的毕业设计关乎"度"的问题,是理想方案与现实问题的"比拼",既要让学生的创造力得以发挥,又不能脱离实际,

同时有些学生综合分析能力较差,在文献分析、文献综述、专题研究报告撰写方面显得比较薄弱,不知道研究该如何展开。对于以上两个问题,在本次村庄整治规划小组的指导中,我们大胆尝试了由极端走向中和的方法,采用多方案比选的形式,全拆除方案和保守治疗方案进行比选、全南北向布局方案和全东西向布局方案进行比选,通过多方意见采集与自我反复论证得出最终方案,但其他类型的课题应根据具体情况采取相应的解决方式。

参考文献

[1] 卓健.毕业设计结合实践的教学探索[A].2009 全国高等学校城市规划专业指导委员会年会论文集[C].北京:中国建筑工业出版社,2009.168-171.

[2] 栾峰.跨专业联合毕业设计的探索经验[A].2009 全国高等学校城市规划专业指导委员会年会论文集[C].北京:中国建筑工业出版社,2009.

[3] 张庭伟.知识、技能、价值观——美国规划师的职业教育标准[J].城市规划汇刊,2004,2(150):6-7.

[4] 彭翀.关于加强规划教育中规划研究教学内容的思考[J].城市规划,2009,9:74-76.

[5] 郑德高,张京祥,黄贤金,毛蒋兴.城乡规划教育体系构建及与规划实践的关系[J].福建建筑,2012,1:74-76.

Teaching Method of Graduation Design Combined with Practice，Learning and Researching ——Exploring of Implementation Plan of "Education and Training Program for Excellent Engineer"

Lu Yisha　Wang Hongyuan　Ni Yilan

Abstract: With the context of carrying out the implementation plan，"Education and Training Program for Excellent Engineer" by Ministry of Education，on urban planning major in our university，this paper explored teaching method of graduation design combined with producing，learning and researching.It discussed "topic selection"，teaching "method" and "focus" with the discussion of students' design.

Key Words：urban planning education；graduate project；university-industry cooperation；excellence engineers plan

基于过程性评价的城市设计类课程评价方法研究

吴怀静　陈　萍　徐秋实

摘　要：教学评价是教学环节中重要的一环。在城市规划专业的设计类课程教学中，针对传统评价方式的不足，文章提出了基于过程性评价的方法研究，力求科学、公正、合理地给出学生课程成绩的目标。

关键词：城市设计类课程；过程性评价；评价方法；构建

城市规划专业旨在培养能从事城市规划设计与管理及相关方面工作的学科中高级工程技术人才，作为城市规划教育的设计类课程自然是城市规划专业教学的重点。探索设计类课程教学实践方法，对提高城市规划专业教学质量和教学水平具有深远意义。

1　设计类课程教学特点

城市规划的设计类课程包括城镇总体规划、城镇详细规划、居住区规划、城市设计等，这些课程的教学目的是让学生掌握城市规划设计的实践和动手操作能力。长期以来我国的理工类院校的设计类课程采用"理论概述＋设计实践"普遍的教学模式。课堂理论教学主要是教师讲授为主，学生学习设计实践部分也是基于教师已拟定任务书的基础上，搜集相关资料，进行设计创作，再与导师进行图纸交流，教师对其一对一辅导。这种师徒学艺式的传统教学模式限制了学生思维的发展，被动地学习使学生丧失学习热情，疲于应付课程作业，其教学效果达不到课程教学要求。改变传统教学模式，更新教学理念，激发学生学习兴趣，由被动学习变主动学习是目前设计类课程教学首要解决的问题[1]。

2　传统设计类课程考核方法的缺点

科学的课程考核体系是实现课程教学目标的重要保障，它能激发学生的学习激情和创造性，而不合理的考核方法则会产生压抑学生个性、束缚学生思想的不良后果。对城市规划专业的设计类课程教学效果来说更是如此。传统的考核评价忽视对教学效果的考核，大多依赖

单一的图纸最终结果打分及标准化考试。城市规划专业的设计类课程占有很大一部分比重，在这些专业的教学中，设计类课程具有科目多、重要性强、贯穿时间长等特点。由于设计类课程的独特性，如在授课方式上，它不是传统的单向知识传授而是通过设计过程和师生互动来提高学生的知识和技能；在成绩评定上，它不像有些学科一样有着非此即彼的明确答案，而是通过评价者对设计作品的主观感觉来进行的。同一个设计方案，不同的人就会有不同的评价结果，因而设计成果的考核往往不可避免地受到人为因素的影响。

2.1　考核标准的主观性影响准确性

教师依据学生设计图纸成果凭其主观感觉进行评分，由于每个教师教育背景和知识结构的不同，同一份设计成果不同教师给出的分数也常不相同，加上学生对考核认识上的偏差，导致了学生对考核分数产生争议或质疑。部分学生认为考核的分数不能准确地反映出学生的设计水平，在考核过程中存在着关系分、人情分、印象分等现象；有少数学生甚至产生了教师考核是先看人、后看图面表达、最后看设计的错觉，指导教师评判分数在部分学生当中丧失了公信力。

2.2　终结性考核影响功能多样性

考核具有鉴定、反馈、指导和激励等多种功能，

吴怀静：华北水利水电学院建筑学院讲师
陈　萍：华北水利水电学院建筑学院讲师
徐秋实：华北水利水电学院建筑学院讲师

它不但只是一套衡量标尺，还应能调动学生学习的积极性、激发学生的创造热情，促进师生交流。传统的评价方法大多是终结性的结果评价，课程结束后，教师以考试或者测验的形式来测量学生对知识的掌握程度，它过分关注考核的测量功能而忽视了其他功能的发挥，学生看到自己的分数时，整个教学过程已经结束。同时，传统的考核模式使被考核人没有渠道表达自己的质疑，而对考核的质疑又在一定程度上影响到了学生学习的积极性[2]。

2.3 方案的现实性影响思维训练

学生学习规划设计是一种创作思维的训练，本科教育应该培养学生学会设计的方法，而非对某一教师设计思维的延续。学生刚接触规划设计往往会有很多不切实际的想法，会发生一些幼稚的设计错误，教师长期的设计实践使其自身常带有思维定势，加上设计教师的实际工程经验的约束，传统的经验教学中学生的想法常被教师轻易地否定。长此下去，学生的设计热情就会被一扫而空，很多方案设计拘泥于现实条件和实际情况，学生很难有所突破。不利于培养学生的发散性创作思维训练。

2.4 学生创作意识保护不够

另外，传统教学评价方法具有静态性、单一性。教师在动手给学生改图的过程中，常在无意中将自己的设计意识强加给学生，评价结果忽视了学生自主意识和实践能力的形成，评价结论使少数学生得到激励，挫伤了多数学生的学习积极性。学生在设计学习过程中不能及时得到学习结果的评价，这将导致学生的设计创作思想贫乏，过分依靠教师而缺乏创造力。

3 设计类课程评价方法构建

3.1 过程性评价的内涵

过程性评价是 20 世纪 80 年代以来逐步形成的一种评价范式。简单地说，就是将教学评价的"重心"由关注"结果"转向关注"过程"，是一种在教学活动过程中对学生的学习过程进行评价的方式。过程性评价采取目标与过程并重的价值取向，对学习的动机效果、过程及非智力因素进行全面的评价。过程性评价主张内外结合

的、开放的评价方式，主张评价过程与教学过程的交叉和融合，评价主体与客体的互动和整合。

过程性评价的功能包括对学生的学习质量水平做出判断，肯定成绩，找出问题；促进学生对学习的过程进行积极的反思，从而更好地把握学习方式方法；理解和掌握评价的方法，作为与终身学习相呼应的一个方面，实现终身的可持续发展[3]。

3.2 评价方法的比较

传统终结性的考核评价方式对设计类课程学生思维、创作能力有很大限制。如何改变目前设计课上学生被动的学习局面，使学生成为学习的主体，是城市规划与设计课教学改革所希望达到的目标。近年，城市设计课程以过程性教学评价等先进的教学科学理论为指导探索新的较为理想的教学模式，并在此基础上优化教学过程，进行了一系列教学改革。在此，对比终结性评价和过程性评价的教学评价方法优缺点，对理工院校规划设计类课程在评价目的、关注点、评价主体、评价内容和评价结果上进行对照分析（见表1）。

过程性评价与终结性评价的对比　　表1

评价形式项目	过程性评价	终结性评价
评价目的	诊断和指导学生终生学习，发现学生的设计潜能，激励和改进学生学习，促进学生发展	对学生的设计成果作出结论和判断，用于证明和选拔
关注点	设计学习过程	设计结果
评价主体	专家、教师、学生	教师
评价内容	知识、技能、价值观、态度、学习策略、操作和思考能力	知识、技能及运用能力
评价表达	语言、文字、图表、演讲多种形式	评价结果的准确
评价结果	定性加定量（评语加等级）	定量（考试成绩）

3.3 评价意义

在城市规划专业的设计类课程教学中，建立了注重过程、促进学生发展、激发学生学习热情、促进学生设

计创新思维发展的学习评价模式。通过这种新型教学模式的试验，充分体现学生的认知主体地位，较大幅度地提高了教学质量[4]。就是让学生通过实际任务来表现知识和技能成就的评价，学生进行评定的任务应该解释学生是如何解决问题的，而不仅仅是针对他们得出的结论，鼓励学生具有多元化的思维；同时注意利用观察法、问卷调查法来评价学生在学习过程中的态度。

过程性考核是指对学生学习设计过程的评价，把评价融入了设计课堂教学之中，尊重学生的差异和个性，重视学生在评价中的个性化和差异化反应。考核的评价内容包括前期调研、小组讨论、不同阶段的草图及草图改进过程、后期模型制作等动手操作能力。其目的是要加强设计方案形成过程的指导，及时反馈学生学习的信息，形成教、学、评一体化的教学模式。由于设计课程的特殊性，即它的教学主要是通过学生在完成设计过程中学习的，通过过程性考核可以有效促进学生自主学习，避免学生设计方案的全盘抄袭、期末搞临时突击和请人帮忙画图等不良现象。使指导教师有针对性地对学习者进行个别化辅导或指导，加强教学主体与客体之间的教学信息的反馈。

3.4 案例分析

在居住区规划、城镇总体规划等设计类教学方面，可以采用测验、综述论文、个人作业、演讲结合的方式。针对设计课的阶段性，在每个阶段，采用不同的评价标准和方法，有不同的评价重点。具体分为以下几个阶段①调研阶段：实地调研和相关设计实例调研、资料搜集、调研报告阶段，以小组讨论最终形成调研报告。此阶段重点评价学生的基地分析、资料搜集能力、文字表达和口头能力；②一草阶段：设计主体立意构思分析研究与表达阶段，此阶段重点评价学生的创新能力和草图表达能力。③二草阶段：具体内容研究、分析、比较、深化阶段。此阶段重点评价学生分析问题，解决问题的能力，以及方案汇报时的演讲能力等[5]。④正式图纸和模型制作阶段：最后设计成果的表达阶段，此阶段重点评价学生的图面表达能力和实际动手操作能力。

学生的最终成绩由调研成绩、草图成绩、演讲成绩、快题成绩、最终正式图纸和模型制作效果成绩等构成。在评判设计过程中聘请多个富有经验的设计类

专家学者指导，由教师单一的评价主体转向由专家、教师、学生构成的多元评价主体。具体的评价方法有学生自评、学生互评、专家点评、教师总评等。评价内容和方式见（表2）。

城市设计类课程评价内容与方法　　表2

学习结果	评价方法	教学活动
掌握城市规划原理基本知识和原理	简答题、自评、互评	课堂讲授、通过布置设计题目和题目深化理解
提高基地调研与分析能力	调研报告、自评、互评、教师评价	问卷调查、实地调研、网络资料搜集、图面形式分析问题
发展专业技能一：详细规划设计	设计图纸：自评、互评、专家点评、教师点评	一对一的课堂辅导、集体评图、展览公开作品
发展专业技能二：总体规划设计	设计图纸：自评、互评、专家点评、教师点评	一对一的课堂辅导、集体评图、外请专家评图
提高演讲技能	课内演讲、自评、互评、汇报方案甲方演讲	课内实践和课外实践结合

例如，在华北水利水电学院城市规划专业2008、2007级的城镇总体规划设计中，结合河南南阳邓州市的21个乡镇中选取平原地区十林镇、丘陵地区彭桥镇分组设计，实地调研一周，聘请南阳市专家对设计方案进行评价，同时向当地乡镇领导汇报等方式，最后结合多组设计方案评比选取最优的方案。教师在整个过程充当组织者和引导者身份，取得了良好的教学效果，学生的设计热情被调动起来。

4 结语

总之，任何课程的教学方法都不是一成不变的。随着社会对行业要求的不断提高，城市规划专业设计类课程教学方法的不断改革和发展也势在必行。教学评价作为教学过程中的一个重要环节，是衡量教学效果的重要手段之一。由于设计类课程的复杂性和多样性，满足同一设计任务书或者目标的方案有多种，仅用具体的分数来评价千变万化的设计实非易事。过程性的考核体系克服仅仅依靠最终设计图纸和教师主观性的不足，可以多视点、全过程地评价学生的学习过程和结果，从而给出

一个相对客观的评价。

参考文献

［1］ 袁敏，缪百安.城市规划专业设计类课程体验式教学研究
　　　［J］.科技信息，2008，15：229-230.

［2］ 王浩钰.设计类课程多元化考核体系研究［J］.当代教育
　　　论坛，2010，6.

［3］ 华南师范大学课程教材研究所高凌鹰.关于过程性评价的
　　　思考［N］，http：//rejy.bokee.eom/4704693.html 荣昌教研.

［4］ 王淑芬.基于综合素质和创新能力提升的园林设计教学方
　　　法研究［C］.2010 中国风景园林学会年会论文集.北京:
　　　中国建筑工业出版社，2010：739-740.

［5］ 王淑芬，武风文.基于过程性评价的园林景观设计课评价
　　　方法研究［C］.2008 全国建筑教育学术研讨会论文集.北
　　　京：中国建筑工业出版社，2008：198-201.

Research on Evaluation Method of Urban Design Course Based on the Process of the Assessment

Wu Huaijing　Chen Ping　Xu Qiushi

Abstract：Teaching evaluation is one of teaching process .The problems of old Designing Subjects of Urban Planning teaching become apparent increasingly，In the final analysis on teaching methods of evaluation is plagued by problems.This paper is mainly from the following teaching aspects to be processes teaching evaluation methods，the understanding of teaching evaluation and analysis on evaluation methods of teaching.which in order to improve the teaching quality and promote the construction and development on the discipline of urban planning.

Key Words：Designing Subjects of Urban Planning；Teaching evaluation；Evaluation method；Construstion

"形态——指标"一体化的控制性详细规划教学[❶]

刘 晖

摘 要：分析了控制性详细规划在规划教学中的地位和控规教学面临的问题，针对建筑院校学生形态能力强而控制指标薄弱，提出了与城市设计一体化的控规教学模式，突出程序性、公平性和指标严肃性。通过研讨式的教学，鼓励学生思考城市开发控制的深层次问题。

关键词：控制性详细规划；教学；城市设计

1 转型中的控规教学

城乡规划学科建立以后，规划正在实践从形态塑造向公共政策的转型。控制性详细规划（以下简称控规）政策性强，地位重要。控规自诞生以来，在 20 多年内成为法定规划，在规划体系和规划管理之中作用日益增强，理应和总体规划、城市设计、修建性详细规划一样，成为规划专业本科教学的核心内容。

可是对于大多数基于建筑学背景的城市规划专业来说，控规意味着枯燥的数字、晦涩的文本、大同小异的图则，如果不了解指标规划背后的和背后的经济、社会、政策等意义，设计做得好的同学往往没有兴趣学控规，也很难教得好。如何在有限的课时内，教好控规，以下是笔者的探索和尝试。

2 控规教学的组织

我校的 5 年制城市规划专业，控规教学环节安排在第 8 学期（四年级下半期）的后 6 周，之前是 12 周的城市设计。控规延续城市设计的小组合作方式，由 2~3 位同学共同完成。

教学目的：在建筑类型调研、规划原理理论学习的基础上，进一步理解规划编制体系，理解规划设计与管理及开发的衔接过程；正确认识城市设计与控规的关系，掌握控规编制的内容和方法，掌握土地使用强度控制、土地使用功能的设定和指标平衡，以及综合环境质量控制的能力，制定城市空间设计导则；初步掌握规划文本的写作。

具体要求：

（1）控规应体现城市设计意图，结合之前的城市设计方案，做适当修改完善，对于建筑色彩、建筑形式和体量、建筑群体空间组合方式、建筑轮廓线、滨水空间的利用、视线通廊和空间关系等提出控制性要求。

（2）确定规划范围内不同性质用地的界线，确定各类用地内适建、不适建或者有条件地允许建设的建筑类型。

（3）确定各地块的建筑高度、建筑密度、容积率、绿地率等控制指标；确定公共设施配套要求、交通出入口方位、停车泊位、建筑后退红线距离等要求。

（4）根据交通需求分析，确定地块出入口位置、停车泊位、公共交通场站用地范围和站点位置、步行交通以及其他交通设施。规定各级道路的红线、断面、交叉口形式及渠化措施、控制点坐标和标高。

（5）制定相应的土地使用与建筑管理规定。

（6）确定文物古迹和历史建筑的保护与周边建设控制要求。

控规内容日趋庞杂，而 6 周的课内学时不可能增加，

❶ 基金项目：华南理工大学教研项目资助，项目号 Y1100030。

刘 晖：华南理工大学建筑学院城市规划系讲师

在有限的学时内教好控规,必须突出重点。

(1)为何控?

通过开题讲课,介绍我国控规的产生背景。进而引导学生思考为什么计划经济年代不需要控规,结合城市发展史介绍那时如何对城市建设行为实施控制。结合规划原理课讲授不同土地所有制背景下控规与美国区划(Zoning)的异同。引导学生从形态设计的视角转向开发控制的视角。思考发展权的界定和配置、"没有控规会怎么样?"

(2)控什么?

让学生理解控规的核心——控制体系:土地使用、环境容量、建筑建造、城市设计引导、配套设施、行为活动等。

一方面是通过城市紫线、绿线、蓝线、黄线等"四线"守护重大的公共利益,学生要知道在哪些情况下划定城市紫线、文物保护单位的保护范围和建设控制地带以及保护和建设控制措施如何在控规落实。又如根据《城市蓝线管理办法》,控规应在总体规划划定城市蓝线的基础上,具体规定城市蓝线内的水系保护要求和控制指标,并具体确定城市蓝线的坐标。

另一方面,是以控规的强制性内容为核心,逐项理解地块主要用途、建筑密度、建筑高度、容积率、绿地率、基础设施和公共服务设施配套的准确含义,纠正之前经常出现的对绿地率与绿化覆盖率、容积率和建筑密度计算中的模糊认识。理解各项指标的相互关系和变化幅度。

(3)怎么控?

具体包括控规指标设定的依据、指标间的相互关系、指标值的合理幅度、图则的规范性。要求学生在认真阅读和理解文本的基础上编写文本,培养严谨细致的精神和文本写作能力。低年级建筑学训练专注于形象思维,擅长绘图但文字功底普遍不强,准确的文字表达能力尤其需要训练。虽在《城市规划原理》课程讲过用地分类的原则,但还需要通过控规课程来加深印象,并通过讨论现状用地的小类归属、用地兼容性等问题深刻理解用地分类标准的具体适用。除此之外,还要理解地方性《标准和准则》设定的指标幅度的原因和理据,做到"知其然知其所以然"。最后培养学生学会质疑,我们组织学生讨论地方性《标准与准则》中的指标幅度与先修课程中实地调研值的差距,并进行分析。

3 控规与城市设计的一体化训练

3.1 教学顺序

最初是根据城市规划体系自身的层级关系,从大到小,先做控规,再在控规指导下选择一个地块做居住小区和城市设计。这一做法有助于强化控规的法定性和对修详规的指导作用,但是学生在建筑设计同步训练之后,直接从感性的城市认识跨到比较抽象的控规普遍觉得难以跟上,做出的控规指标也缺乏依据,指标不是拍脑袋就是照抄现成案例,既没有形态支持,也很难评价。与现实中一样,同学们在根据自己做的控规做城市设计时发现必须倒回去修改控规。因此我们近年来将控规环节后移,按照从形象到抽象,从易到难的教学逻辑,先做居住小区和城市设计,之后再做控规,取得了较好效果。

3.2 符合一体化训练的选址要求

城市设计和控规的一体化训练要求选择相同地块(控规可在城市设计基础上适当扩大范围)。基本要求:①可进入踏勘的真实场地,便于做用地现状调研,熟悉用地分类标准;②规模适度,一般不超过50公顷;③结合专指委当年的城市设计主题。

选址的要点:一般要有历史建筑或是包含历史地段,但也不宜全部是保护区域。因为毕竟不是做保护规划,要有新设计的功能,并给城市设计留有创新发挥的空间。另一方面又不能选一片空白的新开发区。所以多数情况下是"半旧半新"的地段。为了兼顾到四线控制的训练,通常会选择有滨水岸线(这样的选址也是广州和其他珠江三角洲城市常见的),有多样化的用地类型(包括商业金融、文化设施等,并至少有一块绿地广场)。考虑到城市黄线的训练,要有市政设施用地,尤其是厌恶性设施选址。城市设计可以只关注优美靓丽的"城市客厅",但控规就要考虑变电站、垃圾压缩站等厌恶性设施选址和周边用地的考虑。

3.3 形态 – 指标 – 形态

城市设计与控规关系密切,理论上城市设计贯穿于各阶段,控规编制时也要结合空间形态的推敲,或者重点地区先进行城市设计方案咨询,再根据咨询方案组织编制控规,以保证控规质量和公共空间品质。

帮助学生建立形态和指标之间的关联也要有个反复的过程：先做城市设计，研究了功能和形态再做控规，将形态转译为指标。

在控规教学中，首先根据城市设计方案的形态反推出相应的控规指标和用地类型，然后对照规范和标准，对不合理的地块划分和指标进行调整，在完成图则的同时再按照控规指标生成一个基本形态。如此训练，方能实现从自由浪漫的形态到严谨规范的指标再回归到真实可信的空间形态。

3.4 城市设计的理想形态要通过控规来实施

在城市设计阶段，同学们往往追求空间形态的独特性和趣味性，尝试巨构式的建筑和横跨城市道路上方的建筑体量等，相邻地块容积率也相差悬殊。对此，从鼓励创新来说不宜完全否定。但在控规阶段，要结合产权主体、开发建设方式、最小开发地块面积、公共空间的私人管理等，帮助学生分析利弊，使之意识到凌驾在城市道路和广场绿地等公共空间之上的建筑，若非公共过街天桥而是私人产权，有可能对公共利益和公平的巨大损害。另外一个常见的问题就是以屋顶绿化代替城市公共绿地，做城市设计时为了鸟瞰效果，常常大面积抬高场地地坪做屋顶绿化。从建筑设计角度看增加绿化固然好，但是控规强调的是公众可进入和接地气的绿地，私人屋顶的绿化毕竟不能替代地面的公共绿地。有些城市为了鼓励屋顶绿化对于绿地率有一定的折抵，也是有最大离地高度和种植土深度的最低要求的。屋顶绿化的开放性还取决于管理，私人管理的公共空间维护需要极高的管理水平，稍有不慎就会对形成对公众利益的侵害。

控规教学还要实现从建筑师的创造性视角向规划师的规制和管理视角转变；从创造最优新奇特的城市空间转向如何避免纷争和最坏的结果，同时重视解决不公平和功能性缺失的问题。

4 研讨式的教学方法

控规技术性和政策性都很强，其中涉及市政管线等专业技术图纸无法在教学中涉及。控规教学中可以模拟公众参与，通过听证会、辩论等形式讨论私人权利与公共利益的关系，理解程序正义的重要性。

重分析过程和程序，不纠结于成果。我们坚持讨论式的教学：课堂讨论和过程草案等在成绩评定中占50%，最终提交的控规文本只占50%。笔者还曾连续两年组织小组同学就广州市地标性建筑——珠江新城东塔所在地块控规指标的调整，进行了模拟的规划委员会审议。明确珠江新城整体城市设计意图（东塔与已经建成的西塔对称），东塔开发商申请在容积率不变的条件下提高建筑限高至少100米（也即不再对称），同学们分别扮演东塔业主、周边相邻单位、游客、一般市民、规划专家等角色，从城市设计意图贯彻到控规的灵活性、限高的必要性、控规对塑造城市中心公共空间的强制性、调高限高之后其他的补偿手段等角度各抒己见，最后投票表决。第一年是以三分之二微弱优势通过调高限高，第二年则不过半数，调高议案被否决。教师仅主持讨论，并不预设立场，也不参与投票，最后对各方的发言进行点评。课堂研讨尽量选取这类有争议的现实议题，通过模拟规划委员会辩论，让学生学会表达观点、倾听不同意见，以及尊重程序。

控规不仅仅是划地块填颜色给指标，现有的控制指标体系也只是手段，达成规划目的可以有多种实现途径。我们始终鼓励就同一个形态方案探讨不同的控制指标和实现方式，例如组织学生辩论不限制容积率会怎样，使学生理解容积率到底控制了什么。正方认为容积率限制避免了市场的盲目性、可以合理确定公共设施配套，实现对空间环境的控制优化；反方则认为即使不控制容积率，市场也会按照区位、基础设施条件等自行确定，开发强度并不会无限制提高，政府或者规划师为什么自认为比市场更能准确判定"合理"的容积率。至于空间环境的控制，完全可以通过建筑密度加限高来实现。又比如基于景观控制的建筑限高是否必要，建筑限高可否替代容积率控制……都可以展开有益的讨论。

对于历史文化街区等特殊地段，控规应突出对传统风貌的保护。此时控规可以设定与新区不同的规划控制指标体系，包括尊重历史形成的致密的街巷网、较小的街坊尺寸、严格控制道路宽度和街巷尺度、为保证传统风貌和致密的城市肌理而设定建筑密度的下限、基于文物古迹保护和严格的建筑控高、允许较低的绿地率和对绿化覆盖率的重新认识、重新检讨历史街区的配建停车位指标、公交优先的具体措施等。笔者还鼓励学生对骑楼等地域特色鲜明的街道制定特别的建筑退让和贴线规则，以及骑楼界面的保护控制要求。

因为城市设计与控规是同一组教师辅导，所以对要求教师知识全面，既要具备形态能力，又要熟悉法规规范，最好有控规实务。我们教学小组教师间取长补短，主讲负责掌控全局和进度，特邀其他教师和规划师来讲解地方性标准和控规管控单元等新进展。同时采取大课、小组讨论和个别辅导相结合的形式，增加跨组的交流。

5　结语和讨论

控规在我国出现不过 20 多年，本身还在不断完善中。但以其作用和地位，在本科阶段有必要做控规的课程设计。

现实中控规编制质量不高、文本雷同、指标僵化，这提醒我们，控规教学不仅仅是教套路、抄文本、描图则、熟悉控规软件，更重要的是理解开发控制的机制和手段，培养学生尊重程序意识。

作为建筑学背景的城市规划，形态能力强，思维活跃，但对数据不敏感。要通过控规把形态和指标结合起来；鼓励在空间特色创新的同时，用控规约束开发建设行为的外部负效应。在有限课时内，控规教学不可能面面俱到，但要把控规面临的问题和困境交给学生，促使他们思考和提出问题。

参考文献

［1］刘晖，梁励韵.城市规划教学中的形态与指标［J］.华中建筑，2010，（10）：182-184.

［2］王晓云.新形势下控制性详细规划设计课程中开放式教学的探索和应用.［C］//全国高等学校城市规划专业指导委员会，云南大学城市建设与管理学院编.规划一级学科，教育一流人才——2011全国高等学校城市规划专业指导委员会年会论文集.北京：中国建筑工业出版社，2011：197-200.

［3］夏南凯，田宝江编著.控制性详细规划.上海：同济大学出版社，2005：29-31.

Title：Regulatory plan teaching based on form and index

Liu Hui

Abstract：This paper analyzes the importance of the regulatory plan in the planning system，the problems faced by regulatory plan teaching.Architectural students of the institutions are good at spatial form to the neglect of the control targets.We propose the integration of regulatory plan and urban design teaching，intended to emphasize the seriousness of procedural fairness and indicators.Discussion of teaching encourages students to think about the deep-seated problems of urban development control.
Key Words：regulatory plan；teaching；urban design

城市规划专业设计课程教学模式研究[●]

李鸿飞　刘奔腾　张小娟

摘　要： 总结传统城市规划专业设计类课教学中所显现的问题，从如何优化设计类课程的教学模式入手，提出参与式互动的方法，加强学生综合效能训练，注重社会实践与学生创新能力的培养，提高设计类课程的教学质量，为城市规划专业设计课程教学提供新思路。

关键词： 城市规划；设计类课程；教学模式

2011 年 3 月，国务院学位管理办公室正式决定将城乡规划学列为一级学科，并且作为支撑我国现代城乡经济发展和城镇化建设的核心学科，给城乡规划教育提出了更高的要求。城市规划专业应用型人才应当具有哪些基本素养，如何培养这些基本素养才能与时俱进，以适应社会及时代发展对城市规划职业实践的需求，这是城市规划专业应用型人才培养面临的一个现实问题，也是城市规划专业教育需要考虑和解决的关键问题。

1　专业设计类课程的重要性

自 20 世纪中叶，以城市问题为导向的研究逐渐成为国际政界和科学界共同关注的焦点，社会、经济、政治、生态环境等交叉学科理论与思想大量涌入城市规划领域，促成了城市问题和城市发展研究的繁荣，并出现了诸如城市社会学、城市经济学、城市生态学、城市地理学、城市管理学等交叉学科[1]。这些新兴学科的诞生促进了城乡规划学科研究领域与范畴的不断延伸和拓展，使城市规划不仅仅满足于物质空间的形态推敲，而更多的放在了城市发展的诸多社会影响因素中，多层面、多角度地去审视人类赖以生存的居住环境。

《国家中长期教育改革和发展规划纲要（2010—

2020 年）》指出：高等教育要"支持学生参与科学研究，强化实践教学环节"，做到"注重学思结合，倡导启发式、探究式、讨论式、参与式教学；注重知行统一，坚持教育教学与生产劳动、社会实践相结合"[2]。而作为城市规划专业教育体系的构建同样是需要符合上述要求。目前的城市规划专业课程，从思维的发展关系上分为原理、方法与应用三类，而对于提升规划学生实践能力的应用类设计课程则主要集中在高年级阶段。设计类课程是城市规划专业的核心课程，其教学质量直接影响学生的技能水平、综合素质和就业方向。

近年来，各高校结合专业发展特色对设计类课程的教学改革进行了许多有益的探索。针对此类课程，大多数学校比较集中于宏观层面的规划设计训练，从教学角度看，学生已经初步具备了城市规划的基本理论与方法，欠缺的主要反映在如何从"微观"到"宏观"的过度问题上，课程设计依旧沿用草图模式的空间形态布局层面。设计方法也是简单的"调研"到"设计"，缺乏对城市社会问题的更深层次的思考，也就是说仅仅局限于表面，并没有达到现代化城市发展过程的要求。毕业后充其量成为一名优秀的绘图员，而不是一位有思想且为人居环境营造而努力的规划师。

[●]　资助信息：兰州理工大学 2010 年度教学研究项目—城市规划专业课程教学内容体系改革和整体优化研究与实践（编号：201033）。

李鸿飞：兰州理工大学设计艺术学院副教授
刘奔腾：兰州理工大学设计艺术学院讲师
张小娟：兰州理工大学设计艺术学院讲师

因此说，城市规划设计类课程训练是学校与社会岗位之间有效的过度与衔接，对学生基本技能的提高、创新能力和综合素质的培养具有重要作用。其教学必须要以社会科学研究的基本程序与规律为导向，确定教学重点和目标定位。根据城市社会发展所遵循的"观察→推理→预测，简单→复杂"的基本思维发展程序和规律[3]，形成相应的教学模式与方法。设计课程主要以思维训练、社会实践、综合表达能力训练等参与式互动教学环节，通过产学研多重实践结合，激发其创造力，引导学生用正确的价值观去观察和感知城市，培养出适应社会发展的专业人才。

2 传统教学中遗留的问题

目前我国的城市规划专业教育滞后于实践，依旧依附于传统工学的学科门类和建筑工程的学科体系，因此无法对社会形势的变化做出及时而正确的判断和积极回应，难以满足快速发展的社会需求。而在城市规划设计类课程教学中此类问题依旧存在，导致学生在参加工作后仍不明白规划师究竟应该做些什么。可以说传统学科背景下的应用类设计教学方法，已经极大地制约了现代城市规划学科的健康发展和人才培养的社会需求关系。

2.1 沟通方式单一

公众参与已经是现在城乡规划体现公正公平原则不可缺少的重要环节，而其中沟通作为鼓励社会各层参与规划的手段，在各方参与规划的过程中显得尤为重要。在目前城市规划专业教学往往缺少这个环节的训练，授课过程中学生与老师的交流主要体现在的对话中，这也就是一种消极沟通的模式。设计质量的优劣通常集中在少数参与者的思维过程中，这种模式并不符合当前社会城乡规划学科发展的需求，因此在教学环节应该特别注重沟通的训练，从基础设计课程就应该给学生提供这样的思考方法和锻炼机会。

2.2 被动接受式教学模式

城市规划学生课程衔接主要以应用类设计课程为主，此类课程的教学往往是教师先对该设计相关基础理论知识进行讲解，然后根据教学大纲要求布置相应课程设计题目，在设计过程中进行辅导，最终提交设计成果，

而学生成绩也是以最终成果进行评判。在这样一个教学过程当中，学生始终处于一种被动形式的接受状态，缺乏对自身理解问题的释放过程，无法发挥其创造性，反而束缚了学生的思维和动手能力的发挥。所以学生通常在教学环节结束后可能还不明白自己到底做出了什么样的设计，尤其是在微观形态的规划到宏观设计的过渡过程中就更加迷茫。此类问题的出现恰恰是教学环节上过于注重"教"的形式所至，"一言堂"的灌输方式时有存在，而重要的"思维引导"互动过程却消失了。"教学"是"教"与"学"并重才能有所成效，忽略了自主学习的过程往往带来了实践应用上的缺失，而这个过程正好是学生的兴趣所在。

2.3 粗浅的调研到盲目的设计

在设计过程中，学生根据课程设计的任务书进行具有针对性的总结分析，确定调研的内容和安排。比如在总体规划设计课程前期就有一个实地调研的教学环节，其目的是让学生根据理论所学对题目要求进行感知体验，获得第一手统计分析数据，为后期城市总体规划设计建立基础。但是在实际教学当中，学生能调研获得的资料是有限的，并不能有效地指导后期的规划设计，而且由于学生此前接触的都是城市小范围的规划设计，并未把城市当作一个整体进行思考，因此往往感到无处下手，不知从何做起。虽然教师在课程前期已经对城市总体规划中涉及的理论知识进行过详细梳理，并提炼需要掌握的知识体系框架，但是学生还是很难从微观的层面升华到宏观角度去看待问题。所以在高年级的应用类课程设计环节，由于缺乏实证归纳和逻辑演绎等社会科学研究基本方法的训练，以及相应的观察、推理等能力的培养，学生往往在简单的总结分析调研后，就盲目拼凑方案，完全忽视了规划设计质量。

2.4 只重视空间形态，缺乏人文社会环境的考虑

由于国内的城市规划教育源于建筑学学科背景之下，设计思考角度以"物质空间形体"为切入点，因此在设计课程中学生就常埋头于形态空间这个圈子里，比较注重形式问题，而没有更深的考虑"我们所做的设计在整个城市布局中的实际作用"，导致规划设计不符合人文社会环境的需求。现代城市规划已从物质形态进入人

文社会科学领域，研究内容逐渐转向对"城乡社会经济和城乡物质空间发展"的综合研究，研究理念也从传统的重视"空间视觉审美和工程技术"转向了对"区域与城市社会经济和物质空间"的融贯和协调[4]。而这些正是目前规划专业设计类课程中所迫切需要补充的内容。

3 教学模式优化探索

通过对城市规划专业设计类课程特点分析，整合研究教学资源，提出参与式互动教学思路，构造城市规划专业课程研究特色，让学生在专业兴趣培养的同时找到设计类课程的学习方法，在此基础上强化综合表达能力训练，这对提高教学质量，培养具有创造力的城市规划专业人才具有重要的意义。

3.1 参与式互动教学

参与式互动教学是指全体师生共同建立民主、和谐、热烈的教学氛围，让不同层次的学生都拥有参与机会的一种有效交流学习方式，是一种合作式的教学法。这种方法以学习者为中心，充分运用灵活多样、直观形象的教学手段，鼓励学习者积极参与教学过程，成为其中的积极成分，加强教学者与学习者之间的信息交流和反馈，使学习者能深刻地领会和掌握所学的知识，并能将这种知识运用到实践中去。

以往的设计课教学模式主要是以教师为核心，这就忽视了学生的主体作用。这种教学模式不能充分发挥学生的主观能动性和积极参与的热情，学生学习实际上是被动的，而缺少主动学习的环境，致使无法架构其自主学习的知识体系，很难掌握正确的学习方法。因此教师应该在课堂上创建一个互动的教学模式和教学环境，并及时与学生进行沟通，使学习能力和创新能力得到锻炼，而课程设计正是培养这些能力的最有效环节。

设计类课程中要经常组织一些关于设计内容延伸问题讨论，通过问题的提炼与总结，使学生开动脑筋，大胆发表自己的看法，无形中能够激发学生的积极性，让学生主动参与到设计题目中来，加深对设计的理解与认识；还可以在设计中让学生互相分组交换方案，进行方案交流，互相拓展设计思路，挖掘出更深层次的研究内容；另外教师也可以进行方案比较，定期让学生上讲台

分享自己的设计成果，其他同学充当评委，在互动参与中完善方案。

3.2 注重知行统一，坚持教学与生产劳动、社会实践相结合

知行关系就是思想意念和实际行动的关系。在城市规划设计课程中是以应用为主要教学形式，如何把基础学科的知识与实际设计结合起来，主要是通过实践环节的过程掌握设计的方法和规律。目前已经有很多高校开始注重产学研结合型的教学方式，笔者在高年级设计课程教学中发现，在设计课程中以实际工程项目为案例介绍时，学生的学习热情很高，思路非常活跃，而且对工程项目的各个设计环节记忆非常清晰。这种结合形式的教学方法对于学生而言，通过生产实践培养了城市规划职业能力和城市问题研究能力。因此，"产"是产学研结合型课程的核心环节所在，基于生产实践的学生职业能力培养则是课程教学的主要目标[5]。要做到知识与能力并存，必须坚持教学、生产与社会实践相结合的培养模式。

3.3 注重综合能力的训练

城市规划教育应当反映时代的背景，适应社会的发展要求，落实"以人为本，全面、协调可持续发展的科学观"，关注民生、关注社会的公平、正义。设计课程从现状调查分析到方案制定再到方案评审，整个过程都是综合性很强的系统工作，不仅仅需要考虑城市空间形态的特点，还要更关注一系列城市社会问题。因此，在设计类课程教学中应重点培养学生的综合能力。

规划专业的综合性决定了设计者需要有较强的综合表达能力，综合表达能力主要是指语言表达能力和文字图纸表达能力，以及目前常用的结合模型和计算机的直观表达。设计课程的方案介绍非常重要，概念是否明晰，成果表达是否全面、语言介绍是否具有感染力，形象表达是否直观实用，往往决定了规划设计的结果成败[6]。在设计的开始初期现状调查阶段，方案构思和调研总结就需要汇报，接下来的设计深入环节同样需要通过图纸和文字交流表达，继而到终期成果都需要总结介绍。因此，锻炼学生的语言表达能力极为重要，准确、严密、简练的表达设计意图，客观准确地对设计成果进行文字

说明是必不可缺的。

3.4 创新能力的培养

中国科学院李伯聪先生提出科学－技术－工程三元论，他认为，科学发现、技术发明和工程设计是三种不同的社会实践，科学活动的本质是反映存在，技术活动的本质是探寻变革存在的具体方法，而工程活动的本质则是创造一个世界上原本不存在的物，是创造存在和超越存在的活动。

城市规划设计课教学是学生创造能力培养的主要教学环节，在这个阶段学生所学到的理论知识由简单的记忆过渡到体会式的理解，然后通过实践加以应用。设计教学要充分营造有利于学生参与社会实践的机会，培养创新精神和创业能力的氛围和条件，校内外学术与实践氛围成为创新人才培养的关键[7]。要达到上述目标，需要建设和完善专业所属实验室和校内外实习基地，通过校内实践和校外实习的相互配合引领创新人才成长。还可以通过教学方法的改革和参加各种学科竞赛，培养学生运用所学专业理论知识进行方案设计和创新的能力，激发学生创新思维和综合专业知识的熟练运用。

4 结语

近些年来我国城市规划专业教育领域一直在改革中前行，设计类课程要摆脱单向传授知识的"填鸭式"教学，更多地采用参与式互动教学等模式，促进创新型人才的培养。城市规划是应用型的学科，所以城市规划教育必须以市场为导向，根据各院校不同的条件实施多类型、多模式的培养，办出特色。目前急需对传统规划教育模式进行改革，从实践教学当中寻求突破，只有这样才能培养出适合时代发展需要的合格人才。

参考文献

[1] 赵万民，赵民，毛其智等.关于"城乡规划学"作为一级学科建设的学术思考[J].城市规划，2010，34（6）：46-54.

[2] 中共中央国务院.国家中长期教育改革和发展规划纲要（2010—2020年）[Z].2010.

[3] 陈前虎.《城乡规划法》实施后的城市规划教学体系优化探索[J].规划师，2009，25（4）：77-82.

[4] 段德罡，白宁，王瑾等.基于学科导向与办学背景的探索——城市规划低年级专业基础课课程体系构建[J].城市规划，2010，（9）：17-21，27.

[5] 王兴平，权亚玲，王海卉，孔令龙.产学研结合型城镇总体规划教学改革探索——东南大学的实践借鉴[J].规划师，2011，27（10）：107-110，114.

[6] 杨俊宴，高源，雒建利.城市设计教学体系中的培养重点与方法研究[J].城市规划，2011，（8）：55-59.

[7] 戴军，宣卫红.应用型本科院校城市规划专业人才培养方案优化探讨[J].高等建筑教育，2011，20（2）：14-18.

Research on the Teaching Mode of Design Courses of Urban Planning

Li Hongfei   Liu Benteng   Zhang Xiaojuan

Abstract：Summary on the exiting problems in the traditional design courses of urban planning, this paper discusses on how to optimize the teaching mode of design courses, proposesing the idea of participatory interactive teaching method, strengthening the training of students' comprehensive performance, which aims at focusing on the cultivation of social practice and students' innovative ability, improving the teaching quality of design courses and, with new thinking for the urban planning major design course teaching.

Key Words: urban planning; design course; teaching mode

城市规划专业建筑初步课程的多媒体课件研究

殷 洁

摘 要： 由于城市规划专业自身的教学特点，多媒体教学必将成为今后教学手段改革的主要趋势。城市规划专业的建筑初步课程应在一定程度上加强建筑基本知识和理论，以及建筑史方面的教学内容。在有限的课时内，高水平的多媒体课件可以大幅提高教学效率，取得良好的教学效果。文章分析了在方正奥思平台上开发制作多媒体课件的特点与优势，探讨了课件内容的组织、课件结构和导航系统的设计、课件对多媒体技术的运用，以及课件对人机交互性的体现等制作要点。

关键词： 多媒体；建筑初步；课件开发

1 引言

建筑初步是城市规划、建筑、风景园林等专业本科生的一门专业基础课，课程内容主要分为建筑的基本知识与理论、建筑表现与设计基础这两大部分。通过该课程的学习，旨在使学生掌握初步的建筑概念和理论，具备基本的建筑艺术修养与表现技能，为学习建筑设计、详细规划等后续课程奠定必要的基础。由于建筑初步课程自身的特点，大量直观、形象的图片不仅是辅助教学的重要手段，而且直接构成了教学的主要内容，离开必要的图示将无法完成该课程的教学任务。长期以来，担任本课程教学的教师除利用教材上的插图以外，一直采用在黑板上徒手绘图，或播放幻灯片的形式辅助教学。但不论是插图还是手绘图，在表现力和精确度上都有所欠缺，不能完整地展现建筑的全貌，同时静态的图像给学生留下的印象也不够深刻。

近年来，随着高等教育办学条件的逐步提高，多媒体教学手段在各大专院校基本得到了普及。多媒体以其集成文字、图片、音像、动画等多种形式教学材料的特点，内在地契合了规划和建筑类课程的教学要求，迅速成为该类课程教学的基本手段和方法。而多媒体课件的制作水平也随即成为提升教学效果的关键因素。为此，笔者根据城市规划专业的特点和建筑初步课程要求，以方正

奥思为平台研制了一款演示型多媒体教学课件，用于课堂教学、学生自学以及课后练习等教学环节，在实践中取得了良好的教学效果。

2 城市规划专业建筑初步课程的教学特点

与建筑学专业不同，城市规划专业的建筑初步课程有其自身的教学特点。首先，建筑初步课程在城市规划专业中担负着建筑艺术素养培育和建筑史论教育的重要任务。在很多院校的城市规划专业课程体系中，中外建筑史这门课程都不是必修课。那么在学生没有选修（或者根本没有开设）中外建筑史课程的情况下，建筑初步就成为唯一教授建筑基本理论知识和建筑发展历史的课程。相反，由于大多数院校都十分重视设计能力的培养，因此在城市规划专业课程体系中，往往还设置了许多其他课程来进行设计基础训练（如美术类课程和造型类课程），可以在一定程度上替代建筑初步课程中建筑表现与设计基础这一部分教学任务的作用。因此，笔者认为城市规划专业的建筑初步课程应该适当强化建筑基本知识与理论的教学，而较为弱化表现技能和设计基础方面的训练。这一点在制作课件时必须予以充分考虑。

其次，城市规划专业建筑初步课程的教学课时普遍

殷 洁：南京林业大学风景园林学院城市规划设计系讲师

安排的较少，以笔者所在院系为例，该课程只有 32 学时。在如此少的课时内，要求学生掌握建筑设计与构造的基本原理，同时又比较详尽地了解建筑发展历史方面的知识，教师往往不得不进行"填鸭式"的教学。制作多媒体课件的必要性在此凸显出来，高水平的多媒体课件可以提供大量信息，有效扩展课时容量，大幅提高教学效率。同时，如果在课件制作中能充分体现出"人－机"之间的交互性，那么将可以使课堂教学延伸至课外自主学习，进一步提升学生的建筑美学和建筑艺术修养，强化课堂教学效果。

3 建筑初步多媒体课件的研究

3.1 课件开发平台的功能与特点

本课件开发制作平台选用了方正奥斯这一拥有自主知识产权的可视化、交互式多媒体集成创作工具。方正奥思能在中文 Windows 环境下运行，具有直观、简便、友好的用户界面。通过奥思，创作人员能够根据自己的创意，将文本、图片、声音、动画、影像等多媒体素材进行集成，使它们融为一体并具有交互性，从而制作出各种多媒体应用软件产品。

目前高等学校中比较普及的课件制作软件是 PowerPoint，使用 PPT 几乎成为多媒体教学的同义词。但实际上，将 PPT 演示文档用于教学有其难以克服的弱点：PowerPoint 在运行时页面是线性关系，在既定的序列上不能改变[1]，不便于教师课堂教学，更不利于学生自主学习。很多教学研究者甚至认为 PowerPoint 的线性教学是在教学理念上的一种倒退[2]。方正奥斯在这一点上克服了 PowerPoint 的弱点，它可以实现各个页面之间的多重网状联系，在页面之间随意跳转。这样在教学过程中就可随时调用前、后相关知识点或者更多教学素材，从而体现了"人"而非"电脑"对课程的控制，更加符合教学规律的要求。

方正奥斯可提供多种产品发布形式。当打包成光盘发布时，光盘可在任意计算机上直接运行，而无需再安装方正奥斯软件。同时，作品对计算机运行环境的要求也不高（见表1），大多数高校都具备相应的计算机软件配置，具有大范围应用推广的条件。在如今网络时代，方正奥思作品也可以提供网页输出，通过 IE 插件播放，支持完全功能的在线播放，可轻松实现远程教学。

课件运行的软硬件条件　　　　表1

组件	最低配置	建议配置
处理器	Intel Pentium 或兼容的 366 兆赫 (MHz) 或更快的处理器	Intel Pentium 或兼容的 1300 兆赫 (MHz) 或更快的处理器
内存	32 MB 内存	256 MB 内存
可用硬盘空间	200MB	200MB
驱动器	1X DVD-ROM 驱动器	16X DVD-ROM 驱动器
显示器	支持 800x600 60HZ 的显示器	支持 800x600 60HZ 的投影仪
输入设备	Microsoft 鼠标或兼容的输入设备	Microsoft 鼠标或兼容的输入设备
操作系统	Microsoft Windows ®2000 及更高版本	Microsoft Windows® XP SP1 及更高版本

此外，本课件还在制作光盘的播放效果方面进行了技术创新。放入光盘后，不论计算机屏幕分辨率原本的设置如何，课件播放时屏幕分辨率均能够自动适应屏幕大小，极大地方便了课件的使用。

3.2 授课方式选择与课件内容的组织

根据上文对城市规划专业建筑初步教学特点的分析，该课程应采取课内与课外相结合、教学与自学相结合的授课方式。其中课堂教学需要强化建筑基本理论知识和建筑发展历史方面的内容，而课外自学则旨在培养学生的建筑艺术素养和对本专业的兴趣。为此，我们将课件内容组织为课程、中外著名建筑简介、中外城市与建筑视频欣赏、学生优秀作业赏析、习题五个教学部分。五个部分环环相扣，各部分间既相互联系又各自独立，共同构成了课件的功能整体，兼顾了课内与课外内容的结合，以及课堂教学与学生自学的需求。

课件的"课程"部分内容在原有教学大纲的基础上进行了深化，不仅涵盖了建筑初步教材的全部内容，而且涉及一部分中外建筑史的相关内容。在演示教学内容时尽量做到文字提纲挈领、图片丰富多彩，用图片和动画实例来讲解知识。这部分全篇使用了近 400 幅图片和 8 段自主创作的动画来演示教学内容。

限于教材章节化的知识结构安排，有些重要的建筑案例无法详细讲解，因此在课件中还单独设置了"中外著名建筑简介"这一部分，选取了近50个中外著名建筑实例，通过图文配合的形式进行详细讲解，与讲课的内容相互补充。

在教学中发现，在低年级时树立起学生对专业的认同感和自豪感，是充分调动学生学习兴趣和积极性的有效方法，因此我们特意在课件中设置了"中外城市与建筑视频欣赏"部分。这部分主要是从介绍古今中外著名城市与建筑的影音资料中截取了20段视频，每段10分钟左右的视频展示了一个真实的城市生活空间。这部分文件量较大，为了将课件的最终空间大小控制在一张光盘的容量，我们对内容进行了精心选择，考虑到城市规划的专业特点，侧重于介绍中外城市规划与设计的经典案例。

此外，我们在教学中还发现，初入门的学生对规范的建筑设计作业的形式和内容没有概念，严重影响了进一步的学习提高。为此，我们在课件中设置了"学生优秀作业赏析"部分，从公开发表的建筑院校学生优秀作业集里选取了10份建筑设计作业进行集中展示，内容涵盖了小别墅、幼儿园、老人院、园艺馆、纪念馆、小卖部、校园讲堂等低年级建筑设计常用选题。这样让学生了解建筑设计的成果表达应当包括哪些内容，有哪些常见的表达方式等，从而产生示范与模仿的作用。同时，这部分也为表现技法和设计基础技能的教学提供了可供分析的实际案例。

最后在"习题"部分，我们针对课程中建筑理论和建筑史部分的内容编写了近70道课后练习题，题型包括单选、多选、填空、判断等类型，并附有正确答案。这一部分的设置便于课堂教学时复习和提问，也提供了复习检测的良好渠道，使学生的自主学习更富于成效。

3.3 课件的结构与导航系统

由于课件的上述五个教学部分无论在结构上还是在内容上都密切相关、相互支撑，因此我们利用方正奥斯的多页面网状结构特点，创建了流程式多层次交互结构与超链接调用结构相结合的结构模式，增加了课件的可控性和交互性。

课件的主页是通向五个教学部分的根目录，而在各个教学部分内部，均建立了从主目录到以下若干级目录交互分支的流程式多层次结构；同时通过编写延时函数

以及构建页链接等方法，在每页的右上方创建了连接向其他各个部分的悬浮型超级链接图标。这样的结构让用户能够方便地在各部分内容之间进行切换与调用，使学习的各个环节环环相扣、相互支持，更加符合实际教学过程的需求。例如，如果在演示到课程部分某一章的内容时需要调用其他章节的知识点，可以通过流程式交互结构回到课程部分主页，进入其他章节的内容进行讲解。如果需要调用更多的教学材料，也可以通过超链接结构直接跳到视频、著名建筑、优秀作业、习题等其他部分的主页，并进入具体内容进行讲解，以便与讲课内容相互补充（见图1）。

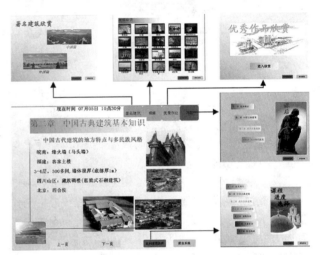

图1　课件的结构与导航系统示意图

课件的结构虽然较为复杂，但面向用户的页面导航系统却明确而清晰。页面主体用于展示学习内容，如需要在该教学部分内前后移动，可通过页面下方的上下页按钮和通往这部分主目录的超级链接按钮来完成；而如果需要进入其他教学部分，则可以通过悬浮在页面右上方的超级链接按钮来实现。这些悬浮按钮只有在鼠标移动到该位置时才会出现，平时则挂起，使页面更加简单明晰、突出主题。

3.4 课件对多媒体技术的综合运用

本课件充分发挥了方正奥斯的功能，实现了文本、图片、动画、音效、视频等多种媒体在方正奥斯平台上的有效集成。同时，在课件界面设计、片头动画设计、

片头动画截图

原创动画截图

图 2　课件中的动画效果示意图

背景音乐选取、色彩运用等方面（见图 2），也充分考虑到艺术性和功能并重的要求，使课件既能够充分调动学生的各种感觉，又不使各种声画效果过分喧宾夺主，影响正常的教学功能。

除了从影音资料中剪辑出的 20 段视频之外，我们又根据教学内容的需要，通过 3DSMAX 建模自主创作了 8 段原创动画（见图 2），分置于课程教学部分的中国及西方古典建筑章节，包括中国的悬山顶木构架（2 段）、卷棚歇山顶木构架、天坛、雀替，以及西方古典柱式中的多立克柱式、科林斯柱式和爱奥尼柱式等。这些原创动画在讲解教学难点问题时可以有效地帮助初学者建立起形象思维，同时也可以鼓励、培养学生对计算机绘图技能的兴趣。

3.5　课件对人机交互性的充分体现

本课件体现了以用户为中心的交互式设计思想。交互式设计的主要目的是要让产品易用，让用户使用的更方便、更愉悦，不会在使用这项产品的时候产生挫败感。对于教学课件来说，还有一个重要的目的是要体现"人"对教学活动的主导和掌控，而非被软件"牵着鼻子走"。

课件的交互性主要体现在这几个方面：一是通过课件结构和导航系统的设置使课件变得"可控"，用户可以

根据自己的意愿非常方便地使用所需要的部分。

二是在演示"课程"这部分内容时设计了类似PowerPoint 动画效果的功能，在某个页面同时包括几个知识点时，可以通过鼠标点击，做到每次在页面上只展示一个知识点的内容，讲完以后再展示另一个知识点。这样做使学生的注意力能够集中于当前教学内容，而不至于被满篇的文字和图片分散了注意力。目前比较流行的网页式多媒体教学软件就存在这样的弊病，而方正奥斯则完全吸收和保留了 PowerPoint 的优点。

三是在课件设计中尽量使用户感觉更方便和更富于趣味性。例如，我们在"课程"部分的演示中，如果该页面配有图片，就会在页面右下角出现一个示意鼠标点击的小动画图案，用户点击鼠标就会随之出现图片。又如，我们在"中外城市与建筑视频欣赏"部分的主目录中提供了视频预览的功能。在主目录中出现的不是每段视频的名称，而是一个个显示视频内容的小窗口，当鼠标移动到某段视频窗口时，该窗口会自动播放 1 分钟左右的视频预览，使课件使用变得更加方便、有趣。在"习题"部分的自测题后，我们也附上了正确答案，便于学生自我检测学习效果。

4　结语

由于城市规划专业自身的教学特点，多媒体教学必

将成为今后教学手段改革的主要趋势。使用多媒体教学可达到丰富教学内容、提高教学效率、激发学生学习兴趣、提高教学质量的目的。同时，也可为高职、函授、网上远程教学提供丰富的教学素材，并为城市规划专业从业人员和爱好者提供生动直观的自学参考资料。

本文所述建筑初步多媒体课件的研制始终从教学需要的角度出发，紧紧围绕方便教师使用、引导学生学习的目的，体现了先进的教学理念、丰富的教学内容、合理的教学逻辑和完整的教学框架，在实践中获得了学校和学生的广泛好评。通过交流这门课程的多媒体课件研究经验，希望能抛砖引玉，促进其他类似课程多媒体课件制作水平的提高，从而整体提升城市规划专业的多媒体教学水平。

（感谢南京林业大学第四批校级多媒体课件立项开发优秀奖资助。感谢南京林业大学硕士研究生范晨璟和田青同学在课件制作过程中的帮助！）

参考文献

[1] 杨真静，李必瑜.基于网络技术的建筑概论多媒体教材研制[J].高等建筑教育，2010，19（5）：139-142.

[2] 贺东青，张海燕.新概念的多媒体课件制作的探索[J].高等建筑教育，2003，9：85-87.

[3] 童淑媛，袁世平.非建筑学专业建筑美学素质教育的多媒体课件研究[J].长沙铁道学院学报（社会科学版），2008，9（1）：117-119.

On Multimedia Courseware of Introduction to Architecture in Urban Planning Specialty

Yin Jie

Abstract: Because of the teaching characteristics of urban planning specialty itself, multi-media teaching will become the main trend of the reform of teaching methods in future.The teaching of the course 'Introduction to Architecture' in Urban Planning Specialty should strengthen the contents of basic knowledge and theory, and the history of architecture.In limited teaching hours, a high level of multimedia courseware can significantly improve the efficiency of teaching to achieve good teaching results. This paper discussed characteristics and advantages of making the multimedia courseware by Founder Author software.Then we introduced some main points in developing the courseware, including how to select the contents, how to design the structure and navigation system, and how to use multimedia technologies and human-computer interactive technologies in the courseware.

Key Words: multimedia; introduction to Architecture; courseware development

"4+2"本硕贯通模式下的研究生城市设计课程教学探索
——大尺度快速城市化地区的总体城市设计

钟 舸 唐 燕 王 英

摘 要： 本文以清华大学建筑学院研究生城市设计课程的三年改革探索为例，探讨了"4+2"本硕贯通模式下的研究生设计型专业课的课程设置、教学安排和学生组织等。论文从城乡规划学成为一级学科、本硕贯通培养、新辟专业硕士项目等教学背景出发，分析总结了清华大学城市规划专业研究生城市设计课程的教学改革思路及其经验得失。

关键词： 本硕贯通；城市设计；研究生；课程教学

1 研究生设计型专业课的改革诉求：从导师指导到集中教学

规划设计课，即设计型专业课程（有别于其他理论课）是城市规划专业本科阶段最为重要的学习内容之一。进入研究生阶段后，其重要性依然不言而喻，但在教学形式上却发生了很大变化。总体来看，长期以来大多数院校城市规划专业的研究生培养方案都将规划设计课程设成了必修内容，对应着2~4个学分，但在课程安排上却与本科同类课程迥异：往往没有开辟出固定的集体学习时间来进行相应的设计教学，而是普遍采用"导师个别指导"的方式来加以落实——也就是研究生指导教师自主安排和指导学生的规划设计训练内容，并给出课程成绩。

随着教学体系的不断改革调整，这种旧有的教学模式面临着越来越多的挑战。一方面，"导师个别指导"在教学内容和成效上常常取决于导师手头掌握的工程项目的情况，无法针对学生建立起目的明确、系统完整的知识和能力训练体系；另一方面，学生们各自受教于自己的导师，互相之间缺少沟通与了解，失去了很多正式合作与共同学习的机会。此外，2011年城乡规划学成为一级学科，亟待从一级学科的培养角度强化理论和设计课程的系统化训练（赵万民等，2010；华晨，2011；张庭伟，2012）；同时，"卓越工程师计划"又带来了新的专业硕士学位培养项目需求，这些都对学生从事规划

实践应该具备的规划设计专业技能提出了更高的训练标准，仅仅依靠导师零散指导已经无法满足要求。因此，研究生阶段的设计型专业课程急需"返璞归真"，组织类似本科阶段的专门性集中教学。

基于上述种种情况，清华大学城市规划系就如何设置安排研究生阶段的规划设计课程进行了一系列改革探索。并且，探索的视野不仅仅局限在研究生阶段，而是寻求一种本硕衔接的、科学完整的规划设计教学体系。

2 "4+2"本硕贯通模式下的研究生规划设计课程设置

2011年，清华大学正式批准建筑学院增设城市规划本科专业。而在此之前，城市规划专业的教学内容早已借助建筑学专业平台渗透到了本科学习的各个阶段中。立足于2001年开始探索实施，并在近几年随着推免硕士生比例大幅度提升而逐步成熟完善的"4+2"本硕贯通培养体系，清华大学形成了较为系统的城市规划设计系列课，建立起独特的城市规划专业"4+2"教学培养模式。在这种模式主导之下，经过多年努力，设计型专业课程教学已经形成了图1所示的技能训练框架，即：本科一、二年级的"建筑设计"——本科三年级的"场

钟 舸：清华大学建筑学院城市规划系副教授
唐 燕：清华大学建筑与城市研究所讲师
王 英：清华大学建筑与城市研究所副教授

地设计"——本科四年级的"住区规划与住宅设计"和"城市设计"——本科毕业设计的"城市总体规划"——研究生设计专题一的"空间规划"——研究生设计专题二的"总体城市设计"。具体到研究生阶段的两门规划设计课程,一门侧重"规划",一门侧重"设计",尺度、视野和认知等要求都远高于本科阶段,从而架构出相对完整的独立的"次体系"。

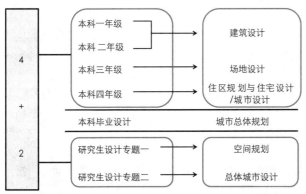

图1 基于"4+2"培养模式的城市规划专业的设计型专业课程设置体系

3 立足本土,接轨国际:研究生城市设计课程教学的三年探索

清华大学建筑学院研究生"总体城市设计"课的改革实践始于2010年,至今已有三年历史。课程开设在春季学期,为期16周,每周有1~2个半天的课堂教学时间,是一门3学分48课时的设计型专业课(实际课堂教学时间远远超过了学分要求的课时数),授课对象主要为一年级城乡规划学的研究生(含硕士生与直读博士生)(表1)。课程强调针对大尺度城市空间(包括城市建设区和非建设控制区)进行结构性的城市空间设计(structural design),突出设计的总体性、概念性和研究性(葛丹,2007),训练学生对大尺度城市空间的认知、分析、建构和表达能力,并结合学习相关的前沿性城市规划和城市设计理论。课程在题目设置、联合授课、教学安排、辅助讲座等方面开展了一系列教改探索,逐渐形成了具有一定特色的"立足本土、接轨国际"的独特教学模式(表2)。从统计数据来看,三年来学生规模呈逐年扩大的趋势,总量基本为20~30人,教师数量为4~5人,师生比约为1∶5。

课程概况 表1

课程名称	中文名称	城市设计(研究生设计专题二)		
	英文名称	Urban Design Studio for Master (PhD) Program		
学分学时	学分	3	总学时	48
	学期	春季学期	教学周期	16 周
教学方式	知识讲授·专题讨论·分组设计			
授课语言	中文·英文			
考核方式	过程评定与终期设计成果评图相结合			

课程设置特点 表2

特点	途径
总体研究	课程强调研究和设计的总体性和概念性,设计训练强调问题导向与目标导向相结合,设计成果侧重研究性和概念性
自主选题	在教学团队提供的城市或建设项目背景资源条件下,通过前期工作协调形成各个设计小组。在教师引导下,各组针对具有代表性的城市现象、城市环境和城市问题等,在指定地点自主选取具体地段开展规划设计,同时分析梳理较为复杂的城市环境要素和设计制约条件等
联合授课	结合选题,课程针对地段背景、特定城市现象和城市设计方法等组织一系列的校内外专家专题讲座
团队合作与独立思考	每个设计小组由2~3位学生组成,学生们在相互配合、分工协作的基础上,充分发挥个人独立思考和独立设计的能力,并在教学环节中强化学生个人设计方法和设计能力的训练

续表

特点	途径
研究与设计结合	依托对地段的综合环境分析、特定现象和城市问题的专题研究等，学生们在课程讲授和设计辅导的基础上，进行城市设计理论学习和设计解决方案研讨，形成兼顾设计性与研究性的终期成果
学科综合	综合运用城乡规划、建筑学、风景园林学以及市政工程、城市规划管理、城市社会学等领域的相关知识，创造性地解决城市设计中的具体问题
过程控制	强调教学过程的控制引导和过程成果的评估

3.1 题目设置与自主选题

题目设置是设计型专业课程的重中之重。题目本身是对教学目的、课程目标、培养重点等的综合反映，需要统筹考虑教学目标定位、学生的知识技能基础和城市建设需求热点等多方面因素。从学生的知识背景来看，研究生城市设计专业课需要与本科阶段 10~50 公顷的城市设计训练相区别，应该是在研究生现有专业理论知识、本科城市设计和研究生城市空间规划专题训练的基础之上，重点针对特定城市或大尺度的城市综合性片区进行的总体城市设计训练，是帮助城乡规划学研究生建立和掌握城市尺度上的空间概念和设计手段的重要途径。从实践领域来看，中国经济的高速发展和城市建设的迅猛扩张，动辄十几乃至几十平方公里的大尺度城市设计项目已经十分普遍，需要培养具备相应规划设计能力的技术人员来加以引导和调控。此外，超越普通尺度的总体城市设计题目能够对学生的综合规划能力、专题分析能力和空间造型能力提出更高层次的技能要求和训练着手

点。因此，本课程设定设计题目的走向为"大尺度快速城市化地区的总体城市设计"，以体现基于中国国情的城乡规划学研究生设计训练课的目标和特色。

在学生们确定具体规划设计地段和方向的过程中，课程则选用了更加灵活的"自主选题"方法——选题过程也成为学生专业能力训练的组成部分：即老师首先明确"大尺度快速城市化地区"具体所指的城市片区，如北京长阳地区、北京海淀山后地区、北京北部高科技产业带、昆明新旧机场地区等；然后同学们在教师的引导下，通过前期调研协调形成多个设计小组（杨俊宴等，2011），各小组从具有代表性的城市现象、问题和环境等出发，在指点片区中自行选取要求规模（20平方公里左右）的规划设计地段进行设计，并梳理相应的规划设计制约条件（表3）。为了保证研究对象的边界完整性，在最近一次教学中，学生们已经主动将设计范围扩大到了 30 平方公里左右，并通过"整体考虑、重点地段重点设计"等方式来进行应对和处理。

设计选题与师生概况 表3

年份	地段位置	总体设计范围	详细设计范围	题目类型与训练方向	教师组成	学生人数	国际学生人数	学生分组情况	学生主要专业背景
2010	北京房山长阳半岛	20平方公里	5~10平方公里	新城开发建设	中教3人，外教1人	20	—	2~3人/组，总计9组	城市规划、建筑设计、风景园林
2011	北京海淀山后地区、北京北部高科技产业带	20平方公里	5~10平方公里	城市更新、新城建设	中教4人	24	3	2~3人/组，总计10组	城市规划、建筑设计、土木工程、风景园林
2012	昆明新旧机场	20~30平方公里	5~10平方公里	新区开发、旧区改造	中教4人，外教1人	27	2	3人/组，总计9组	城市规划、建筑设计、法学

开展这种大尺度的城市设计教学需要资金、信息、人员、场地等多方面支持,单凭几间教室和有限的学院设施尚难以实现。因此,我们充分调动和运用了各种学术资源和社会资源,与题目所在地段的规划管理部门进行密切合作,请当地规划管理部门和相关项目设计机构支持并参与到课堂教学中来。这样,不仅规划地段的相关基础资料可以顺利获得,而且为学生提供了更为现实的设计视角和工作参照。由于地方规划单位的工作人员对设计地段十分了解,他们提供的课堂讲座及评图意见等,能够在一定程度上促使学生的规划设计从乌托邦式的"理想国"向现实性和可操作性迈进。

3.2 联合授课与辅助讲座

国际联合教学 Studio 在各大院校已经成为相对成熟的教学模式,中方和外方出同等数量的老师和学生,针对一定地段的规划设计题目,进行交叉式的分组设计和教师指导。然而,这种模式在我们的设计课程中并不适用,其原因在于规划地段的综合性与复杂性不适合于那种"短平快"式的常规国际联合教学模式。为了既立足本土,又接轨国际,我们的设计课程采用了另一种独特的联合授课模式,即每年邀请一名建筑学院的国外客座教授(或访问教授)全程参与教学的整个过程,如 2010 年荷兰代尔夫特大学(Delft University of Technology)的 Henco Bekkering 教授(访问教授)、2012 年美国宾夕法尼亚大学的 Gary hack 教授(客座教授)。国外教授在参与指导学生设计的同时,还配合课程组织提供相应的理论授课,与其他本土任课教师的指导和讲课等形成相得益彰的互补体系。这种模式的好处在于既锻炼了学生的专业英语能力,又在本土教学系统中长期、稳定地注入了国际思路。

与设计指导相配合的一系列讲座是本课程的重要特色之一,这些讲座围绕开展总体城市设计必须具备的基本知识模块展开(彭兴芝等,2011),同时包罗了该领域涉及的许多前沿性课题,包括城市设计基本理念的强化、总体城市设计方法、城市设计结构与要素、可持续的城市设计、城市设计的历史应对等。在具体安排上,总体城市设计的相关方法性内容主要由本土教师负责讲授,境外客座教授则将城市设计最为前沿的诸多议题带入学生视野中(表4)。

3.3 课程安排与教学方法

课程开展主要分为三个阶段(表5):前 4 周为第一阶段,这个阶段需要完成课题布置、现场调研、学生分组、地段确定、方案初步分析和构想等内容;第二个阶段是最为核心的为期 8 周的设计阶段,依据设计深度的不同又可分为概念设计、强化设计和深化设计,其间插入扩大规模的中期评图(外请评图专家和教师);第三阶段为期 4 周,主要内容是完成成果与终期汇报。

2011年课程辅助讲座的体系建构 表4

知识模块	讲座内容
教学安排模块	● 教学大纲 · 课程计划 · 作业范例 ● 研究生城市设计课的基本要求
地段信息模块	● 昆明新机场地段前期相关空间发展战略规划简介(学生代表) ● 昆明滇池流域风貌景观保护规划(设计单位) ● 昆明城市及其城市规划简介(昆明规划局)
设计方法模块	● 总体城市设计方法 ● 总体城市设计相关案例分析
前沿议题模块	● 场地结构(Structuring Sites,英文讲座) ● 城市设计价值(Urban Design Values,英文讲座) ● 气候变化的地方应对:北美经验(Local Responses to Climate Change: The North American Experience,英文讲座)

课程进度安排

表5

阶段划分	内容安排		具体工作
第一阶段 （1~4周）	调研选题与初步构想		工作开始阶段：学习城市设计基本理论以及总体城市设计的内涵和方法；学习城市设计现场调研的基本方法，确定设计小组选题，对地段所在城市片区、相关案例区域以及地段本身现状进行调研；对地段所在城市的发展历史、上位规划、城市特色等进行梳理；提出设计理念和专题研究方向，并进行初步方案构想
第二阶段 （5~12周）	分析研究与 方案设计	概念设计 （5~8周）	设计发展阶段：根据选课进行相关理论学习、案例深化研究，以及地段城市环境的深入调研，对所选课题的工作目的及工作方法进行深入讨论，提出针对规划设计目标的基本策略和概念性总体城市设计方案
		强化设计 （9~10周）	集中式的强化设计：提出较完整的规划设计方案，并完成总体和中观层面的空间形态设计
		深化设计 （11~12周）	在强化设计基础上，以设计小组为单位进行设计深化，完善总体城市设计和完成不同类型重点地段的详细设计
第三阶段 （13~16周）	成果制作与终期评图		工作完善阶段：完成课题研究和设计成果，包括工作过程、工作思路、方法、目标、专题研究，以及不同层面的设计成果

对于设计型的专业课程教学来说，"强化设计"和"评图"是提升设计能力、锻炼学生表达能力与推进方案调整的重要环节。"强化设计"的两周中，教师与学生几乎天天碰面，随时随地进行指导和沟通，通过紧张的"浸泡式"教学来推进学生对城市空间形态的创造。学生逐步建立起城市设计理念与空间形态的逻辑桥梁，让空间形态设计从简单的"头脑风暴"，走向经由一系列思考判断所形成的"必然结果"。当然，设计中的创造性、发散式思维，以及必须的大尺度空间设计的徒手表现训练等也是"强化设计"的重要内容。"评图"是所有设计课的关键环节，我们的教学过程设置了三个重点的评图节点：第一次是在第一阶段结束之后，评图的意义在于对学生设计的大思路和大方向作一个基本的引导和控制；第二次是在设计阶段，是对学生中期设计成果的一个评判和建议；第三次是最为隆重的终期评图，是学生展示最终成果和接受各方挑战的过程（图2）。在此之外，小规模的联合评图也会在必要的时候随时出现。评图团队的成员组成是多样化的，包括来自地方规划部门、重要规划设计研究院、其他设计教师中的诸多代表，他们会从各自不同的视角对学生的设计成果进行评判。

由于20~30平方公里的城市区域面临的问题、挑战和机遇等十分庞杂，社会、经济、文化、历史、制度等各种要素盘根错节，因此这个尺度上的城市设计决不能简单地停留在空间造型设计上，而是要对整个地区的定位、发展方向、空间战略等形成清晰的认识——这种研究分析需要耗费大量的时间和精力，之后才能跟上更加注重三维的城市空间设计。在第一年的课程指导过程中（2010年），学生们由于前面花在空间规划研究上的时间过长，导致最后核心的城市设计过程变得非常局促；只能通过不断的加班加点来完成预定任务。因此，从2011年开始，教学团队针对这个问题进行了新的改革探索。总体城市设计题目选择强化了与其他设计系列课的衔接：最近两年的设计课目与学生前一个学期参与的研究生设计专题—"空间规划"直接对接起来，在学生参与完成的空间规划的研究范围内选题，从而大大节约和缩短了城市设计前期研究耗费的时间，将课程训练的重点重新拉回到城市三维空间塑造上（表6）。这种"衔接式选题"不仅能使学生更加深入地了解地段乃至城市的规划背景条件，建立更为成熟的工作思想基础，更快地进入城市设计的相关研究和设计语境中，而且专题之间的对比和参照，可以帮助学生更为深入地认识和理解两类规划设计在工作理念和方法上的异同。

年份	设计地段	成果图纸节选
2011	北京昌平沙河南片区	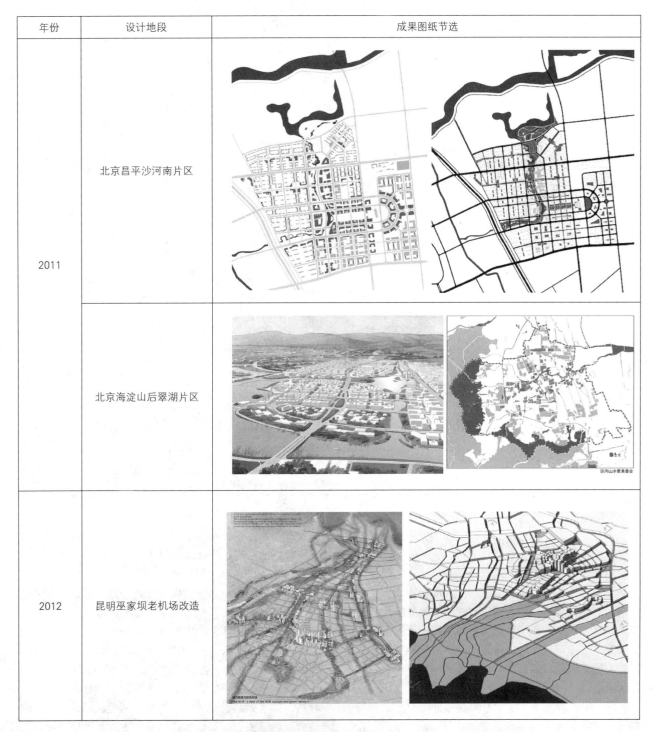
	北京海淀山后翠湖片区	
2012	昆明巫家坝老机场改造	

图2　代表性城市设计成果展示（一）

年份	设计地段	成果图纸节选
2012	昆明长水新机场片区	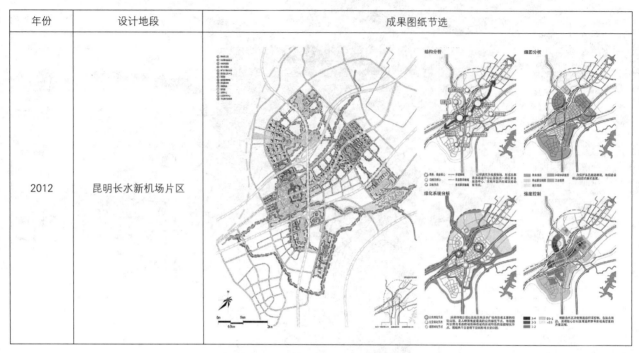

图2　代表性城市设计成果展示（二）

"空间规划"设计专题对接下的城市设计训练　　　表6

年份	研究生设计专题一：空间规划		研究生设计专题二：城市设计	
	规划对象	规划尺度	设计对象	设计尺度
2011	北京海淀山后地区	200~300平方公里	海淀山后地区	20平方公里
2012	昆明长水新机场地区	100平方公里	昆明新机场入口区	20~30平方公里

4 结论：经验得失与未来改进

概括起来，研究生城市设计课程教学改革的特色与成功之处主要集中在六方面：以大尺度快速城市化地区为研究对象；学生自由分组和自主确定设计地段；邀请境外教师全程参与教学；配合设计课程设定系列化的辅助讲座；将城市设计题目设置与空间规划题目设置直接对接；松劲有度、目标明确、阶段清晰的课程组织与评图安排。

每年课程结束之后，我们都会收集来自学生、教师和受邀嘉宾等各方面的反馈意见，以促进教改的深化和完善（表7）。综合起来，学生对课程改革的最大期望是

增加对"城市设计控制引导具体方法"的讲授。学生通过一学期的学习已经基本掌握了大尺度城市设计的总体流程、整体设计方法和表现手段等，但是具体到建筑高度究竟该如何控制、街区模式如何确定、城市界面怎样设计、开发强度如何科学决策等中观尺度的控制引导方法，他们在技能体系上尚显匮乏——这其实也是我国城市设计理论研究与实践探索中的弱项。本土任课教师的困惑主要集中在两方面，一是如何在课程中融入一些"不可教"但又很重要的城市设计内容，如怎样平衡理想与现实、如何强调设计的过程性与时间性、设计如何处理地方政治意图等；二是怎样教会学生运用不同的设计方法来应对不同尺度的城市设计任务。境外教师则强调学

设计课程反馈意见	表7

对象	主要反馈意见
学生	城市设计控制和引导的具体方法（如高度控制、街区尺度等） 城市设计的理论与思潮（什么是城市设计）
本土任课教师	可教与不可教：过程与时间、理想与现实的平衡、政治因素应对等； 设计尺度与设计方法：20平方公里、5平方公里、小街区
外教	方法重于结果，过程重于成果 概念、特色与价值引导
受邀评图教师	可操作性与现实性如何体现

生在设计过程中要建立起清晰的概念，要突出自身特色并明确设计的价值取向，他们认为设计方法的掌握和设计过程的磨炼远比最终的成果来得重要。其他大部分受邀而来的评图教师，特别是来自地方规划设计机构的工作人员，他们对方案的现实性和可操作性提出了很高的期望，而这往往是短学期的学生作业无法真正达到和实现的。

（感谢参与课程教学的边兰春教授、Henco Bekkering教授、Gary hack教授及梁思思博士后，他们在整个教学过程中的无私奉献和出谋划策，是本篇论文得以形成的重要基础。）

参考文献

［1］葛丹.研究型城市设计及其在教学中的应用.同济大学(硕士论文)，2007.

［2］华晨.规划之时也是被规划之日——规划作为一级学科的特征分析.城市规划，2011，12：62-65.

［3］彭兴芝，刘海军.模块教学在城市设计教学中的应用.高等建筑教育，2011，6：46-49.

［4］杨俊宴，高源，雒建利.城市设计教学体系中的培养重点与方法研究.城市规划，2011，8：55-59.

［5］赵万民，赵民，毛其智.关于"城乡规划学"作为一级学科建设的学术思考.城市规划，2010，6：46-54.

［6］张庭伟.梳理城市规划理论——城市规划作为一级学科的理论问题.城市规划，2012，4.

Exploring Master's Lectures on Urban Design for the Combined Undergraduate and Master's Degree ——Master Urban Design for the Large-scale Region with Rapid Urbanization

Zhong Ke   Tang Yan   Wang Ying

Abstract：Taking the three-years education reform of urban design course for graduate students in School of Architecture of Tsinghua University as an example, this paper discusses the related issues such as course arrangement, teaching process, and student organization based on the "4+2" bachelor-master program.Under the education background of Urban and Rural Planning being the primary discipline, bachelor-master combined program and professional master degree program, it summarized the reform path, experiences and lessons of the education reform of urban design course in Tsinghua University.

Key Words：bachelor-master program; urban design; graduate students; teaching

城乡规划社会调查方法初探

程 遥 赵 民

摘 要：社会调查是规划编制过程中搜集和处理社会信息的基本途径。在新时期的城乡规划及规划教学中，社会调查的重要性和必要性与日俱增。本文针对总规层面的规划工作，提出社会调查的工作准则和框架设计，分析介绍不同类型的社会调查方法及实践经验。

关键词：社会调查；工作框架；实践经验

在近现代社会发展史中，社会调查与许多重大社会事件及改革运动有着重要联系。对于城乡规划而言，调查研究是从感性认识上升到理性认识的必要过程[1]；规划工作者只有通过扎实的调查研究工作，获得大量调研资料，才有可能够理解所要规划的客体对象，才有可能把握社会主体的真实诉求。本文主要针对总规层面的规划工作，分析探讨社会调查的意义和方法，并结合规划教学实践中的具体事例加以说明。

1 相关概念和既有实践

1.1 相关概念解释

（1）社会调查

社会调查以促进人们对社会的了解为目的，是搜集资料以回答社会各方面问题的过程[2]；也可说是人们有目的地认识社会现象的一种活动[3]。

关于对社会调查的认识可以分为狭义和广义两个范畴：从狭义看，社会调查即是运用各种方法收集资料的过程，是积累感性认识的活动。广义理解则是对社会现象的完整认知过程，既包括收集资料的过程，又包括分析研究资料的活动[3]；亦即，在狭义过程的基础上，还包括了分析资料、并以此为线索探究社会现象的本质和规律的过程，是一种"调查研究"过程。本文讨论的社会调查涉及这两个范畴。

（2）城乡规划社会调查

城乡规划社会调查是指有目的有意识地对城乡建设中的各种物质和社会要素进行考察、分析和研究，以认识城乡物质系统、社会现象和发展问题的本质及其演进规律，进而为城乡规划编制和实施管理等提供重要依据的一种自觉认识活动；同时也是城乡规划搜集和处理外部信息的一种基本方法和技术手段。

在以往的城市规划实践中，较拘泥于以"城"为主的工作思路，在市县域及村镇的规划编制中往往存在着"闭门造车"现象。在统筹城乡发展及充分肯定小城镇发展的重要性[9]的背景下，城乡规划中的社会调查受到了重视。

（3）"总规层面"社会调查

本文中的"总规层面"是一个相对宽泛的概念，并不局限于《城乡规划法》中的"城市总体规划"，而是包括了市域城镇体系规划、城市发展战略规划、城市总体规划以及规划评估等关系到区域城乡整体、且具战略意义的规划及关联研究。相比控制性详细规划、城市设计等中微观层面的规划工作，总规的研究具有宏观、综合性等特点。因而，对于"总规层面"的社会调查方法加以专门讨论十分有必要。

1.2 既有研究和实践

在传统的规划工作中，物质空间问题是关注的重点领域。相应的，对物质性因素及空间构成的外在表象的调查分析所投入的精力要远超社会调查研究工作。

程 遥：同济大学建筑与城市规划学院科研助理

赵 民：同济大学建筑与城市规划学院教授

限于主客观种种原因，以往专门针对总规层面的社会调查研究成果较少。目前常用的调查框架和方法基本形成于 1980 年代[4, 5]，之后的研究、讨论和创新十分有限。

总结当前我国总体规划层面的调查方法，最常用的即是"文献调查法"、"实地调查法"和"集体访谈法"等[6]，很少独立开展基于系统设计的社会调查。尤其是在实地踏勘和集体访谈（如部门访谈等）过程中，由于关注的问题和内容较多，专门针对各社会主体的全面而深入的调研较为少见，常止于"蜻蜓点水"。而在文献调查过程中，多是基于统计年鉴、人口普查等数据的分析研究，一些深层次的社会特征和文化基因难以被挖掘。社会调查不充分，客观上导致了规划编制中社会领域第一手资料的缺失。

2 总规层面社会调查的工作准则

2.1 新时期的发展趋势——体现城乡统筹原则

新时期的城乡规划工作以科学发展观为指导，以城乡统筹为原则，以构建社会主义和谐社会为基本目标；在规划的方法论上，也就必然要从计划经济时期单纯的"技术过程"向着技术、社会和政治过程的结合转变。尤其是在关乎城乡整体发展框架的总规工作，其最终成果需要转化为"基于技术和社会、经济现实的政治决策"[7]。

在城乡统筹的原则指导下，规划工作需要同时注重中心城市及其外部区域；社会调查需要更多地面向小城镇和农村。这不仅仅是简单地扩大调查范围。一方面，在统计年鉴等既有文献资料中，小城镇和农村的社会信息远不如城市地区丰富，很难通过常规的文献查阅完成调查；另一方面，在社会调查的方法和内容上，小城镇、农村和城市地区也很不同，需要针对有关地区的经济社会发展状况制定工作计划。

2.2 调查内容——关注社会发展的微观机制

在城乡规划社会调查中，不仅要重视经济社会的总体指标及其空间分布特征（如经济增长、人口密度、收入水平分布等），或者是居民对建成环境的评价，还应关注发展的微观成因机制——包括社会个体选择对于城乡发展的具体影响等。了解不同社会群体的行为特征，以及他们在区域、城乡空间流动的目的和状况等，他们对于城乡设施和空间的使用情况，以及他们对于发展的不同认知、感受和评价，有助于深刻理解城乡社会发展状态及变迁的内在原因，从而提出构建和谐社会的切实措施。

2.3 调查过程——导入"公众参与"

"公众参与"包括城市规划在内的各项公共事务，是宪法和法律赋予的权力，符合现代民主法治的基本原则和基本精神。我国《城乡规划法》（2008）和《城市规划编制办法》（2006）等法律法规已经明文规定了"公众参与规划"的原则要求。

传统的城市规划调查，尤其是总规层面的社会调查往往将政府部门、专业人士等作为调查对象。但随着社会发展和我国法制化进程，"公众参与"的组织方式和内涵都已发生了巨大的改变，越来越多的民众对城乡规划表现出了与日俱增的参与热情。

社会调查应该是一个向公众宣传城乡规划、激起广泛社会群体对规划的兴趣和认知、征求公众对于城乡发展的建议与意见的过程；深层次而言，这也是实现广大人民群众当家作主的民主价值的过程。所以，这一过程既具有"工具性价值"，更具有"本体性意义"。在社会调查的框架和过程设计中应该体现这一认知。

3 总规层面社会调查的方法及实践

3.1 工作框架设计

由于总规所涉及的内容广泛，总规层面的社会调查不能限于一种方式，也不是一次调研就能奏效，因此需要有完整的工作框架设计。首先可基于现场踏勘、文献查阅、小型座谈、访谈等，对所调查地区的发展特征有所认识；在此基础上预判需要重点关注的经济、社会及建设问题，然后针对不同问题，选择调查对象、确定调查类型和内容；其次可根据不同的调查类型，制定调查工作框图，分配调查人员和时间，并根据不同类型调查分别制定工作流程。（图 1）

在实际操作中，小城镇和农村调查既可有问卷调查，也可有实地踏勘和访谈。为了更深入地开展工作，也可以按独立的调查单元进行工作流程和框架的设计，并按工作时序制定框图[5]。

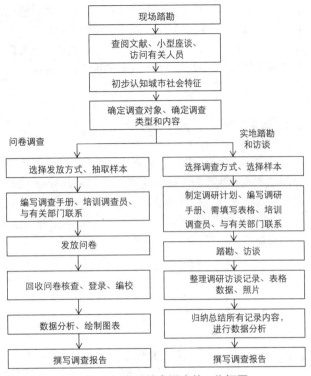

图1　总规层面社会调查的工作框图

3.2　社会调查分类及实践

下文结合在国内若干地级市的总体发展战略规划、规划评估等具体教学实践项目中的社会调查工作，分类介绍三种主要的社会调查类型及其技术方法。

（1）社会抽样调查

社会抽样调查是指针对全市居民、涉及城乡社会多方面内容的综合性调查，旨在认识城乡社会的总体特征、各社会阶层对于城乡发展的认知与评价等。一般可包括受访者对所居住地区的评价（如建成环境、公共设施、基础设施、交通等评价），受访者对城市整体环境（如城市总体发展水平、生活质量、公共设施、基础设施、交通等）的评价和预期，受访者对城市建成环境（如标志性空间、开放空间等）的认知与评价，受访者在城市和区域中的行为特征（如设施的使用频率、出行模式和平均时间、购物地点和消费水平、与其他城市的联系等），以及受访者的个人信息（以利做交叉分析）。此外，这一调查也是宣传城市规划和公众参与的有效途径，因此可在问卷中针对居民对于城市发展的建议意见、对于城市

规划的认知和了解途径等设置问题。

社会抽样调查的另一途径是对人大、政协议案提案的调阅。具体做法是通过调阅近3~5年人大、政协的相关议案提案，提取出关键词及其出现频率和出现时间，以分析其中的关注焦点。人民代表大会和政治协商会议是人民群众"当家做主"和社会各界"参政议政"的制度化机构。一方面，人大代表和政协委员直接、长期面对政治和利益群体，应该比较了解城乡建设方面的民众意见和担忧。另一方面，人大、政协的资料易于获取，历史信息归档完整，数据处理相对容易，能够较好反映一定时期内的地方发展状况及其热点问题。

人大、政协议案提案的样本量和对问题的关注面可能会有限，所以有必要同时开展面向城乡居民的问卷调查。我们采用的问卷发放方式大致有三种：通过居委会、教育局或专业机构发放。根据发放方式的不同，样本的选择和抽取方式也不尽相同。

● 通过居委会发放

该发放途径一般采用多段分层随机抽样方法，即首先需根据人口统计数据，获得各区（县/市）人口占全市人口的比例，以此确定各区（县/市）所需样本量，并进一步推算出各区（县/市）所需要调查的居委会数量和每个居委会的样本量，然后根据分配的样本数再在居委会中随机抽取相应数量的调查户。

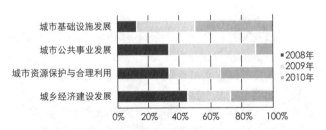

图2　安徽省某地级市战略规划调研：人大、政协议案提案整理结果（共计43份）

实践证明，通过该途径发放的问卷样本分布相对均衡，能够涵盖各类社会群体。但较难以一对一当面完成问卷，因此可能会存在问卷回收率不高、填写不认真等情况。以福建省某地级市发展概念规划的全社会调查为例，该次调查通过居委会发放2000份问卷，回收有效问卷1607份，有效率为80%。

此外还需检验抽样的合理性。以该市人口年龄结构为例，由于数据资源限制，只能对比问卷受访者与人口普查的年龄结构来检验样本的分布合理性。经测算，各年龄组比例差值皆控制在10%以内，可以认为样本对调查总体具有较高的代表性。

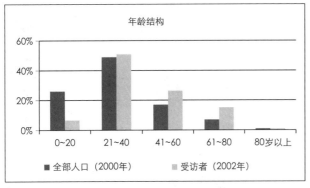

图3 福建省某地级市发展概念规划：问卷调查的被访者和全部人口年龄结构对比

资料来源：该市人口第五次普查数据、问卷调查结果。

- 通过教育局发放

首先根据人口统计和学校分布数据，获得各区（县/市）人口占全市人口的比例和中小学校数量，以此从全市中小学名单中选择调查对象，并推算出各中小学及其不同年级所需要发放的问卷数量和样本班级数量。

通过在山东、安徽、吉林等地级市总规层面的实践，发现该发放途径获得的样本虽然年龄群较为集中（主要为学生和学生的父母或祖父母），不如居委会发放的样本均衡及覆盖面广；但问卷的组织、发放和回收都相对容易，问卷的填写认真，回收率和有效率皆很高。即便是抽样与全社会实际人口构成不完全对应，但在样本量足够大的情况下，仍可以反映社会整体信息。

- 通过专业机构发放

即由规划编制人员和调查专业机构合作完成问卷的制定、发放和分析。这一途径的优点在于规划人员所投入的工作量较小，由于调查机构具有一批经验丰富的专业调查员，因此有较高的效率。但这一途径也有明显的缺点。由于问卷调查被作为一个相对独立的过程，由规划编制单位以外的机构负责，难免有"为调查而调查"之虞，调查工作其"过程本身"的价值也难以体现。因此，

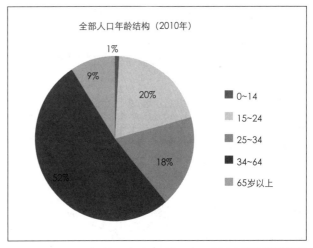

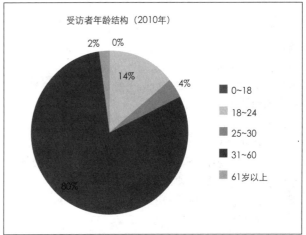

图4 吉林省某地级市战略规划问卷调查的被访者和全部人口年龄结构对比

资料来源：同济大学建筑与城市规划学院课题组（2011）。

需要规划人员和调查机构人员的反复协调和持续沟通。

（2）小城镇和农村调查

小城镇❶和农村调查（以下简称"村镇调查"）是指针对农村地区建制镇和行政村的综合性调查。笔者所在的项目组尝试在总规层面的社会调查中加入独立的村镇调查。以安徽省某地级市和山东省某地级市的村镇调查

---

❶ 此处的"小城镇"是指农村地区的建制镇，不包括城关镇和完全城市化地区的建制镇。

村镇调查的对象、内容及形式列表举例   表1

调查对象	调查形式	调查主要内容
样本镇	以镇干部开放式访谈或座谈、现场踏勘为主	人口构成及劳动力转移、城镇建设现状及规划、产业发展及存在问题、财政收支状况及建设资金来源、公共服务设施和基础设施的配置及使用、城镇管理体制及存在问题、当前城镇发展的主要问题和未来发展设想等
样本村委会	以村委会开放式访谈或座谈、现场踏勘为主	村内人口构成及劳动力转移（包括回流）、村级产业与集体经济发展状况、农业耕种情况、土地出让补偿金在村级和农户间的分配比例、村集体日常管理和运行情况等
代表性企业	以企业开放式访谈、现场踏勘为主	企业性质和发展历史、生产经营状况、企业用工情况、员工工资水平和福利待遇、用地及建设情况、对于乡镇发展环境的评价和预期、未来发展设想和搬迁意愿等
居民	以访问式问卷为主（需区分非农业、农业户口居民）	家庭外出务工情况（如务工地点、类型、从事职业等）、日常生活情况（如婚嫁范围、子女就学、社会福利、日常消费、去镇区或城市的活动情况等方面）、农业生产状况（如耕地面积、种植方式、种植作物类型、养殖情况等）、村庄迁并和村镇建设情况（如被调查者对于村庄迁并的意愿调查以及对村镇建设的评价和建议等）和被访问者个人及家庭信息等内容。其中，后两项是针对农业人口专门设置的问题

资料来源：湖北省小城镇发展的现状与未来导向，2011[9]。

为例❶，调查内容主要包括全市乡镇干部座谈、样本建制镇的镇区农业人口、非农人口问卷调查❷和开放式访谈、样本村的农业人口问卷调查和开放式访谈，以及样本村镇的现场踏勘，样本村和全部乡镇社会经济数据分析等内容。

● 调查准备

在村镇的抽样时，需要综合考虑地域分布、人口规模、经济能级等几个方面的样本均衡性。尤其考虑到城市对于农村的发展影响，样本需均匀覆盖重点镇与一般镇、远郊村与近郊村。基于工作上的可操作性，也可结合地方政府推荐村镇名单进行调查。

虽然在样本量上，村镇调查会小于社会调查❸，但由于采用访谈问卷（即由调查者和被调查者当面完成）和开放式访谈形式，单次访问的时间较长，需要投入的时间、人力都较多。因此，需要在调查之前制订详细的调查计划，并对调查组人员进行一定的培训。

● 调查过程

首先，可通过召开乡镇、村干部的座谈会，了解各村镇的社会经济发展水平、发展特征、发展中的主要问题矛盾等，并可预先制定好数据表格，要求其提供相关数据和基础资料。在此基础上，制定村镇访谈提纲和问卷（表1）。

在村镇实地调查的同时，村镇数据的收集和处理工作也同样重要。在乡镇提供的数据和全市统计数据基础上，以乡镇或村为单位，可以建立包括经济发展、人口规模和密度、人口迁移、公共设施配给和可达性、基础设施分布等在内的数据库，并可通过统计软件和地理信息系统进行处理。

村镇调查、尤其是问卷和开放式访谈对于揭示城乡发展和城镇化的微观机制有着十分重要的意义。通过村镇调查，往往能够发现统计数据无法反映的现象。以安徽省某地级市战略规划为例，在调查之前，不少文献和人口统计数据都显示，该地区的城市化率较低，农村剩余劳动力多。然而，经过村镇调查发现，目前该乡镇经济发展缓慢，半数以上的劳动力常年外出务工，农村"空心化"现象严重。可见只有基于准确的调查研究结论，才有可能提出合理的规划对策。

（3）专题性调查

在总规层面的规划中，遇到地方政府特别关心，或对地方发展具有特殊、重大意义、关系规划决策的关键

---

❶ 在安徽、山东的两个村镇调查，其访谈和问卷分别涉及 5 个县、6 个乡镇，15 个乡镇和 2 个城郊街道办事处（市域全覆盖）；后者每个乡镇发放问卷 60 份，包括 10 份镇区非农业人口问卷、50 份农业人口问卷（其中，镇区 10 份，近郊村 20 份，远郊村 20 份）。最后回收有效问卷 1003 份，有效率达 99% 以上。此外，在两个调查中，文献和数据分析都覆盖了全市域所有乡镇。

❷ 需针对农业和非农业人口分别设计不同内容的问卷。

❸ 根据城市及其农村人口规模，一般问卷调查样本量在 1000 左右。

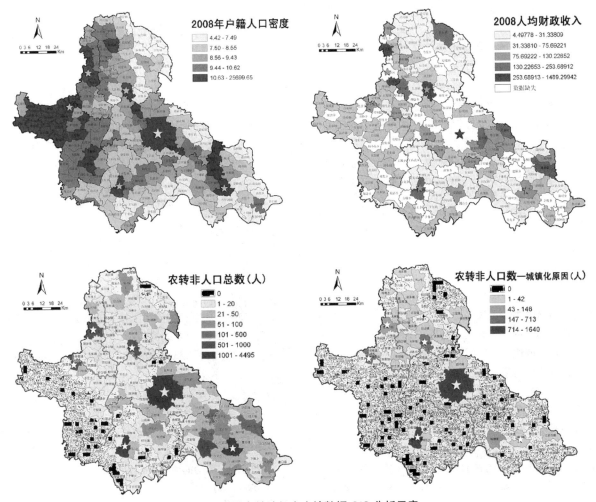

图 5　安徽省某地级市乡镇数据 GIS 分析示意
资料来源：该市统计年鉴 2009，该市公安局 2008 人口统计年报。

性问题时，专题性的社会调查是解答这些问题的有力工具和必要基础。

　　根据调查内容的不同，专题性调查的组织方式、调查方法、样本选择、调查过程也不尽相同。经常采用的方法包括问卷、访谈、座谈等。以吉林省会城市的战略规划为例，考虑到区域一体化进程中，随着区域基础设施的日益完善、区域产业分工与合作格局的形成，区域内城际人口流动将趋于频繁。因此需要调研和把握城际客运联系的特征。

　　● 调查目的和内容

　　该调查的主要目的在于分析长春、吉林两市城际轨道交通客流在空间的分布状况、社会属性、出行特点，通过与城市全部人口的社会构成相比较，定位跨城活动人口的特征和阶层构成；并以该群体为受访人群，采集对区域一体化发展的认识、评价、预期和建议。

　　问卷内容包括受访者基本信息（如年龄、户籍、职业、受教育程度、居住地等）、出行信息（如出行目的、到 / 发地点、出行时间、跨城活动频次和持续时间、城际轨交通车前的跨城交通方式等）、日常活动信息（如受访者居住、就业、高等级休闲购物等活动的所在城市）、对区域一体化的认识和看法等内容。

● 调查方法

调查采用了访问式问卷方法，分别在长春、吉林市区以及中间停靠站（机场站）3 个轨道交通站点候车室发放问卷。

相比前两类社会调查，专题性调查的内容精简且具针对性，样本量可较小。但调查前仍需要编写调查指引和访谈提纲（如果有访谈或座谈内容），并对调查组人员进行培训。

4 结语

城市规划的对象主要是城市空间，但城市的发展进程受经济、社会、空间等多方面因素的影响；另一方面，城市规划的物质性安排又会反作用于经济、社会发展。

在新的历史时期，城乡规划不再是单纯的技术过程，而是一种政府调控城市空间资源、指导城乡发展与建设、维护社会公平、保障公共安全和公共利益的重要公共政策之一[10]。

全面和深入的社会调查研究是科学编制城乡规划的基础。在社会调查的方法、内容、过程和分析手段上，城乡规划需要学习和运用社会学的理论概念和技术方法；同时，城乡规划的社会调查也具有其自身的特性，包括调查必须限于整个规划项目的时间和资源分配，并

以规划编制的应用目的为导向。

本文仅对总规层面的社会调查方法做了初步探讨，希冀在今后的规划教育和实践中有更深入的研究和创新探索。

参考文献

[1] 张晓荣，段德罡，吴锋. 城市规划社会调查方法初步——城市规划思维训练环节 2 [J]. 建筑与文化，2009，06.

[2] 肯尼思·d·贝利. 现代社会研究方法 [M]. 上海：上海人民出版社，1986.

[3] 吴增基. 现代社会调查方法 [M]. 上海：上海人民出版社，2003：1-3.

[4] 董黎明. 巢湖、济宁两市城市社会调查与规划 [J]. 城市问题，1986，02.

[5] 戴建中. 城市科学研究方法讲座——社会调查的步骤与方法（一）[J]. 城市问题，1986，01.

[6] 李和平，李浩. 城市规划社会调查方法 [M]. 北京：中国建筑工业出版社，2004.

[7] 罗震东，赵民. 试论城市发展的战略研究及战略规划的形成 [J]. 城市规划，2003，01.

[8] 王翠霞. 人口年龄结构老化：不容忽视的社会问题 [Z]. http://www.xm.gov.cn，2006-10-08.

[9] 董淑敏. 湖北省小城镇发展的现状与未来导向 [D]. 上海：同济大学出版社，2011.

[10] 边经卫. 英国的旧区改造与建设 [J]. 城市发展研究，1997，06.

Discussions on the social survey in urban and country planning

Cheng Yao Zhao Min

Abstract：Social survey is a basic way to collect and process data from the society for the making of various planning schemes. The importance of social survey and study in the planning education and practical projects are being widely recognized now-days in China. The paper, focus on strategic level planning, put forward the social survey's principles and working framework, and introduce the survey approaches as well as practical experiences.

Key Words：social survey; working framework; practical experience

以培养和提高学生综合素质为核心的城市设计课程教学探讨

田宝江

摘　要：本文介绍了以培养和提高学生综合素质为核心的"城市设计"课程教学体系的内容。学生的综合素质包括专业技术素质和职业道德素养两个方面。其中专业技术素养包括现状调研与分析能力、分析问题与主题立意提炼能力、方案快速表达能力、口头表达与应变能力以及设计图纸表达的技巧与能力；职业道德素养包括以公共利益为基础的规划师自身定位、具有以人为本的设计理念与人文情怀、良好的协调与协作能力等。"城市设计"课程教学正是围绕上述综合素质与能力的培养和提升，进行相应的教学阶段和教学内容的安排，将培养目标分解到各个不同的教学阶段上加以落实和体现，并注重教学过程中重要节点的掌控，用阶段性成果保证各阶段目标的实现。在整个教学过程中，始终坚持以学生为中心，倡导启发式教学，调动学生的积极性和主动性，从而收到了良好的教学效果。

关键词：综合素质；城市设计课程；教学阶段；节点掌控

《城市设计》课程是同济大学城市规划专业四年级（下）的核心课程之一，是全面培养和检验学生专业素养的重要环节，在三年级《城市设计原理》理论课程基础上，再经过四年级上学期控制性详细规划课程的相关训练，至四年级下的该门课程可以说是对以往专业课程和专业知识的一次综合运用，是全面提高学生专业水平的重要一环。加之本次课程设计的成果要参加全国城市规划专业学生作业评优。因此从学校到学生个人对本门课程都非常重视。

经过多年教学实践的积累和总结，我校已逐步形成一套较为完整的《城市设计》课程教学体系，从教学大纲制定、师资配备、教学阶段设置、检验考核手段、教学方式等方面均已日臻成熟，并在教学实践中收到了较为满意的效果。本文将对这一教学体系加以介绍，以期广泛交流，取长补短，为提高本门课程的教学质量提供有益的参考和借鉴。

1　以提高学生综合素质为核心得教学体系

在以往的设计类课程教学中，教学的重点往往在于提高学生的"设计能力"方面，即更注重"技术"的层面，对学生成绩的评定也往往局限于最终成果图面的效果与物质空间形态的塑造上。我们认为城市设计的综合性决定了本门课程的教学，必须以培养和提高学生全面的综合素质为核心，才能真正地提高学生的分析问题解决问题的能力，达到教学的目的。我们理解的"综合素质"至少应包括专业技术素质和职业道德素养两大方面。特别是后者，与今年"人文规划、创意转型"的年会主题极为契合。"人文规划"这一理念提出的本身就是对以往技术规划的反思和升华，要更加注重城市空间的人文内涵，重视物质空间背后深层的社会动因，以及人的因素对城市空间演变发展的作用。同时也要求规划师要有深厚的人文情怀，真正做到以人为本、深入实际、深入生活、倾听各方呼声、协调各方利益、从公共利益出发，做出规划上的应对，提出富有创意的方案，以创意促进城市转型发展。

如前所述，学生的综合素质，包括专业技术素质和职业道德素养两大方面，每个方面又可细化为多项具体的能力，专业技术素养可以分为以下几个方面的能力：

1.1　现状调研与分析能力

围绕"人文规划 创意转型"的主题，我们选择了三块不同的基地，一个是上海提篮桥地区，这里是上海12

田宝江：同济大学建筑与城市规划学院副教授

个历史风貌保护区之一,二战时曾是犹太人聚集区,二战期间犹太人遭到纳粹的疯狂屠杀,上海是当时唯一一座无条件接纳犹太人避难的城市,这片地区也就成了犹太人的诺亚方舟,这一举动充分体现了上海这座城市浓厚的人文情怀。基地内有大量犹太风格建筑,著名的摩西会堂和大量民居都保存十分完好。如今这块包含上海人民深切人文情怀的地区面临新的城市化发展的冲击,如何能发挥人文底蕴、实现新的转型发展是设计者和城市决策者面临的挑战。

第二块基地是杨浦滨江地区,地块内有大量的近现代工业建筑遗存,见证了上海这座城市的发展与变迁,曾经创造了大量的工业产品和就业机会,凝聚了一代产业工人的青春记忆。今天随着上海城市的转型发展和浦江两岸综合开发的全面展开,该区域也面临如何传承历史,如何创新发展的时代课题。

第三块基地位于青浦的蟠龙古镇,是典型的江南小镇,浓郁的水乡风情和民风传统,人文积淀深厚,随着虹桥交通枢纽的建设和虹桥商务区的开发,该地块已被划入虹桥商务区CBD核心区域,传统的古镇要涅槃重生,如何实现由传统古镇向现代CBD的转型,需要创意的思路,更要有对原有传统文化,人文底蕴的尊重与传承。

上述三块基地各具特色,能较好地契合主题的要求。我们选择真实基地的目的,就是让同学深入现场实地踏勘、调研、掌握现状调研与分析的能力,为方案构思和主题提炼打下坚实的基础。

通过实地踏勘,使学生掌握多种调研方法:如目测法、地形图标注法、访谈法、拍照取样法等,经过调研获得第一手现场资料,以此为基础完成一系列现状图纸,如土地利用现状、道路交通现状、绿地开放空间、建筑质量评价、建筑高度分析、建筑风貌分析(形式、色彩、材质、屋顶形式、特色建筑符号等)。通过对这一系列专项内容的整理,使同学对基地有了深入、切身的体会与了解,从中发现问题并发掘基地的发展潜力与优势。同时,让同学借助网络、图书馆等渠道,收集与基地有关的资料,包括区域位置,上位规划对本地区的要求,历史发展沿革与变迁等。最后,要求同学将这些资料与实地调研得到的信息、图纸一起进行整合梳理,完成一份完整的现状调研报告。从地形图准备、现状踏勘路线制订、调研内容与方式、资料收集整理直至最后形成调研报告,全部由同学在老师的指导下独立完成。这种对现状的调研与分析,不仅为下一步方案设计打下坚实的基础,最重要的是学到了如何介入基地、如何调研踏勘、发现问题、分析问题、提出解决途径等这一整套完整的调研方法和程序,切实提高了学生的实践能力。

1.2 分析问题与主题立意提炼的能力

基地现状调研与相关资料(区位、相关规划、历史沿革等)整理形成完整的调研报告后,学生对基地已经有了比较全面深入的了解。此时,如何围绕主题,发掘基地特有的资源禀赋和发展潜力,形成契合主题要求的设计立意与构思,是本阶段教学的重点,这种理解题目要求、结合基地分析、合理而有创意地提出立意构思的能力培养,是提升学生设计能力的关键一环,也直接决定了方案下一步的走向和立意层次的高低。

在本环节教学中,我们主要采用启发式与主题方向引导式相结合的教学方法,让学生能较快为准确地理解主题内涵,结合基地特质找到方案的突破方向。具体方法是先请在规划理论方面有较深造诣的孙施文教授结合主题作了题为《人文规划发展历程》的主题讲座,从城市规划发展历史的角度对人文规划的发展阶段、历史背景、主要代表人物和理论作了全面系统的梳理,使学生对"人文规划"有了较为深刻的理解,从历史发展的脉络中认识了当前人文规划的核心内容,并和自身基地相结合,提炼基地的特有元素,从而确定基本的立意与构思,这个立意可以做到两个方面的契合,一是与年会主题的高度契合,二是与基地自身特征的高度契合。这种综合各种信息、资料、抽丝剥茧、围绕主题提炼设计立意的能力,是教学中着重培养的方面,不仅注意构思这一结果,更注重这一立意构思产生的过程。

1.3 方案快速表达能力

为了使上述提炼出的立意构思得以固定下来,同时也为了同学尽快进入角色,使设计过程进入正轨,我们在立意提炼阶段安排了一次快题设计,时间为四个小时,成果为1:1000总平面图加功能结构分析图等反映设计构思的分析图若干。这样做至少可收到三个方面的效果,一是把同学的立意构思落实到空间上,检验其可行性;二是锻炼徒手、快速表达能力,这种能力在电脑十分普及的今天已经越来越弱化了，而我们认为徒手表达是一项重要的能力和基本功，可以实现手、脑之间的协调与反馈，对提高设计能力和表达能力至关重要；三是可以使同学尽快进入状态。很多老师都有这样的体会，学生在设计课前半阶段往往很难进入状态，喜欢磨、到了后期终于定案后、发现时间已经很紧张，只好疲于奔命或草草应付了事。为了改变设计课这种前松后紧的局面，快题设计是比较行之有效地促进学生进入状态，提高设计水平的方法。

1.4 口头表达与应变能力

以学生为中心，提高学生综合素质，必须要提高学生的主动性与参与性，让学生多讲、多提问、多交流，通过介绍自己的方案，理顺思路并试图让别人理解、接受自己的方案。我们在整个教学过程中安排了一次小组讲评和两次大组讲评活动，让每个同学都有机会上台介绍自己的方案，并接受老师和同学的提问、质询，并现场做出解答，经过锻炼，同学的口头表达能力有明显的提高，从开始的不敢讲、讲不出，到后来的要限制时间、并在规定时间内（一般为 5 分钟）简明清晰地介绍方案、还要吸引人，讲求表达的质量和技巧。中期的大组讲评我们模拟全国评优的程序和流程（突出实战感和临场感），邀请系里的著名教授、领导和任课老师一起组成评审团，全部同学的方案都陈列出来，由评审团模拟全国作业评优的方式遴选出比较优秀的方案，请这些方案的设计者介绍。评审团对方案进行点评，针对方案中存在的问题由同学做出解释，这种方式极大提高了学生的口头表达能力和应变能力，对设计主题立意也有了深入的认识，对一些设计中的不足和缺陷也有了深刻的认识，并通过多位老师的指点，有了明确的改进方向，综合能力得到进一步提高。

1.5 图纸表达的技巧与能力

好的设计立意、构思、最终要靠图纸表达出来，规划图纸是设计表达，设计思想交流的直观语言，更是指导相关建设的技术依据。因此图纸表达的准确性，规范性十分重要，同时全国作业评优要求全部设计成果要表达在 4 张 A1 的图纸上，因此这四张图纸的内容安排、版面设计、图纸顺序、内容之间的内在逻辑关系、乃至

图纸比例、文字大小、色彩搭配等方面都要十分注重，并在完整、规范、准确的基础上力求有一定的特色和创新，这样才能使自己的方案在众多候选方案中脱颖而出。为此我们在教学过程中，一方面注重方案本身的创意，图纸表达的规范性和准确性，另一方面加大了对图面表达的要求和训练，为此我们专门安排了《城市设计成果表达》的专题讲座，还请以往获奖的同学介绍经验体会，并观摩学习历届获奖作品的表达手法，还加强了平面设计、版面设计等相关内容，使得同学们一个学期的成果在最终的表达上有比较完美的体现。另一方面通过图纸的编排，内容的取舍，顺序的排列，从区域到现状分析、从立意构思到总平面乃至空间效果的表达，这一过程不仅是表现、表达的过程，同时更是对设计主题，思路梳理升华的过程，从而也加深了对设计主题及规划应对策略的理解。

此外，作为未来的规划师，规划师的职业道德素养也是综合素质培养的重要方面。结合本次"人文规划 创意转型"的主题，我们在教学中特别注重和强调了规划师要具人文情怀，时刻树立以人为本的理念，在充分尊重公共利益的基础上确定规划师自身定位，兼顾公平与效率，协调各方利益，力求实现多赢。这不仅是一种工作能力，更是作为规划师的职业精神和职业道德的要求。另一方面，本次设计要求 2 个同学组成一个设计小组共同完成，这就需要同学具有良好的沟通、分工、协作的能力，这种协作能力也是规划师必备的基本素质之一。

2 围绕综合素质培养的教学阶段安排

《城市设计》课程教学共 17 周，每周 8 个学时，结合上述综合能力培养的要求，我们把 17 周时间设置为四个教学阶段：

第一阶段，现状调研与分析阶段（第 1~2 周），主要是布置题目，现场调研踏勘，收集资料，完成现状调研报告，并根据主题发掘基地潜质，提出初步思路与设想；

第二阶段，初步方案构思阶段（第 3~4 周），结合现状分析，围绕主题，提出设计立意构思，确定总体方向与思路。为了启发同学的设计思路，本阶段安排了人文规划的主题讲座，并利用快题设计形式把立意构思固定下来；

第三阶段，深入设计与完善阶段（第5~13周），对设计立意主题进行深化与演绎。本阶段强调立意的落实，即如何在空间中实现构思，对立意在土地使用、交通结构、建筑空间形态、活动组织等方面进行落实，并通过主题讲座、小组讲评、大组讲评等形式，提出问题，指明修改的方向，不断完善、深化设计的主题立意；

第四阶段，成果表达与完成阶段（第14~17周），按照要求，将成果表达在四张A1图纸上，在注重规范性、准确性、完整性的同时，强化版面设计、图纸内容的内在逻辑关联、图面表达的新意，并通过讲座，获奖作品观摩，获奖同学经验介绍等方式，强化成果表达相关技巧与能力的训练。

上述四个教学阶段环环相扣，层层推进，始终围绕提高学生综合素质这一核心展开，每个阶段都有明确的能力培养目标，并有相应的考核成果进行保障和衡量，从多年的教学实践看，收到了很好的效果。总体说来，这样的教学阶段安排具有以下特色与优势：

一是注重教学的过程，强调不同教学阶段上重要节点的掌控。将教学目标细分到各个阶段，每个阶段都有阶段性成果，如第一阶段是现状调研报告，第二阶段是快题设计，第三阶段是方案正草，第四阶段为最终成果。四个阶段以讲座和快题来串联，不断营造兴奋点，并与

阶段性成果的督促相结合，使学生的设计热情一直高涨，极大地调动了同学的积极性。

二是以启发式教学为主，让学生充分发挥主动性，能动性。每个阶段都以学生介绍自己的成果为结束，以学生为中心，教师起到启发、引导、点评的作用，把主动权完全交给学生、顺着学生的思路去提出完善建议，而不是采用填鸭式灌输，更不是把自己的想法强加于学生，这样极大调动了同学的创造热情。

三是营造实战气氛。我们模拟全国作业评优流程的大组讲评方式，增强了临场感与竞争性，也激发了同学的荣誉感，锻炼了应变能力，同时这种公开透明的遴选机制，也为日后选出参评全国作业评优的作品提供了很好的基础，获得了同学的认可和好评。

3 结语

我校的《城市设计》课程教学，始终牢牢把握培养和提高学生综合素质这个核心，不仅注重专业技术素质的培养，更注重职业道德素养的提高，并围绕这一核心安排教学阶段和教学过程，注重教学过程中重要节点的掌控、细化、分解培养目标，以学生为中心，充分调动学生的积极性与能动性，倡导启发式教学，互动式教学方式。经过多年实践和积累，这一教学体系已取得显著成效。

Pedagogy Discussion of Urban Design Curriculum Centering on the Cultivation and Development of Comprehensive Quality for Students

Tian Baojiang

Abstract：This article mainly introduces "urban design" teaching system of which the core is to cultivate and improve comprehensive quality of students.Comprehensive quality includes professional technical and ethic literacy.Professional technical literacy consists of the ability of surveying and analyzing current situation，analyzing problems and epitomizing the key point of topics，fluently presenting programs，oral expressing and quick responding to issues，and expertly describing design drawings，Professional ethic literacy includes self-positioning of a planner based on the public interest，possession of people-oriented design philosophy and culture-enriched feelings，good coordination and collaboration skills and so on.Urban design curriculum exactly means arranging relevant stages and contents on the basis of the cultivation and development of students' comprehensive quality mentioned above.Meanwhile, it also breaks down cultivation objectives into various teaching stages.By advancing in stages and emphasizing on important nodes control during the tutorial, the objective of each stage can be ensured by the achievement of each stage.During the tutorial, student-centered principle is insisted to achieve satisfactory teaching effectiveness.At the same time, advocating heuristic models of teaching and arousing enthusiasm and initiative of students also value.

Key Words: comprehensive quality; urban design curriculum; teaching stage; node control

新时期下城市详细规划设计课程教学改革探讨

徐轩轩　李　军

摘　要： 学科调整背景下城市详细规划设计课程的改革必须符合该课程过渡性、创造性、综合性的特点。应该提前介入建筑设计课程，坚持学生的基本技能训练，在设计过程中引入人文思想，并通过调查研究教学加强实践内容。本文对这四个方面的具体实施内容和重点进行了分析探讨，以此探索符合现代规划体系的教学模式。

关键词： 城市详细规划；课程改革

1　引言

近年来，很多高等院校城市规划专业开始对城市详细规划教学进行改革探索。传统的脱胎于建筑学的城市详细规划设计的教学模式，强调空间形体的造型，侧重于解决物质实体的空间组织，因此更偏重形象思维能力的培养，而在解决复杂城市问题的能力上有所欠缺。事实上，现代的城市规划已经逐步由传统的形态规划向综合规划转变，人文、数字等学科交叉逐步密切，以解决日益复杂的城市问题，创造出更符合时代需求的空间形态。

城市规划专业已经被调整为一级学科，其学科特点和建筑学有着不同的特征，它们关注事物的出发点具有差异性。作为城市规划专业重要核心课程的城市详细规划设计，也需要符合新时期的时代特点，探索以培养学生的规划核心技能和综合素质为目标的教学模式。

2　城市详细规划设计课程的改革目的

在城市规划专业的教学体系中，城市详细规划设计课程具有特殊的地位，一方面它具有自身的独立性，同时又受到许多其他因素的影响。课程的改革必须符合其过渡性、创造性、综合性的特点。

2.1　完成上下级课程之间的无缝衔接

城市详细规划一般都安排在基础教学环节如美术类课程、初步类课程和建筑设计类课程之后，其后再逐步进入更大尺度的规划课程学习，如城市设计设计、控规设计、总体规划设计课程。该课程是城市规划专业学生正式进入专业设计的启蒙课，具有承上启下的作用。城市详细规划阶段的教学需要使学生将基础阶段所接触到的各类专业信息在这个阶段汇总，并逐步消化形成综合的知识体系，为下阶段的学习打好基础。

2.2　培养学生的创造力

城市详细规划设计的学习阶段也是培养学生创造性的重要阶段。一般来说，微观尺度的规划设计学习在本科阶段将持续 2~3 个学期，这一阶段对于学生创造力的培养起到了重要作用。因此，本科教学需要创造出宽松的环境培养学生的理性和感性思维能力，使学生的思想不限于僵化，这也需要课程教学鼓励学生开阔思维。

2.3　培养学生解决复杂城市问题的能力

城市详细规划阶段学生开始学习解决复杂城市问题。随着经济的发展，社会分异现象日渐显著，城市问题更趋向于综合化和复杂化，详细规划已不再仅仅局限于物质形态的规划。这都需要规划专业的学生具备对城市空间结构变化的认知能力和解决能力。

徐轩轩：武汉大学城市设计学院副教授
李　军：武汉大学城市设计学院教授

3 城市详细规划课程设计的改革方式

在学科背景调整的前提下，"城市规划教育只有植根于时代发展的背景，顺应不同阶段发展的要求，对原有教学模式进行批判性思考与创造性调整，平衡变与不变的关系，才能实现教育应有的社会价值[1]"。城市详细规划阶段的教学应该培养城市规划与设计的综合性能力，以基本知识、基本理论及基本技能的强化训练为基础，着重培养科学的思维方法和实践能力，强调拓宽相关知识面，采取物质空间形态规划技能与综合知识研究技能并重的教学培养模式。在具体的方式上，城市详细规划课程的教学改革应该符合该课程的特点，以"介入；坚持；引入；实践"四个方面进行改革探索。

3.1 介入：建筑设计课程

一级学科的确立，反映了城市规划专业和建筑学的不同。原有规划专业学生的建筑设计课程，一般由建筑学专业教师进行教学，这保证了建筑设计课程教学的严谨性和专业性，但同时由于建筑学专业的教学和城市规划专业的侧重点不同，容易造成两门课程在接轨初期重复教学、教学计划不连续的问题，进入到城市规划课程学习阶段很容易发生思维转换上的混乱以及重要知识的缺位。因此，在城市规划专业的建筑学课程设计中，城市详细规划的教学有必要提前介入，由双方共同制订教学计划，有条件的学校可以由详细规划课程教师担任助教。

（1）课程作业类型

课程作业设置的提前介入。建筑设计课程作业设置，除居住建筑外，还应考虑学生详细规划教学中所涉及的主要内容。在建筑类型上，设置教育设施如托幼、小学，商业建筑如商业中心，旅馆及办公楼等内容；在建筑形式上，涵盖多层和高层建筑；结构形式上，涉及砖混、框架、剪力墙等多种形式。尤其重要的是，对地下空间的建筑设计不可忽视，这也是在详细规划设计和城市设计阶段经常碰到的问题。通过多样化的建筑设计训练，使学生对主要的建筑形式有清晰的认识，便于以后对规划设计内容的理解。

特别是在居住建筑设计的教学过程中，学生不仅要考虑单体的居住建筑，同时要鼓励学生考虑其与环境的关联性。在严格的环境条件限制下去考虑居住建筑的类型、居住建筑内部功能、居住建筑的形态等内容。

（2）规划总图

对总图的提前介入。建筑设计中，总图是连接建筑设计和规划设计课程的纽带，如果学生能很好地掌握总图的相关要素，对于进入到详细规划的学习有非常好的效果。因此，在建筑设计课程中，应该加强对总图的设计和理解。注重"规划设计条件"对建筑设计的规划总图的指导作用[2]，进而引导学生学习城市规划中如道路红线、后退红线、消防间距等相关概念。

（3）群体组合

在课程作业上，可以适当设置部分小的建筑群组设计，如综合性的商业建筑，住宅群体的组合等。这样在建筑设计阶段，能开始涉及建筑要素与城市要素，在进入详细规划阶段的学习后，可以顺利完成设计思维的过渡：既继承建筑设计训练获得的逻辑思维、形象思维和微观思维，又能很快具有规划设计所需要的理性思维、综合思维与宏观思维。

3.2 坚持：基本技能训练

各种新技术的应用，极大地促进了城市规划行业的发展。学生的接受能力强，也乐于接受各种新事物，但这个阶段也容易忽视规划基本能力的培养。因此，城市详细规划阶段应强化学生的基本技能训练，正确处理好手头功夫和新技术使用之间的关系，养成良好的学习习惯。

（1）坚持徒手表达能力的培养

徒手表达能力是规划师的基本素养。电脑技术的普及，使得设计师从繁重的重复劳动中解脱出来，但在详细规划课程学习阶段，三年级的学生并不具备成熟的规划素养，过早过度使用电脑，容易形成对电脑的过度依赖而忽视了设计本身，无利于其对规划设计的深刻理解。

城市规划专业指导委员会在前期的居住小区课程设计竞赛中，一直坚持电脑的使用幅度不超过40%，这个要求在详细规划阶段应该坚持，尤其在草图阶段，应该要求学生使用徒手表达。规划专业的学生在一二年级经历美术课程和初步课程的学习，很多学生也已经学习《钢笔画》等课程，已经具备一定的建筑手头表达能力。而到了四年级进入到《城市设计》等后续课程后，电脑的使用比例逐步加大而无系统的时间练习徒手表达。因此这一阶段的徒手练习必须延续，实现从以建筑表达到城市规划表达的过渡。

（2）新技术的使用

对徒手表达能力的坚持并非排斥各类新技术，而是要求学生在具备基本规划素养和能力；具备较为成熟的比例感；对设计深度有清晰的认识；对需要达到的设计构思、设计深度、图面表达具备明确的认知后，再正确使用。

在课程设置上，应结合该课程的特点，"加强对学生数学基础、分析能力以及 3S 等技术方法的运用的培养[3]"。在详细规划学习阶段，传统的设计方法普遍存在 "定性和定量" 关系不清的问题。"蓬勃发展的计算机与信息技术以及各类计量分析的城市模型等为城市规划的理性与科学化提供了充分的基础技术手段与方法[4]"，有助于培养学生严谨的学习态度。

（3）尺度感的培养

本文所谈尺度感主要指人对空间尺寸的感知，是规划师的基本素养之一。学生阶段较弱的空间感受能力是造成设计心手不一的主要原因。建筑设计阶段的尺度感主要针对学生对建筑内部和外形的尺度感受，详细规划阶段的尺度感应要求学生关注对群体空间的尺度感知。在详细规划设计过程中，每一个草图阶段可要求学生外出感受其设计空间的实际尺度，保证学生对自己的设计有正确的空间感知。

（4）相关规范的正确使用

相关规范的正确使用是这一学习阶段需要重视的问题。详细规划设计所涉及的建筑类型多样，交通问题复杂，对于一些特殊地段，如港口、加油站、立交匝道等，涉及的规范种类更为繁多。这就要求学生能养成查阅规范的习惯。虽然教师要鼓励学生发挥主动创造性，但学生应学习理解在规划设计中的硬性限制条件。

另一方面，规范的正确使用是引导学生将其他课程和详细规划设计课程衔接的钥匙。三年级学生已经完成或者开始学习道路交通、景观规划、工程管线等内容，通过引导学生使用相关规范，可以使学生尽快将各门课程所学的知识纳入到规划设计中来。

3.3 引入：人文思想素养

发挥学生的主观能动性，引导学生思考城市问题。传统的以居住区为例的城市详细规划教学一般由教师确定任务书，给学生明确的限制条件及范围。这种方式容易造成诸多问题[5]。在详细规划规划设计阶段，应该给予学生更大的自主性，引导学生对城市问题的思考。通过选择具有代表性、典型性的真实地段，引导学生在分析地块背景的基础上发现问题，以解决某些问题为前提

常用绘图软件不当使用容易出现的问题　　　　　　　　　　　　　　　　表1

软件类型	不当使用易出现的问题	建议
AUTOCAD	重复拷贝建筑选型，造成选型单一 不当引用网络设计文件而不理解 景观规划设计重复使用绿化图例而无设计概念 对设计深度无概念，图面表达深浅不一 无比例概念，对 1：500~1：2000 之间的图纸比例无明确感受 对粗、中、细实线的使用不当	方案成型后总平面图的推敲和底图绘制，经济技术指标的核算
PHOTOSHOP	图案填充代替细部设计，设计深度不够而不自知 用色单一呆板，或过于追求特效，图面效果杂乱 不当重复拷贝	方案前期不建议使用
3DMAX	3D 建模工作量巨大，一旦修改需要耗费大量时间 3D 模型代替街景设计，无层次感	方案中期用于推敲空间尺度，后期可用于鸟瞰图的基底制作
MAPINFO		前期分析和后期经济技术指标核算使用
日照分析软件		使用时需理解日照间距系数和建筑间距的尺度

确定设计主题，并以此提出符合主题要求的设计条件，"从多角度对问题提出合理的解决方法，在注重基础的同时关注城市规划思维方式的形成和创新意识的培养[6]"，创造出富有特色的规划方案，从而完成"培育理性、激发热情"为目标的教学目的。

（1）设计主题的确定

现代规划师已经不仅仅是单纯解决物质空间问题，而是需要更深层次的介入到社会问题之中。因此，在本科学习阶段，我们要立足培养"有良知、会思考"的设计师。因此，在设计题目布置以后，应要求学生进行深入的调查研究，分析用地的物质和非物质特征，"在基地调研的基础上对各种类型的住区进行优劣环境分析，引导学生了解住区环境的多样性和设计的多解性[7]"。通过对城市居住问题的观察和理解，"着重分析基地—周边地区—城市三者之间在当前和未来的互动关系，并选出核心问题（即该居住区要解决城市居住的什么问题）"，"捕捉居住区于城市之间的互动关系，并提出自己的对策[8]"，并"鼓励学生研究身边的课题[9]"，以此所形成的设计主题将成为学生进行下一步设计的依据。

在设计主题的确定过程中，教师应引导学生注重人文关怀，注重社会责任的认知。"在设计课程中重点传授正确的规划价值观，在规划实践课程中重点灌输维护公共权益、整体利益的思想及公众参与的重要意义等[10]"。学生阶段是人生观形成的重要时期，引导学生培养正确的规划意识，并以此更深层次的思考城市要素。

（2）设计任务书

人文思想在物质实体上的体现这种由虚到实的转换在教学中是比较具有难度的部分，因此要求教师针对不同学生的主题构思给予因人而异的指导。在设计主题的控制下，引导学生提出规划设计的原则性要求，包括小区设计的使用人群、规划结构、用地布局、景观规划等内容，并将需要达到的规划目标逐步由具体的经济技术指标来落实，提出相应的技术经济指标，对规模指标、密度指标、环境质量指标等内容进行具体规定，最终形成设计任务书的二次确认。该任务书将成为指导学生进行规划设计的控制要素，也是教师评判学生作业成果的主要依据。

（3）设计手法

城市详细规划设计课程一般以居住区规划设计为主。随着经济的飞速发展，社会层面的变化显著的改变了现代

住区的规划模式。目前的居住区规划设计的教材一般以成熟的规划理论为主，因此教师应该引导学生将详细规划原理课程中所学习的理论知识运用到规划设计中，同时以各种方式向学生补充前沿的设计理念和设计思潮，把详细规划的原理和方法、城市系统科学方法落实到设计课题中，以专题讲座、课题研究、多媒体、作业评讲、网络交流、师生对话互动等形式，培养学生独立思考、分析问题、解决问题的能力，引导学生运用多样化的设计手法，诸如交通方式的变化带来的人车交通体系变迁；对传统的"四菜一汤"形式的思考；社区理念对居住区规划设计的影响；小区结构中基本单元的规模和形式等问题进行深入分析，以此形成多样化的解决手段。

3.4 实践：调查研究教学

城市规划是一门实践性和应用性很强的学科，学生的学习也必须遵循由感性到理性的过程。社会调查和实践是重要的教学手段，使学生一方面能够在设计实践中通过感性认识加深对理论知识的理解，另一方面又能够将理论知识中与设计相关的原理与方法部分直接加以应用。调查研究教学包括设计前期的基地分析、设计中期的基地再认识以及设计成果的验证。通过调查研究教学，使学生理解图纸和实地的关系，理解方案的可实施性，并最终理解设计和社会的关系。同时，通过调查研究教学，培养团队合作精神。

（1）设计阶段的调查

设计阶段的调查主要是对基地的各项条件进行调研分析。一般详细规划设计课程都以真实地形为基础，学生通过调查研究，从宏观、中观、微观三个层面对用地的物质属性和社会属性进行深入分析。通过三个层面的区位、交通体系、自然地形地貌等条件的研究，对历史文化特征、上位规划等内容进行分析，使学生深刻理解用地的物质和非物质背景。

设计阶段的前期调查一般由课程安排专门课时进行，中后期由于规划方案逐步成熟，也需要学生对用地进行再认识。调查研究教学是一个贯穿设计全阶段的持续过程。

（2）设计成果的验证

设计成果的验证是课程教学中重要的内容。本科生对城市的理解尚浅，尺度感不强，对图纸和实际的关系

也无太多感受，因此除了教师通过评改方案给予学生指导外，引导学生进行实地考察以此进行设计成果验证也是一个重要的组成部分。

该方面的调查研究包括两个方面，一是主题调查，二是尺度调查。主题调查主要针对学生确认设计主题和设计过程中，推荐学生参观考察相关类型的居住社区。通过对已建成住区的优缺点分析来验证自身方案的可行性。尺度调查偏重于对尺度感的验证，教师推荐相类似的建成区，对建筑群体空间、建筑间距、细部设计等内容实地考察分析，加强学生的尺度感，验证其方案构思和实际效果之间的相符度。

（3）团队合作精神的培养

城市规划注重团队合作，调查研究是培养学生团队合作精神的重要手段。城市规划专业学生在一二年级的学习一般以个人为主体，三年级进入城市规划专业学习后通过调查研究的团队合作来培养团队意识。详细规划设计方案以个人为单位，但由于用地规模较大，完全依靠个人来进行基地的现状分析并不现实。通过分组进行基础资料的收集，3~5人一组，成果共享，结论各异。

4 结语

城市详细规划设计的学习阶段是学生培养城市规划综合能力的重要时期，是学生在前期所学习各门专业课知识的汇总阶段。学习方式的转换使得学生普遍存在有迷茫和不知所措的情绪。因此该阶段教师有着重要的作用，引导学生进行学习能力的培养，在教学的每个环节给予学生督促和指引，为其后的《城市设计》及其他专业课的学习打下良好的基础。

参考文献

［1］ 丁旭.城市规划的内涵及其城市规划教育［J］.浙江大学学报，2011，38（5）：602-605.

［2］ 段德罡，张晓荣，徐岚.城市规划专业低年级的城市规划管理知识教育［J］.建筑与文化，2009，08：68-71.

［3］ 周江评，邱少俊.近年来我国城市规划教育的发展和不足［J］.城市规划学刊，2008，04：112-118.

［4］ 王静文，李翅.城市发展对我国城市规划新技术与方法的改革探讨［J］.中国经贸导刊，2010，12：91-91.

［5］ 郑皓，彭锐.全球化语境下的详细规划课程设计教学改革探研［J］.高等建筑教育，2006，15（04）：67-69.

［6］ 洪亘伟."新一题多解模式"在城市规划设计类课程教学中的运用［J］.规划师，2009，25（01）：97-100.

［7］ 潘宜，黎莎莎.调查研究与教学过程的结合——城市详细规划设计课程教学模式探讨［J］.新建筑，2009，05：132-134.

［8］ 杨辰.将选址问题引入居住区详细规划教学的尝试［J］.规划师，2004，20（01）：92-94.

［9］ 葛丹东，李利.浅论城市规划本科教育创新与实践平台的构建［J］.中外教育研究，2010，1：151-153.

［10］ 李和平.加强城市规划专业教育中的职业道德教育［J］.规划师，2005，12：66-67.

An Exploration of the Reform on Detailed Urban Planning Design in New Times

Xu Xuanxuan Li Jun

Abstract：The reform on Detailed Urban Planning Design should be creative，comprehensive and transitive.We should introduce courses on Architecture Design，focus on the students' basic skill training and introduce humanity ideas in the course of designing.Besides，practical part of the study should be enhanced through researches and investigations.This essay discusses the key points and the implementation of the four aspects mentioned above，in an attempt to explore a teaching mode that conforms to modern urban planning system.

Key Words：detailed urban planning；teaching reform

"城市总体规划设计"课程教学中有关创造性思维培养的思考

彭建东 魏 伟 牛 强

摘 要: 创造性思维是提供新颖、具有创新成果的思维。培养具有创造思维的人才,不仅是时代的需要,更是教育改革的一个重要课题。本文从创造的"源泉"、"基础"、"骨架"和"核心"几个部分环环相扣地详述了在城市总体规划设计过程中学生创造性思维的培养方法,最后结合实际的项目举例说明了创造性思维的实际体现形式和内容。

关键词: 创造性思维;课程教学;城市总体规划设计

1 前言

按照"建设部全国高等城市规划学科专业指导委员会"的要求,"城市总体规划设计"课程是城市规划本科专业(五年制)的核心课程。该课程所训练的内容,直接面向同学们今后从事"城市总体规划"的编制工作,是每一位城市规划本科生必须要掌握的专业技能。

我们和课程小组的各位老师共同配合,一直从事"城市总体规划设计"课程的设计指导教学工作。在教学上,要求学生"能够将所学的城市规划原理和各专业城市规划知识运用于城市规划的编制中,掌握城市总体规划方案的内容、程序和方法[1]"。通过多年的教学,我们反复对本课程的教学进行调试,逐渐加深对总规设计课程的理解,掌握了这门课程教学的部分规律。本文将结合教学实践,以"培养学生的创造性思维"为出发点,希望帮助学生加深对本课程的理解、掌握基本的学习方法、共享师长的学习经验、启发学生们在设计过程中的创造性思维。

2 "城市总体规划设计"中的创造性

2.1 何谓创造性

在总规设计课程之前,学生们已经接触过建筑设计、小区规划设计以及社会各界提供的各种设计竞赛等,由于题目的灵活性、空间的可塑性以及主题的可多元化,使得学生们都能够充分展示设计的潜力和创造性思维。

但总体规划有所不同,它的对象是更为庞大和复杂的城镇,在规划设计时,需要面对的是复杂的自然地形、历史文化、生态环境、现状建设等条件,留给设计者的难题往往不是在一张白纸上作画,而是要在这纷繁众多的线索中寻求城镇的合理发展和用地的优化组织,能够结合城镇的实际,结合社会发展和本土特色,为城镇制定一个有操作意义的总体规划,这就是"创造性"的体现——一个成功的总体规划就是对一个城镇的再造!所以,我们理解的总规设计中的"创造性",就是"合理、独特",这是极具活力并带有挑战特征的。

从这个角度看,总规设计的创造性更具难度,因为对城镇的客观把握是以扎实的知识背景和深入细致的调查研究为基础的,合理的用地布局和空间组织表现在以专业规划知识、标准,因地制宜的应用在规划对象上;总规设计的创造性体现在规范的总规设计流程[2]上,以及科学的总规设计内容上。

2.2 创造性思维培养的重要性

在设计类课程的学习中,培养"创造性"是最为重要的目的,总规设计课程同样如此。在课程教学中必须结合实际、联系理论,以培养学生的创造性思维,使他们在面临和解决从未接触的新问题时,能够以合理、独特的方法解决。只有这样,才能在以后的实践工作当中,

彭建东:武汉大学城市设计学院副教授
魏 伟:武汉大学城市设计学院副教授
牛 强:武汉大学城市设计学院讲师

有继续学习和深入掌握的资本，继而才能在总体规划这块重要的领域里发挥作用。

3 创造性思维的培养

3.1 创造之"源泉"

总体规划面对的是一个城镇的土地、社会、经济、生态、文化等多方面的统筹安排，它是"对一定时期内城市性质、发展目标、发展规模、土地利用、空间布局以及各项建设和综合部署和实施措施。[3]"这就要求设计者要具备社会、经济、地理、历史、工程、信息技术、艺术等多方面的知识背景和对这些知识系统综合的能力。在总规设计课程之前，学生已经系统学习了城市社会学、城市经济学、城市地理学等基础课程，以及城市建设规划史、城市总规原理、城市规划管理与法规、区域规划等专业课程。以上就是总规设计必备的基础知识，是学生在设计过程中创造的"源泉"。

从某种角度讲，总规设计课程也是对这些知识掌握情况的全面检验。比如"城市建设规划史"课程，它详述了中国城市从古至今的发展脉络以及丰富的城市规划思想，使学生在总规设计中，以历史的、发展的、民族的、本土的眼光看待城市，继而才能"因地制宜"地规划城市。再如"城市道路与交通"课程当中的核心内容——道路及交通规划，是总规设计构架一个城镇的"骨骼"，是城市用地组织和划分的关键内容。根据以往的教学经验和体会，对以上课程基础知识的良好把握，能使得总规设计的思路更清晰，可以更快速和准确地把握住城市的要点和规划的方向，图纸和文字显得更有说服力。

所以在基础课程的教学过程中，要反复推敲和调整所有专业课程的安排和逻辑，要培养学生独立思考的能力，提供学生创造能力和灵感的"源泉"。

3.2 创造之"基础"

在总规设计的几个阶段里，现状调研及现状资料的消化吸收是最基础的工作，也是决定一个总规设计是否"客观合理"的前提条件。但这个环节却是我们教学过程中的一个薄弱环节：一方面，由于设计题目一般来源于老师曾经参与的实际规划项目，属于"真题假作"，这便加大了现状调研的难度，因为对方不可能再如项目进行时那样通力配合，为规划提供基础资料的单位也没

有义务为我们再次提供各类资料，所以现状调研只能集中在"用地踏勘"以及短时间的与甲方沟通了解。那么学生们对现状调研的重要性和基础性便有所忽视，对各类资料的来源以及收集资料的方法感到陌生。另一方面，由于学时有限和上述客观的调查难度，老师们一般会直接提供相应的基础资料，那么许多学生就对"不劳而获"的基础资料产生了依赖感，遇到问题时便会发牢骚怨老师资料提供不全，或者听之任之忽视基础资料的重要性，再或者干脆"杜撰"和"伪造"基础资料——这都是总规设计的大忌！

没有了客观的基础资料，就失去了后续工作的奠基石，还何谈"创造性"？其实，基础资料的来源非常丰富，无论是大城市还是小城镇，除了现状调研之外，高校的图书教学资源以及发达便利的网络资源，为学生们提供了大量有价值的信息。一般结合老师提供的基础资料、现场踏勘的材料，再辅以查询的资料，足以满足在教学要求的总规设计。而大家在基础资料这一环节的差距，往往就是体现在对图书、网络资源的收集和整理上。

在一次总规设计课程中，学生在收集产业资料时遇到困难，因为这些材料将是确定城市性质和空间布局的关键资料，而老师只能提供近几年的该镇支柱产业"煤炭采掘和加工业"的基础数据，其他的材料则无法提供。有一小组以此为基础，在图书馆查阅并摘抄大量统计资料和产业发展资料，在专业网络（如中国期刊网、学位论文网等等）上提取了许多相关资料，在政府部门的网页上搜寻相关的城镇定位和产业定位，并通过网络的形式与该镇的工作人员联系，了解该镇的产业发展状况。结果，该小组提交了一份详尽的、很有价值的"产业基础分析和发展定位报告"，利用区位商法、统计法、线性回归方法等对该镇的支柱产业及其他产业进行了定量和定性分析，极具说服力的基础资料奠定了他们最后成果的说服力。

所以，面对总规"基础"阶段，首先要注重与各个部门的沟通协作能力，其次要重视基础资料的收集和消化，然后要学会利用多种途径获取资料，这样才能为后续的有创造性的规划设计打下坚实的基础。

3.3 创造之"骨架"

在完成了现状资料的调研并加以综合分析之后，面

对的就是大量的规划设计内容，有结构、用地、道路、绿化、景观、历史保护、公共服务设施和市政设施等，学生往往会感到不知所措，并在配合进行总规设计时"明确分工"，把图纸和文字"包干到户"，这并不可取，因为这些内容是总规设计中的"骨架"，它们之间是具有内在思考逻辑关系的。首先是对发展方向和用地结构的把握，这是解决总规设计中最重要的内容——城市总体布局。其次，是城市道路系统和用地组织的协调，城市道路系统是交通组织的核心和城市用地协调布局、合理划分的依据，而用地组织是整个总规设计的核心环节，它是城市各种功能实现的载体。这两者之间在规划设计中是一个不断"校核"的过程——道路是否符合用地功能，用地是否利于道路组织。最后，就是在道路布局和用地组织中如何体现对绿化、景观、历史文化、公共服务设施和市政设施的规划（这部分内容本身也是用地的内涵，只是在这个阶段，需要用系统的观点组织这几部分内容）。

在教学中曾有这样一个实例：一个小组在确定城市布局时，认为该镇应跨越高速公路发展，但在道路布局时又出现高速公路两旁联系不便以及土地组织分割的问题。该小组的同学便反复验证跨越公路发展的可行性以及道路与用地组织的协调性问题。这段思考前后延续了几周，进度落后于其他组，但经过深思熟虑和严谨的论据支撑后，该小组同学提出了合理并具有操作意义的方案。此后他们的进度便突飞猛进，很快赶上其他小组，最后提交了完全不同于平常思路的规划成果，但又极具说服力。在规划成果汇报会上，面对种种疑问和质疑，他们可以从容对答并合理解释，充分体现了同学们的创造性。

所以，面对总规"骨架"阶段，需要学生们明确整个设计的核心内容，对"骨架"的三个环节有整体的把握，这个过程不是单向的，而是需要反复的推敲和验证，是一个具有反馈功能的系统思考过程。创造需要系统把握、反复推敲、验证与思考。

3.4 创造之"核心"

城市总体规划在当前的形势下，已经走出了20世纪80~90年代"死板、照抄、千篇一律"的误区，各个城镇都意识到"城镇特色"，这不仅是经济可持续发展的依托，也是城市综合竞争力的根本表现。在进行总规设计时，对"源泉"、"基础"、"骨架"内容有了一定理解和分析之后，就应该紧紧把握住"城镇特色"这一核心突破点，进行分析透彻，表达准确，处处体现。把城市特色贯穿在整个规划设计当中，不但使规划方案特色鲜明、主题明确，更重要的是这代表了当代城镇发展的国际化与本土化结合、开放性与地方性结合的大趋势。

在一次总规设计的实践中，面对象是一座新疆的民族城市，其附近又有一座对外开放的口岸城市，学生牢牢把握住"戈壁绿洲、少数民族、口岸基地"三大特色，在用地组织、道路布局、对外交通、城市形象、旅游策划等各个方面，突出体现，规划方案很好地适应了时代发展的特点和城市发展的内涵。

所以，面对一个又一个活生生，却又各不相同的城市，应该充分挖掘其独有的特色，创造出新颖、独特、与众不同的成果。所以，创造需要结合实际，因地制宜、充分挖掘以及大胆想象。

4 总规中的"创造"实例

在总规设计课程中，学生们往往会碰撞出不少"闪光点"，我们经常被这些"灵光一现"的规划思路感到惊奇和钦佩，因为有些思路不但细致、大胆，而且要比实际的规划方案还具说服力。

在一次总规设计中，对象是武汉郊区的一个城镇，初次接触感觉该镇规模有限、特色不明、发展受限，但通过学生们详尽全面的调查，竟然发现了两个连本地政府都拍案叫绝的思路：其中一组学生在现场调研中，发现该镇与其北面的武汉青山区距离很近，但因为湖泊阻隔，城镇发展在此方向受阻，政府因此转向南部为主要发展方向。学生们对此表示疑虑，并亲自走路划船体验两地的"阻隔"，经过对比，发现从水路联系可以更为紧密的加强本镇与武汉市区的联系，并且用时短，同时这种水路联系还能促进农家旅游与两岸居民的往来。这便为该镇的发展提供了另外一种完全不同的思路。另外一组学生在踏勘城镇边缘用地时，"不慎"走到一公里外，结果意外发现一处湖北省级保护文物——新石器时代的一片遗址，这在武汉市是比较珍贵和难得的，对该镇而言更是祖先的"恩赐"。学生们之前在资料上看到过这处文物，但询问该镇的多个领导和相关人员，也无法得到具体方位和资料，于是便四处寻找，终得下落。该处文物的发现，使得该组在规划设计时，从历史保护、乡土人文以及旅游开发的角度入手，全新定位该镇的发展，令人耳目一新，由衷赞叹。

在另外一处工业区的总规设计中，学生们不是按照传统的工业区模式进行规划，而是从自然环境中寻找出"生态化"的工业区发展之路，对工业区基地内的植被加以保护利用，此举不但提升了工业区的环境品质，也为工业区的长远发展打下了"绿色"基地。同时，在走访调研中，学生了解到该工业区入口处的两座小山具有"非凡"的人文价值，原来在本地居民当中，长久以来就视这两座小山为"狮子盘绣球"之意向的风水山，是吉利和财富的象征，这就为该工业区的规划提供的丰富的人文内涵。自然和人文的结合，规划出一个颇具特色的现代工业区。

所以，在总规设计过程当中，任何阶段都有可能挖掘出"闪光点"，规划出具有"创造性"的成果，但这种创造性不是凭空而来，而是在客观的态度、认真的调研、严谨的梳理、合理的分析过程中发现的。

5　结语

学生的创造性思维不是偶然的，而是需要老师有效地引导和培养的。本文从创造的"源泉"、"基础"、"骨架"和"核心"几个部分环环相扣地详述了在城市总体规划设计过程中学生创造性思维的培养方法，最后结合实际的项目举例说明了创造性思维的实际体现形式和内容。希望对广大的城市规划专业的教学者和学生有所启发和裨益。

参考文献

[1]　高等学校土建学科教学指导委员会城市规划专业指导委员会编.全国高等学校土建类专业本科教育培养目标和培养方案及主干课程教学基本要求（城市规划专业）.北京：中国建筑工业出版社，2004.

[2]　总体规划的编制一般分为①项目准备，②现场调研，③纲要（专题）编制，④成果编制，⑤上报审批，五个阶段，在课程设计时一般以②③④为重点。

[3]　中华人民共和国建设部.城市规划基本术语标准.GB/T 50280—98.

Reflecting on Training Students to Think Creatively During Lecturing in Urban Master Planning

Peng Jiandong　Wei Wei　Niu Qiang

Abstract：Creative thinking is to provide novel thinking with innovative achievements.Cultivating the talents with creative thinking，is not only the needs of the times，but also an important subject in education reform.From several parts of creation such as "source"，"base"，"skeleton" and "core"，this paper describes the method to cultivate students' creative thinking in the process of urban planning and design and finally illustrates the actual form and content of creative thinking combined with practical projects.

Key Words：creative thinking；course teaching；urban planning and design

GIS 在城市总体规划设计教学中的应用

牛　强　周　婕　敖四芽

摘　要：本文探讨了 GIS 在城市总体规划设计教学中的应用方法，包括现状信息整理和现状图绘制、规划方案设计、规划方案修改、规划制图、规划方案交流、规划分析。经过连续两届学生总规设计课程的实践，证明了该方法思路的可行性和必要性。该方法让 GIS 教学走出了专门的 GIS 课程，通过和规划实践相结合，大幅度提高了学生们的 GIS 技能，同时减少了总规设计的制图强度，并方便了师生间的方案交流，培养了学生们的团队协作精神和规划全局观、整体观。

关键词：城市总体规划设计课程；GIS 应用；教学

1　引言

　　城市总体规划设计是城市规划本科专业（五年制）的核心设计课程。该课程是规划本科所有设计课程中图纸最多、制图工作量最大的课程，目前主要利用 AutoCAD 和 PhotoShop 来完成课程设计中的制图工作。而随着 GIS 桌面端软件的不断完善，目前已经有条件利用 GIS 来编制总体规划，并且这也是未来的发展趋势。为此，我们从 2011 年开始，连续两年把 GIS 引入到城市总体规划设计课程教学中，让同学们用 ArcGIS（ESRI 公司开发的通用 GIS 平台）来管理收集到的现状信息，进行规划分析，绘制所有成果图，基于 GIS 真题真做完成了 5 个乡镇的总体规划，取得了良好的效果。

2　GIS 引入总规设计教学的意义

2.1　总规设计课教学改革的需要

　　总规设计课图纸工作量非常大，一般由 5~10 位同学组成设计团队合作完成。教学中发现传统 AutoCAD+PhotoShop 的模式存在以下障碍：首先，学生们修改完善规划方案的工作量非常大，工作周期长，学生花费在制图上的精力远超过方案设计、推敲的精力，令学生失去兴趣和耐心。其次，在师生交流方面，学生制作的 JPG 图片格式的规划成果没有空间坐标，不能叠

加分析，师生的交流很难深入到现状和规划之间、各专项规划之间的多图比对和综合分析。另外，在学生之间的协作方面，AutoCAD+PhotoShop 模式以图纸为中心，组员间按图纸分工切块，相互孤立，协作比较松散，有些浑水摸鱼的学生甚至在不了解整个规划方案的情况下独自完成工作分内的图纸，图纸之间道路、用地、设施不一致的情况比较普遍，影响到学生规划全局观和整体观的形成。

　　针对上述问题，我们将总规编制中成熟的 GIS 应用方法引入到总规设计教学中，利用 GIS 的优势，降低总规设计制图的工作量，打造灵活的师生交流平台，培养学生们的团队协作精神。GIS 在制图效率方面有着先天优势，可以大幅度减少总规制图的工作强度，让学生们把主要精力放在方案设计和推敲上；并且在 GIS 平台下，各类信息可以即时汇总在"一张图"上，根据交流需要随时组织信息，通过多要素叠加显示，将大量信息综合在一起，供师生进行比对和分析，这为师生提供了更为灵活的交流平台；另外，GIS 以地理数据为中心，图纸只是数据的表现形式，大多可自动、半自动地生成，而现状和规划地理数据的建模更需要团队协作，工作的主要

牛　强：武汉大学城市设计学院讲师
周　婕：武汉大学城市设计学院教授
敖四芽：襄阳市城市规划设计研究院规划师

成果是一个全面反映城镇现状和规划的地理数据库，这可以培养学生们的团队协作精神和规划全局观、整体观。

2.2 完善城市规划 GIS 系统教学的需要

目前，尽管国内设置城市规划专业的相关院校都陆续开设了 GIS 课程[1]，但绝大多数院校的 GIS 教学只出现在 GIS 课程中，学生在其他理论课和实践课中几乎没有应用过 GIS，学生很难将 GIS 和规划实践结合起来，所学 GIS 技能很快被遗忘。因此，十分有必要在规划设计课中引入 GIS，深化学生对 GIS 规划应用的认识，强化 GIS 操作技能。而总规设计是目前所有规划编制类型中应用 GIS 最广泛、最深入的，这些应用包括规划信息管理、规划制图、用地适应性分析，以及交通、绿地、生态、设施布局等专项规划，因而它最应该首先在教学环节引入 GIS，帮助学生储备职业技能。

3 总规设计教学中的 GIS 应用方法

总规设计课程中，我们以 ArcGIS9.3 作为 GIS 软件平台，将 GIS 全面应用到了设计课程的各个阶段。主要包括：现状信息整理和现状图绘制、规划方案设计、规划方案修改、规划制图、规划方案交流、规划分析。

3.1 现状信息整理和现状图绘制

现状调研是总规设计课程的第一步工作。对于调研收集到的用地、道路、市政、人口等数据，需要进行整理汇总。传统教学中，要求学生通过编制基础资料汇编、绘制现状图来整理现状资料，并对现状进行分析。在这种模式下，现状信息分散在多幅由不同学生完成的现状图中，这不利于学生们对城镇的现状形成完整认识，并且容易造成市域、镇域层面的现状和城区、镇区层面的现状相互脱节。

引入 GIS 后，首先要求学生们对城镇现状进行统一建库，地理数据库由指导教师统一设计，并要求学生们将收集到的资料往其中分层、分类填空录入。最终如图 1 所示，生成关于城镇的现状地理数据库，库中包括村镇等级规模、农村居民点、交通、职能、产业、市政设施、公共服务设施、土地利用等各方面信息。这些信息以图层的形式汇总在"一张图"上，根据分析的需要，勾选打开相应图层，打开的图层会叠加在一起显示。

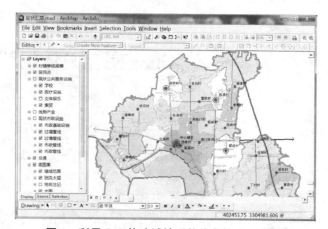

图 1 利用 GIS 构建城镇现状信息的"一张图"

然后直接在现状地理数据库的基础上指导学生进行现状分析。由于这些信息汇总在一张图上，学生们更容易形成关于现状的全面认识，并且方便了教师指导学生通过图层间的叠加比对发现深层次的现状问题。这极大地便利了对现状的综合分析。

最后，根据成果表达的需要从数据库中提取某些地理要素的数据内容，自动生成现状图纸。以学生制作的镇域交通现状图为例（图 2），直接从模型中提取交通、村镇等级规模、行政区划等地理要素，通过参数设置这些数据内容的图面表达方式（如颜色、线型、填充等），让 GIS 自动对路名、村名进行标注，自动生成图例，加入图名、图框后，一幅图纸就迅速生成了。并且图面效果所见即所得，不需要 PhotoShop 二次加工。其工作量比传统 AutoCAD+PhotoShop 的方式要小得多。

图 2 利用 GIS 自动生成现状图纸

3.2 规划方案设计

在传统教学中，由于电脑成图工作量较大，一般首先采用手绘草图的方式进行规划方案设计，定稿后再上机用 AutoCAD+PhotoShop 方式成图，之后再经过几轮方案修改完善，形成最终规划方案。在这个过程中，令师生头疼的主要有这几类问题：①手绘草图中的信息很难与其他信息进行对比分析，容易出现疏忽。笔者在实际教学中就经历过镇区规划范围超出行政区边界、用地规划中忽略高压走廊等问题，待到上机后发现，就需要大幅度调整方案，影响到教学进度。②手绘草图精度不高，上机后出现问题。许多方案，手绘草图做得非常漂亮，但上机后却面目全非。③方案一旦上机完成，再调整起来工作量巨大，工作周期长，令学生失去兴趣和耐心。实际情况是学生花费在制图上的精力远超过方案设计、方案推敲的精力。④经过多轮修改后，图纸之间道路、用地、设施不一致的情况会越来越多，尽管反复强调。

我们在总规设计课程中引入 GIS 后，上述问题大为改观。我们直接采用 AutoCAD+ArcGIS 的方式来进行总规方案设计。方案设计由手绘草图为主变为以电脑设计为主，手绘草图主要用于确定功能结构，城市结构一旦确定就开始上机。以绘制土地使用规划图为例，具体操作为：

（1）在 AutoCAD 中绘制城市路网，我们借助了湘圆控规、GPCAD 等软件来提高路网绘制的效率；

（2）用多义线分割地块，无须生成封闭多边形，但必须保证每个地块的边界都有线段围合，没有缺口（图3）；

（3）在地块中文字标注地块用地性质（图3），并保存，例如存为"土地使用规划.dwg"；

（4）在 ArcGIS 中导入 AutoCAD 中所绘上述用地的面、线和注释三类要素，然后在 ArcCatalog 中，使用 Polygon Feature Class From Lines 工具生成"规划地块"要素类，其中使用用地性质注释作为多边形属性（图4）。该步骤的工作量非常少，一分钟内可以完成；

（5）自动生成专题地图。与前述现状图的绘制类似，在 ArcMap 中引入"规划地块"要素类并进行符号化，通过设置符号化参数，自动填充地块颜色并自动标注，形成如图5所示的"镇区土地使用规划"专题地图。该步骤的工作量也非常少，数分钟内可以完成。

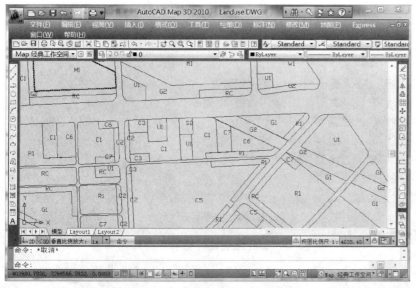

图3 在 AutoCAD 中粗略绘制规划方案

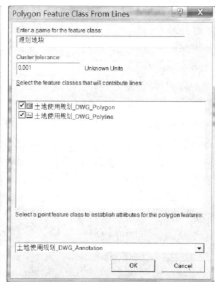

图4 利用 GIS 构建地块多边形

图5 用 GIS 生成的镇区土地使用规划专题地图

这种 CAD 和 ArcGIS 联合制图的方式省略了传统制图中最为繁琐的构建地块封闭多边形和分色填充工作，极大地缩减了制图工作量，熟练之后比手绘草图更快。其他专项规划与此相类似，有的先在 AutoCAD 下绘制要素，然后导入到 GIS 规划地理数据库中，有的直接在 GIS 中绘制，数据直接存放在 GIS 规划地理数据库中，最后利用 GIS 直接成图。制图工作量的大幅度缩减使得在规划方案阶段就可以上机操作了。较之传统手绘规划方案草图的形式，CAD 和 ArcGIS 联合制图的方式精度高，可以和现状数据库中各个图层进行叠加对比和综合分析。另外，该方式工作量小，使学生将主要精力放在方案设计和推敲上，而后续繁琐的制图工作交由 ArcGIS 自动完成。

方案设计过程中在老师的指导下反复调整是不可避免的，CAD 和 ArcGIS 联合制图的方式十分便于规划方案的调整修改。仍以上述土地使用规划为例，学生根据指导老师提出的修改意见直接修改原始的 CAD 图纸；然后把之前的地理数据库中的"规划地块"要素类重命名备份，并把 CAD 图再次导入 ArcGIS 生成新的"规划地块"要素类；最后直接在 ArcMap 中打开之前的专题地图，这时无须任何设置，所有地块已经自动被替换、填充和标注。因此修改工作集中在对规划方案 CAD 图的调整上，而后续制图工作由 ArcGIS 自动完成。

这极大地提高了总规方案修改的效率，缩短了修改工作的周期，有些修改甚至可以在课堂上即时完成，师生们可以即时看到修改后的成图，并评估修改的效果。

并且，用 GIS 来编制总规可以有效地保证反复修改后各类规划图纸之间信息的一致性。这主要是由于对规划方案的调整并不是对一幅幅图纸的直接修改，而是对规划地理数据库中要素类的修改，当某些要素类（如道路、用地等）出现在多幅图纸的时候，由于图纸是 ArcGIS 自动生成的，所有成果图中该要素对应的内容都会同步更新，从而保证了不同图纸之间信息的一致性。这个特性极大地缩减了规划修改和信息核对的工作量。

3.3 规划方案交流

师生之间针对规划方案的交流互动是重要的教学环节。目前主要的交流平台是纸质图文、数字图文、ppt 汇报，交流的信息主要是静态的、和预先准备好的。我们把 GIS 引入到总规设计教学后，交流的信息变得动态了，可以随时组织交流信息，可以深入分析和对比。所有规划信息和现状信息可以集中在一张图上，类似图 1 所示，根据需要随时从现状、规划地理数据库中调取所需信息，进行深入讨论。例如在讨论土地使用规划时，可以临时叠加上轮总规的土地使用规划图、用地现状图、公共设施分布图、市政设施现状图、历史保护街区范围等，还可以通过调整透明度更加清晰地进行图层之间的比对，甚至可以设置动画让图层循环逐个显示，动画过程中还可以进行图面放大、缩小、平移等操作。这些都丰富和深化了师生交流的信息内容。

3.4 规划分析

由于 GIS 提供了强大的空间分析功能，我们在总规设计过程中尽可能地鼓励学生们去实践，这些分析主要包括用地适宜性评价、现状和规划用地分类统计、路网密度统计、交通可达性分析等。并且，由于现状和规划的信息都存放在 GIS 数据库中，无需加工就可以直接使用，使得同学们随时可以开展规划分析，随时检验和评价设计的效果，实现了设计和分析的高度融合。

4 GIS 在总规设计教学中的作用总结

经过连续两年的 GIS 应用试验，学生们真题真做完成了 5 个乡镇的总体规划，取得了良好的效果。总结

GIS 在总规设计教学中发挥的作用，可以概括为以下 5 个方面：

（1）大幅度提高了学生们的 GIS 技能。利用 GIS 完成总规设计后，许多同学成为了 GIS 高手，绝大多数同学都具备了 GIS 基本技能。

（2）减少了制图的工作强度，使学生将主要精力放在方案设计和推敲上，而后续繁琐的制图工作交由 ArcGIS 自动完成。

（3）便于师生间针对规划方案进行深入沟通，便于学生按照教师的意见反复修改完善规划方案。

（4）培养了学生们的团队协作精神。由于组员都是在统一的现状和规划地理数据库中编制规划，所以任一组员的任何操作都会即时反馈到其他组员的成果图中，他需要为此负责，并与其他组员保持沟通，从而增强了团队合作的精神。

（5）培养了学生们的规划全局观、整体观。规划中的各类城市要素都统一到现状和规划地理数据库中，综合加以分析和设计。

5　总规设计教学中引入 GIS 的可行性和前提条件

目前，国内设置城市规划专业的相关院校都陆续开设了 GIS 课程[1]，并且都开设在总规设计课程之前，学生们在开始总规设计课程之前，就已经有了一定的 GIS 理论基础和操作经验。在师资方面，目前掌握 GIS 技术的规划教师越来越多，例如在有 GIS 背景的武汉大学城市设计学院，承担总规设计的教学团队中，约有一半教师能够熟练操作 GIS。在其他院校，也一般都有专职的 GIS 任课教师，可以参与总规设计教学。这些都为总规设计课中引入 GIS 创造了条件。我们两年的实践证明，在总规设计课中引入 GIS 是完全可行的。

总体而言，总规设计教学中应用 GIS 必须具备以下条件：

（1）需要在总规设计课程之前，开设有 GIS 课程；

（2）需要有精通 GIS 的教师全程参与总规教学；

（3）指导教师需要在上课前完整地试验并掌握应用 GIS 编制总规的相关技术，并提前把现状和规划的地理数据库结构构建好，供学生使用；

（4）需要在课程开始阶段提供 2~4 节课的时间，详细讲解和演示 GIS 操作流程，使学生们了解 GIS 应用思路。

6　结语

在我国规划领域，GIS 在规划编研中的应用还不普遍，还被称为"新技术"。但回顾历史会发现，GIS 出现的比 CAD 还早，并且在美国 GIS 已成为专业规划师的标准工具[2]。因此，国内的规划 GIS 应用还十分不够。部分原因在于规划 GIS 方面的人才缺乏，规划 GIS 教育和实践相脱节，学生们即使学习了 GIS 也不清楚在规划编制中如何去应用。

为此，我们一直在尝试将 GIS 教学走出专门的 GIS 课程，进入到总规设计、详规设计等实践课程，使 GIS 理论学习和实践应用结合起来。经过连续两届学生的 GIS 总规设计教学，证明这个思路是完全可行的，学生的 GIS 技能得到了极大的提高，与此同时总规设计教学也从中获益。这对于我国规划领域更广泛、更深入的应用 GIS 具有积极意义。

参考文献

［1］王成芳.建筑院校城市规划专业 GIS 课程教学的探讨[J].南方建筑，2006，6：89-91.

［2］宋小冬，钮心毅.城市规划中 GIS 应用历程与趋势——中美差异及展望［J］.城市规划，2010，34（10）：23-29.

［3］牛强.城市规划 GIS 技术应用指南［M］.北京：中国建筑工业出版社，2012.

The Application of GIS in the Course of Urban Comprehensive Planning

Niu Qiang   Zhou Jie   Ao Siya

Abstract：The article discusses the application method of GIS in the course of urban comprehensive planning, including the present urban information management and mapping, designing, modifying, mapping, discussing, and planning analyzing. After applying the method in two consecutive terms of the course of urban comprehensive planning, it is proved to be feasible and necessary.The method let the GIS teaching go out of the specialized GIS courses, and by planning practice, substantially increases the students' GIS skills, reduces the intensity of the work of mapping, facilitates the discussing between teachers and students, and cultivates the students' spirit of teamwork and the concept of global and overall planning.

Key Words：course of urban comprehensive planning；application of GIS；teaching

城市规划专业设计基础课程教学改革初探

舒　阳　张翰卿

摘　要："建筑设计基础"课程承担着城市规划等专业设计启蒙教育的作用。本文在建构主义的学习观，"模仿学习"等教学理论基础上，结合综合性大学设计基础课程教学实践，从优化课程结构和改进教学方法两个方面总结了在教学改革的方法和措施方面的思考，以推进设计基础课程教学不断发展进步。

关键词：城市规划专业；设计基础课程；教学改革

引言

"建筑设计基础"是包括城市规划、建筑学、景观园林等专业在内的广义建筑学科中最重要的专业基础课程。它担负着学科启蒙教育的重任，为学生提供初步、系统的设计思维和专业基本技能的训练。该课程的内容和教学方法直接影响到学生能否掌握专业基本功、提高专业修养、养成科学的工作方法、形成正确的设计观，对学生后续的专业学习，乃至未来规划师、建筑师、景观设计师的职业生涯都会产生潜移默化的深远影响。有鉴于此，设计基础课程在我国各类建筑规划院校的专业教育中始终占据重要位置，历来也是教育改革和课程建设的重点。近年来，武汉大学结合综合性大学特点，针对设计基础课程教学中的实际问题，开展了一系列有益的改革探索和尝试。下面就结合具体教学实践活动，探讨一下当前设计基础课程教学改革的方法和策略。

1　改革背景

自上世纪 90 年代中后期，我国建筑规划行业飞跃发展，针对新时代行业人才培养的新目标，国内建筑规划院校大都对建筑设计基础课程（传统称为"建筑初步"）进行了不同程度的调整。武汉大学在吸取其他院校成功经验的基础上，考虑本科教学宽基础的要求，打通建筑规划专业的设计基础课程教学。将传统"建筑初步"课具有先后关系的概论、表达、设计三部分内容，调整为

围绕建筑设计基础课程系列题目设置，将概论和表达内容贯穿到基础设计课教学过程中的做法。这一调整在有限课时的前提下，增强了设计部分的重要性和系统性；通过减少纯建筑概论介绍部分，增强了课程对各专业的通用性。但也给设计基础课程的教学提出了新的挑战：如何让学生在没有基础甚至是没有制图基础的时候就开始着手做设计？怎样进行教学设计实现三部分内容的无缝融合？基于上述背景，我们开展了相应的课程教学改革。

2　明确基本问题，优化课程结构

建筑设计基础课程作为规划、建筑专业低年级学生的一门专业启蒙必修课，教学内容庞杂，知识点覆盖面广。为更好梳理教学要点，明确教学目标，我们从课程需要解决的基本问题出发，以建构主义学习观为指导，采用模块化教学思路，围绕设计主线，设置了六个专题设计单元，积极优化课程结构。

2.1　明确课程要解决三个方面的基本问题

在课程设置之初，我们就明确了设计基础课程需要解决以下三方面基本问题：①技能性问题：会识图、画图、会做模型、会用软件；②认识性问题：分解成不同角度来认识体会建筑设计，体型设计角度（立体构成）、

舒　阳：武汉大学城市设计学院讲师
张翰卿：武汉大学城市设计学院副教授

空间设计角度（空间构成）、材料结构角度（建构练习）、设计构思角度；③设计能力问题：综合应用技术性和认识性训练成果，完成完整小建筑方案设计。

2.2　设置六个专题设计单元

针对上述基本问题，确立科学的课程结构，合理安排教学内容成为课程教学改革的核心。

专题设计单元教学内容　　　　　　　　　　　　　　　　　　表 1

学期	教学设计单元主题	教学要点	课题作业内容
秋季学期（12 周）－建筑设计基础 I	一）经典建筑案例抄绘分析（4 周）（宜选择小型建筑案例，如住宅等）	• 建筑制图与识图 • 平立剖轴测图制图 • 模型制作 • 建筑分析	• 名作模型（底板 45×45cm） • 名作建筑抄绘（总平面、平、立、剖面图、轴测图，A2 墨线图 1 张） • 名作分析（分析图、文字说明）
	二）构成设计（4 周）（基本形须为圆、三角、正方形或其派生复合形）	• 平面、立体、色彩构成 • 构成规律及形式美原则 • 模型制作与图纸表达	• 立体构成模型（底板 45×45cm） • 立体构成作品的图纸表达及构成规律的平面解析（A2 墨线图 1 张） • 运用同样构成规律的建筑案例
	三）空间设计－人的空间（4 周）（在 9×9×9m 体积内设计一个限定明确、满足人穿行、休息、观看等多种使用需求的空间）	• 空间构成 • 空间的限定与组合 • 空间的序列与流线 • 人的尺度 • 空间的开口与光线 • 模型制作与图纸表达	• 空间构成模型（底板 45×45cm） • 空间构成的图纸表达（平、立、剖面、轴测图，A1 墨线图 1 张） • 空间组合及空间序列分析 • 空间光环境效果分析（模型照片）
春季学期（15 周）－建筑设计基础 II	四）建构实验－樱花节多功能亭设计（5 周）（5~6 人一组，为校园樱花节搭建多功能亭，要求结构稳定，满足售卖、休息、问询、服务等多种功能，建面 2×2m，限高 2m）	• 不同结构、材料的建构特点 • 细部构造的处理 • 建筑实体的塑造方法 • 模型制作、实体搭建与图纸表达	• 实体模型搭建（1：1） • 工作模型（比例自定） • 设计图纸（A2 墨线图 5~6 张，包括平面图（1：20）、立面图（2 个以上）、剖面图、轴测图、节点大样（1：10）、构思分析等） • 建构材料造价表
	五）汉字空间（5 周）（从一个选定汉字的形与意出发，总结其形态构成规律并运用于建筑设计，在校园环境中设计一个小型建筑物、构筑物、景观小品或空间装置）	• 建筑构思的来源 • 从汉字研究中体会空间形态设计中具象和抽象、结构和美感的关系 • 从传统的熟悉事物中发现新变化的可能 • 模型制作与图纸表达	• 方案模型（白卡纸＼底板 45×45cm） • 工作模型若干（比例自定） • A2 图纸 2~3 张（包含设计分析过程和图解，解读汉字与所设计物之间的关系图解说明，规范的平、立（2 个以上）、剖、轴测图和分析图若干。比例自定，墨线绘制）
	六）建筑师工作室设计（5 周）（在武大校园内一块滨湖场地为某位现代建筑设计大师设计一小型建筑师工作室，要求模仿该建筑大师设计手法，总建筑面积 300m²（±10%），高度不大于 10m）	• 建筑设计体系及要素间相互关系（如功能、环境、空间、结构、造型……） • 方案构思和方案深化的基本方法和思路 • 综合处理小型建筑平、立、剖面设计的关系 • 大师建筑设计手法分析 • 模型制作与图纸表达	• 方案模型（1：100，材料自定） • 工作模型若干（比例自定） • 设计图纸（A1 墨线图纸，鼓励图面墨线淡彩，含总平面图 1：200、各层平面图（1：100，需含室内陈设）、立面图（2 个，1：100）、剖面图（1 个，1：100）、透视图或轴测图至少 1 个、设计分析图）

在现行众多教育模式中，建构主义被公认为"当代科学教学改革的重要指导思想，代表了科学教育的范式转变❶"。建构主义的学习观认为，知识不是由教师传授的，而是凭借认知主体的个人经验和感受，由认知主体来主动理解并建构的。教师的角色不再是传统的知识传授者，而是促进学生更好地构建知识，教会学生自我学习。在这一建构主义的学习观指导下，我们在建筑设计基础课程教学安排上，特别强调了课程内容的结构性。事实上，现代认知心理学家认为，"结构在学习中有助于形成学生科学的思维和学习态度、与已有知识产生联系，更重要的是形成学习过程中对刺激物（知识）作有意义的联系❷"。我们围绕设计主线，针对设计基础课需要解决的三个基本问题，设置了六个专题设计单元（内容详见表1）。

每个专题设计单元相对独立，又互相联系，各有侧重（图1）。经典建筑案例分析单元，以大师优秀作品引导学生入门，提高欣赏眼界，强化感性认识；构成设计单元整合三大构成基础训练，立足于形体，强调实体塑造；空间设计单元着眼于空间，侧重空间的界定和组织；建构实验单元，鼓励动手，在搭建操作中体会材料、结构的构造特性；汉字空间单元，基于构思，将汉字构成规律类比转化为设计构思语言；建筑师工作室设计单元，意在综合，通过完整的小型建筑设计对已有教学要点进行全面梳理、巩固和践习。技能性教学内容，如识图、画图、模型制作、软件学习结合第一次作业进行，在之后的每个专题设计单元，逐步进行巩固加强，贯穿课程始末。通过上述"专题化设计单元"结构的建立，我们以专题的方式突出建筑设计基础课程教学重点，并通过专题的凝聚作用，将庞大繁杂的课程内容纲要化、结构化，有利于学生把握教学脉络，在学习过程中掌握知识点间的逻辑与承接关系，做到明确、有序地学习。

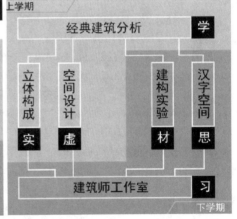

图1　专题设计单元结构关系图

3　彰显课程特色，改进教学方法

建筑设计基础课程主要针对专业初学者，基础性强，

❶　袁维新，试论基于建构主义的科学教育理念［J］，教育理论与实践，2003，12：20–23.

❷　陈英和，认知发展心理学［M］，杭州：浙江人民出版社，1997.

启蒙特色明显。在没有固定统一的教学教材的情况下，我院任课教师采取集中交流、及时调整的策略，积极探索改进教学方法。还曾邀请外教驻课，吸收国外先进教育理念，从新的角度来思考设计基础教学。具体改革措施可概括为以下三方面。

3.1　突出经典建筑在设计基础训练中的重要性

"模仿能力是人类与生俱来的能力，是一切创造性行为的原动力"（Walter Benjamin，1989）。根据班杜拉（Albert Bandura）的"模仿学习"理论，大学低年级学生在学习"设计"这一习得性技能的最初阶段，必须借助已有的"经验迁移"，通过仿效先进榜样，来吸收别人的经验，扩大自己的经验，进而为后续创造性的发挥打下基础。事实上，教育心理学研究也表明：学生的思维发展，正处于一个由具体到抽象、由低级到高级的过程。学生思维中的形象或表象通过积累逐步让位于概念，并由经验型的抽象逻辑思维逐步向理论型的抽象逻辑思维发展转化。在这一过程中，具体形象的示范作用尤为重要。有鉴于此，我们在设计基础课程的教学改革中特别加强了经典设计案例的示范作用。通过课程之初对经典作品抄绘、分析，课程中结合专题设计主题对优秀设计案例讲解、评析，直至课程末模仿大师做设计，将大师设计贯穿教学始末，将抽象的理论具体化、形象化，引导学生提高眼界，以模仿促创造。

3.2 加强动手实践环节，强化空间思维习惯的培养，增强对空间的多维认识

规划、建筑设计是实践性很强的学科，需要理性与感性学习相结合。传统的设计基础教育将对建筑"感性"认识的重点放在手头表达功夫的训练上。以二维表现三维，将建筑分解为平、立、剖面图，学生从平面入手再到立面。这样学生对建筑的感受其实是不连续的，不利于空间思维能力的培养。有鉴于此，我们将模型制作和计算机建模软件（如Sketch up等）运用，大胆引入一年级的建筑设计基础课程的教学中。在各个专题设计单元，都要求将模型制作贯穿设计全过程。在设计初期，学生用卡纸、KT板等制作草模，模型不需要十分细致，但要能根据比例反映空间尺度和实体形态特征，体现设计构思。随着设计深化，模型也逐渐细化。通过模型构建，帮助学生养成从空间三维角度去推敲设计方案的良好习惯。这样也避免了很多理工科学生，由于入学前缺乏系统美术训练手绘表达较弱，而影响建筑造型及对设计成果的判断。另外，我们还专门设置了一个建构实验单元。通过搭建1：1实物模型，帮助学生建立基本的结构概念，直观感受空间尺度及建筑与环境的关系。还能引导学生深入思考材料的构造特性，增强对建筑空间的多维认识。

3.3 提高课程的开放性，建立多层次教学评价体系和交流平台，调动学生的主观能动性

由于设计基础课程的专业启蒙特点，所采用的教学方法需要激发学生的学习兴趣、调动学生的主观能动性。为此我们做了一些尝试。第一，在专题单元题目的设置上给学生预留一定自由发挥的空间，引导学生将设计任务界定到一个自己感兴趣或熟悉的领域来构思。例如空间设计单元，让学生自主选择空间功能，如游戏空间、展示空间、起居空间等。第二，采用分组教学模式，鼓励相互交流。事实上，初学阶段学生站在同一起跑线上，学习方法更具借鉴意义。而且学生间互相学习，也有利于培养自信心，建立平等学习的良好学习氛围。第三，建立多层次的教学评价体系，成果评图与过程讲解相结合，及时总结好的学习方法、好的设计思路、好的作业成果，及时讲解示范，让学生明确努力方向。第四，提高课程开放度，鼓励学生自主学习。在课堂教学中告诉学生学习途径及学习重要性，引导学生在课下自主学习。通过资料搜集、课题调研、集体讨论、课堂PPT汇报、参与评图等若干开放性教学环节的设置，让学生以主体身份参与教学过程，潜移默化地接受多方面的专业能力培养。

4 结语

经过近几年的课程实践，教学改革已初见成效。学生对设计的认知水平明显提高，三维空间思考方式也深入人心。学生对建筑的理解不再只停留在外观形式，而更关注空间，关注空间对行为的引导以及空间与环境、功能、结构、材料间的关系。通过基础教育阶段强化基本能力训练、加强专业素质培养、开阔思路、提高眼界。此外，从高年级设计课程老师的反馈信息来看，改革后的设计基础课程有效解决了以往基础技能训练同后续设计课程学习衔接不好的问题，更好地发挥了该课程在专业教学体系中的先导和过渡作用。但我们也清醒地认识到任何的教学改革不可能一蹴而就，只有不断反思和总结，才能不断进步。

（感谢系主任程世丹教授及课程组刘卫兵教授、徐伟副教授、胡嘉渝副教授、郭翔、李鹃、李欣等老师为课程建设做出的贡献）

参考文献

［1］ 吴良镛.世纪之交的凝思－建筑学的未来［M］.北京：清华大学出版社，1999.

［2］ 唐子来.不断变革中的城市规划教育［J］.国外城市规划会刊，2003，3.

［3］ 施瑛，吴桂宁，潘莹.建筑设计基础课程的教学发展和探索［J］.华中建筑，2008，12：271－272.

［4］ 刘声远，刁艳，王云.建筑设计基础课程教学改革研究与实践［J］.山西建筑，2010，5：192－193.

An exploration in teaching reform of Design Basis in Urban planning education

Shu Yang   Zhang Hanqing

Abstract："Design Basis" build a foundation for the Urban planning education. In order to steadily advance the teaching reform of this course, this paper based on the teaching activities of Design Basis in the comprehensive university, and summarized the ways to optimize the course structure and the teaching method by applying the theory of constructivism and the approach of imitative learning.

Key Words：urban planning education；design basis；teaching reform

城市规划专业本科毕业设计教学管理模式探讨

李　敏　王　琛　郑红雁

摘　要：毕业设计是整个本科教学体系中综合性最强的一个环节，与专业培养目标密不可分，在这一过程中它需要科学、规范的管理制度作保障。本文通过梳理与分析以往城市规划专业本科毕业设计教学管理中存在的问题，尝试提出适应城市规划专业的本科毕业设计教学管理模式，旨在提高毕业设计的管理水平和教学质量。

关键词：城乡规划学；毕业设计；教学管理模式

1　背景

随着城乡规划学成为独立的一级学科，表明城乡规划"已从物质形态进入社会科学领域❶"，由形体或物质规划向社会、经济与生态环境相结合的复合型规划方向发展。由于学科本身具有复杂性、综合性与实践性特点，而且涉及不同的价值基础，因此现代城乡规划教育理念本身也应是多层次、多方面的。城市规划专业人才的培养需以学科发展、社会需求为导向，不断完善专业培养目标与方向。但不只局限在物质形态规划设计的狭义范畴中，把握城乡规划学科的发展方向，及时调整和改革现有教学体系和教学内容也是各规划院校都在积极探索的重点。

毕业设计作为本科五学年教学的总结与提升，是最重要的实践教学环节。基于一级学科的建立，"城市空间"作为城市规划专业本科教学的"主体"，在毕业设计阶段更应注重将"城市空间"的多重属性与相关学科的空间化指导意义相融合，突出专业特点及多元化的专业发展方向。因此在毕业设计中建立多个平台，加强多学科的融合，让学生针对自身感兴趣的点进行进一步探索，有利于学生更加理解规划的复杂性，及其所具有的人文、经济内涵。

在此毕业设计方向指引下，如何保证毕业设计教学成果、如何在同一标准下衡量毕业设计教学质量，为该阶段教学管理提出了更高要求。强化教学管理是提高教学质量的基本保障，尤其对于选题侧重各有不同的毕业设计，只有切实保障其教学中每个环节的有效进行、完善成果评分制度，才能对毕业设计的质量进行有效管控。某种程度上讲，本科毕业设计的好坏将直接影响到本科生毕业后在工作中的表现。由此，深入研究与探讨教学管理的对象、内容、手段等相关问题对于提高毕业设计教学质量具有非常重要的意义。

2　以往城市规划专业毕业设计教学管理中存在的问题

毕业设计是整个本科教学体系中综合性最强的一个环节，与专业培养目标密不可分，在这一过程中它需要科学、规范的管理制度作保障。作为教学管理工作者，应从教学管理的角度去观察、分析和研究问题，有效实施教学管理的改革，确保高质量人才培养目标的实现。结合教学实践的再研究，可以发现以往规划专业毕业设计存在有以下几方面问题。

2.1　毕业设计教学管理及相关规定缺乏针对性

（1）与全国大多数高校一样，西安建筑科技大学城

---

❶《增设"城乡规划学"为一级学科论证报告》，国务院学位委员会办公室、住房和城乡建设部人事司，2011.

李　敏：西安建筑科技大学建筑学院教务员
王　琛：西安建筑科技大学建筑学院讲师
郑红雁：西安建筑科技大学建筑学院教学秘书

市规划专业脱胎于建筑学专业。以往的毕业设计教学管理及相关规定多是面向整个建筑学院，即同时面向建筑学专业和城市规划专业，缺乏针对性。随着规划专业毕业设计在教学大纲要求、选题要求、进程安排、成果内容以及质量评价标准方面与建筑学专业差别逐渐扩大，其毕业设计教学与管理应适应当前的学科发展变化，不能再依托于建筑学专业。

（2）由于城乡规划的外延与内涵不断地扩大，城乡规划对象不再局限于土地等物质空间本身，而是延伸到生态、文化、经济、历史等综合性领域。由此城市规划专业毕业设计在选题方面也逐渐趋于多样化。不同的选题内容既存在知识深度及广度、难易程度、工作量的差异，又要考虑毕业设计课时、进度的刚性要求，采用统一教学管理模式显然是不合理的，需要有针对性制定管理体系，既能做到公平公正，又能突出特色。

2.2 教学过程管控不严，教学进度难以保障

毕业设计流程大体划分为：毕业设计准备阶段、前期调研分析阶段、研究及设计阶段、正式图纸和说明书完成阶段、毕业设计评图答辩阶段五个阶段。毕业设计准备阶段5周，包括熟悉设计题目，收集参考资料，制定实习调研计划和毕业实习，其中毕业实习两周；毕业设计研究阶段7周，包括方案构思、方案研究、其他工种配合或答疑、详细设计、中期答辩等工作内容；毕业设计正式图纸和说明书完成阶段4周；毕业设计评图及答辩阶段1周。

然而实际当中却常常出现毕业设计教学进度不能保证的状况，具体有以下三方面原因：第一，由于毕业设计在最后一学期，学生受找工作、考研复试与面试等因素影响，多数学生实际投入毕业设计的时间是从4月中旬到6月下旬，不足三个月的时间，这期间还时常有前松后紧的现象；第二，一些指导老师教学过程把关不严，使得学生不能严格遵守进度安排，导致阶段性成果与质量评价差强人意，例如设计前期分析占用时间过多，导致中期答辩时还未真正进入方案设计阶段，严重影响后面的工作，经常出现最终设计成果深度与表达不够充分。第三，教学管理规范不明确，缺乏可操作性，或者疏于检查、监督，导致实施不力。这些因素都直接影响毕业设计的进度与质量。

2.3 重视设计图纸的表达，轻视毕业设计说明书（论文）

城市规划专业毕业设计成果的评价方面，多数学生，甚至有一部分老师都更加看重图面的表达与设计图纸的完善，却常轻视毕业设计说明书（论文）的整理与撰写。所以在毕业设计的过程中，相当一部分学生是在毕业设计的图纸全部完成之后，再花三四天的时间堆出一篇毕业设计说明书（论文），在论文写作的过程中甚至从未翻阅过相关专业学术期刊和书籍，也不会查阅相关文献，对于本学科所涉及的前沿理论更是知之甚少。完成的论文往往存在诸如英文摘要、参考文献文不对题，内容观点不明、东拼西凑、缺乏逻辑、表达不清等问题，充分表明学生普遍缺乏写作基础和基本训练，表达能力较差，同时也说明多数学生对毕业设计说明书（论文）的态度是消极、排斥、随意应付的。

3 教学管理模式的构建

3.1 优化毕业设计选题，提出针对性教学管理规定及要求

本科城市规划毕业设计的选题，决定了毕业设计的具体内容，是顺利完成毕业设计的前提条件，选题应结合社会发展趋势与学生个人的知识结构与兴趣，同时还要结合指导教师的科研、实践课题项目来进行选题，研究不同尺度、不同内涵的城乡空间。必要时应集中增设指导教师选题介绍环节，使学生对本年度所有备选题目进行全面了解认识，从而科学指导学生正确选题，努力做到真题真做，课题与往年不重复，体现毕业设计的合理性及创新性。

教学管理方面，应对城乡规划复杂、实践性特点，在选题内容涵盖领域方面把好第一关，选题类型应覆盖总体规划、修建性详细规划、城市设计、景观规划、城市更新改造规划、遗产保护规划等多个方向，不能顾此失彼。针对以往毕业设计选题类型多集中在"设计"类，还加入"研究"类、多学科综合类选题，并对毕业成绩成果的评判标准应随题目类型的丰富而逐步完善。例如2012年毕业设计的选题就涉及城市景观的感知与塑造、老年社区研究及规划、城市重点街区规划设计、村落发展策划与设计、城市更新、城市历史与遗产保护规划等多个方面，体现了城乡规划对人文、历史、社会、弱势

群体、城市发展脉络的高度关注。

3.2 明确各阶段教学任务，加强毕业设计的过程管理

针对城市规划专业的专业特点，建立符合创新性人才培养的教学管理体系，通过对选题、各阶段草图成果、中期检查、最后的答辩等各个环节的严格检查，保证毕业设计的进度和质量。具体做法有以下几点：

（1）将选题发布和下达时间提前安排在第九学期后半段，以化解学生考研、求职与作业毕业设计的矛盾，让学生提前进入角色，做好充分准备。与此同时，指导教师还应加强对学生的教育工作，让学生从内心认识到毕业设计的重要性和必要性，只有学生自我发自内心、自愿做好毕业设计，才能真正保证毕业设计的投入程度。

（2）要求教师在教学日历中对辅导时间、进度、深度要求方面均应做出明确规定和量化要求，并严格按照教学日历贯彻执行。

（3）组织毕业设计中期答辩，中期答辩小组对各组的毕业设计进展情况进行全面了解，对学生下阶段的工作提出意见与建议。中期答辩不及格者取消毕业设计资格。

（4）通过毕业设计领导小组、督导组对毕业设计各个环节进行监督和抽查，只有这样才能切实保证毕业设计的质量。

3.3 针对专业特点建立科学合理的成果评定办法

以往的毕业设计总评成绩通常是由指导教师给出的成绩、评阅教师给出的成绩和答辩成绩三部分组成，这三部分成绩所占的权重分别是0.5，0.2，0.3。将某年毕业设计成绩按毕业设计指导小组划分，每个小组都将各个学生的各项成绩取平均值。通过对成绩的统计与分析，我们不难发现指导教师给出的成绩往往高于学生的总评成绩，且指导教师给出的成绩与答辩成绩差值最大，评阅教师给出的成绩与总评成绩较为接近（见表1），这样的成绩评定办法显然不尽合理。

某年城市规划专业本科毕业设计小组成绩分析表 表1

小组编号	指导教师成绩平均值	评阅教师成绩平均值	答辩成绩平均值	总评成绩平均值	指导教师成绩与答辩成绩分差	总评成绩与评阅成绩分差
1	83.4	80.8	80.4	82.0	3.0	1.2
2	75.2	73.7	70.3	73.4	4.9	−0.3
3	76.6	73.8	71.4	74.5	5.2	0.7
4	80.2	79.5	77.8	78.8	2.4	−0.7
5	83.3	78.2	77.4	81.3	5.9	3.1
6	74.0	72.5	69.0	72.5	5.0	0
7	81.9	80.6	75.4	79.7	4.9	−0.9
8	85.0	83.4	86.0	85.0	−1.0	1.6
9	83.8	83.0	79.2	82.3	4.6	−0.7
10	80.6	76.6	74.4	78.2	6.2	1.6
11	85.0	70.0	74.4	78.8	10.6	8.8
12	86.4	79.4	78.0	82.4	8.4	3.0
各小组平均值	81.3	77.6	76.1	79.0	5.0	1.5

考虑到指导教师缺乏与其他学生毕业设计成果的横向比较，相反评阅教师则是在评阅完所有学生图纸之后给出的成绩，更具有对全体学生设计成果的整体性把握，所以应适当地降低指导教师所给成绩的权重，增加评阅教师所给成绩的权重。同时，考虑学生对各课题的认识、研究及对规划的思考和逻辑性能够得到体现，最终评定中增加毕业设计论文（说明书）分数。答辩成绩的权重保持不变，具体的成果评定办法见表2。

城市规划专业本科毕业设计成绩评定办法　　　　　　　　　　　表2

	各分项成绩名称	权重	具体内容
总评成绩	平时成绩	0.2	毕业设计指导教师评定
	图面成绩	0.4	组织10人以上的评阅教师为当年的每份毕业设计图纸给出成绩，再算出每份毕业设计图纸的平均值
	答辩成绩	0.3	毕业设计答辩小组评定
	毕业设计论文成绩	0.1	由毕业设计论文审查小组评定

通过调整毕业设计成绩评定办法，为促进毕业设计小组之间的成绩的公开、公平、公正做了有益的尝试。

4　结语

毕业设计是本科教学中的一个重要环节，也是本科生人生道路上重要一步。因为毕业设计是学生综合运用所学理论知识与实践相结合的一个过程，是知识、能力、人际交往综合培养的一个过程，是学生将来走向工作岗位，独立担负实际工作奠定基础的一个过程，所以，本科毕业设计的有效组织与管理不但应引起广大本科毕业生的重视，更应该受到各级管理部门的重视。

Discussion on the teaching management model of graduation projection of undergraduates for urban planning specialty

Li Min　Wang Chen　Zheng Hongyan

Abstract：The graduation projection of undergraduates is the most comprehensive step in the whole undergraduate teaching system and inseparable with professional education target，which needs scientific，normative management system for guarantee. This thesis tries to put forward the teaching management model of graduation projection of undergraduates for urban–rural planning specialty aiming at improving the management level and teaching quality of graduation projection of undergraduates，through carding and analysis of existing problems in teaching management for past graduation projection of urban planning undergraduates.

Key Words：urban planning；graduation projection of undergraduates；teaching management model

不愤不启、不悱不发
——城市总体规划课程教学方法探索

马　琰　黄明华

摘　要："启发式"教学是一种强调以学生为主体的教学观。将"启发式"教学方法应用于"城市总体规划"课程，充分调动和激发学生自主学习、独立思考的积极性和热情。通过设问、因借、示范等教学方式启发学生思维，帮助学生将规划理论理解、转化为设计能力，掌握设计方法。在城市总体规划课程中运用"启发式"教学的关键是：尊重并信任学生、紧密结合国家政策及经济社会发展形势、与相关课程合作教学、提前掌握规划重点及难点问题等，培养学生对专业学习和表达的自信心、对社会发展的敏感度和责任感、对城市各系统功能的全面掌握，最终以"城市总体规划"课程为媒介，达到培养学生综合能力的教学目的。

关键词：城市总体规划；"启发式"教学；教学方法；教学目的

1　总体规划课程中的"启发式"教学观

　　城市总体规划课程是城市规划专业学生在深入掌握"城市规划原理"知识的基础上进行的综合运用。如果说对原理知识的学习是一种"输入"，那么城市总体规划就是将这些知识转化为技能的"输出"。"输入"的知识可以采用"课堂讲授＋理解记忆"的教与学，而"输出"则需要教师用"启发"的方式帮助学生灵活运用已经掌握的理论知识，系统地完成城市总体规划。

　　孔子在《论语–述而》中提出："不愤不启，不悱不发"。宋代理学家朱熹解释："愤者，心求通而未得之状也；悱者，口欲言而未能之貌也。启，谓开其意；发，谓达其辞。"意思是说不到学生努力想弄明白但仍然想不透的程度时，先不要去开导他；不到学生心里明白却又不能完善表达出来的程度时，也不要去启发他。这八个字精辟地指出"启发式"教育的关键在于根据学生的学习状态如何"启"、如何"发"，目的是让学生积极主动地学习。"启发式"教学不仅是一种教学方法，更是一种教学思想、教学观。其遵循"学生为主体，教师为主导"的教学原则，实现教师主导作用与学生积极性的相互结合。

2　总体规划课堂中的"启发式"

　　"启发式"教学的实质在于正确处理教与学的相互关系，在"以生为本"的教学原则下激发学生主动学习、积极探索的热情。

2.1　设问

　　朱熹说："学则须疑，大疑则大进"，古希腊思想家苏格拉底用"问答法"来启发学生的独立思考以探求真理。"质疑—思考—领悟"是人的思维规律，也应该是城市总体规划课中的基本活动程序。

　　谁来提问，谁来回答？城市总体规划是城市规划专业小组合作成员最多的设计课程，作为高年级的设计课，学生已具有一定的专业理论储备。提出问题和回答问题，都是对专业的思考。鼓励学生相互之间提出疑问，同组学生回答，既可以增加课堂气氛，又能调动学生主动思考的积极性。

马　琰：西安建筑科技大学助教
黄明华：西安建筑科技大学教授

学生面对城市总体规划时，无从下手或考虑问题不全面是开始必定会遇到的问题。以城市用地布局为例，由于"城市规划原理"课程中，对于用地布局是按不同功能进行拆分讲解的，如何将这些功能系统地组织，形成功能合理、形态完整的城市，这中间必定经历一个梳理、整合的复杂的过程，这一过程通过结构方案研究可以完成。在课程进入结构设计模块时，首先要求组内学生每人完成各自的结构方案，在课堂进行讨论。讨论始于每个学生对各自方案的介绍，教师的课堂重点在于启发学生相互之间的提问和质疑，教师主要控制讨论的方向，以推动方案的不断进展和深化。当学生激烈而精彩的"辩论"已偏离总规内容时，教师应及时将话题引回；当学生之间各持己见、振振有词时，教师不应表现出明确的个人倾向性，应帮助学生总结争论点在哪里，明确每个人对这一观点的立场，引导不同观点的各方学生通过搜集相关理论、实例、规范来支持各自的观点，并对对方观点进行合理剖析、质疑。学生在用地布局功能与形态方面可能出现的不同观点有：工业用地与城市其他用地应平行布局、分散布置或集中布置形成工业园区；城市公共中心区应块状布局或沿街带状布局；城市干道是否应该穿越城市商业中心，如何协调城市交通与商业功能等。在设计课堂上，学生融会贯通、灵活运用各种规划理论最好的方法就是通过这种"辩论"，学生在"辩论"中可以掌握某一观点应用在不同情况下的优势和劣势，最终形成充分结合现状、发挥地域特色的布局方案。

当学生普遍对某一问题认识不足时，教师可以通过设问让学生自己逐步理解这一问题。设问应遵循"小处设疑，维浅维实"的原则，所提问题宜小不宜大，宜浅不宜深，宜实不宜虚。"小"是将一个问题分解成几个点，"浅"可让学生运用已有的知识探寻新的领域；"实"是问题要提的具体、明确。所提问题与问题之间应思维连贯，教师预先设定好，使问题能够一环套一环。对于自己所提问题，应有明确、合理的答案。

学生在进行城市结构研究时，用抽象的"点、线、面"来组织城市中的各类功能要素。其中轴线是串接"点"和"面"的重要结构元素。由于轴线表达的是一种各类要素之间的关系，概念相对抽象，因而学生对于轴线的理解往往不够透彻。从结构图面表达来看，反映为轴线穿越完整的用地片区；轴线的功能不明确，仅仅表达交通路径，与城市各功能之间缺乏联系；轴线两端的箭头没有明确的含义等。教师可以向学生提出以下问题：什么是城市主轴线？城市为什么要有轴线？城市主轴线与城市道路交通的关系？城市主轴线与各类城市功能之间的关系？城市主轴线的作用？最后将问题引回"什么是城市主轴线？"第一个问题学生可能概念含糊、解释不清，但随着教师用提问的方式将问题进行拆分、层层剖析，学生在思考与讨论中可以逐渐明晰轴线的概念，进而将概念实体化并组织城市结构。

(a) 个人方案　　　　　　　(b) 方案讲解　　　　　　　(c) 教师点评

图1　个人用地结构方案

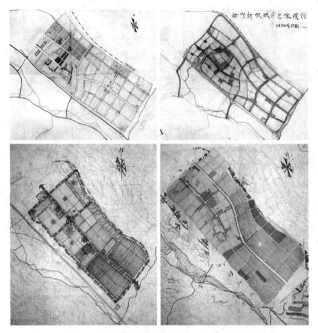

图2 用地布局方案研究：多方案比较

这两个转化上：已知知识→学生具体知识→能力。这里引导是转化的关键。

"城市规划原理"中强调城市公共服务设施、城市公共绿地应分级设置，并在城市中均衡分布，形成点、线、面相结合的完整的系统，以满足不同使用人群的各类生活需求。在总规课程中，笔者发现学生了解原理中的分级要求及系统概念，但难以将层级完善的系统和城市的具体生活规律相结合，在用地布局中体现为缺少低层级的商业设施、文化设施、公共绿地等用地，并且分布不够均衡。对于方便居民和外来游客使用需求的功能布局，教师可以以学生熟知的日常生活为切身体验，让学生将自己想象为生活在这个城市中的居民或游客，是退休的老人、是繁忙的上班族、是充满活力的年轻人、是精力充沛的学生、是稚嫩的儿童，规划的城市功能是否满足他们的购物、休闲、娱乐、健身等不同的日常生活需求，让学生了解不同规模和服务半径的公共服务设施及公共绿地有着不同的使用频率和使用功能，进而明确公共服务设施及公共绿地分级的意义和必要性。

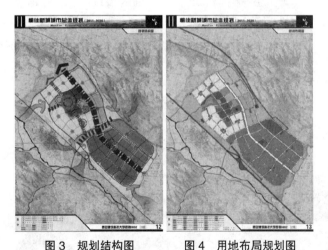

图3 规划结构图　　**图4 用地布局规划图**

图5 公共服务设施系统　　**图6 绿地结构**

2.2 因借

"施教之功，贵在引导"。德国教育家赫尔巴特提出人们总是"因借"意识中已经存在的旧"观念"去融化、吸收新"观念"。"启发式"教学，对于教师的要求就是引导转化，把知识转化为学生的具体知识，再进一步把学生的具体知识转化为能力。教师的主导作用就表现在

2.3 示范

如果说提出问题是用"语言"启发，那么为学生做示范，直接在学生的草图上动手修改，就是用"笔"启发。在指导学生设计的过程中，有远见的教师都提倡"授之以渔"的教学方法，批判"授之以鱼"。动手给学生修改方案常被认为是给予学生"鱼"，而非"捕鱼"的方法。

事实上，当教师指导学生如何具体做的时候，语言是最苍白的，用笔在学生的图纸上示范远远胜过任何详细的描述。

总规进入结构设计和用地布局环节时，城市道路网的确定与修改贯穿方案始终，难度也是最大的。城市道路网骨架的确定与起伏变化的地形、沟壑水系走向、现状用地条件等因素息息相关，并直接影响规划的城市结构、功能和形态。布局方案要做到既满足未来发展需求，又充分利用现状、突出地域特色，同时符合道路设计规范要求，不断调整路网形态是贯穿整个方案设计的。在实际教学中，给学生示范的过程，让学生清晰地看如何"做"能让道路具体走向跟各种用地条件相互结合，这恰恰是"授之以渔"，让学生掌握道路设计的方法，因而能更好地引导学生一步一步使路网形态趋于合理。

3 "启发式"之匙

3.1 以学生为主体、尊重并信任学生

美国心理学家仲斯（1980）提出了人的自尊心理论——"经验感"需求论。该理论认为形成人的"经验感"需求有三个方面：一是"重要感"经验的需求，指一个人在心理上渴望得到别人的接纳与支持，使他感到他在团体中与别人一样重要；二是"成就感"经验需求，指一个人在学业或工作上渴望自己有成就的表现从而肯定自己的价值；三是"有力感"经验需求，指一个人在学业、工作和社交中证明自己有待人处世的能力。对学生来说，学校是他们获得"经验感"的重要场所，教师是为他们提供"经验感"需求的核心人物，对于城市规划专业的学生，设计课是他们获得"经验感"需求的主要活动。给予学生充分的尊重和信任，让学生有信心、有兴趣面对城市总体规划这一综合而复杂的课程，并保持学习的热情，是"启发式"教学的首要条件。

给每个学生均等的机会。当学生各自拿出个人方案时，教师应认真聆听学生的讲解，并从中找到值得肯定的部分。总规成果体现的是"集体"的智慧和力量。应该让每个学生都感到自己在集体成果中贡献出有价值的东西。当小组内就某一问题热烈讨论时，部分学习兴趣浓厚、参与度比较高的学生积极表达个人想法，而个别性格内向的学生在设计课堂上总是"保持沉默"。教师应当留心沉默少言的学生是缺乏表达的勇气，还是对设计课缺乏兴趣。针对不同情况鼓励或引导学生，使每一个人都能积极参与。

3.2 紧密结合国家政策、经济社会发展形势

随着改革开放后，我国社会经济的持续发展，城市总体规划的内涵已经从以往的技术文件转变为公共政策。城市总体规划越来越与国家大政方针、国民经济、社会人文关系密切，具有极强的时代特征。在课堂中，应引导学生关注国家政策法规，将战略规划（2000）、"落实科学发展观，实现城乡统筹"（2003）、"建设资源节约型、环境友好型"社会（2004）、构建社会主义"和谐社会"（2005）、新版"城市规划编制办法"（2006）、建设社会主义"新农村"和"城中村"改造（2006）、保障性住房政策（2007）、城乡规划法（2008）、"低碳城市"（2008）、新型城市化（2009）、全国主体功能区规划（2011）、新版"城市用地分类与规划建设用地标准"（2012）等内容及时结合到城市总体规划教学中。让学生从注重城市规划图纸的编制转向对公共政策的理解和对规划过程的重视。

引导学生关注最新时事，从规划专业的角度反思时下热议的社会问题和社会现象，并从城市总体规划的编制角度思考解决或缓解问题的方法。例如近期校车事故频频发生，刺痛着每一个国人的心，校车事故背后反映出教育资源宏观布局不尽合理。托幼教育设施分布不均，多集中在县城、镇，数量少、规模大，辐射半径过大，继而导致低成本的校车远途运输幼儿，安全隐患巨大。在总规编制层面，应将中小学、幼儿园的布局与规模、服务半径相结合，并作为强制性内容指导城市建设。由此让学生感到总规不再是宏观的"空洞"，而是与切身生活息息相关，与国民经济、社会发展密不可分。

3.3 与相关课程合作教学

城市总体规划是考察学生综合掌握专业知识和技能的设计课程，其中包含社会经济、产业规划、城镇体系规划、城市用地布局、道路交通规划、绿地景观系统规划、市政工程规划等内容，涉及多个专业及专项。作为设计指导教师，不是每个人在各个领域都能给予学生最专业的指导。"闻道有先后，术业有专攻"，将城市总体规划课程与同学期开展的城市道路与交通规划、城市工

程系统规划及绿地景观规划等课程相互结合,合理安排各门课程进度,使总规的专项研究成为该课程的设计作业,并得到教师的专业指导。

3.4 提前掌握规划重点、难点问题

总规教学采用"真题拟做"的方式,并尽量选取正在进行的"真题",方便与当地政府及各部门的充分沟通,为学生提供较为真实的现场踏勘过程,体现"真题"的"真"。总规主要负责教师应参与"真题"规划项目,"真题"进度应提前于教学进度,以便教师了解和把握规划过程中的重点和难点问题,对整个总规如何一步一步展开做到成竹在胸。这将为教师在课堂中游刃有余的"启发式"奠定重要的基础,让每一个设问、因借和示范都有较强的目的性和针对性。学生在一个一个看似简单而轻松的探讨中,不知不觉地领悟规划的本质问题、解决规划的重点和难点问题。

4 由"启发式"教学引起的启发

"启发式"教学的核心在于"学生"。学生对教学内容具有浓厚的学习兴趣,并对所学内容能够很好地理解和掌握是判断"启发式"教学是否成功的关键。因而,在课程结束后,教师应与学生进行深入的沟通,了解学生在总规课程中的收获,更重要的是认真听取学生对整个教学过程的意见和建议。一方面,学生的反馈意见可以改进教学方法,提高总规课程的教学质量;更重要的是,如何上好一门设计课,学生应该最有发言权,并给予老师一定的启发。学生曾提出过以下建议:(1)增加二次调研环节。在教学安排中只有一次现场调研,学生由于对现状用地与未来总体布局之间的关系没有清晰认识的时候,只能走马观花式的"了解"现状,缺乏明确

的目的性。二次现场调研可以在城市用地布局开始之后,根据各组学生的方案进展需要进行安排,有目的的重新认识基地特点,在现场检验规划的用地布局是否合理、可行。(2)适时进行案例讲解。学生提出,在"城市规划原理"课程中,有多个完整的总规案例讲解,但被动地接受让学生很难详细记忆和理解细节内容。然而,在开始城市总体规划这项宏大而繁琐的工作时,学生往往无从入手,要么顾此失彼,要么过于片面或理想。因而,学生认为,应该将"城市规划原理"课程中的案例讲解穿插在城市总体规划课程中,这样能够恰到好处地帮助、引导学生入手设计,熟悉并掌握城市总体规划的编制方法。(3)揭晓实际项目方案。总规课程以"真题拟做"的方式展开,学生提出在布局方案确定后,邀请实际参加项目的老师,完整系统地介绍该项目编制情况。此时学生正以高度的热情和几乎全部的精力进行设计,对规划背景了解较为透彻,同时对于实际项目的布局方案有着想要知道谜底一样的心情,是一种主动性的学习。因而此时聆听实际项目介绍,学生更容易深入到方案形成的细节中;同时重新梳理规划前后对应关系;实际项目的系统性及规范表达能够促进学生对自己的方案及图面进行查漏补缺。

参考文献

[1] 陈锦富,余柏椿,黄亚平等.城市规划专业研究性教学体系的建构[J].城市规划,2009,06:18-23.

[2] 陈秉钊.谈城市规划专业教育培养方案的修订[J].规划师,2004,04:10-11.

[3] 顾凤霞.城市总体规划课程教学方法探讨[J].高等建筑教育,2010,04:59-62.

Do not Anger or Speak Does not Start or Send ——Teaching Method Exploration for the Course of Urban Master Planning

Ma Yan Huang Minghua

Abstract："The heuristic teaching" is a kind of teaching concepts that emphasize the students as the main body.Using "the heuristic teaching" methods to teach the urban master planning course，It can fully mobilize and stimulate the students' autonomous learning and independent thinking.We inspire students thinking through the teaching way of inquiry，borrowing and demonstrate，which helps students understand the planning theory，the capacity of designing and the design method.The key of using "the heuristic teaching" methods in the urban master planning course is：Grooming students' professional learning and self-confidence of expression through respecting and trusting students.Grooming students' sensitivity and responsibility for social development through closely combined with public policy and economic social development situation.Enable students to fully grasp the urban system functions through cooperating with related courses.Teachers should grasp the key problems ahead of schedule.Eventually using the urban master planning course as a vehicle to reach the teaching purpose which cultivate students' comprehensive ability.

Key Words：urban master planning；the heuristic teaching；teaching method；teaching purpose

从"设计结果"到"设计过程"
——以城市设计课程空间布局阶段教学训练为例❶

周志菲　李　昊　沈葆菊

摘　要： 本文旨在探讨适应当代学习认知规律和教育理念的"过程式"教学方法。在城市设计课程教学过程中，摈弃传统的"结果式"设计教学，向注重综合能力培养的"过程式"设计教学转型。以城市设计课程中的空间布局阶段教学训练为例，将教学"设计过程"概括为"任务细化——元素分解——组合提取——统筹布局"四个环节，分阶递进，层层推演，构建起一个系统化的空间设计框架。实践证明，这种教学方法是培养学生知识拓展能力、逻辑思考能力、空间设计能力的有效途径。

关键词： 城市设计；设计过程；剖析；空间布局

当代城市规划在吸纳社会、环境、文化、经济等相关学科的最新研究成果的基础上，不断拓展学科内涵和研究范畴，逐渐摈弃传统的"物质空间规划"，向"社会综合规划"转型。城市规划专业教育要适应社会和学科发展需要，改变传统的基于建筑学思维的空间技能学习模式，突出对学生研究问题、分析问题和解决问题等综合能力的培养，实现从"结果式"向"过程式"教育方式的转型。本文以城市设计课程为例，探讨课程"设计过程"的构建以及在其核心环节——空间布局阶段的"过程式"教学训练。

1 从"结果"走向"过程"：城市设计课程教学转型

20世纪90年代以来，伴随着改革开放的深入和城市建设的快速发展，城市设计成为我国城市规划实践最为活跃的领域，以"营造场所"为核心理念的城市设计日益被社会所认可，受到广泛的重视。高等院校的专业教育纷纷把城市设计课程作为核心课程纳入教学计划。城市设计课程一般选择具有公共属性的城市街区作为设计课题，其内容不仅仅涉及场所的空间形态，更需要建立对场所内涵——人文、社会、经济、生活等的全面认识，这就需要培养学生具有统筹全局的城市整体意识和解决复杂城市问题的综合能力。在城市设计课程中，对课题研究背景的解读，现状问题的提取，整体结构的把握，空间布局的构想和外部环境的营造等共同构成了教学开展的"过程"阶段。鼓励学生从过程入手，通过阶段性的清晰步骤，由浅入深，由具象到抽象，由局部到整体、构建起一个清晰、系统化的框架。

目前，国内设有城市规划专业教育的高等院校在本科高年级大多都开设了城市设计课，发展至今，城市设计课程教学分为两种类型："结果式"教育与"过程式"教育。"结果式"教育是城市设计的浅层阶段，就像古时的"师父带徒弟"，师父示范而学生模仿。通常形式采用的是先给设计题目，明确任务要求，教学内容主要针对方案创作来开展方案分析、修改到形成最后的设计成果，这种方法学生容易上手，随着社会发展速度的加快和技术手段的推陈出新，旧有的设计范式易被淘汰。这种方式对应的教学过分关注成果的优劣，结果导致学生一味地追求炫目的表现效果，落入唯空间论的窠臼，这

❶ 基金项目：西安建筑科技大学校级教育教学改革重点项目：基于创新实践能力培养的城市设计系列课程教学体系建设，项目编号 JG090115

周志菲：西安建筑科技大学建筑学院讲师
李　昊：西安建筑科技大学建筑学院副教授
沈葆菊：西安建筑科技大学建筑学院助教

样培养出的学生只能成为"成果表达的高手",而不是高素质的规划师、设计师。而注重"过程"的教学方法则建立在学生综合能力培养的基础上,通过对问题的发现、分析,从中找出问题从而抓住核心问题,将设计作为一种研究方法,加强设计作为研究城市问题的方法观念培养,教育目标向以创新思维方式为核心的方向转变,培养学生主动发现城市问题、应用理论分析研究问题、寻找解决问题的各种可能性的综合能力。使得传统的"任务书——方案修改——方案确定——方案表现"的线性的技能教育过程,转变为"发现问题——分析问题——解决途径——方案生成——完成设计"的思维方法教育过程。事实上,城市设计教学不仅仅是告知学生设计的结果应该是怎样的,还应该告诉他们设计的过程是怎样的。可以说城市设计过程比结果更为重要,这是因为在不同的具体条件下,设计的结果可以多种多样,但是设计的过程和设计的思维活动也有一定范式可循,这才是设计教学的重点。

2 "设计过程":城市设计课程的整体教学框架搭建

城市设计课程是由一系列开放、递进的设计过程构成,是针对具有公共职能的复杂城市地段的综合判定、系统分析、空间布局和环境设计研究。如何建立完整的研究框架,形成系统的设计思路,以帮助学生深入接触社会现实、思考城市问题,更好地理解城市、建筑与人之间的关系及相互作用,并在此基础上完成地段的空间布局是城市设计课程进行教学改革的重要课题。

城市空间是城市内涵的外在表现,它的形成和发展要受到城市性质、产业结构、经济特征、地域文化、社会生活等影响与制约,对研究对象背景的深度解读和问题提出则是明确设计目标、确定概念构思的基础和依据。地段空间布局与建筑群体的规划设计是前期分析与研究的空间体现,也是城市设计课程的核心内容。综上,围绕城市设计课程的阶段性内容,在教学过程中我们通过设置若干专项化分解训练逐步落实,通过教学内容的有机衔接,增强过程的连续性和思维的连贯性。教师可以有效地提高教学效率,获得更理想的教学效果,学生也可以对整个训练过程有一个宏观的控制和进度安排的计划性,清楚知道每个环节自己要做什么、怎样做,对训

练过程和结果的都很强的自主掌控,避免了亦步亦趋的被动学习习惯。

城市设计课程教学通过六个阶段的划分来控制规划设计思想的连贯(图1):前三个阶段是为了让学生认识课题的现实状况和具体问题,并且开展相关案例的实地调研,明确规划意图和设计概念,为接下来的具体的规划方案生成提供良好的设计基础。第四个阶段的空间布局研究,是整个城市设计课程教学的核心内容,要求学生根据规划目标与原则搭建起地段的整体框架,确定设计的构成要素和组合模式,综合各个方面因素,完成整体的规划方案设计;第五阶段是选择重点地段进行详细的规划设计和环境设计,做到设计细致而深入。最后一个阶段则是要求学生利用图示语汇和辅助技术完成图纸表达。

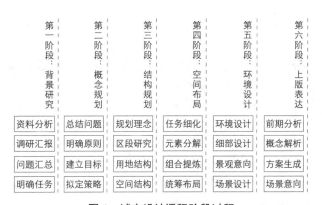

图1 城市设计课程阶段过程

3 剖析"过程":城市设计课程空间布局阶段教学安排

空间布局阶段是整个城市设计课程教学的核心内容,在以往的教学中,缺乏系统化的梳理,教学往往凭借教师个体的感性判断与空间经验进行,学生很难建立起空间创作的方法体系,我们结合课程的整体计划,尝试构建空间布局教学的"设计过程",将其分为任务细化、元素分解、组合提取和统筹布局四个环节,试图在各个单元教学内容之间实现分阶递进,层层推演。最终形成地段的整体空间方案(图2)。

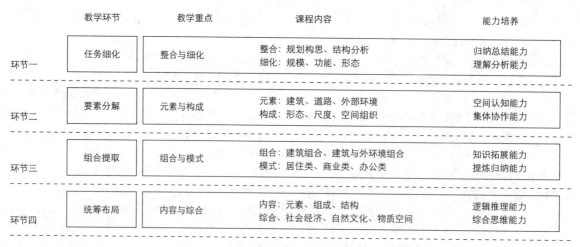

教学环节	教学重点	课程内容	能力培养
环节一 任务细化	整合与细化	整合：规划构思、结构分析 细化：规模、功能、形态	归纳总结能力 理解分析能力
环节二 要素分解	元素与构成	元素：建筑、道路、外部环境 构成：形态、尺度、空间组织	空间认知能力 集体协作能力
环节三 组合提取	组合与模式	组合：建筑组合、建筑与外环境组合 模式：居住类、商业类、办公类	知识拓展能力 提炼归纳能力
环节四 统筹布局	内容与综合	内容：元素、组成、结构 综合：社会经济、自然文化、物质空间	逻辑推理能力 综合思维能力

图2　城市设计课程空间布局阶段课程安排

3.1　环节一：任务细化

任务细化是空间布局阶段承前启后的关键环节。通过前期的背景研究、概念规划与结构规划三个阶段的学习，学生对设计对象的基本背景条件、场地状况已经有了较全面的认识，但总体层面的地段地位无法确立空间的具体功能构成，通过增加任务细化环节，对设计内容做出具体深化，可以增强在空间方案和基地条件、规划定位和功能结构等的对位度和关联度，把教师制定的"全班式"任务书深化至为自己量身定做的"个性化"任务书。

教师可以通过案例教学的方式介绍课题所涉及城市设计类型的基本特征，让学生针对自己所选课题进行两方面的工作：一是整合前期学习内容，将研究地段的背景条件、影响因素、功能结构等核心要素的提取；二是结合相关案例的学习与调研，形成方案初步的设计构成内容和基本量化指标。例如针对商业街区的城市设计，学生应该首先对商业街区包括的功能、业态进行判断，明确相关技术指标；深化主要功能单元下具体的内容构成，估算各部分的规模；最终整合所有内容，制成"任务清单"。在这个环节的教学中教师始终给学生留有更大的想象空间和创作自由，不以"完善"的任务书去束缚学生的创作思维，要求学生根据自己对设计的理解和体验编制更详细的设计任务书。也易于激发他们设计的主动性、积极性和创造性。

3.2　环节二：要素分解

要素分解是地段空间布局的基础。教学中将对设计地段中所涉及的所有建筑要素、道路要素、环境要素分解出来，从特征、布局、尺度、形态等角度进行深度研究。通过读解设计要素，有助于在面对复杂的课题时，提炼出被研究对象的典型特征和基本空间构成，对其作较为深入的理解和选择，完成从生活行为记录到空间意识培养的过程。

在此环节中，教师通过介绍各种类型建筑的使用特点、空间组织和平面特点，介绍道路、广场、水体和绿化的基本分类，来明确个城市要素的目的和意义。让学生利用课外时间以小组的形式针对课程题目中涉及的建筑、道路、外环境元素进行调研和资料搜集并汇集成图，标明主要功能、基本尺寸以及常用指标（图3）。在下一节设计课以集中讨论的形式向大家介绍自己的汇总成果，完成资料共享。这种认知式的教学过程我们关注教与学之间的互动，强调学生在课程中的感受，摒弃以往填鸭式的教学模式，通过实际环境的体验和分析使学生明确自己的设计内涵，真正体验到真实场景环境下的专业要求，使知识的掌握更全面更立体。同时强调在此过程中挖掘城市问题并探寻解决城市问题方法的能力，加强学生设计中的研讨和团队能力的培养，以激发活跃的思想。

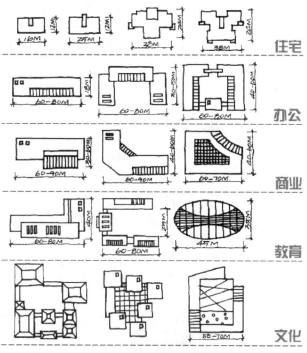

图 3　建筑要素示意

3.3　环节三：组合提炼

空间组合就是将地段中的空间要素按照一定的原则和方法进行合理的布置与组织，以满足特定功能要求和活动需求的专业技术操作。城市空间并不是设计要素的简单相加，其形态和空间环境的品质不仅取决于构成要素本身的性质，更取决于要素之间相互作用的系统关系。空间组合关系包括建筑组合和建筑与外环境两部分：建筑组合就是把若干栋单体建筑组织成一个布局合理、空间有序的建筑群，构成地段基本的空间单元；建筑与外部环境共同构成了满足人们各种活动需要的空间场所，如何处理好建筑与道路、场地、绿化等外部环境的关系是规划布局考察的基本内容之一。

在这个阶段的教学中，教师事先筛选和设计课题相关的典型实例，向学生介绍各种功能单元、类型元素组合的基本模式和设计要点（图 4）。举一反三，让学生了解不同类型城市设计的元素组织特点和不同元素组织方法对设计对象结果的影响方式。增加将一个简单功能空间进行多样化设计的创造性思维训练，使学生在过程中学会灵活使用空间语汇，强调其"多元"的概念，尝试

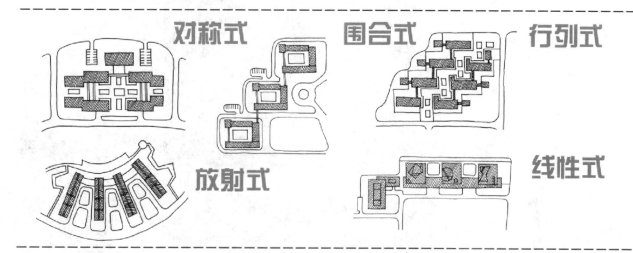

图 4　建筑组合示意

通过设计要素的积聚、重组、变化，探索空间的可变性和适应性。在此过程中，鼓励学生表达自己的想法并展现个人能力，学生是主体，通过反复的课程讨论与让学生之间相互交流，相互切磋，培养学生的团队合作能力与综合素质。教师们自始至终就是一个客观的评论者、引导者的角色，以丰富的经验和正确的观点来指引学生，鼓励学生敢于大胆思维，使案例教学呈现开放性，但当学生的思维陷入误区时教师可予以引导。

3.4 阶段四：统筹布局

统筹布局是对规划任务和场地特性的创造性解读和空间生成过程。空间布局作为城市设计的核心，长期以来的做法是将不同的功能单元按照其面积要求进行简单的体块组合，似乎满足了基本的功能合理就达到了设计的要求。事实上，空间不仅要在逻辑上满足各个功能间的合理方便，还要随时关注着伴随时间变化体验到的空间不同的组织方式对人心理、行为的影响。这个设计过程是空间布局阶段全周期的最为重要的环节。从理解题意、方案构思，到寻找建构的切入点，直至解析、推敲、修改、直至完成最终设计方案，要求学生运用已有的知识、技术和经验，采用前瞻性的眼界、视角和方法，获取创造性的思维成果。

课程的最后，要求学生结合前三个环节的训练基础，根据自己在阶段开始制定的"任务清单"，结合元素与组合的设计要点，针对具体题目具体问题进行设计应答，并进一步针对空间的结构、功能、道路、绿化等进行系统分析，将切入角度、设计手法的不同所带来多样的空间方案在图纸上表达出来（图5）。在此环节中，鼓励学生在课下大量解读课程题目相关案例，从设计者角度入手，从对基地的解读、破题的思路出发，真正理解方案生成的过程与结果；让学生按类型将方案收编，总结同一类型方案中共性并提炼结构模式，作为自己方案库的存档；推进设计方案的具体化，深入场地设计、功能组织、空间处理及建筑造型等方面的具体设计，实现彼此间的有机整合，最终进行设计表达。这种以专题性、连续性为主要特征的课程设置方式，使空间设计问题明晰化。在不同阶段，学生必须面对相应的空间设计问题并得出相应的阶段性结论，这有助于培养学生逐步建立良好的空间思维习惯和掌握较为理性的空间分析方法。

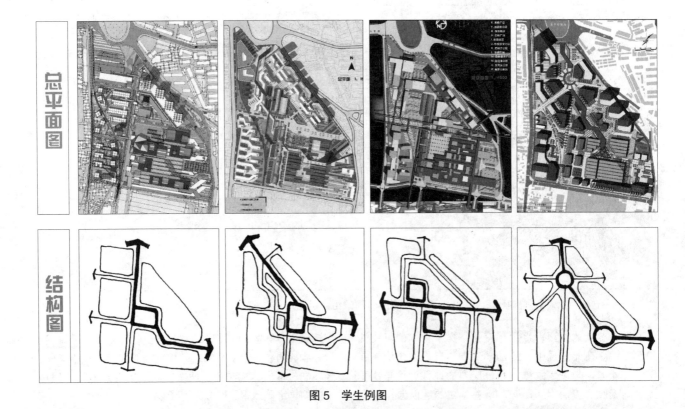

图 5　学生例图

4 结语

在当今的城市设计教育中，应将我们的教学聚焦到"设计本源"，即让城市设计回归到解决功能与空间、建筑与形态、环境与场地等营造场所的核心问题上。在课程中，我们将设计问题的关键点分解为"过程"式的教学步骤，使思维过程清晰的在分阶段的设计成果中呈现出来。这种突出"过程"的教学训练不仅仅是为了形成最终的方案成果，更主要的是为学生提供一套相对有效的空间建构的方法，通过"设计过程"来探讨城市问题，以获得解决城市问题的新途径。这一教学方法还在摸索阶段，有其相对局限性和需要后续研究的若干问题，仅希望为城市设计课程的教学改革提供参考。

参考文献

［1］ 李昊，周志菲编著．城市规划快题手册［M］．武汉：华中科技大学出版社，2011．

［2］ （德）沙尔霍恩，施马沙伊特著，陈丽江译．城市设计基本原理：空间建筑城市［M］．上海：上海人民美术出版社，2004．

［3］ 杨俊宴，高源，雒建利．城市设计教学体系中的培养重点与方法研究［J］．城市规划，2011，09：55-58．

From the Design Results to the "Design Process"
——A Case Study of Space Layout Stage in Urban Design Teaching and Training

Zhou Zhifei   Li Hao   Shen Baoju

Abstract：This paper aims to explore the "process" teaching method to adapt to the cognitive regular pattern and contemporary learning.In the process of urban design education，abandon the traditional "results" design teaching，return to focus on capacity training "process" design teaching.A case study of space layout stage in urban design teaching，the author will degrade "design process" courses into "task refinement – element decomposition – combination refined–co–ordinate layout" four aspects，to build a systematic spatial design framework.Practice has proved that，this way of teaching is to develop students' knowledge in an effective way to expand the ability，logical thinking and spatial design capabilities.

Key Words：urban design；design process；analyze；space layout

守望大明宫：城市遗产地区更新规划中的人文思考
——西建大 – 重大联合毕业设计教学实践总结

尤 涛 邸 玮

1 首届西建大 – 重大联合毕业设计概况

1.1 背景及选题

联合毕业设计是近几年来国内建筑院校之间为促进交流、相互学习的一种成功的教学实践模式，逐渐受到越来越多的建筑院校的重视。2011 年底，地处西南和西北的两所西部"老八校"重庆大学和西安建筑科技大学就开展联合毕业设计达成共识，确定 2012 年春季两校举办首届联合毕业设计，由城市规划、建筑学、景观学三个专业共同参与，并由西建大组织命题。

结合西安的地域文化特点和开展毕业设计所必需的基础资料条件，我们提出了四个备选题目，分别为：唐大明宫西宫墙周边地区规划设计、唐长安城明德门 – 天坛遗址周边地区规划设计、汉长安城安门 – 西安门门前区规划设计以及长安少陵塬唐文化区规划设计。经过双方教师共同讨论和现场踏勘，最后确定了"守望大明宫——唐大明宫西宫墙周边地区规划设计"的联合毕业设计题目，课题主旨为"对话与发展——城市遗产地区建筑与环境创造"。

城市遗产地区在文化遗产保护观念日益深入人心的今天，一方面因受到重视而备受关注，往往被政府寄予厚望，另一方面却因面临的矛盾重重而步履维艰，可谓机遇与挑战并存。西安是著名的十三朝古都，文物古迹众多，历史文化内涵丰厚。自 20 世纪 90 年代中期开始，西安市拉开了周秦汉唐大遗址保护的序幕，先后实施了汉阳陵遗址公园、秦始皇陵遗址公园、唐大明宫遗址公园等一系列大遗址保护项目，其中唐大明宫遗址公园由于地处西安城市建成区中心，因此尤为引人瞩目。

本次联合毕业设计基地为大明宫遗址西宫墙以西地区，东接唐大明宫遗址公园，南至陇海铁路，西邻城市中轴线未央路，北至玄武路，面积约 2.3 平方公里（图 1：基地区位图，图 2：基地范围图）。

1.2 教学组织与教学效果

作为城市规划、建筑学、景观学三专业联合毕业设计，两校每个专业各组织了 6 名同学参加，整个联合毕业设计大组共 36 名同学。联合教学环节包含现场调研、中期评图、毕业答辩三个内容（图 3：联合毕业设计场景照片），其中现场调研和毕业答辩在西安进行，中期评图在重大进行。

此次联合毕业设计从 2012 年 2 月底开始至 6 月中旬结束，为期三个半月。双方同学在各自的分析定位基

尤 涛：西安建筑科技大学建筑学院副教授
邸 玮：西安建筑科技大学建筑学院讲师

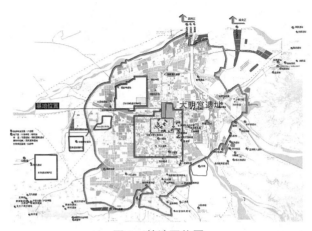

图 1　基地区位图

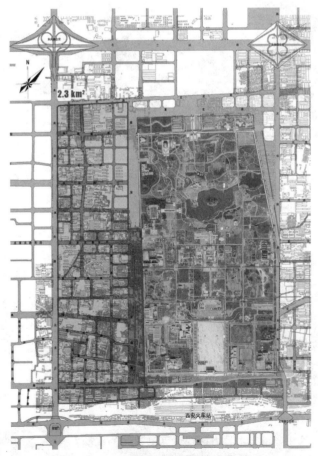

图 2　基地范围图

图 3　联合毕业设计场景照片

础上，分别完成了自己的规划设计方案（图 4：联合毕业设计鸟瞰效果图）。此次联合毕业设计充分反映了两校在教学方面的不同特点：重大比较提倡明确而富有想象力的设计定位，提出的三个方案主题分别为西部休闲产业基地、考古主题公园和音乐产业集群，同时强调城

图4 联合毕业设计成果图

市设计框架的完整性，成果达到地块设计导则深度，工作量饱满；西建大则立足现状，强调在充分尊重文脉的基础上合理定位，提出了文化产业基地、商业商务中心、休闲及旅游服务基地、复合城市住区的综合定位，设计成果方面强调在完整的城市设计框架基础上完成局部重点地段的详细设计。本次联合毕业设计应该说很好地达到了双方相互学习交流的效果，也为我们提供了一个进一步去反思、总结我们的规划设计方案的机会。

2 课题解读

在本次毕业设计指导过程中，我们首先试图从解读"守望大明宫"这一主题入手寻求规划的立足点。

2.1 什么是"大明宫"？

什么是"大明宫"，或者说"大明宫"是什么，是规划首先要回答的问题。要回答这一问题，必须对本地区的历史文脉进行一个详细的梳理。大明宫地区的发展大致可以分为三个历史阶段：

（1）盛世宫苑——唐长安城"三大内"之大明宫

唐长安城是当时世界上规模最大的都城，也是我国古代都城规划的典范。大明宫就位于唐长安城城北的龙首塬上（图5：唐长安城平面及大明宫位置图）。大明宫是唐长安城"三大内"（即太极，大明和兴庆）之一，始建于贞观八年（634），自高宗以后大明宫成为帝王居住与朝会的主要场所，是唐王朝的统治中心和国家象征，唐代21位皇帝中有17位在大明宫处理朝政，大明宫作为唐朝的国家政令中心长达270年，具有丰富的文化内涵和重要的历史价值。唐大明宫宫城平面呈南北向不规则长方形，南宽北窄，城垣周长7公里余，面积约3.2平方公里，规模宏大，气势雄伟，在总体布局、建筑艺术和施工技术等方面均达到了极高的成就（图6：大明宫遗址考古平面图）。唐中和三年（883）、光启元年（885）

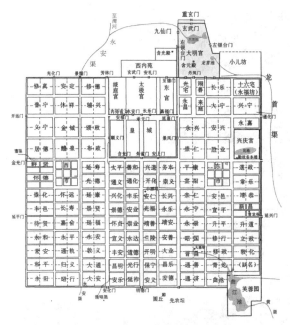

图5　唐长安城平面及大明宫位置图

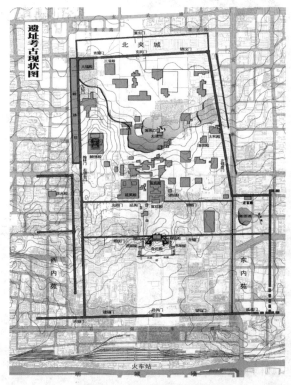

图6　大明宫总体布局图

与乾宁三年（896）长安城连遭兵火，大明宫遂成废墟，在之后的千年间湮没于荒草农田之中。

（2）问题地区——"道北"

20世纪30年代起，大明宫遗址南部地区由于陇海铁路的建成通车和战乱导致的河南移民聚集，形成了西安特殊的"道北"棚户区。新中国以后，50年代完成的第一轮西安城市总体规划确定了西安市向城东、城南、城西三个方向扩展的空间发展策略，城北地区出于大明宫、汉长安城遗址的保护要求和陇海铁路的阻隔未划入城市规划建设用地范围。之后的四十年里，逐渐形成了以二马路为生活中心的道北地区，除铁路系统在道北地区建设的部分铁路职工家属区外，自搭乱建的简易住宅仍是这一地区的主要居住形式，"道北"也成为发展落后、治安不好和"脏乱差"的代名词，属于典型的城市问题地区。直至20世纪90年代，随着西安经济技术开发区落户北郊，西安城北地区迎来了发展的历史机遇，大明宫西侧的未央路沿线城市面貌发生了巨大变化，大明宫东侧的太华路沿线则逐渐发展成为西安市最大的建材批发市场，大明宫也一度成为西安建材市场的代名词。但大明宫遗址区域由于文物保护要求的建设限制，依然未摆脱落后的"道北"形象（图7：遗址公园建设前的道北地区卫星图及棚户区照片）。

（3）城市"中央公园"——唐大明宫遗址公园

大明宫遗址虽湮没上千年，但其整体格局和重要殿基均保存完整，是我国目前保存状况最好的宫殿遗址之一。2000年后开始修编的第四轮西安市城市总体规划确定了西安城市继续向北发展的战略，并将西安市政府、西安火车北客站等确定在西安经济开发区北部，以带动西安城北地区的快速发展，同时从战略高度提出建设唐大明宫遗址公园，大明宫地区由此从城市边缘地区进入城市核心区。2005年7月《唐大明宫遗址保护总体规划》正式公布。2008年，《唐大明宫国家大遗址保护展示示范园区暨遗址公园总体规划》完成。2010年，规模堪比纽约中央公园的占地3.8平方公里的唐大明宫国家大遗址保护展示示范园区暨遗址公园建成并正式对外开放，目前是西安最大的城市公园，2/3的区域向社会公众免费开放（图8：大明宫遗址公园卫星图及现状照片）。

可以看出，千年多的兴衰变迁构成了大明宫地区完整的历史轨迹，无论是千年前辉煌的唐代大明宫，百年

图7　道北地区卫星图及现状照片

图8　大明宫遗址公园卫星图及现状照片

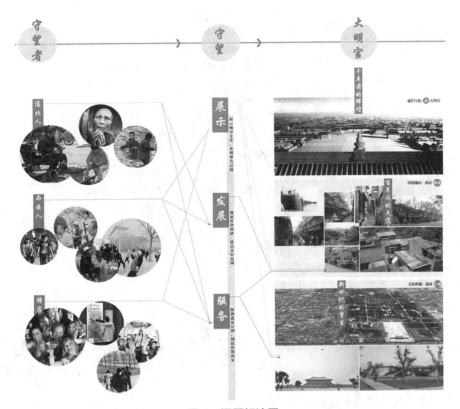

图 9　课题解读图

间失落的"道北"，以及新世纪重生的大明宫遗址公园，我们认为是三者共同构成了"大明宫"的完整内涵。

2.2　如何"守望"？

接下来规划要回答的是如何"守望"？或者说要"守"什么，"望"什么？唐大明宫作为唐长安城的重要组成部分，是西安乃至中国古代辉煌的盛世文明的代表，而"道北"作为一段正在远去的特殊历史，也是西安城市记忆的重要组成内容，因此，展示唐大明宫的历史文化，留存"道北"的记忆残片，无疑是我们在规划中必须坚守的基本原则，此谓之"守"。而本地区更重要的任务是如何服务已经建成的唐大明宫遗址公园，增强旅游服务和休闲功能，同时进一步寻求发展社会经济的多种途径，植入其他新的城市功能，彻底摆脱道北的落后帽子，此谓之"望"。因此，"展示"、"服务"和"发展"，构成了"守望"的三个关键词（图 9：课题解读示意图）。

3　规划解答

基于以上对课题的解读，我们引导同学提出了以下规划目标、功能定位和规划策略。

3.1　规划目标

（1）展现城市文化，塑造城市形象。纵观历史，本地区既有辉煌灿烂的盛唐文化，又有近现代西安市特殊的"道北"现象，历史的盛衰跨时空交织在一起。大明宫遗址公园作为展现西安古都历史中盛唐文化的重要窗口，其周边地区无疑是其重要的影响区域。借助这一平台，进一步展现唐文化内涵及相关城市文化，同时又留存西安"道北"的特殊历史记忆，共同参与构建西安新形象，是本规划的重要目标之一；

（2）调整角色功能，增强地区活力。长期以来，"道北"一直是西安市落后地区的代名词，经济发展缓慢，社会问题突出。大明宫遗址公园开发建设以来，周边的社会经济环境已经发生了的显著改善。借助这一重要契机，发掘利用基地的区位优势和潜在的资源优势，调整并注入新的城市功能，实现本地区经济社会的良性发展，改变"道北"的传统落后形象，使本地区以新的、积极的角色融入现代西安，是本规划的重要目标之二；

（3）改善居住环境，完善社区功能。道北地区是西安出名的棚户区，居住条件恶劣，基础设施简陋，公共服务设施落后，在近年来西安市居住环境普遍改善的情况下显得格外不协调。因此，通过改建尤其是新建住区改善居住环境，完善教育、医疗、文化等社区服务设施，是本规划的重要目标之三；

四、提升空间品质，改善地段环境。如果说脏乱差是昔日"道北"环境的写照，大明宫遗址公园则以丰富的人文景观和良好的自然生态景观构成了新的区域环境特征。在展现城市文化、调整角色功能、改善居住环境的同时，在该地段创造与遗址公园相协调的、高品质的空间环境，是本规划的重要目标之四。

3.2 功能定位

根据以上规划目标，进一步确定了基地的功能定位为（图10：规划空间结构图）：①文化产业基地。依托大明宫遗址公园，形成唐文化展示及相关城市文化展示交流的城市文化产业基地；②商业商务中心。营造明城以外、北二环以内的城市次级商业商务中心，填补地区空白；③休闲及旅游服务基地。形成面向广大市民和游客、服务大明宫遗址公园的城市休闲及旅游服务基地；④复合城市住区。发挥地区区位、环境优势，结合居民安置，发展功能复合、人群复合的城市住区。

3.3 规划策略

针对以上规划定位，从文化发展、社会经济发展、空间发展、道路交通、景观生态、开发实施六大方面提出了相应的规划策略：

（1）文化发展策略：立足盛唐，多元发展。以唐文化展示、研究、交流为主体，适当展现道北历史记忆，进一步发展现代城市文化产业，使本地区成为西安的城市文化窗口；

（2）社会经济发展策略，包括产业结构调整、保障

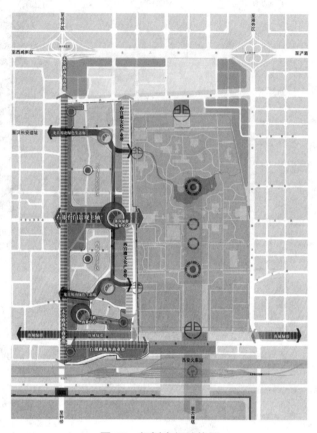

图10　规划空间结构图

居民就业和安置与开发相结合三个方面。其中，产业结构调整是指根据文化产业基地、商业商务中心、休闲及旅游服务基地的功能定位，逐步推进产业结构调整；保障居民就业是指充分发挥本地区居民众多的人力资源优势，围绕二马路地段发展城市次级商业中心，以劳动密集型的商业为当地居民提供更多的就业机会；安置与开发相结合是指本着利益公平原则，将居民安置与房地产开发相结合，形成商住功能复合、人群复合（安置住宅与商品住宅、公寓）的新型城市住区；

（3）空间发展策略：用地置换与调整。根据文化产业基地、商业商务中心、休闲及旅游服务基地、复合城市住区的功能定位，结合具体地段条件，实现用地布局的优化与调整；

（4）道路交通策略，包括道路系统优化调整和构建慢行交通系统两个方面。其中，道路系统优化调整是指

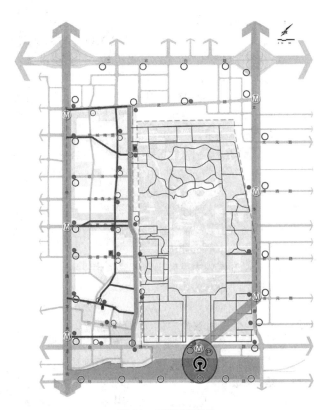

图 11　慢行系统图

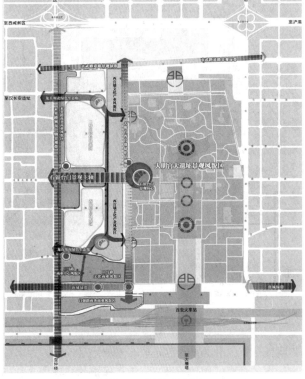

图 12　景观系统图

结合道路现状和大明宫遗址公园的景观要求，对上位规划的路网结构进行优化调整；构建慢行交通系统是指依托地铁的对外交通优势，区内构建慢性道路系统和交通服务设施，鼓励步行、自行车等低碳环保的慢行交通方式，减少不必要的机动车交通（图 11：慢行系统图）；

（5）景观生态策略，包括参与大西安景观格局构建和实现大明宫遗址公园与城市中轴线的密切衔接两方面。参与大西安景观格局构建是指通过建立大明宫与汉长安城的绿化景观联系、与明清西安城北门城楼的视线联系、实施唐长安城外郭城百米景观绿带等措施，贯彻并发展总规确定的大西安历史景观格局；实现大明宫遗址公园与城市中轴线的密切衔接则是通过实施自强路、龙首北路、玄武路道路景观绿带，以及开辟龙首塬南北绿色生态廊道等措施，形成大明宫遗址公园与城市中轴线未央路的充分衔接（图 12：景观系统图）；

（6）开发实施策略：滚动开发，分期实施。摒弃大拆大建的开发建设模式，结合基地内的土地使用及城市建设现状，逐步调整置换用地性质，合理规划建设时序，保证规划的有序实施（图 13：建设时序图）。

4　城市遗产地区更新规划中的人文思考

4.1　"以人为本"究竟应以什么人为本？

城市遗产地区作为一个城市历史文化的载体，相比城市一般地区需要在规划中给予更多的人文关注。所谓人文，就是要重视人，尊重人，关心人，爱护人，也就是我们常说的以人文本。所以所谓人文规划，就是要坚持以人文本的规划。但在以往的教学过程中，我们发现同学对"以人为本"并没有真正深刻的理解与思考，往往停留在口号式的规划原则中。因此，在此次毕业设计指导过程中，我们跟同学反复讨论的一个重要问题就是：在我们这样一个城市遗产地区更新规划的课题中，强调以人为本究竟应该是以什么人为本？

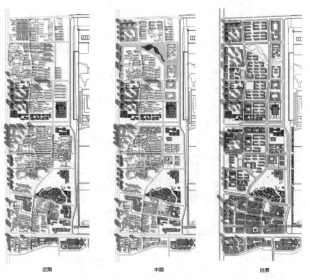

近期　　　中期　　　远景

图13　建设时序图

在我们看来，本课题中的以人为本至少应以四种人为本：

一是古人，他们是历史文化的创造者。以古人为本其实就是以文化为本，这是城市遗产地区的以人为本中最突出的特点。因此，在文化遗产保护的基本理念和技术框架下去保护并展现历史文化，是城市遗产地区更新规划的重要原则。

二是道北人，即原住居民。一段时期以来，城市经营的理念和手段已经为中国许多地方政府广泛接受并熟练运用，并在许多城市的旧区改造中大显身手。事实上，这种针对城市旧区改造的城市经营模式更多的是"以人民币为本"而非"以人为本"，其中最突出的做法就是原住居民全部异地搬迁，由开发商、政府和有钱购房的富人共同享受旧区开发的巨大利益，而广大原住居民的利益往往被严重忽视。因此，以道北人为本就是对道北原住居民应以就地安置为主，同时发展劳动力密集型的商

业服务业来为其提供更多的就业机会。

三是西安人，这里指的是道北地区以外的西安人。大明宫遗址公园作为西安最大的城市公园，无疑应该为西安人提供更多的福祉和更好的环境，使其成为西安人享受生活并引以为傲的城市客厅。设计基地作为大明宫遗址公园的重要补充，发展相关休闲服务产业就是以西安人为本的基本要求。

四是外地游人，不仅包括中国游人，也包括外国游人。大明宫遗址作为人类共同的文化遗产，也可以看作是所有来此的外地游人的共同精神家园，发展旅游、传递文化信息是其历史的责任。因此，发展相关的文化展示和旅游服务产业，为其提供一个良好的旅游环境，就是以外地游人为本的重要内容。

因此，在本课题中只有全面考虑了这四种人的利益，才是真正做到了以人为本的规划。

4.2　呼唤城市规划教育中的价值理性

长期以来，在我们的城市规划教育中更多地注重规划方法和规划技能的培养，而不注重对规划涉及的是非、善恶的基本价值判断，这种过多强调技术理性而忽视价值理性的现状是今天城市规划教育中存在的巨大问题。无论是汶川地震后有规划单位所做的地震遗址旅游规划中声称的要大力开发"具有垄断性的世界级的地震遗址景观"，还是中国城市规划建设中的"拆"字当头，人的基本尊严和权利常常被忽视甚至蔑视，而制定这些规划的部门和编制单位中到处都有我们城市规划专业毕业生的身影。失去了价值判断，失去了人文关怀，规划只能变成工具，领导的工具，开发商的工具，规划所应扮演的公众利益代言人和利益协调者的角色就无从谈起。因此，强调价值理性，注重人文规划，应该是我们今天这个倡导民生、和谐的时代对城市规划专业教育的呼唤。

Keep Watch Daming Palace: Humanistic Consideration in Regeneration Planning of Heritage Areas in the City ——Teaching Practical Summary on Joint Graduate

You Tao   Di Wei

Abstract：Too much emphasis on technical rationality instead of value rationality is the prominent problem in the urban planning education. Titled as "Keep Watch Daming Palace", Xi'an University of Architecture and Technology and Chongqing University set up a joint graduate design which aimed to emphasis on the concept of humanistic values in the process of building and environment creation of heritage areas in the city. It started with the analysis on "What is the Daming Palace" and "How to keep watch" and proposed the overall people-oriented principle under the comprehensive consideration of people in the ancient time，people in the north area of the railway，people in Xi'an and the visitors

Key Words：daming palace；regeneration planning of heritage areas in the city；people-oriented principle；joint graduate design

城市规划专业"场地调研与分析"课研究型教学模式的应用

张善峰　陈前虎　宋绍杭

摘　要：本场地调研与分析课在城市规划专业课程体系设置，学生专业能力的培养方面具有重要的作用。分析当前场地调研与分析课教学中存在的问题，研究引入研究型教学模式，构建包括课程教学内容、课程教学组织形式、课程考核方式、课程教学平台四方面内容的场地调研与分析课研究型教学模式实施方案，以提升场地调研与分析课的教学实效。

关键词：研究型教学；教学内容；教学组织；考核方式；教学平台

1　引言

自从 20 世纪 70 年代美国研究教学专家萨奇曼正式提出了研究训练教学模式开始，研究型教学理念逐步开始在国内外大学使用[1]。研究型教学理念强调本科教学不仅要着眼学科知识，而且更要关注学生的应用知识能力（即分析问题与解决问题能力），交流沟通能力，团队协作能力等；强调增强教学的探究性和创造性，激励学生对学科知识进行探讨，发展学生的专业智力和创造性；培养学生学习的自主性，让学生在学习中成为学习、研究、发现、理解、评价和应用知识的主动参与者。因此，在本科教学中应用研究型教学模式，对学生真正掌握专业知识与专业技能，使学生成为专业知识与技能的应用者、实践者具有切实意义。

2　场地调研与分析课概述

在"住房和城乡建设部高等教育城市规划专业评估委员会"制定的《全国高等学校城市规划专业本科（五年制）教育评估标准》中，明确将"学生的调查、分析与表达……能力"培养作为城市规划专业学生培养的教育质量指标体系的重要一条；在"全国高等学校城市规划专业教育指导委员会"历年年会中专门设置的城市规划专业本科生"城市综合实践调研报告"作业交流与评奖环节同样凸显了"调研与分析"相关知识与方法对城市规划专业学生专业能力培养的重要性。

"场地调研与分析"课即是在浙江工业大学城市规划专业课程体系中全新开设的一门针对性、全面性培养学生"调查、分析与表达……能力"的课程，该课程定位于一门将理论类专业课、方法类专业课与规划设计类课程进行融合、衔接的核心课程。通过这门课程的学习使学生能够学会将"工"科的规划设计技能与技法和"文理"科类的规划分析知识与方法相融合，真正学习运用这些理论知识与方法来指导规划设计的过程，避免学生学习的规划设计的技法、技能与规划知识、方法"两张皮"的现象，使学生能够综合应用专业理论知识与方法科学的认识城市、认识城市问题、分析城市问题，最终能够以规划设计图的形式有见解地、创新性地解决城市问题，使学生在规划作图时"知其然，也知其所以然"。最终，学生既掌握扎实的专业技能，会"画图"——是一名优秀的"规划匠"；又具有在城市复杂的自然环境、社会、文化、经济环境下进行规划分析、研究的能力——是一名优秀的"规划师"。

3　场地调研与分析课教学中存在的问题

"场地调研与分析"课作为理论类专业课、方法类专业课与规划设计类课程进行融合、衔接的核心课程，

张善峰：浙江工业大学建筑工程学院讲师
陈前虎：浙江工业大学建筑工程学院教授
宋绍杭：浙江工业大学建筑工程学院副教授

具有明显的"研究性"的特点，课程讲述的知识与方法具有很强的综合性与显著的应用性。在当前"场地调研与分析"课教学实施过程中并没有充分考虑到课程的以上特点，存在诸如教学内容组织发散、陈旧；学习成绩考核方式简单、机械；教学形式单一、参与性差；教学平台缺乏等问题。学生被动完成学习过程，消极接受，整个课程教学过程近似沦为理论知识讲授，课程教学效果差。最终导致学生对课程学习失去兴趣与主动性，"不愿意学"或者"学而不会用"，不能或不会将场地认识与分析方面的知识、方法应用到各类场地规划设计的前期调研、认识与分析中，进而不能将规划场地的调研分析成果贯穿于最终的规划设计方案中。

由此，学生在完成各种类型场地规划设计方案时，近似于完成一种"灰箱式"规划，如图1所示。学生对规划场地进行"白纸式"全新设计，只注重对规划指标的机械满足、对规划设计方案形式漂亮的追求。

最终，由于缺少对场地自然、经济、社会、文化、景观等场地特质条件的理解、尊重与利用，方案的科学性、可操作性大大降低，规划方案近乎为一种"万能方案"。"场地调研与分析"课没有起到其在整个专业课程体系设置中应有的作用，没起到课程所传授的知识与方法在学生专业知识结构、专业技能培养中应有的作用。

因此，在"场地调研与分析"课中引入研究型教学模式，引导学生进行研究型学习，掌握课程的核心知识与方法，培养学生综合应用所学的专业理论知识与方法进行具体规划场地的认识与分析的能力，使学生具备初步的研究能力、创新思维能力，能够对实际复杂的城市问题进行清晰的"白箱式"规划，并尽可能提出科学、有效、可行的场地规划方案，如图2所示。实现"场地调研与分析"课在专业课程体系设置和学生专业技能培养中的作用。

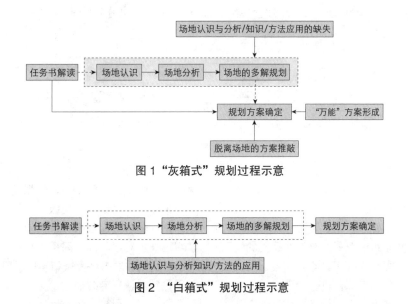

图1 "灰箱式"规划过程示意

图2 "白箱式"规划过程示意

4 场地调研与分析课研究型教学模式的实施方案

4.1 完善课程教学内容设计

实施研究型教学模式要求教师必须把握课程教学内容设计的"基础性、全面性、前沿性"，强调课程教学内容选择要遵循理论教学与实际运用相结合的原则、学科基础理论/方法与前沿动态相结合的原则、课程内容精简与知识背景深厚相结合的原则。保证学生在掌握课程基本知识、基本解决与分析问题的方法的基础上，把课程专题研究引入教学过程。

因此，将"场地调研与分析"课教学内容设计分为两部分，第一部分课程基本知识与方法，第二部分为课程专题研究，教学内容基本安排如表1所示。其中，在第一部分教学内容中，要确保学生掌握场地认识的基本知识和场地调研、分析常用方法，为学生进行课程后面的专题研究打下良好的基础。在第二部分教学内容中，首先安排经典规划场地调研与分析案例剖析教学，使学生进一步理解、掌握场地调研与分析的基本知识与方法；然后进行"城市热点类型场地"调研分析研究专题，要求学生综合应用前面学到的知识与方法，针对教师设定（学生自己提出，与教师讨论确定）的专题研究场地，给出自己独到、针对性的场地认识分析结果与解决方案。

课程教学内容安排简表　表1

内容大类		授课知识点
基本知识/方法	场地认识	场地概念、场地分类、场地自然元素、场地社会元素、场地文化元素、场地经济元素及其他元素
	场地调查	场地调查程序与方法
	场地分析与评价	场地分析技术与方法、场地评价方法
	场地整理	场地整理任务与内容、平地整理、山地/坡地整理
专题研究	案例剖析	麦克哈格土地适宜性分析应用案例剖析 城市生态基础设施应用案例剖析
		城市规划专业教育指导委员会年会本科生"城市综合实践调研报告"获奖作品解析
	实地调研分析研究	城乡规划、设计、管理中的热点类型场地

4.2　丰富课程教学组织形式

在研究型教学模式实施过程中，要避免传统教师为主体，学生为客体的教学组织形式，要创造民主的学习氛围，激发学生学习的主动性；在教学时间与空间安排上要具有开放性和灵活性的特点，打破授课仅仅局限于课堂的空间形式，走出教室，走到城市，使学生在这个过程中学习知识，发现问题，分析问题与思考问题。

因此，在"场地调研与分析"课的整个教学过程，根据不同的教学内容的特点，采用课堂教学（课堂理论教学、课堂案例式教学、课堂讨论式教学、课堂成果展示）和实地现场教学（现场理论教学、现场案例教学、现场讨论教学）等多样的教学组织形式来完成课程的教学过程。同时，对于学生，依据不同教学内容的需要组建"个体——小组——班级"三层次的学习、研究组织机构，培养学生通过合作、交流与集体研究来完成课程学习过程。对于教师，采用由相应专长教师组建课程组的形式完成教学内容传授和学生学习、研究的指导过程。特别是针对课程专题研究部分，引入"基本问题解决的学习"方法，引导学生对特定的研究情境（案例）的全面学习与分析[2-3]，学生通过这个过程可以清晰掌握案例场地使用的认识与分析方法，并具备将这个过程、方法应用到其他具体的城市规划设计场地的调研分析过程的能力。如表2大体上示意了"场地调研与分析"课研究型教学模式实施过程中不同的教学形式与教学内容的关系。

课程教学方法与教学内容关系表　　　　　　　　　　　表2

教学方法	基本理论知识与方法部分					专题研究部分			
	...	场地认识	场地调查	场地分析	场地整理	...	案例剖析	实地调研	调研结果分析	...
课堂理论教学		■	■	■	■		■			
课堂案例教学				■			■			
课堂讨论							■	■	■	
课堂成果展示								■	■	
现场理论教学		■	■	■	■					
现场案例教学				■						
现场讨论		■			■			■		
教师组		■								
学生小组							■	■	■	

4.3　改进课程考核方式

实施研究型教学模式，客观考核评价学生的成绩，一方面要检验学生对课程基本知识与方法的掌握，更重要的是要考核学生应用这些知识与方法的能力。考核方法要突出对学生专业研究能力、知识应用能力、创新能力与发展潜力的评价，突出关注学生对整个的课程学习过程的参与而不单单关注于考试结果。

因此，在"场地调研与分析"课引入"过程检验"的考核方式[4]，考核强调学生对教学过程的"全程参与"，避免了传统"一卷定终身"的弊端，实现对学生课程成绩的全面、客观评价，最终课程考核成绩由课程基本知识、方法考试成绩与课程专题研究考核成绩两部分组成。其中，对课程基本知识与方法教学内容的考核采用学期末"有限开卷"的考试形式，目的是实现对学生掌握"场地调研与分析"课的基本知识、方法情况的考查。其实质是考试时允许学生带一张A4参考纸进入考场，纸上所附信息不限，但必须是本人手写，A4纸要注明班级、学号、姓名，同试卷一起上交。采用这种方法引导学生主动将平时课堂学习的内容归纳，将书读"薄"，达到培养锻炼学生自我学习总结的能力；减轻了学生死记硬背的压力，将主要精力放在基本原理、基本方法的理解、掌握及灵活应用方面，促进了学生分析解决问题的能力的培养。对课程专题研究部分成绩的评定，主要来测试学生认识、分析、解决课程设定的研究专题的能力，测试以讨论、汇报的形式开展。对应研究专题的"认识问题——收集资料——分析问题——解决问题"完成过程，设置相应的前期研究汇报、调研中期讨论、调研成果汇报3个环节。其中，前期研究的汇报基本在各研究小组范围内进行，调研中期讨论及调研成果汇报以班级为单位展开。评委由专业教师、高年级学生等成员组成，最后根据学生整个课程专题研究完成过程的表现及成果完成质量来评定出最后成绩。

4.4　构建课程教学平台

研究型教学模式实施，既要为学生创造自主学习的条件，也要为学生创造进行课程研究的条件。因此，在"场地调研与分析"课教学中，建立虚拟与现实两个教学平台，切实培养学生全面的场地认识、调研、分析与应用的能力。虚拟的教学平台即是课程学习网站，开放"场地调研与分析"课程相关教学资料，实现师生间的网络在线交流互动、网络离线的交流，保证在网上能够实现对学生学习的全程指导。现实的教学平台就是要依托授课教师的工作室、学科研究机构、社会实习基地等资源，保证学生学习内容、课程专题研究题目的真实性与可见性，保证课程理论学习与课程专题研究学习的质量，使学生能够亲身体验与应用已学的知识、验证已学的知识，同时获取新知识、积累学习与科研的经验。

5 结语

当今城市建设、经营与管理中面临的问题越来越复杂，进行城市（乡）规划时要面对、分析与解决的问题也变得更加复杂，对通过城市（乡）规划成果解决城市问题、服务城市建设提出了更高要求。城市规划专业学生只具备"画图能力"已经不能适应社会对规划专业人才的要求，学生必须还要具备"分析图"、"解释图"、"应用图"的能力——即为什么要"画"这样的"图"，画出

来的"图"有什么用、怎么用。"场地调研与分析"课实施研究型教学模式，对培养学生融会规划的理论、知识与方法，培养具有专业综合理论素养与研究分析能力，又具有较高规划设计能力的专业人才具有重要作用。

参考文献

[1] 汪旭辉.大学实施研究型教学模式的实践与思考[J].吉林教育学院学报，2009，25（6）：11-12.

[2] 赵洪.研究性教学与大学教学方法改革[J].高等教育研究，2007，27（2）：71-75.

[3] 崔军.高校研究型教学模式及其教学活动探析[J].煤炭高等教育，2007，25（2）：65-67.

[4] 赵晓乐，赵博.走近研究型教学－走近创新素质教育[J].黑龙江教育学院学报，2008，27（1）：31-33.

Application of Research Teaching Mode in "Site Knowledge and Analysis" Course for Urban Planning Specialty

Zhang Shanfeng   Chen Qianhu   Song Shaohang

Abstract：Site knowledge and analysis course has important role on the curriculum of urban planning discipline，it also has important role on the training of student's professional ability.Analyze the problems of site knowledge and analysis course teaching and introduce the research teaching mode.Establish the scheme of site knowledge and analysis course，including the teaching content，teaching form，course examine and teaching platform，in order to improve the teaching effect of site knowledge and analysis course.

Key Words：research teaching；teaching content；teaching form；course examine；teaching platform

基于"实践论"的《城市规划初步》教学改革

周　骏

摘　要：对于城市规划专业的学生，应当在低年级尽早的开设基础性专业入门课程。城市规划初步课程在内容组织上，一方面需要注重专业基础知识的全面覆盖性和相对完整性，另一方面还应特别注重专业的突出社会实践性和响应社会需求的动态变化性。从实践出发，基于"实践论"的城市规划初步教学，有助于培养学生学习的兴趣，产生自行学习的内在动力，并为高年级专业化学习奠定基础。

关键词：城市规划；城市规划初步

1　课程设置的目的

1.1　城市规划教学发展背景

在快速城市化进程背景下，城市规划专业的作用已经得到了国内前所未有的广泛重视，城市城市的专业人才培养也受到了特别重视，至今已经有百余个城市规划专业在国内高校中诞生和发展。同时，原有的主要以建筑学为背景，强调在扩大空间范围内进行综合布局的城市规划专业培养方案，已进行了大量的相关专业知识的补充，并向培养适应社会实践需求的方向发展。然而，在已经调整修改的新培养方案中，特别是在基础教育层面上，仍然存在着较为明显的薄弱环节，需求不断改善和优化入门阶段的基础教育课程。

1.2　城市规划初步教学基本情况

城市规划初步课程既是城市规划的启蒙教育，也是城市规划的专业基础教育，更是城市规划的素质教育。目前，浙江工业大学建筑工程学院的城市规划初步教学也正处在一个探索和实践的阶段，基本情况如下：①课程设置在二年级上学期，与建筑专业教学有一定的错位。②教学目标旨在向学生讲授城市规划的基本概念、主要思想及城市发展的背景知识及城市规划的学科体系，为以后的城市规划各门课程的学习打好基础；但在城市规划理论学习中较为突然，缺乏循序渐进、逐步深入的过程。③教学内容以理论教学为主，实践认知环节较少，不利于学生启蒙教学。④由于总体性的专业基础通识性课程缺失造成教学的局限性。

2　教学内容与方法革新

2.1　建立城市规划本体的课程内容组织构架

（1）模块1：城市规划核心理论内涵

让学生基本了解城市规划的是什么，城市规划最为核心的价值观念和基础理论。开启学生专业学习历程，帮助学生竖立正确的专业核心价值观念的关键环节。在内容组织上，从城市的发展与城市规划的作用入手，明确界定城市规划什么的问题，并在此基础上延展城市规划的价值与目标，对经典规划理的论评论和前沿规划理论的引介，培养入门学生的专业信念，城市规划专业的核心概念和基础理论有所共识。

（2）模块2：城市规划实践方法

重点介绍城市规划领域的常用实践方法，让入门学生对于具有明显实践特征的城市规划专业的核心操作方法形成框架性的基础了解。为此在具体的内容组织上，突出了按照空间层面划分的总体阶段和详细阶段的一般规划编制方法和成果案例介绍，又兼顾了专项性的如道路交通和市场工程等规划的一般方法和成果案例的介绍。

周　骏：浙江工业大学建筑工程学院讲师

（3）模块 3：城市规划的学科动态

让学生清晰地感觉到城市规划专业的突出实践特性，并进一步了解城市规划在国际范围内的重要影响；强调板块化的对英国、法国、美国、日本等发达国家和地区的城市规划实践的介绍，并与国内规划实践进行比较。注重对城市规划专业的发展动态进行简要介绍，让学生体会和理解城市规划学科发展的重要影响因素来源于价值观念、经济社会需求和城市化进行等外部因素，并关注经济、社会、政治、环境、工程等对城市规划的影响（表 1）。

城市规划本体的课程内容组织架构　　　　　　　　　　　　　　　表1

关注本体的课程模块	教学环节	主要内容
城市规划的核心理论内涵	城市规划专业背景、主要规划类型和内容	城市规划概论和学科简介 城市规划的价值与目标
	城市规划理论的历史及其动向	经典规划理论评论与前沿规划理论引介
城市规划实践方式	区域规划与城镇体系规划	—
	城市总体规划与市域总体规划	—
	城市控制性详细规划与城市规划管理	了解规划管理与审批的基本流程，控制性详细规划在城市规划管理中的地位和作用
	小城镇总体规划	了解规划的空间尺度、基本内容、用地分类、表达方式、图例等
	城市设计、居住区建设、城市更新方法与旧城改造规划	—
	城市道路与交通规划、城市设施布局及其专项规划	公共设施、基础设施
城市规划的学科动态	国外城市规划	发达国家和地区的城市规划实践介绍，比较国内外城市规划
	城市规划发展动态	城市规划学科发展历史与发展动态；关注经济、社会、政治、环境、工程等对城市规划的影响

2.2　针对城市规划客体调整教学手段

针对城市规划客体教学，要求学生加强观察与认知城市意向、城市要素与基本地段。通过浅层次的信息收集方式，如实地观察、速写手绘等，记录他们看到的城市现象与空间环境，并在课堂上做一些简单的交流、对比与分析。教学手段上应从培养学生学习兴趣的角度出发，引导学生多视角来分析各种城市空间现象的背景与机制，不断引导和启发思维。

（1）多媒体教学手段

在整个教学环节中，将多媒体现代先进教学手段等作为基本手段，所有讲课内容都有是 PPT 演示，以精美的图片辅助一些电影和电视片剪辑，使课件内容新颖、丰富。在此基础上，教师灵活运用启发式提问、小作业等教学手段，促进学习积极思考，充分调动学生的积极性和参与性。

（2）以"交流"为手段的课堂教学模式

规划专业非常重视语言表达能力的训练。针对学生不善于沟通的特点，教师组织学生在不同场合、作用不同方式，促进学生之间、师生之间的交流。比如，每次作业练习过程中，都会组织全班学生讲述自己的成果，然后其他同学讲评，促使学生主动、踊跃阐述自己的观点。

（3）将手绘练习作为一种思考和学习的手段

手绘练习是学生认知城市、体验城市的最佳途径之一。与用相机拍摄相比，手绘需要的时间很长，一般需要一个小时或是更长的时间，学生在画的时候，可以更具体、细致地观察城市，教师也有时间了解学生掌握知识的程度并且适时传授相关知识。在课堂上对同一城市环境进行手绘，能在学生之间形成比较和竞争，使学生的注意力高度集中，效果比平时训练更好，同时多角度的成果比较有助于学生提高观察力和理解力（表2）。

城市规划本体的课程内容组织架构 表2

关注客体的课程模块	教学环节	成果要求
城市乡村意向	"我来自城市"	1. 手绘地图 2. 阅读地图
	"我来自乡村"	
	意向认知地图	
城市基本要素	不同性质的城市用地	以PPT的形式，进行简单分析与文字表达
	不同性质的城市道路	
	不同时代的城市住区	
城市基本地段	重要的公共设施	以PPT的形式，进行简单分析与文字表达
	不同等级的城市中心区	
	不同性质的城市街区	

2.3 城市规划初步教学方案设计

城市规划初步教学方案设计以城市规划本体为背景，以城市规划客体为重要手段，设计基于实践论的教学方案。整体将以城市认知实践为主，以理论教学为辅，将手绘练习作为一种思考和学习的手段，采用理论教学、城市认知、手绘练习三位一体的教学法，培养学生学习的兴趣，使学生产生自行学习的内在动力，明确城市规划初步教育、学习的主导方向与主要内容（图1）。

3 教学改革成效

3.1 提升学生综合能力

改革后的《城市规划初步》课程基于理论、认知、手绘三条轴线，设置理论学习、观察城乡、手绘意向、临摹学习、团队汇报等多个环节。理论学习环节搭建了专业理论知识平台；认知及表达环节强化了学生的观察社会、思考社会、表达社会的能力；团队合作及汇报环节强调小组成员良好组织、合理分工，锻炼学生的组织能力与集体协作能力。经过多轴线交织的内容设置，课程引导学生主动学习、积极交流，提高理论、思考、表达、合作等综合能力，有效提升学生能独立、善合作、可创新的素质要求。

3.2 搭建整合性的基础平台

课程训练作业的选择依托于我国城市规划体系的主要内容和我校城市规划专业培养计划的课程体系，选择区域规划、总体规划、控制性详细规划等关键规划作为课程的主要训练内容，搭建了一个符合实际建设和发展趋势的理论基础平台。教学的重点在于介绍城市规划的基本概念、主要思想，让学生让学生初步掌握规划设计的方法思维及初步了解城市规划工作的一般方法与程序，为今后的专业学习奠定基础。该基础平台有利于课程学习的系统性和延续性，对后续课程具有引导和整合作用，促进学生逐步加深对学习内容的理解。从目前已

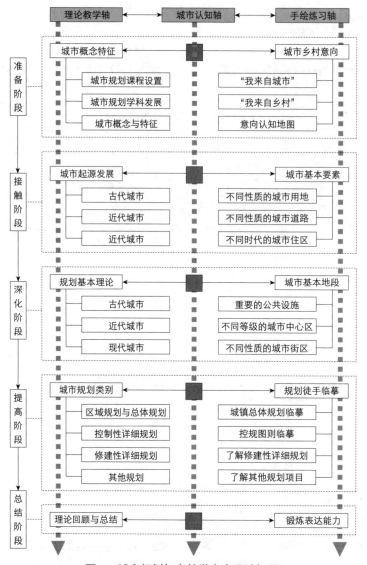

图1 城市规划初步教学方案设计框图

经进入高年级进行规划设计学习的情况来看，学生能够很快地抓住教学的重点、迅速进入到规划核心内容的学习之中。

3.3 激发学生专业兴趣

一方面，基于手绘的学习方式，学生认识到在认知城市的过程中，只有通过手绘速写才能真正提高观察能力，扩宽视野，增加对专业知识的了解；知道怎么去看、怎么去画、怎么去想。另一方面，基于开放式教学方式，通过理论与实践相结合的方法，学生初步对城市规划这门课产生了浓厚的兴趣，进而对城市规划专业产生求知的欲望。兴趣是最好的老师，轻松愉快的教学环境有利于一年级的学生对城市规划这个专业产生兴趣，同时教师在评分过程也尽量给学生正面鼓励和积极引导，培养学生学习的兴趣，使学生产生自行学习的内在动力。

参考文献

［1］ 吴怡音，雒建利.城市规划初步教学改革实践.规划师.2006，8.62-64.

［2］ 郝丽君，肖哲涛.建筑设计课程教学改革与思考.华北水利水电学院学报（社科版）.2011，2.186-188.

［3］ 张晓荣，吴锋，段德罡.城市规划社会调查方法初步——城市规划思维训练环节 2.建筑与文化.2009，6.46-48.

Reform Planning Education to Preliminary of Urban Planning Based on Practice

Zhou Jun

Abstract：For students of urban planning professionals，as soon as possible the creation of basic professional introductory courses in the lower grades.Preliminary of urban planning need to focus on comprehensive coverage and relative integrity of the professional knowledge，on the other hand should attention to professional practice and respond to social needs.Departure from the practice，the initial teaching of urban planning based on practice will helps to develop students' interest in learning，intrinsic motivation to generate their own learning，and to lay the foundation for high-grade specialized learning.

Key Words：urban planning；preliminary of urban planning

构建人本主义核心价值观，创新城市规划原理作业设计
——城乡规划管理视角的茅盾文学奖作品解读

郐艳丽

摘　要：中国人民大学城市规划管理专业以"人文、人本、人民"为核心理念，培养具有综合分析能力和人文精神的城市规划人才，但由于公共政策导向的城市规划管理的"人本主义"核心价值观培养的重要性和学生专业发展优势与弱点，我系一直试图探索符合自身专业发展方向的培养模式。城市规划原理作业设计为城乡规划管理视角的茅盾文学奖作品解读是一种教育培养方式的探索和思考，是作业教学方法的创新。

关键词：人本主义；作业设计；城乡规划；茅盾文学奖作品

1　作业设置的背景

1.1　专业背景

中国人民大学城市规划与管理系本科生招生和培养工作始于2005年，总招生116人，已经毕业59人，在读57人。中国人民大学作为中国人文社会科学重镇，以"人文、人本、人民"为核心理念，培养具有综合分析能力和人文精神的城市规划人才。人大特色的城乡规划管理专业既是对规划向公共政策转型的探索，也是对公共管理学科如何更加具体、可实施地服务于社会的探索。对于传统城乡规划而言，人大的城市规划管理是研究型的，而对传统的公共管理而言，人大的城市规划管理是实践型的❶。强化规划的公共政策属性，重要的是将公共政策的理论、方法、模型、手段全面融入到城市规划发展体系中的各个环节，包括规划理论、规划实践和规划教育。

1.2　课程设置

我系成立短短5年来，致力于基于公共政策的规划理论研究、影响实践过程的规划编制、规划教育的探索。目前针对自身的实际情况已形成"三条主线＋一个方法论"的教学培养方案：经济社会学、管理学、规划学；统计学方法、计量经济学、GIS、CAD、Photoshop的知识结构。学生的优势是知识结构好，分析能力强，弱点在于动手能力不足。我系有4门专业课开展了课外体验和实践，包括建筑学基础、城市规划与设计、城市更新与旧城保护、城市社区管理，课程考核采用"大作业"形式，假题真做或真题假做，要求学生能够运用所学技术手段，解决该课程领域所涉及的具体问题，强化其动手能力。

城市总体规划课程是2008年本人开始教授的课程，设在本科生三年级下学期，学生已经掌握大部分专业知识和分析方法，大部分院校城市规划原理课程一般采用大作业的形式，为探索和培养学生运用所学的知识分析和研究城乡问题，一直在思考设计独特的作业形式——以课后作业为突破口，通过作业题目的设定、作业要求的明确、作业过程的指导、作业成果的评议等环节❷，

---

❶ 2012年1月11日专职委部分成员会诊人大的城市规划管理学科设置与发展会议上石楠秘书长总结语。

❷ 王晓光，试论服装史的作业教学法——艺术设计专业史论课程教学改革微探，黑龙江高教研究，2008（10）

郐艳丽：中国人民大学城市规划与管理系副教授

实现解读理解现实、专业理性思考、实践技能提升和构建人本主义核心价值观的目的。作业灵感来源于红学家通过红楼梦对社会文化等各领域的考证和解读。因此设定这样的作业形式：从名著中用规划原理的相关知识去分析城乡建设与规划历程，解读城乡空间规划与管理的相关内容，并在此基础上总结关于城市规划的理性思考和价值判断。

1.3 作业目的

公共政策导向的城市规划专业课程作业需要完成以下几点任务：一是与教学相辅相成，成为对课堂教学的必要补充；二是引发学生认真完成的兴趣，进而引发对这门课乃至专业的兴趣；三是培养学生的专业实践技能，提升学生的专业素养；四是培养以人为本的城市规划核心价值理念。在强制学生阅读茅盾文学作品的同时可能本身具有一定的教育价值，而引导学生从城乡规划的专业视角去发现和研究城乡问题可能具有学术价值，在解读过程中探索相应的解决方法本身具有实践价值，最重要的是让学生带着乐趣去仔细阅读、深刻思考、严谨研究。

2 选择范围与形式

2.1 选择范围

选择文学作品范围需要认真考虑，文学水平较高、反映现实生活、体现主流文化是基本原则。在中国也许普遍水平较高的系列作品可能非茅盾文学奖作品莫属。茅盾文学奖从1982年开始，每四年评选一次，是当代中国主流文学界的最高荣誉，目前已经有八届36部。按照媒体的评价有这样的总体特征：体制内的文学向来都有一种精英和经典的固执❶，但这些作家们依据特定时空转移中宏大记事记录时代的演变和人们的命运轨迹，因时代背景跨度自由映射出社会变革的巨大变迁；因独特的地域属性而无意识形态上的忌讳反映社会现实的真实和厚重；因作家传统价值取向韵味的升华而引发深层的思量与拷问。

---

❶ 陷入矛盾的茅盾文学奖,2008年10月29日,成都晚报,
http://opinion.hunantv.com/x/20081029/55776.html

但茅盾文学奖的作品并不是纯文学的作品，相反在很大程度上它们是对现实的忠实记录与探讨。很多茅盾文学奖的作品如《钟鼓楼》、《长恨歌》就是在探讨城市的故事或以特定的城市区域为背景，包含建筑的底蕴、街道的肌理、市民的日常生活等方面。这些作品在相当程度上展示了历史城市的发展轨迹，特殊时期城市的生活风貌，可以说就是文字版的"清明上河图"。这些对于我们了解城市、了解历史规划、了解城市文化以及了解社会生活都有非常重要的帮助。茅盾文学奖获奖作品中也含有大量反映农村现实、反映城乡流动的作品，如今城乡规划也面临着向更广域的城乡统筹发展的背景，从这个角度来讲，这种反映农村现实和城乡流动的作品更能帮助我们了解城乡之间的社会现实，帮助我们构建城乡规划的大视角。把阅读范围限定在茅盾文学奖作品之内，在保留充足的作品范围前提下，既不至于范围太大增加老师的负担，也不至于造成选题的雷同。

2.2 研究角度

2011年在公共管理学一级学科下自主设立与社会学交叉的二级学科——城乡发展规划与管理，城乡规划学与公共管理学共同孕育了城乡发展规划与管理学科。城乡规划学的核心是空间，公共管理学的核心是管理，因此确定作业的研究视角定位在空间与管理两个维度。

（1）空间视角：以城乡发展、城乡规划为主线，作业通过文学作品的中的细节和现实对照进行分析判断，梳理脉络、感受现场，发现问题，解读原因，最终落实到空间。

（2）管理视角：寻找书中与城乡规划或者发展改革相关的制度和管理内容，对里面包含着政治、经济、制度方面的种种对比和历史演进进行梳理和解读。

2.3 考核形式

学生需要根据阅读内容得出最终结论，并将分析成果画出必要的图示、做出具体的模型，并最终以文字、图片、照片、实体模型等表现形式制成PPT幻灯片演示文稿进行课堂方案交流与汇报，占总成绩的50%。

3 作业步骤与思路

3.1 目标选择❶

茅盾文学奖获奖作品比较丰富，提醒学生注意的是确实有一些作品确实无法很好地拟合城乡规划管理的空间和管理主题，如《李自成》《尘埃落定》等联系不太紧密的作品，因此必须通读后才能有针对性地选择，对学生选择研究切入的方向没有限制，因此学生选择的书籍原因都不同：有的学生由于担心文学作品偏离城市规划相关主题太远，因此选择阅读的时候选择了题目中有"都市"字样的书籍——《都市风流》，因为这样书名的书籍通常在叙事的同时会对相关的城市生活与风貌进行描写；有的同学对老四合院、老北京的胡同感兴趣，因此选择《钟鼓楼》《穆斯林的葬礼》等，通过四合院变成大杂院的历史过程的忠实记录观察胡同中的社会底层的好与坏；也有选择自己家乡的，如《湖光山色》书中的故事发生在丹江口水库西岸，离学生的家乡襄阳很近，其风土人情、历史文化对其理解文章内容有帮助。

3.2 发现分析

因为小说大多是基于现实生活的，会从字里行间找出一些现实生活的影子，因此要求学生从文章细节中发现线索，通过重复阅读发现灵感，根据书中的蛛丝马迹，分析出书中原型的地理位置和相关特征。以《穆斯林葬礼》为例，学生根据书中描述能看到邦克楼，分析宅子距离清真寺不远；在早上看到邦克楼周围的烟雾，视角背对太阳，说明宅子在清真寺东方；清真寺是古寺，从而将清真寺范围缩小到牛街清真寺、东四牌楼清真寺、普寿寺、法明寺，而牛街沿街曾居住大量玉器商，因此判定博雅宅应位于牛街清真寺一带。以《都市风流》为例，让学生产生灵感的是书中关于唐山大地震对小说中城市造成的破坏的描写，这启示是一种地理位置的提示。而事实也证明，在这一线索的引导下，并结合文中唐山大地震留下的蛛丝马迹、引用名人名言的破绽、快速建

---

❶ 2009级学生选择的作品主要有《钟鼓楼》《白鹿原》《骚动之秋》《尘埃落定》《穆斯林的葬礼》《都市风流》《抉择》《蛙》《湖光山色》《暗算》《秦腔》《平凡的世界》。

设的史无前例和立交桥数量的惊人吻合，学生最终一步一步推导出小说中的匿名城市实为天津。

3.3 推理考据

作业要求学生以考据方式，根据书中空间的变化状况，辅以文献研究，进行大胆的假设和小心的求证，处处想撇开一切先入的成见，处处存一个搜求证据的目的；处处尊重证据，让证据做向导，考证其原型的真实变迁，引导到相当的结论上去。这一作业表面上阅读文学作品，实际上却隐含了大量城市规划与建设的相关文献和资料需要学生去阅读和研究，而绝不仅仅是从文学作品中生拉硬拽，从而体现它的专业性。以《都市风流》为研究案例的学生为了弄清天津近代规划演变历程，从《天津规划志》入手，阅读大量相关资料，用规划原理的知识去分析城市建设与规划历程，理顺发展脉络和演变趋势，并有自己独特思考与理解。

3.4 实地考察

茅盾文学奖获奖作品有很多故事都发生在现实中，书中的描写也都以真实的城市、乡村为依托展开，因此，实地考察地点原型和整理相关信息成为理解作品的一个重要手段。在考证的过程中，需要同学精读作品中关于故事发生的城市或乡村的相关描述，通过作者对城市肌理、形态的描述，再加上自己查阅大量的关于城市发展的资料完成考证。在这样的过程中，学生能够了解到一个城市或者一个乡村地区的发展轨迹，设身处地，到达原型所在地，最真实的感受当地的风貌与生活，从现实空间中取得共识，看到的这个时代的"别人"眼中的风景和对现实的理解，加深学生对城乡发展和历史演进的具体认识。

4 作业反映与收获

上课布置关于城市总体规划课程作业的具体要求时所有的同学都很吃惊，第一印象是风马牛不相及，觉得很新奇、很特别，但感觉不专业；但由于这个作业占总成绩的比重较大，需要认真完成；同时学生都还比较喜欢读文学作品，平时没有闲心读这些书，这次作业可以给自己一个系统读小说的借口。学生认真地做完这个作业后，他们自己的评价认为认真完成这个作业过程非常

痛苦，是一个炼狱的过程，需要反复读书找到线索，需要费尽周折收集资料，需要尺量步丈现场踏勘，需要冥思苦想形成结论，但都认为自己收获颇丰。

4.1 专业理解更加宽广

长久以来一直存在这样一个问题：于城市规划而言，究竟什么才是最重要的？我们一直在研究和界定公共利益，探讨城市规划与建设者的价值底线，研究在城市的规划与管理过程中，究竟应当秉持一种什么样的价值观？相较于专业知识与技能，培养学生构建"以人为本"的城市规划核心价值观更为重要。价值观决定了规划与管理的出发点与目的，从而也决定了规划者与管理者的决策方向，更决定了城市的发展路径。文学作品大多是源于对现实生活的思考和再现，从非专业的角度理解文学作品，让学生不断地站在书中主人公的角度，看到那时那地的风景，体味他们对于风景的"审美"与心情，从一种更为宏大的视角上，看到人性，了解城市的文化与精神，关注"别人"眼里的风景和审美，可以塑造人文关怀的基本理念。从专业角度通过文学作品发现和规划相关的内容，会用专业思维去思考当时的社会现象和时代特征，与当时社会生活的各个方面联系起来，从而去探求当时的规划思想和未来发展趋势，培养学生用专业视角看待现实生活的能力，使他们获得更深层的专业理解。

4.2 分析能力得到提升

以往的很多作业都直接从专业学术经典切入，学生初读不免感觉晦涩深奥、脱离现实，往往是一种被动的学习，缺乏主动探寻的欲望，阅读效果常常不尽如人意。同时无论规划与管理，信息的流通都是存在障碍的，我们得到的信息通常比我们所期望的要少。因而根据有限的信息分析出更多有价值的内容，就成了至关重要的能力。而小说则凭借其丰富生动的故事情节吸引了学生的阅读兴趣，在这一基础上学生再去探究其中他感兴趣的部分，并通过阅读大量的相关专业资料和从实地考察，最终完成报告。学生在整个过程中一直可以保持相对积极主动的心态，在完成作业的过程中也激发了灵感和兴趣。学生会根据书中的蛛丝马迹分析出原型的地理位置，结合文献分析出了原型的时空变迁，结合实地调研抽象

出居民的生活风貌，小型社区的组织模式，对于一个从未经历过严格学术研究的学生而言，对其的分析能力也是一种锻炼，这些都是非常重要的专业技能。

4.3 绘图技术得到提高

由于小说只是以文字性的描述来反映时代特征和社会现实，因此学生如果想要生动形象地展示当时的城市布局或空间结构特征，势必需要通过对一些历史图像资料的加工才能体现出来，那么就不可避免地需要用到诸如 CAD、PS、GIS 之类的软件，锻炼了应用这些软件的能力。以研究《穆斯林的葬礼》的学生为例，学生分析出了博雅宅与商业区的原型的空间位置，并且在书中的时空范围内对北京四合院、店铺形式、商业区空间与风貌的变化进行了考证。为更好的展示和说明自己的观点画各种分析图，如运用图底理论绘制了四合院的鸟瞰图。研究《都市风流》的学生为了生动地展现整个天津市城市空间的与布局的演变，通过对各时期天津市建成区的遥感影像资料的临摹和部分完善而最终呈现了一个清晰的城市空间演变过程示意图。这些尝试成为一种实践和练习，从而实现了对原有技术表现知识查漏补缺，使学生的绘图技术得以提高。

4.4 表现能力得到锻炼

这个作业也培养了学生汇报规划和表现自我的能力。因为通过对一系列资料的整理，学生最终还得通过自己的理解将这一过程转述给同学和老师，这也无形中锻炼了学生汇报规划的表现能力。此外，这个作业也为学生表达心中对城市规划管理积聚已久的思考和想法提供了思想的平台，展示自己的思考和批判，从而使思想得以升华。

4.5 人生思考更加深刻

学生认真完成这份作业是一个痛苦的过程，在一部又一部、一遍又一遍的阅读中，学生不断地从城市街头转到巷尾。他们愈发强烈与真实地感受到，每个作品中都有一座城，每座城里都有一段故事。这些故事里，有着破旧的房子，狭窄的巷道，高尚或粗鄙的人们，离合或悲欢的情感，深沉或湮没的记忆，他们在看着这些风景逐渐消逝的时候会感到惋惜与痛心，在未来的工作中

他们可能知道哪些是该珍视的。在做完这份作业的时候，他们体验到真正的欣慰与快乐并非完全来自台下的掌声，并非出于荣耀，并非出于老师期许的目光，而是来自这一路的风景——不只是体味到的别人的风景，更多的是重新认识了自己。

4.6 城市认识更加细致

茅盾文学奖获奖作品如《钟鼓楼》、《穆斯林的葬礼》涉及北京本地城市发展，因此学生通过实地考察的方式以作品为立足点开始自己的考察。这是一种非常好的锻炼专业技能的方式，在考察中学生用自己的脚丈量一个个小小的胡同，去感知街道、建筑与城市，还通过简单的询问、调查等多种多样的方式去和那里的居民打交道，增加对人和社会的认识，而有故事、有历史、有内涵的这些街头巷尾使学生对城市的认识更加细致，也更加深

刻。同时这个作业也让学生平时思考而不得其解的内容和作业结合起来，通过认真地思索得到梳理。

5 作业思考与延续

通过四年的教学实践和不断地探索，反观这份作业引发学生能有很多的专业感悟和人生思考，也许这种专业探索是值得的。从专业性角度这份作业还需要不断深化和完善，一是选题范围的适当扩展和与时俱进，阅读精选现代文学作品继续推荐给学生，开拓思路和视野；二是引导学生从历史的维度和背景理解和认识城市，培养学生历史价值观；三是在四年级的实践过程中，通过分组对他们分析的原型区域进行具体的规划设计，并与CAD等技术性课程结合，让学生在实例中去学习这些基础软件，从而锻炼学生运用规划理论和技术去解决实际问题的能力。

Building the Corn Values of Humanism and Innovating the Design of Work on Principles of Urban Planning
——Review the Literature with Maodun Literary Award on Urban Planning and Management

Gui Yanli

Abstract：Keeping "humanity，humanism，and people" in mind，the Department of Urban Planning Management，Renmin University of China，tries to educate planning experts with comprehensive analysis ability and the spirit of humanity.Because of the importance of "people-focused" core value for "public policy oriented" urban planning，and the advantages and weaknesses of our students，the Department tries to explore the education mode which is suitable for our own characteristics. The assignment of analyzing Maodun Literature Prize Winner books for the course of Urban Planning Fundamentals is such an endeavor.

Key Words：humanity；assignment design；urban-rural planning；maodun literature prize winner

控制性详细规划教学中规划师价值观的培养[❶]
——以中山大学城市规划专业为例

袁　媛

摘　要： 在人文规划转型背景下，社会阶层分化、规划主体日趋多元化，控制性详细规划教学中需培养学生关注不同群体利益诉求的空间表达、协调方案能力，其应是规划师价值观培养的主要领域。以中山大学城市规划专业为例，在控规教学中形成了理论传授、课程调查、课程设计和课堂讨论四个教学环节；采用教师中心法、相互作用法、个体化法和实践法等多种教学方法；在理论传授中增加价值取向内容，开发失控调查中增强价值判断训练，课程设计中强调价值观的空间体现与协调性方案，课程讨论中设立与价值观相关的主题。期望新的教学尝试可以拓展教学环节、完善教学内容、丰富教学方法，满足中国社会发展对规划培养的新要求。

关键词： 人文规划转型；控制性详细规划；价值观；城市规划专业；中山大学

1　导言

　　中国控制性详细规划（以下简称"控规"）走过了30多年的发展过程，经历了从1980年代区划概念引入、项目探索，到1990年代控规地位的确立、编制内容的规范，再到2000年以来各大城市控规编制与管理相结合的改革。控规成为各大设计院市场份额的主体之一，也是各院校专业课程体系中的重点之一。

　　目前控规教学内容以用地细分和指标控制为主、以核心地块城市设计引导为辅；包含理论传授和课程设计相结合的教学环节；采用传统的教师中心法（讲授、提问）和相互作用法（小组设计）教学方法[❷]。随着经济改革深化，结合市场开发需求，控规课程增加了经济成本测算、产权调查和分析、容积率计算等内容。但遗憾的是，在社会阶层分化、空间分异显性化，规划主体日趋多元化，城市规划人文转型的背景下，控规教学中需要培养学生关注不同群体利益诉求的空间表达，培养学生协调不同群体利益、更加关注弱势群体需要的能力。控规作为承上启下的法定规划，直接形成对市场开发的公共约束，应该是中国规划师价值观培养的主要领域之一。

　　中山大学从2000年开始承办工科五年制城市规划专业（以下简称"中大城规"），迄今已招收500名本科生，毕业300名学生。2009年5月通过建设部规划专业本科评估，2012年1月通过复评。笔者独立负责控规课程已8年，结合中国社会经济转型深化的背景，借鉴城市社会学、地理学的相关研究，在教学中形成了理论传授、课程调查、课程设计（Workshop）和课堂讨论（Seminar）四个教学环节；采用等教师中心法、相互作用法、个体化法和实践法多种教学方法；在理论传授中增加价值取向内容，开发失控调查中增强价值判断训练，课程设计中强调价值观的空间体现与协调性方案，课程讨论中设

──────────

　　❶　基金项目：国家自然科学基金（41071106）、中央高校基本科研业务费中山大学青年教师培育项目（11lgpy101），2011年广东省科技厅软科学项目（2011B070300106）联合资助。

　　❷　教育学家威斯顿和格兰顿依据教师与学生交流的手段，把教学方法分四类：教师中心法（包括讲授、提问、论证等）；相互作用法（包括全班/小组讨论、小组设计等）；个体化的方法（如单元教学、独立设计等）实践法（包括现场和临床教学、实验室学习、角色扮演、模拟和练习等）。

──────────

袁　媛：中山大学地理科学与规划学院副教授

立与价值观相关的讨论主题。在向人文规划转型的进程中，期望新的教学尝试可以拓展控规教学环节、完善教学内容、丰富教学方法，满足中国社会发展对规划培养的新要求。

2 城市规划师的价值观培养

2.1 规划师价值观培养的不足

城市规划和市场是同一社会中并行的两种资源配置机制，两者的互补性体现了出发点和基本价值观的不同：市场追求效益，而城市规划则注重公平和公正。城市规划专业教学的主要目标之一是培养规划师正确的价值观，包括在规划事务中能够公平、公正处理各方利益；在城市内部多关注边缘和底层群体、促进不同人群的机会平等；为社区发展规划提供帮助；实现城市的可持续发展[1-2]。国外城市规划专业教学包括知识、技能、价值观和实践四大部分[3]，以英国六所大学八个专业方向为例❶，价值观培养一直是规划教育的核心之一，平均占到所有课程的14%[4]（图1）。

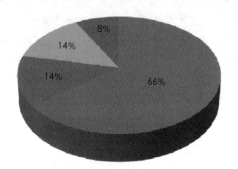

8%
14%
14%
66%

■知识　■技能　■价值观　■实践
1-1　英国（六所大学八个专业方向）

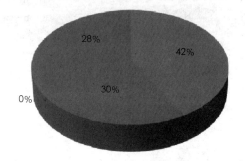

28%
42%
30%
0%

■知识　■技能　■价值观　■实践
1-2　中国（城市规划专业核心课程）

图1　城市规划专业本科课程内容分类

中国城市规划专业独立于1952年（工科四年制），近年来迅猛发展，2008年约180所大学承办城市规划专业[5-6]。办学领域涉及建筑、地理、农林和人文社会等。虽然规划教育进入了多元办学的繁荣期，但是本科课程设置仍是技能类课程比例偏高，人文类课程分量不足[7]；虽然新版的《城市规划原理》已明确提出规划师价值观培养内容[1]，但未在核心课程中独立设置价值观课程（图1），缺少在专业课程中系统性地增强价值取向内容和价值判断训练。

2.2 规划师价值观培养的必要性

社会属性：90年代以来，中国社会经济转型深化，

社会阶层分化带来社会空间重构，社会问题在空间显化。规划师的社会角色决定了要公平公正、关注弱势和边缘群体[8-9]，更需要进行广泛而有效的规划职业道德教育，在专业课程体系中增加价值观培养的内容。

政策背景：2006年新版《城市规划编制办法》和2008年《城乡规划法》的颁布实施，标志着城市规划的公共政策属性已在制度层面确认，规划专业教育的基础呈拓展趋势，从建筑学、工程技术走向城市科学；规划专业教育的重点为工程技术与社会经济、政策科学并立[10]。

学科升级：2011年城乡规划成为新兴独立的一级学科，学科内涵、特征和属性的转变为专业人才培养提出了新的目标和要求：除了培养学生掌握城市规划理论和相关知识，具备良好的专业素质和形态设计技能外，更应该具有高度社会责任感、树立科学的价值观，掌握协调和兼顾各种利益的方法。

---

❶　六所大学八个方向：卡迪夫大学、曼彻斯特大学、谢菲尔德大学、利物浦大学（环境工程方向、城市复兴方向）、伦敦大学学院和纽卡斯尔大学；查找、翻译和整理各大学的课程表并分类统计。

2.3 控规教学应是价值观培养的主要领域

控规属性要求：规划本科教育中价值观的培养是一个循序渐进的过程，而控规课无疑是主要领域之一。随着国有土地使用权转让、城市建设和投资主体多元化，控规编制实质是赋予土地发展权、分配土地利益的过程，它直接牵涉到城市开发中不同阶层、不同团体利益的空间诉求。近年各大城市努力推进控规全覆盖，虽然褒贬不一[11]，但它已成为规划市场的主要份额之一。控规对土地性质、开发强度、建筑高度等指标的控制，一方面使市场开发追求利润最大化的行为有所收敛；另一方面是保障公众应得利益、保证城市公平运作的有力工具。伴随着城市规划的公共政策转向，其核实在于对价值观的多元认同和决策过程的民主化[12]。向公共政策转化的控规，不再只是技术标准、规范推演的产物，更本质是多方协商、公众参与、效率和公平兼顾的过程。因此，控规教学中更要培养学生理解城市开发中不同利益群体的空间需求，树立公益性、公平性的职业价值理念。

控规教学问题：①教学环节：以理论传授和课程设计相结合，重点在于规划编制，以设计作业最终评判学习结果，缺乏多元化教学训练和评价机制。②教学内容：侧重讲授用地细分和适建性要求，规定各级道路的红线、断面、坐标等，确定各地块相关指标、公共市政设施配套要求和城市设计导则等。以技术标准和规范学习为主，忽视对城市开发及控制过程、机理的深入分析。③教学方法：采用传统的教师中心法（讲授、提问）、相互作用法（小组设计）等教学方法，缺乏启发式教育、参与式学习、案例现场教学等。

3 控制性详细规划课程中价值观的培养

3.1 拓展教学环节、丰富教学方法

中大城规专业的控规总教学时间为：课程17周（5节课/周），共85节；1个设计周：15节。设置理论传授、课程调查、课程设计和课堂讨论四个教学环节；最终成绩也由调查报告（20%）、设计作业（70%）和讨论表现（10%）共同构成（表1），构建多元化教学训练和评价机制。

教学方法上，"理论传授"仍采用教师中心法、讲授为主、提问讨论为辅。"课程调查"强调现场教学，带学生到案例点，深入社区观察，分析开发失控的类型和成因。"课堂讨论"中全班分组、分主题讨论案例的开发失控原因和对策，鼓励角色扮演、模拟练习，启发学生站在不同利益群体角度构思开发和控制方案；培养沟通交流的能力。

控制详细规划课程教学环节、内容、方法，时间和成果 表1

教学环节	教学主体内容	教学方法	时间安排	成果与成绩构成
理论传授	国外类似控规的理论和规划；我国控制性规划的内涵、发展；我国的控制体系与要素；控规编制、实施管理等	教师中心法（讲授、提问、论证等）	6周：30节	
课程调查	开发失控调查：滨水地区、历史街区建筑高度调查；居住区公共和市政设施调查等	实践法（现场教学、参与观察等）	2周：10节	调查报告 20%
课程设计	城市1~3平方公里的中心区控制性详细规划设计	相互作用法（小组设计）个体化方法（独立设计）	8周：45节；设计周：15节	规划设计作业 70%
课堂讨论	城市开发失控与规划改进的主题讨论会	相互作用法（全班/小组讨论）；实践法（角色扮演、模拟练习等）	1周：5节	讨论表现10%

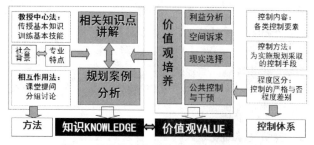

图2　理论传授中增加价值观培养内容

3.2　理论传授中增加价值取向内容

理论传授思路是："知识点讲解＋规划案例分析＋价值观培养"，传授每个知识点的概念、方法；考虑社会背景、规划专业特点，配合案例讲解；同时灌输价值取向内容，完成"知识＋价值"的双向教育过程（图2）。理论教学重点在于国外类似控规的理论和规划；中国控规的内涵、发展、控制体系与要素，控规编制和实施管理等。同时，让学生系统了解城市开发实质是一个利益调整和重组的过程，各主体都抱有不同的目标和空间诉求，他们基于不同的价值观开展利益分析、进行现实选择[12]。政府在尊重他们的利益导向前提下，必须通过控规层面的要素指标、控制方法和程度区分来进行公共干预，注重权利转移、交换的公平性，保障公众尤其是弱势群体的利益。例如讲到容积率时，除了常规的概念、计算方法外，结合广东省"三旧"改造实际案例，分析不同利益主体的选择，探讨容积率调整中必须保证的公共利益、保障公共设施预留用地等。

3.3　开发失控调查中增强价值判断训练

课程调查中，鼓励学生利用理论课所学知识，发现城市中开发失控的案例点、分析失控的原因。培养学生有明确的公共取向，在面对多元的利益主体和复杂的现实问题时，有辨析和界定的能力，能在各种价值之间进行合理的判断和抉择。

（1）常见案例调查：广州最常见的开发失控案例是房地产商高强度地开发优势资源地区，包括自然景观优越的滨水区、历史积淀丰厚和服务完善的老城区。《珠江大峡谷》调查了珠江边体量巨大的江景豪宅的建筑高度、容积率失控问题和程度，对居民生活、大学校园的影响（图3）。《被"挤兑"的国宝》调查老城区点、线和面状

的历史建筑或历史街区周边的开发失控现象，图示高度失控的现代建筑分布，对居民、游客和景观的影响等（图4）。《多方博弈下高档住宅区环卫设施调查》研究了高档居住区环卫设施缺失的情况，通过区位、时间博弈的理论模型分析调查案例的缺失原因等（图5）。

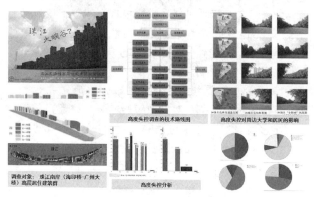

图3　珠江南岸高层居住建筑群开发失控调查

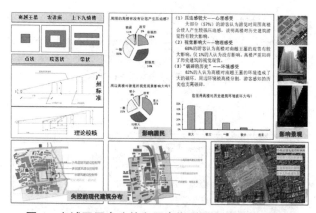

图4　老城区历史建筑和历史街区周边开发失控调查

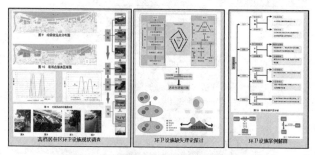

图5　高档居住区环卫设施缺失调查

（2）重点地区调查：调查近年来城市边缘的大型保障房社区建设，以白云区同德街为例，发现在低收入和贫困社区中，类似西方发达市场经济国家中的金融设施、商业设施排斥问题已经出现；公共空间缺失、交通出行不便、厌恶性市政设施集中布局等问题都困扰着居民生活。

3.4 课程设计中强调价值观的空间体现和多元协调

课程设计阶段，培养学生制订方案时贯彻公共性、公益性，确保公共市政设施用地、公共空间等用地；充分考虑不同年龄、性别、收入阶层对公共设施需求况差异，保证低收入、老年、妇女等弱势群体诉求。在大型保障房住区控规中，结合开发失控调查，学生编制规划方案时增加配置公立小学、银行网点、公交站点等；完善区内微循环交通体系、步行体系，结合流线调查建议地铁出入口设置；完善滨水绿化和公共空间等；调整部分厌恶性公建位置等（图6）。

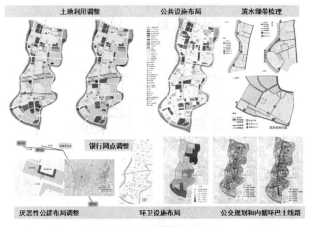

图6 大型保障房社区控规

3.5 课程讨论中设立价值观讨论话题

针对课程调查，全班参与、分组汇报调查主题，分析开发失控原因，探讨规划改进建议。鼓励角色扮演、模拟练习，启发学生站在不同利益群体角度、尤其是弱势群体角度构思修订方案等。

4 结论

在当前经济社会转型背景下，城市规划也不可避免的从物质向人文转向[14-15]，政策背景、学科升级都将规划师的价值观培养提到重要地位；控规的属性和教学现状问题更需要系统性的注入价值观培养内容。结合中大城规专业控规教学改革，拓展四个教学环节，在"理论传授"、"课堂讨论"中增加价值取向内容，在规范学习、技术推演的基础上，充分理解不同利益群体的价值取向和空间需求；在"开发失控调查"中加强价值判断的训练，培养学生关注公共利益、弱势群体利益、理解公众参与过程的重要性等；在"课程设计"中训练价值取向的空间表达、方案协调能力。希望构建多元的教学环节和评价机制，以适应人文规划转向对规划师的新要求。

参考文献

[1] 吴志强，李德华主编.城市规划原理（第四版）[M].北京：中国建筑工业出版社，2010.

[2] 唐子来.不断变革中的城市规划教育[J].国外城市规划，2003，18（3）：1-3.

[3] FRANK A.Three Decades of Thought on Planning Education [J].Journal of Planning Literature，2006，21：15-47.

[4] 袁媛，邓宇，于立，张晓丽.英国城市规划专业本科课程设置及对中国的启示——以六所大学为例.城市规划学刊，2012，200：61-66.

[5] 赵万民，赵民，毛其智.关于"城乡规划学"作为一级学科建设的学术思考 [J].城市规划，2010，34（6）：46-54.

[6] 赵民，林华.我国城市规划教育的发展及其制度化环境建设 [J].城市规划汇刊，2001，06：48-49.

[7] 陈征帆.论城市规划专业的核心素养及教学模式的应变 [J].城市规划，2009，33（9）：82-85.

[8] 孙施文.城市规划不能承受之重—城市规划的价值观之辨 [J].城市规划学刊，2006，161（1）：11-17.

[9] 王红扬.论中国规划师的职业道德建设 [J].规划师，2005，21（12）：58-61.

[10] 黄亚平.城市规划专业教育的拓展与改革——华中科技

大学城市规划专业办学３０年的回顾与展望［Ｊ］. 城市规划，2009，33（9）：70-73（87）.

［11］ 黄明华，王阳，步茵. 由控规全覆盖引起的思考. 城市规划学刊，2009，187（6）：28-34.

［12］ 袁奇峰，扈媛. 控制性详细规划：为何？何为？何去？［Ｊ］. 规划师，2010，26（10）：5-10.

［13］ 王世福. 探寻多元价值协调的城市宜居之路［Ｊ］. 规划师，2007，23（3）：19-22.

［14］ 华晨. 规划之时也是被规划之日——规划作为一级学科的特征分析［Ｊ］. 城市规划，2011，35（12）：62-65.

［15］ 石楠. 试论城市规划中的公共利益［Ｊ］. 城市规划，2004，28（6）：20-31.

Value Trainning of Urban Planners in Regulatory Planning
——A Case Study of Urban Planning Major of Sun Yat-sen University

Yuan Yuan

Abstract：In the background of Humanity-turn in Chinese urban planning, accompanying with social differentiation and stokeholds' diversification, teaching of regulatory plan should cultivate students by paying attention to spatial needs of different stakeholders and harmonizing their interests.It is one of the main fields of cultivating occupational values of urban planners. As urban planning major of Sun Yat-sen University a case, there are four parts of regulatory plan teaching：theory lectures, development control surveys, planning workshop and seminar.Varied teaching methods are included, such as teacher-centric, reciprocity, individuation and practice methods, etc.In theory lectures and seminar, value content and subjects are added. Value judgment is enhanced during the development control surveys.Collaborated scenarios which pay spatial needs of different stakeholders are accentuated in the process of planning workshop.With these new attempts, we hope that regulatory plan teaching could satisfy new needs of social and economic transition of China.

Key Words：humanity-turn in urban planning；regulatory plan；value；urban planning major；Sun Yat-sen University

城市设计课程研究性教学中案例分析的作用

贡　辉

摘　要： 研究性教学的核心是问题教学，因此，如何培养学生发现问题、分析问题、解决问题的能力是研究性教学的关键。城市设计是一种创造性的行为，而创造总是从模仿开始的。模仿是学习的初步形式，练习者（设计师）总是部分的依赖于自己和他人的经验但又总是试图突破自己和他人的经验。案例分析其实质是一种设计解读，是创造的逆过程，是对设计自身的一种追溯，一种从设计的结果处罚倒推其过程逻辑的"反设计"，因此案例分析与解读是模仿在设计教学中的应用和深化。本文就案例分析与解读的作用、本质以及在设计教学中的尝试与研究进行了论述，旨在探讨案例分析在教学运用中的合理模式和正确途径。
关键词： 案例分析；研究性教学改革；尝试

历经百年，随着多学科、多专业的介入，城市规划学科已经发展为自然科学和人文艺术兼具的应用性学科，专业实践领域不断拓展，从宏观的土地环境生态与资源评估和规划，到中观的场地规划、城市设计，再到微观层面的公园、广场、花园、庭园等川，涵盖了资源利用与保护、规划与设计、建设与管理基本领域，随着社会的巨大进步和时代的飞速发展，人类越来越关注自己赖以生存的地球，在日新月异的现代化都市建设、农村小城镇建设、道路交通建设以至国土绿化与美化等工作中，不仅需要跨学科跨行业的理论探索，不仅需要具有专业性、创造性从事城市设计与研究工作的人才，而且还需要一大批既有较好的建艺术素养，懂得城市设计基本原理和管理理论知识，的"一专多能"的中高级专业技术人才。案例教学作为城市设计教学的重要一环，对于如何从实践项目中学习，提高场地现状问题的分析能力有极大裨益。本文结合作者自身教学实践，从城市设计案例教学的定义，内容，与传统教学方法的比较及课堂组织与控制方面进行了有益的探索。

1　城市设计案例教学的基本要义

城市设计的案例教学，就是在主讲教师的指导下，根据教学目的要求，组织学生对城市设计的实际项目进行调查、思考、分析、讨论和交流等活动，教给他们分析场地问题和解决问题的方法或理论，进而提高分析问题和解决问题的能力，加深学生对城市设计基本原理和方法的理解的一种特定的教学方法。

案例教学不只是"教"的过程，也不只是教学技能、技巧，或者说一系列教学步骤的实施过程，更重要的是"学"的过程，即老师、学生都成为案例教学过程中的主体，承担了更多的学的责任，要有更大的投入和更多的参与。通过这种持续不断的案例教学活动，不断给老师和学生提供各种各样的学习机会，拓宽他们的设计思路。

2　案例教学与传统教学模式与方法的区别

城市设计课程采取案例教学法，这与传统的教学方法有很大的不同，弄清楚这些区别对于我们推广城市设计的案例教学很有好处，区别主要表现在以下几个方面：

2.1　授课方式不同

传统教学法主要是教师讲，学生听，课堂讲授是教学的重点和中心，案例教学法则是教师和学生一起，共同参与对实际设计项目案例的讨论和分析。设计案例构成了课堂讨论的基础，通常是在课前由教师以书面形式的案例资料交给学生阅读，然后再在课堂上讨论。因此

贡　辉：重庆大学建筑城规学院讲师

组织好案例讨论是案例教学中的中心环节。

2.2 教师的角色和责任不同

在传统教学中，教师其角色定位是把自己知道的理论、实践知识传授给学生，只要对相关知识熟悉，表述清楚，就算尽到了教师的职责。在案例教学法中，教师的角色是指导者和推动者，其角色定位是要领导设计案例教学的全过程。其责任有三：

一是课前教师要有针对性地选择案例，教师最好选择学生熟悉的场地环境，同时最好既拥有设计图纸，又有现场建成照片的项目。

二是课堂上教师要领导案例讨论过程，不仅要引导学生去思考，去讨论，去作出决策和选择，去解决设计案例中的场地问题，进而从案例中获得某种灵感和启发，而且要引导学生探寻特定案例复杂的设计过程及其背后隐含的各种设计因素和今后园林作品建成之后发展变化的多种可能性。在这里，正像一些有经验的案例教师讲的那样，教师既不能无所事事，任课堂讨论自流，也不能严格控制讨论过程，不让学生说出自己想说的话。因而，这种讨论对于教师来说也是一个学习的过程。

三是教师要负责案例更新，要使案例教学跟上时代的要求和反映当前的设计潮流，教师必须不断地进行案例更新。如果案例不作更新，多年不变，那么，学生也只能处理几年前的一些环境问题。因此，案例更新是保持课堂活力的血液。

2.3 使用的教材不同

传统教学法使用的是几年一贯制的固定教科书，案例教学法使用的是对特定设计项目设计图纸及建成作品，在传统课堂教学中，学生的角色往往是听讲者和知识的接受者，学生完全处于被动的地位，在案例教学中，学生必须扮演一个积极的参与者的角色。课前必须仔细阅读教师指定的案例材料，进行认真分析和思考，据以作出自己的决策和选择，并得出现实而有用的结论。在课堂上，必须积极发言，讲出自己的思考和结论，并与他人展开争辩。学生是教学的主角，既可以从自己和他人的正确决策和选择中学习，也可以从承受的错误中学习，即从模拟的决策过程中得到训练，增长才能。这样，

学生学到的知识就不再是本本上的理论，而是活的知识以及思考问题、解决问题的方法和能力。通过以上的对比分析，我们不仅可以看出城市设计传统教学法和案例教学法的优劣，而且也可以懂得推广案例教学法的意义及它在城市规划学科教学改革中的重要性。当然，这样比较绝不意味着对课堂讲授的全盘否定，也不意味在一切教学中都要推广案例教学法。不过，在我们的规划设计教学等领域，案例教学法也许是非常有效的一种教学方法。

3 城市设计项目实例与教学的内容链接

在城市设计的教学课堂中，采用案例教学一般包含以下三块内容：

3.1 项目背景知识

在准备进行案例讨论分析前，主讲教师必须把该项目的背景知识全面地反映给学生，包括：

①用地所在城市、所在地域的历史沿革，人文资源、文化背景等。

②用地在城市规划中的地位与其他用地的关系。

③场地周围的环境关系，周围的城市景观，建筑形式、建筑的体量色彩、周围交通联系、人流集散方向、周围居民类型与社会结构。

④该地段的市政情况，如供电、给水、排水、排污、通信等。

⑤场地的水文、地质、地形、气象等方面的资料。地下水位、年月降雨量、年最高最低温度的分布时宜，年季风风向、最大风力、风速以及冰冻线深度等。

⑥场地所在地区内原有的植物种类、生态、群落组成，当地生长良好的树种。

3.2 设计图纸及现场照片或视频

主讲教师可以先将设计图纸资料展示给学生，让学生针对图纸进行讨论，对于图纸中出现的可能在建成后出现的问题进行逐一记录，然后再与实际照片进行对比，这样可以极大地加深学生理解图纸与现实的关系。特别对于学生培养设计尺度感有非常大的帮助。

3.3 项目分析评价

可以由学生组成讨论小组，先在小组内进行讨论，

达成共识后再派一名代表在全班进行讨论，分析场地的现状条件，文化背景，功能使用，表现形式等问题，再就已建成场景进行优劣分析。最后由教师进行总结分析评定。

4　案例教学的课堂组织与控制

在案例教学中，学生的课堂表现与参与程度是非常重要的。由于各种因素的影响，在老师和全体同学面前发表自己的看法的确需要足够的勇气，需要克服心理上的障碍。有时，由于缺乏学生积极主动的发言，使案例教学变得十分被动和尴尬，强制提问代替了自由发言．课堂讨论变成了老师的自问自答。因此，城市设计案例教学的课堂组织与控制相当重要，一般教师可以采取以下几种方式：

（1）课堂上可以分小组进行研讨，如果课前做过小组研讨，可以直接进入案例分析阶段。案例分析可以结构化，也可以非结构化，即自由式。结构化案例分析的形式多种多样，如，可以将学生分成三组，一组讨论该设计的优点，一组则找缺点，另一组则发表完全不同于此设计的观点，各抒己见，非结构化的自由式案例分析也有多种方式，如，学生个人对设计案例的设计思路、方法、表现手段等发表意见，学生的思维可以尽可能开放、发散，但主持教师要随时用一些巧妙的提问保证学生思考的方向不偏离规划设计的教学目的，以适时提问的方式帮助学生发现自己观点中的偏颇，弥补自己思维过程中的漏洞。又如，由教师事先设计好一个一个层层递进的问题，由学生针对教师的提问自由发表意见，这样有利于项目分析集中于一点，也可将此案例分析得更深、更透。

（2）案例分析阶段要求学生认真倾听，积极表达。学生不能无视他人，自说自话，也不能任由他人发言，自己沉默不语。教师一般需要在这个阶段上对学生进行适当引导，不让学生感到拘谨，也不能天马行空。这要求教师根据课堂情况，适时的、有针对性的、有深度的提问是教师调整案例分析的方向，激发学生兴趣，启发学生思考，控制课堂气氛的最好手段。

（3）案例分析阶段要求每个学生发言，这种发言不需要系统完整，但要有自己的独特见解。如果有人没有主动发言，老师可以通过点名，给没有发言的学生一个发言机会，如果班上学生太多，由于课堂时间有限，不

能使每个人都充分发表意见，老师可以给没有发言的学生一个限定的时间，让他们在规定时间内用最简短的语言表达自己的观点。这样有利于实现学生发言机会的均等，督促每个学生在课堂上认真倾听、积极思考。

（4）为了提高案例教学的课堂效果，教师要在课堂上提出具体的要求，并营造一种气氛，让学生觉得自己是主持这个设计项目的设计师或主管该项目的甲方代表，如果学生把自己当成局外人，对案例进行隔靴搔痒般评点，那就很容易降低案例教学的效果。

（5）主持教师向学生展示知识广博、经验丰富、有热情、有活力的形象对于推动案例教学课堂活动方案的顺利实施十分重要。教师的这种形象要在课堂活动的细节设计和实施中展示出来。

（6）在案例教学中师生都需要激励，我们学院对于老师的教学评估比较深入，分别有学生打分，督导打分及领导同行打分．但老师对学生的课堂表现进行评估的手段严重不足，学生课堂上的表现不影响他们的学习成绩，这样，就算老师责任心强，经验丰富也很难调动每一个学生内在的积极性。针对这种情况，我曾在案例教学课堂活动中设计过这样一个细节，就是在全班进行研讨成果交流和案例分析时，以小组为单位，每个小组成员的表现都与小组成绩有关，小组的最终成绩就是每个成员的最终成绩。除此之外，每个组派一名代表组成评委会，评价自己小组和其他小组的研讨成果和案例分析质量，每个小组得到正面评价一次得一个"优"，被有根据的质疑和否定一次得一个"差"，每个小组所得"优"和"差"相抵后，得"优"最多的为本次课成绩最好的一个组，依次排序。这样一来，学生的已有知识、经验得到充分调动，课堂气氛十分活跃而且有序。

（7）案例研讨与分析阶段，学生打开了思路，活跃了思维，但放得开还要收得回，这就是主持教师的责任。教师在案例教学课堂活动的最后，一定要做好归纳总结，以此促进学生学习过程。即在组织学生对具体案例进行了讨论、分析，使学生充分调动起已有的知识和经验，对要学习的内容形成一个感性的认识的基础后，教师要进行总结、点评，点明教学内容，以加深学生的认识、理解，并掌握分析问题的方法。在这个环节中，通常不要求教师对案例所涉及的问题给出具体的解决办法，允许留有悬而未决的问题。但教师一定要对案例中涉及的

问题给出理论分析的框架、方法或模型。此外，最好指名道姓地肯定和鼓励课堂表现积极和贡献出设计灵感的学生。这个环节是教师水平的集中体现，也是案例教学让学生印象深、收获大的重要一环。

5 结语

现代城市规划专业涉及的工作范围可分为宏观、中观和微观三个层面，不同的层面所涉及的学科内容不同，对规划的要求也不同。宏观层面的工作内容是土地环境生态与资源评估和规划，包括对规划地域自然、文化和社会系统的调查分类及分析，涉及地质地貌、水文、气候、各类动植物资源、风景旅游资源、社会人文历史等多方面学科，很多学生在课程设计中，根本不考虑现状如何，也不会思考设计深层次的问题，只注重平面效果，从书本上找到些构图漂亮美观的图片就开始往自己的作业上"搬"，往往出现理论脱离实际的现象。

"它山之石，可以攻玉"，借鉴先进的教育体制，改进原有的教育体制，案例教学法是一种具有启发性、实践性，提高学生分析能力和综合素质的一种新型的教学方法。有利于培养社会需求的城市规划专业人员。作者认为，面向 21 世纪的城市设计教育，必须加强案例教学，促进学生理论联系实际，各学科知识融会贯通，提高解决各种环境问题的能力。

参考文献

[1] 芦建国,杜培明.南京林业大学高职园林的特色教育[J].中国教育导刊, 2007, 20: 68-69.

[2] 王宇.四川高校风景园林教育研究[J].南京林业大学学报（人文版）, 2007,（增刊）: 42- 45.

[3] 魏广宇, 安勇.开展园林专业学生人文素质教育的几点认识[J].中国林业教育, 2006, 1: 39-41.

[4] 王进涛, 林晓民.略论园林专业学生培养目标及知识技能要求[J].华中农业大学学报（社科版）, 2006.

[5] 李宇宏.谈风景园林专业的人才培养和教学改革[J].中国林业教育, 2003, 2: 11-13.

The Attempt of Case Analysis in Discovery Teaching in the City Design Course

Gong Hui

Abstract：Discovery teaching centers on problems.Therefore, the key to discovery teaching is hoe to develop students' ability to find problems, analyze problems and sovel problems.City design is a kind of creative act, and creation often begins with imitation.Imitation is an initial learning step and a practicer（architect）usually relies partly on the experience of himself/herself and others, but at the same time be also tries to break though the experience.Case analysis in essence is a kind of design reading, an inverse process of creation, the tracing back of design itself, and a kind of "counter-design" that the process logic is deduced from the result, so case analysis and reading is the application of imitation to and deepening of imitation in teaching.This paper claborates on the function and essnce of case analusis, and also attempt and study in design, aiming at exploring reasonable models and correct ways of applying case analysis to design teaching.

Key Words：case analysis; discovery teaching reform; attempt

学科建设

2012全国高等学校城市规划
专业指导委员会年会

城市规划师的技术结构与教学培养途径研究
——基于一级学科的视角[❶]

杨俊宴　　史北祥

摘　要： 本文对城市规划学科发展的数字化技术倾向进行了全面分析，阐述了职业规划师应具备的各类规划技术，结合城市规划设计的过程式、阶段性特点，相应的将规划技术划分为五个技术簇群，并将规划技术的培养融入规划设计课程之中，即可以丰富既有教学体系，又能帮之学生建立完整的技术结构。在此基础上，还应通过教学，帮助学生建立完善的构建、学习新技术的能力，以促进规划技术的不断进步。

关键词： 技术结构；城市规划；教学体系

1　数字化背景下城市规划设计的技术发展

规划技术是城市规划师开展城市规划设计的基本手段及工具。在数字化背景下，城市规划的技术平台也在发生着根本的变革，GIS、CAD、PHOTOSHOP 等专业软件的普及，使得城市规划师之间的技术交流、规划设计的过程及成果表现也产生了新的方式，并随着技术的进步而在不断的发展变化。而随着我国城市化快速发展进入中后期，对城市规划科学性的认识逐步加深，城市规划逐渐成为了政府和普通群众共同关注的，影响和指导城市建设的重要内容。规划师的培养必须顺应时代背景的变化，结合新的技术工具、技术方法及新的规划思想，帮助未来的规划师建构起完整的技术结构，这也应是规划专业教学体系培养的重点之一。

建立规划师完整的技术结构不仅有利于规划师自身从业技能的提高，也有利于城市规划学科更科学、更全面地发展。首先是规划学科发展科学性的自身要求。城市规划学科成为一级学科以后，其学科独立性要求相应的规划技术予以支撑，对城市规划技术进行总结提炼具有较大学科价值。其次是相关技术的发展为规划的理性化提供了可能性。数字化时代对城市规划与设计产生了

深远的影响，信息技术、学科交叉技术、规划表现技术等新技术的探索层出不穷，需要有系统的总结。最后也是我国城市化中后期的实际需求。高速城市化过程中城市规划与设计的合理性经常受到决策者和其他学科的质疑，在我国城市化进入到中后期，相关理论日益成熟的今天，全面提出城市规划的前沿技术，对规划从业者具有较大的借鉴参考价值。

2　城市规划学生的技术簇群解析

在不断深入的城市规划实践中，不论是开展规划教育的学校、规划研究机构、规划管理机构还是各类规划院，都认识到规划技术的重要作用，这也对高校的规划教育提出了更高的要求，相应的城市规划教学计划安排也不应当仅仅停留在规划知识的学习与设计手法的探讨层面上，而应强调规划专业学生完善的技术结构培养。

城市规划是一个实践性很强的学科，在长期的实践中也形成了自身较为成熟的规划设计方法，即由调研、分析、设计、表现四个步骤构成的完整的方法体系。城市规划技术的培养应与其步骤相结合，根据其尺度及内容的不同，形成相应的五个技术簇群，并在此基础上进一步形成完整的技术结构，如图1所示。

❶　基金项目：国家自然科学基金（项目号：50878046）；教育部新世纪优秀人才项目（NCET-08-0114）。

杨俊宴：东南大学建筑学院教授
史北祥：东南大学建筑学院教师

图1　规划师技术结构图
资料来源：作者自绘。

3　规划调研技术簇群

规划调研是规划项目开始的第一阶段，通过调研以获得对基地较为全面、系统的资料、信息、数据以及感受，为进一步的规划分析与决策做准备。传统的规划调研技术受建筑学影响较大，又被技术条件限制，缺乏有效地深入调研的途径。而在数字化背景下，规划本身的技术在不断完善，对规划的认识也在逐步加深，需要新的技术方法来完成规划调研的需求，认知更大尺度的城市空间。

规划调研技术簇群　　　　表1

技术类别	技术名称	技术要点	技术工具	技术应用
场地调研技术	心智地图调研法	对居民的城市心理感受和印象进行调查，由设计者分析并翻译成图的形式，或更直接地鼓励他们本人画出有关城市空间结构的草图❶	图形模糊叠合 SPSS	
	空间注记调研法	根据对城市空间的感受，使用记录的手段诉诸图面、照片和文字	语义符号法	
	GPS定位调研法	利用GPS可精确定位的特点，找到场地的GPS定位点，对场地进行定点的记录，再进行综合评价	GPS定位设备	
	网络问卷调查法	通过基地所在地区门户网站发布调查问卷，进行网络调查	WEB网络	

❶ 王建国. 城市空间形态的分析方法［J］. 新建筑，1994，1：29-34.

续表

技术类别	技术名称	技术要点	技术工具	技术应用
空间认知意向调研技术	簇群访谈法	根据实际需要，有针对性地选择特定人群进行访谈	调查问卷 SPSS	
	街区开敞度认知法	多用于大尺度空间的设计，以街区为单位，通过现场对街区开敞程度的认知，给街区付分，最终通过 GIS 等软件做综合评价	Ecotect ARC GIS MAP GIS	
视觉景观调研技术	视景合成调研法	通过同一观景点，同一视线高度的连续环拍，形成多张连续照片，再利用专业软件进行合成，形成整体效果	PHOTOSHOP PANORAMA MAKER	
	视廊体系调研法	是重要观景点与标志性景观之间的视觉联系通道。通过不断的观察与选取，最终形成多个观景点与多个标志景观点之间的视廊体系	Ecotect ARC GIS MAP GIS	
	门户体系调研法	根据进入城市的途径进行综合评价，形成不同等级门户构成的门户体系，并通过连续的不同距离的记录，形成对门户本身的感知	PHOTOSHOP ARC GIS AUTO CAD	

* 资料来源：作者自绘。

4 地理分析技术簇群

在快速的城市建设过程中，城规划者及建设者越来越意识到需要通过更大尺度的规划来控制协调城市的各项建设，而这些通过传统的技术手段是难以实现的。在数字化背景下，通过新的技术工具及技术手段，可以有效地对大尺度的空间进行分析研究，作为判断和规划的依据。

地理分析技术簇群 表2

技术类别	技术名称	技术要点	技术工具	技术应用
大尺度 GIS 空间分析技术	区域城镇空间演替趋势测算	通过城镇空间增长轨迹的研究，分析城镇空间发展的规律，进而预测城镇空间的发展方向	ARC GIS MAP GIS AUTO CAD	
	城市总体空间形态布局的高度测算	对决定地块高度的各类因子进行分析，并梳理其权重关系，以 GIS 为技术平台，进行叠加处理，最终形成对城市各地块高度的整体引导	ARC GIS MAP GIS AUTO CAD	
	城市总体空间形态布局的开敞度测算	对决定地块开敞度的各类因子进行分析，并梳理其权重关系，以 GIS 为技术平台，进行叠加处理，最终形成对城市密度整体引导	ARC GIS MAP GIS AUTO CAD	
情境筛选分析技术	生态安全格局模型分析	较大尺度地域中存在着生态系统的空间格局，可通过 GIS 等技术对其进行分析，建立完善的生态安全格局模型，使得在期间进行的规划设计不破坏其基本的生态安全	ARC GIS MAP GIS AUTO CAD	
	极化法构筑发展情境	对于不同的发展情境，应突出每个情境的特殊条件，并将之放至最大，以充分拉开差距，达到更好的比较效果	MapInfo AUTO CAD ILLUSTRATOR	
空间特色定量界定技术	特色定量评价分析	建立评价模型，对各特色要素的独特性、根植性、认知度、影响度、支撑度、成长性等 6 个方面进行评价分析，得到城市的标志资源	SPSS EXCEL	
	聚类划分空间特色类型	将特色要素按其涉及类别进行聚类，形成若干特色簇群，进而提取各个簇群的代表特色	RGB 叠合 SPSS	

* 资料来源：作者自绘。

5 规划分析技术簇群

对于中小尺度空间，传统的规划设计往往以实地感受、目测或简单的人工工具测量为主，难以对场地形成深入的了解和认识。而以数字化地形图为基础，借助数字化的技术平台，可以更深入的分析基地，更为清楚的把握基地的各类特点。在此基础上进行规划设计，可以使方案和基地有更好的衔接，也更有利于方案的实施。

规划分析技术簇群　　　　　　　　　　　　　表3

技术类别	技术名称	技术要点	技术工具	技术应用
场地分析技术	高程分析法	利用专业软件对数字化地形图高程点进行识别，可直接形成场地高程的三位图像	AUTO CAD ARC GIS MAP GIS	
	坡度分析法	利用专业软件可以直接对坡度进行分析，得出适建坡度范围	AUTO CAD ARC GIS MAP GIS	
	坡向分析法	通过专业软件的分析，可以直接分析出场地有高及低的方向，有利于朝向、场地排水等规划	AUTO CAD ARC GIS MAP GIS	
中小尺度GIS空间分析技术	空间句法分析	通过对建筑、聚落、城市以及景观在内的空间结构进行量化分析，以研究空间组织与人类社会之间的关系	ARC GIS MAP GIS MapInfo	
	公共设施布局最优测算	通过GIS综合公共设施等级及服务半径分析，可以找出公共设施的最佳空间布局方式	ARC GIS MAP GIS AUTO CAD	

* 资料来源：作者自绘。

6 规划设计技术簇群

在长期的规划实践中，规划设计形成了一套规划设计方法，包括空间结构、道路交通、绿化景观等多个方面，且重设计不重管理，也造成了好的设计成果无法使用的情况。数字化背景下的技术进步，很好地解决了这些问题，由新技术带来的新的设计方法，可以更加全面、深入的进行规划设计，更加具有针对性。而规划设计导则技术的提出也形成了规划设计与管理之间的有效衔接途径。

规划设计技术簇群　　　　　　　　　　　　　　　　　　　　　　　　表4

技术类别	技术名称	技术要点	技术工具	技术应用
景观双向互动设计技术	视线圈层的大气能见度界定	景观的观赏与能见度直接相关，结合大气能见度可以形成以视点为中心的不同可见度的圈层，以此为基础可以更好地组织城市天际线及高层布置	Ecotect ARC GIS MAP GIS	
	城市眺望体系建构	将各等级眺望点结合城市滨水空间、公共绿化带等公共活动体系，串联成为整体	Ecotect ARC GIS MAP GIS	
辅助设计技术	图式思维技术	规划设计不同于其他专业的最大特点就是图示思维，以图的形式进行沟通交流，表达思想	SKETCH UP AUTO CAD PHOTOSHOP	
	电脑辅助设计技术	以电脑作为技术平台，通过各类软件辅助规划设计的全过程	AUTO CAD Rhino SKETCH UP	
建筑形态设计技术	建筑新结构技术	新的结构可以促进建筑造型的突破发展，利用新结构的建筑设计往往能取得意想不到的效果	PKPM AUTO CAD	
保温节能设计技术	太阳能与日照分析	通过相关软件可以计算出不同维度地区的建筑日照情况，以此作为分析建筑布局是否可行的重要因素	天正日照 Fast SUN	
	低碳循环规划	在减少温室气体排放的基础上实现资源的高利用，使规划发展不伤害到环境，实现城市建设与环境保护的完美统一		

* 资料来源：作者自绘。

7 规划表现技术簇群

在数字化背景下，规划表现技术发生了根本性变化，由手绘表现转变为电脑表现。一方面，这是规划表现技术发展的趋势，另一方面，从规划设计到交流也全部以电脑为工具，也要求规划表现以数字化的方式出现，便于整个过程的完整统一。这一技术的变革，以建筑模型为基础，使得规划变现更加真实，而一些特殊的专业软件还可以渲染出各种特殊场景的实际效果，也增加了规划表现的立体感和层次感。

规划表现技术簇群 表5

技术类别	技术名称	技术要点	技术工具	技术应用
平面渲染技术	矢量效果表达技术	以专业软件为基础，可以绘制准确尺寸的矢量平面图，可以以任意比例打印	AUTO CAD SKETCH UP	
	手画效果表达技术	利用专业软件，可以将总平面图处理为手绘效果	PIRANESI PHOTOSHOP	
三维渲染技术	建筑场景渲染技术	模拟建筑所在真实场景，并通过专业软件将场景画面渲染为真实场景效果	3D MAX SKETCH UP Rhino	
动画多媒体技术	多媒体表达技术	将汇报文件制作为多媒体形式，结合声音、图像、动画以及特殊效果，可以免去多次汇报或异地汇报的麻烦，并避免了投标项目评委与汇报者的尴尬	Premiere Moviemaker PowerPoint	
	虚拟现实（VR）技术	通过建立真实的三维场景，以特殊设备让人产生置身其中的感受，可以充分体验规划的真实效果	QUEST 3d	

* 资料来源：作者自绘。

8 教学培养方法

通过对规划技术簇群的详细解析，可以看出规划技术具有不断的成长性，随技术的进步及对城市规划理解的深入而不断发展，因此规划技术的培养无法达到一个终极目标。根据这一特点，结合城市规划教育体系，我们提出了针对性的结构式培养发展模式，"授人以鱼不如授人以渔"，应通过整体教学体系结合专题课程教学的方式，使学生了解并掌握规划各个环节的现有技术，并通过技术构建训练、新技术学习训练，培养学生有针对性的构建新技术、了解新技术及应用新技术的能力（图2）。

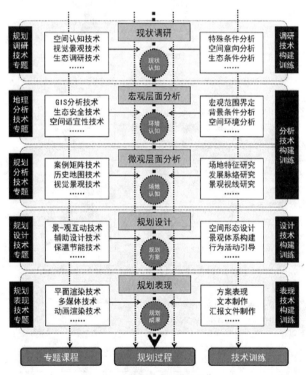

图2 技术构建教学培养体系
*资料来源：作者自绘。

8.1 以技术培养为主线的整体教学体系

教学体系的调整，应把对技术的培养和课程的进度相结合，作为一个整体来看待，将技术的培养融入教学过程之中。在这一整体原则之下，应将规划设计课程教学体系统一规划，课程内容做相应调整，将其划分为五个连续性模块，并确定五个模块间的衔接关系。这一整体教学体系的建立，可以有效地解决原有教学体系中偏重规划成果，忽视规划过程的阶段性，忽略每个阶段技术培养的问题。新的教学体系并未增加新的课程，避免了专业技术课程与设计教学课程之间的知识重叠及课程结构松散，其关键点在于强调规划设计的阶段性，并将各阶段与技术簇群相对应。以现状调研阶段为例，通过对现状各方面的分析，将规划技术的教学融入其中，最终达到对现状的感知。

8.2 结合规划实践的过程式教学方式

规划是一门实践性很强的学科，在具体实践中有其特定的过程模式，虽然由于规划类型、空间尺度等的不同，规划研究及设计的重点有所区别，但总体来看，均有从调研—分析—设计—表现的过程模式，而分析过程中，也基本遵循了由宏观到微观的方式。结合这一模式，强调技术培养的过程性与连续性。如GIS技术，完全可以应用到整个规划设计课程的全过程，形成一套完整的GIS辅助设计的技术体系，不仅可以对技术本身有着更为清晰、深入的了解，对于设计过程也能够有更好的认识。现状调研阶段搜集信息建立GIS数据库，宏观分析中，利用GIS技术平台可对整体山水环境、生态格局、视线廊道等进行分析，进入微观分析后，GIS同样可以用来处理场地分析，并可进一步用来辅助规划设计中的景观眺望体系、公共设施体系等，在规划表现中，GIS也可以用来表现三维空间效果。这种过程式的，技术与规划设计双向互动式的教学方式，更能增加技术培养的实践价值。

8.3 明确目标的阶段式专题培养课程

在整体体系与过程模式的技术上，为了扩展学生的技术手段及技术应用思路，应针对规划设计过程式的特点，结合每一阶段的规划设计教学主线，引入专题教学方式，形成一系列技术培养专题教学内容。总体来看，可分成五个专题：规划调研技术专题、地理分析技术专题、规划分析技术专题、规划设计技术专题、规划表现技术专题。在实际教学中，可以根据不同的规划设计类型，选取相应的多个技术进行教学。各规划设计课程之间以及各年级之间，应有意识地进行规划设计类型的区分，以便与全面掌握各阶段的各类技术。由于将技术专题的课程与规划设计的课程直接合并，将更有利于技术的掌握，而在达到每阶段规划设计教学目标的同时，可以以明确的阶段专题报告的形式对该阶段的技术学习及应用进行总结，以形成每个阶段完整的教学内容。

8.4 针对特殊条件的创新型技术构建训练

每个规划设计项目都有其特定的背景及环境条件，有其特殊的规划条件，而技术的成长性也决定了技术并非是一成不变的公式。基于此，在教授既有技术的同时，还应培养学生创造性的应用技术及构建技术的能力，以使技术的培养不至于想定于一个既有框架内，而是一个开放的体系，可以不断的成长，也有利于提高学生的创造性及开拓精神。我们现在应用的许多技术也都是在规划设计实践中创造出来并逐步完善的，如网络问卷调查法就是创造性的应用了网络技术及问卷调查技术而形成的新技术。传统的问卷调查通过人工方式，随机走访发放，费时、费力，并耗费大量人工，对于一些重大项目，往往达不到理想的调研总量，调研结果的统计也必须人工一点点输入。而网络技术日益普遍及大众化的数字化背景下，利用数字化的网络技术在当地门户网站及关注度较高的网站进行网络调研，可以扩大调研范围，即时收集调研成果，并可以得到直接的电子统计结果，便于进一步的分析和利用。

8.5 基于成长发展需求的新技术途径教学

随着技术的不断进步及学科交叉的不断深入，新的理念、新的技术、新的工具会不断出现，且会以越来越快的速度发展。因此，对于技术的教学来说，如何形成建立一个开放的平台，不断了解、探索新技术也是一个难点。在具体教学中，应通过阶段专题报告及技术创新构建环节，搜集技术的应用途径及新技术，建立规划设计技术库，并随着教学的不断开展，逐渐丰富技术库。同时，应搜集或建立规划设计技术的各类论坛，通过网络与全球的专业人士进行沟通、交流，成为获得新技术的窗口，并将获得的新技术入库，在新的规划设计教学中探索应用，形成一个良性的循环。

9 结语

城市规划设计教学是个复杂而综合的系统，是贯彻职业规划师培养目标的重要手段。在当前一级学科快速发展的新形势下，在数字化时代背景之下，城市规划教学又被赋予了更加丰富的内涵，能否应用相关规划技术，更加精确、细致地把握规划设计脉搏，制定更加科学合理的规划，是规划设计教学中新的课题，因此更需要学界在相应的教学体系改革方面给予更多的关注和支持。结合规划设计的过程性、阶段性的特点，以多个技术簇群为载体，将其融入城市规划设计的教学主线之中，对于规划师技术结构的建立及发展具有重要意义。同时，应通过专题报告及规划答辩的方式进行评价，了解教学及实践中存在的问题，并在其后的教学中进行相应调整。希望通过针对性的技术结构的培养，使得城市规划师逐步培养完善知识及技术结构，并具备良好的技术创新及应用能力。

参考文献

[1] 王建国.城市空间形态的分析方法[J].新建筑,1994,1:29-34.

[2] 吴志强,于泓.城市规划学科的发展方向[J].城市规划学刊,2005,6:2-9.

[3] 吕斌等.城市设计面面观[J].城市规划,2011,2:39-44.

The Technical Structure and Teaching Cultivation of the Urban Planner: Based on Level Subjects Perspective

Yang Junyan   Shi Beixiang

Abstract：This article conducted a comprehensive analysis of tendencies of the development of digital technology on the urban planning discipline，elaborated the kinds of planning techniques that the career planner should have. Combined with the procedural and stage characteristics of urban planning and design，the planning technology will be divided into five technology clusters，and integrated into the planning and design courses. It can both enrich teaching system，and help the students complete technical structure. On this basis，also should through teaching system to help students to establish a sound ability to build and learn new technology.

Key Words：technical structure；urban planning；teaching system

一级学科背景下"村镇规划与建设"课程教学改革探索

冷　红　许大明

摘　要：在新的城乡规划学一级学科背景下，改革城市规划专业教学以适应学科发展和专业人才的培养具有较为重要的意义。论文以"村镇规划与建设"课程为例，首先分析了课程的整体教学背景，包括课程设置、授课对象以及现有教学特点，在此基础上提出对课程教学模式的探索，包括建立认知体验、创设问题情境和加强城乡比较的教学方式，教学内容的扩展和深入，以及课程考核方式改革等。

关键词：城乡规划学；村镇规划与建设；教学改革

1　引言

改革开放 30 多年来，我国大中城市的经济发展水平和城市市民生活水平保持了较快的增长趋势。但相比较而言，农村地区的经济发展和农民生活水平增长较为缓慢。党和中央政府充分认识到转变经济发展方式和推动农村经济改革的必要性和紧迫性，在 2008 年党的十七届三中全会中讨论了《中共中央关于推进农村改革发展若干重大问题的决定》，决定落实转变经济发展方式这条主线，推进城乡统筹发展的目标。明确了在我国社会经济发展总体上已进入到以工促农、以城带乡的发展阶段，进入加快改造传统农业、走中国特色农业现代化道路的关键时刻，进入着力破除城乡二元结构、形成城乡经济社会发展一体化新格局的重要时期。

2011 年，在国务院学位委员会和教育部提出"修订学位授予和人才培养学科目录"的发展背景下，原在建筑学一级学科下的"城市规划"二级学科升级为城乡规划一级学科，成为新形势下独立的学科门类。相应的在新的城乡规划一级学科下，设立了区域发展与规划、城市规划与设计、乡村规划与设计、社区发展与住房建设规划、城乡发展历史与遗产保护规划、城乡规划管理等六大乡规划研究方向，从城乡统筹发展和城乡区域一体发展的角度对城乡规划的一级学科的研究内容进行了新的探索和拓展。而在新的一级学科主要研究内容体系中，与村镇规划相关的研究领域和研究内容较多（表1），显示了村镇规划的重要意义。

城乡规划学一级学科下与村镇规划相关研究内容　表1

城乡规划学科二级学科	主要研究内容	村镇规划相关研究内容
区域发展与规划	区域发展，城乡统筹，城乡经济学、城乡土地规划、城镇化理论、政策与发展战略	区域发展，城乡统筹、城乡经济学、城乡土地规划、城镇化理论、政策与发展战略
城市规划与设计	城市规划理论、城市体系规划、城市形态与空间规划设计、城市景观体系规划、城市社会性基础设施规划、城市工程性基础设施规划、新技术在城市规划中的应用	城市体系规划
乡村规划与设计	乡村区域发展规划、乡镇规划与设计、乡镇（村）生态环境保护及景观风貌建设规划、乡镇基础设施建设规划等	乡村区域发展规划、乡镇规划与设计、乡镇（村）生态环境保护及景观风貌建设规划、乡镇基础设施建设规划等
社区发展与住房建设规划	城市住房政策、住区规划与开发、房地产、社区建设与管理	住区规划与开发、社区建设与管理
城乡发展历史与遗产保护规划	城市建设史、乡村建设史、城市历史与理论、城乡历史文化遗产保护理论与实践、城乡非物质遗产保护	乡村建设史、城乡历史文化遗产保护理论与实践、城乡非物质遗产保护
城乡规划管理	城市建设规划管理、乡村建设规划管理、城乡规划管理与法规、城乡建设安全与防灾减灾	乡村建设规划管理、城乡规划管理与法规、城乡建设安全与防灾减灾

资料来源：作者整理自绘。

冷　红：哈尔滨工业大学建筑学院 教授，博士生导师
许大明：哈尔滨工业大学建筑学院 副教授，硕士生导师

哈尔滨工业大学城市规划专业很早就在教学体系中设置了《村镇规划与建设》课程,距今已有20多年的教学历史,积累了丰富的教学成果和教学经验。课程教学目标是使学生掌握有关村镇规划的基本理论知识,了解村镇规划的特点,熟悉村镇总体规划、建设规划以及县域城镇体系规划的编制内容与方法,对村镇土地利用、规划建设以及村镇发展等问题有系统化、理论化的理解和认识,进一步拓展与完善学生的专业技能、专业知识和与对农村现实问题的综合分析能力,为毕业设计打下理论基础。为适应新的城乡规划学一级学科体系,我们尝试从城乡统筹、城乡一体的发展角度改革现有村镇规划与建设教学模式和教学方法,探索新发展形势的下的村镇规划课程改革模式。

2 整体教学背景

2.1 课程设置

"村镇规划与建设"课程具有"麻雀虽小,五脏俱全"的特点。为了使学生对村镇规划的主要内容有较好的理解能力,"村镇规划与建设"课程作为四年级学生的专业课程设置在城市规划原理之后,此时,作为高年级学生已经学习了城市规划原理、居住区规划原理、居住区规划设计、城市社会调研等课程,具备了一定的城市空间认识和理解能力,能够从中观和宏观角度认识和发现城乡规划地域环境的主要规划问题。学生通过在学习过程中对于城市和乡村人口与空间规模、布局特点以及规划要点等方面的对比关系,分别从城市规划中的乡村统筹和乡村规划中的城市统筹两个角度来深化学生对城乡关系的重新认识和城乡统筹发展的思辨关系。

2.2 授课对象

哈尔滨工业大学城市规划专业"村镇规划与建设"的授课对象为四年级上学期的本科生,作为工科建筑学院的本科生,他们已经开始具备一定的专业能力,并形成了专业基础知识架构,其知识面相对较为宽阔,无形中增加了课程教学难度,要求课程必须有相应的深度及广度。

此外,"村镇规划与建设"课程的学习要通过实地体验和自身认知来使学生自身对课程讲授内容深化理解

和认识。但是近年来城市生源的比例不断提高,2008级学生中城市学生比例达到了70%,2009级学生中这一比例达到了75.7%,城市学生对农村生产和生活环境的实际亲身体验较少,而在农村学生中,由于长期的应试教育和题海战术,农村学生对现实农村生产生活的体验认知也日趋模糊。授课对象普遍缺乏对村镇规划对象的认知体验,对"村镇规划与建设"的教学模式提出了较大的挑战。

2.3 教学特点

由于"村镇规划与建设"课程涵盖农业生产、生活以及农村社会经济发展的诸多方面,在国内许多相关专业中均开设了村镇规划相关内容的课程,并结合各自相关专业的教学特点和专业建设方向各有侧重的从村镇规划与建设的各个方面进行讲授。哈尔滨工业大学城市规划专业属于基于工科基础成立的建筑类院校城市规划专业,在教学内容和教学特点中一方面突出学生的设计能力和物质空间规划能力,另一方面也借鉴其他相关专业的课程教学特点,补充完善农村土地利用、景观生态环境、农村产业发展等方面的内容。

不同类型院校村镇规划相关课程的教学特点 表2

专业设置院校类别	代表性专业名称	村镇规划课程优势
农林类院校	土地资源管理园林规划	土地利用与规划、农业生产用地布局、农业生态环境、农作物种植等
建筑类院校	城市规划	农村住宅建设、公共设施与基础设施规划建设等
地理与资源类院校	城乡资源与环境	农村土地利用、农村经济发展、农村产业发展等

3 教学模式改革探索

3.1 教学方式改革

（1）建立认知体验

虽然"村镇规划与建设"课程作为专业理论课以课堂讲授为主,但是考虑到空间物质规划教育背景的学生对空间认知能力和空间作图能力较强,在"村镇规划与

建设"课程中设置村镇现状调研和抄绘作业两个环节。一方面鼓励学生选择哈尔滨周边地区的村镇进行实地调研，包括自然条件、区位条件、用地性质、建成环境、产业特点、风貌特色等，通过调研加深学生对理论知识的理解，并利用调研成果进行村镇现状空间布局的认知草图描绘，来增强学生对现代农村生产、生活空间形态与布局特点，村镇生态景观设施、公共设施布局以及农村院落等空间场所的布局特点和村镇实际规划问题的直观感受体验。通过实地调研、村镇现状草图描绘等教学环节，增强学生对村镇用地空间布局特点的直观感受和认知体验。另一方面，要求学生选择已有的村镇规划成果进行抄绘，通过这一过程使得学生在结合课堂知识讲授的基础上进一步深入了解村镇规划的各项成果。

（2）创设问题情境

情境创设有助于学生对知识的理解。在"村镇规划与建设"课程教学中，应有意识地进行教学情境创设，尤其应注重情境的真实性和问题性，为学生提供真实的案例，使得课程除了较强的理论性之外，进一步与实践中的问题紧密联系。除了通过实例分析、实地调查创设真实情境外，强调村镇规划与建设中的实际问题，创设问题情境。例如在村镇居住用地布局的教学中，首先给学生提供村镇居住用地当前发展的一些实例，引导学生思考其存在的问题如宅基地过大、布局零散等，从而促使学生通过探究问题，进一步总结规律，加深对知识的理解。

（3）加强城乡比较

尽管城市化发展水平不断提高，现代城市生活模式不断向农村渗透和传播，但是村镇规划不是城市规划的精简版和微缩版，村镇空间布局在用地类型、用地规模和用地比例等方面与城市规划以及居住区规划存在较大差异。考虑到授课学生中有较高比例的学生是城市生源，缺乏农村生活经历。在授课过程中，结合居住区规划、城镇总体规划、城市社会调研以及城市设计等方面的课程内容，有重点的开展村镇规划与城市规划在规划规模、空间布局特点、生态环境、公共服务设施布局要求以及基础设施建设特点等方面的城乡比较研究。通过城乡规划内容的比较分析，强化学生对目前城乡差别的认识和理解，掌握城乡不同的规划理论和方法，建立城乡统筹

和城乡一体化发展的规划理念。

3.2 教学内容改革

随着我国城镇化水平的不断提高，我国农村与城市的联系日益密切，农村人口、信息以及物流等方面的城乡交换日益频繁，也出现了许多社会问题和现象。因此在教学过程中，以原有村镇规划设计基本原则、内容和方法为基础进一步扩展教学内容，引导学生关注社会民生等方面的问题，通过案例教学和课堂讨论的形式引发学生对城中村问题、农民兼业人口问题、老人和儿童村问题以及工业生产、工矿开发导致农村生态环境问题等问题的讨论和思考。同时，进一步引导学生重新思考城市与农村的发展关系，将规划视野从物质空间规划向农村社会、经济与生态环境发展的层面转变，从城乡区域的角度思考村镇的发展方向，农村人口的生产生活需求以及农村社会经济产业发展等问题，有助于学生深刻体会城乡发展的相互依存关系，开始从更广阔的区域范围去研究规划对象。

3.3 考核方式改革

"村镇规划与建设"的课程考试改变过去以考卷定成绩的方式，将平时课堂考察、中期村镇现状调研以及结课村镇规划抄绘作业结合，三个部分分别从了解村镇的构成要素、感知村镇建设的空间形态以及利用所学知识和技能深化学生解决村镇建设中的主要问题，有针对性地考核学生掌握村镇规划与建设相关知识的能力。通过实地调研和学生自身的认知体验，结合课堂案例介绍，使学生能够从村镇整体建设现状特点以及村镇规划与建设中存在的主要矛盾和主要问题有所了解和认识。

4 结语

随着我国城镇化水平的不断提高以及社会经济城乡统筹发展的新阶段不断深化，在新的城乡规划一级学科下开展"村镇规划与建设"的课程改革工作还刚起步。在建筑学教育背景下的城市规划专业课程教育体系中，在充分了解学生对城乡认知体验的差异性的基础上，一方面要完善学生在物质空间规划方面的优势特色，另一方面也要引导学生重新思考城乡统筹发展

新阶段下的农村社会经济发展现实问题。全国各地区的村镇发展水平差异较大、城乡发展差距也存在着较大差距，村镇规划与建设课程教学改革的探索还需要长期的探索和实践。

（黑龙江省高等教育教学改革项目"面向城乡规划学一级学科的村镇规划课程教学改革研究"研究成果。）

参考文献

［1］赵万民，赵民，毛其智等.关于"城乡规划学"作为一级学科建设的学术思考［J］.城市规划，2010，6：46-54.

［2］李兵弟.城乡统筹规划：制度构建与政策思考［J］.城市规划，2010，12：24-32.

［3］黎智辉.村庄规划教学实践探索［J］.高等建筑教育，2012，1：130-134.

［4］张建，吴娜.中美现代城市规划教育教学对比思考［J］.高等建筑教育，2012，1：98-102.

［5］张智，刘方，古励.城镇人居环境科学与工程创新人才培养实践［J］.高等建筑教育，2011，6：25-28.

Research on Course Teaching Reform of Town Planning and Construction Under the Background of First Level Subject

Leng Hong   Xu Daming

Abstract：Under the background of Urban and Rural Planning as a first level discipline，in order to adapt to the discipline development and professional training，urban planning professional teaching reform has much more important significance. Taking the curriculum "village planning and construction" as an example，at first，this paper analyzes the overall curriculum teaching background，including curriculum settings，teaching objects and teaching characteristics，on the basis of this，it puts forward the exploration of curriculum teaching pattern，including the reform of teaching methods such as establishing cognitive experience，creating problem situation，and strengthening urban and rural comparison，of extending further teaching content and of curriculum evaluation mode，etc.

Key Words：urban and rural planning；village planning and construction；teaching reform

传承特色 应对挑战
——谈哈尔滨工业大学城市规划本科生培养方案修订的工作思路[❶]

吕 飞 董 慰

摘 要: 在城市规划学变身一级学科和哈尔滨工业大学教学改革的双重背景下,哈尔滨工业大学城市规划专业参照官方标准、比较借鉴国内外知名院校的先进经验,从现行培养方案存在的问题出发,从平台建设、特色传承、实践强化、方法教学、理论提升和促进创新等方面提出了培养方案修订的工作思路,为后续修订工作和建设特色鲜明的城乡规划学科做出了积极的探索。

关键词: 城乡规划学;本科生培养计划;哈尔滨工业大学城市规划系

1 修订的背景

1.1 城乡规划学变身一级学科的机遇与挑战

随着"城乡规划学"从原"建筑学"一级学科中拆分出来,形成新的一级学科,反映出城乡规划学的研究范畴和内容走向了"独立"——从传统的物质空间规划走向社会综合规划,这为城乡规划专业发展带来巨大的发展空间(表1)。

现代城乡规划学科理念变革 表1

比较内容	传统城市规划学科	现代城乡规划学科
研究内容	城市物质空间形体	城乡社会经济和城乡物质空间发展
研究方法	城市空间发展构成	社会经济发展和物质空间形态的科学统一
研究理念	空间视觉审美和工程技术	区域与城市社会经济和物质空间的融贯和协调
学科门类	建筑工程类学科(工学)	城乡统筹的人居环境大学科(城乡规划、建筑学、风景园林学)

资料来源:《增设"城乡规划学"为一级学科论证报告》,国务院学位委员会办公室、住房和城乡建设部人事司。

哈尔滨工业大学于1959年哈雄文先生创建城乡规划研究室,成为我国最早设立城乡规划研究方向的学校之一。一直以来,尽管随着国内外城市规划领域的发展动向与趋势,课程体系不断地进行补充和完善,哈工大城市规划专业依托建筑学科大平台,已形成了以物质空间设计为核心,相关专业支撑的稳定课程体系。城乡规划学变身一级学科,这对于传统建筑学背景下的城市规划专业来说,意味着在新的位置、新的格局和新的标准面前,必须要有全面的自我审视——现有课程设施和师资队伍是否能够满足城乡规划学科的综合性,和清醒的自我定位——如何在同一学科领域内竞争和与建筑学、风景园林学两个一级学科领域协调中保有优势。

1.2 哈尔滨工业大学教学改革的要求

同时,哈尔滨工业大学在落实《国家中长期教育改革和发展规划纲要(2010-2010年)》、《教育部关于全面提高高等教育质量的若干意见》、《哈尔滨工业大学"十二五"本科教育教学发展规划纲要》中,提出了通识教育与专业教育相结合、基于课堂学习与基于项目学习相结合、专业教育与跨专业教育相结合、校内教育与跨

❶ 基金项目:黑龙江省高等教育学会高等教育科学研究"十二五"规划课题(HGJXHB₂110300)

吕 飞:哈尔滨工业大学建筑学院副教授
董 慰:哈尔滨工业大学建筑学院讲师

国 / 跨文化教育相结合、校园学习与企业实践相结合的创新型本科教育模式。在上述目标和原则之下，对各专业均提出了①调整为"两长一短"三学期制，增加实践教学和创新课程比重；②降低课堂授课学时学分，引导学生主动学习和研究性学习；③丰富选修课程资源，鼓励个性化培养；④促进本科教育国际化，建设系列化英语 / 双语授课课程等要求。

2　修订的参照系

2.1　官方标准

本次修订参考的官方文件包括《全国高等学校城市规划专业本科（五年制）教育评估标准（试行）》和《城乡规划学一级学科设置说明》，两份文件分别对专业技术教育方面提出了相应的标准和要求（表 2）。

官方文件对城乡规划学专业课程设置的标准或建议　　表2

《全国高等学校城市规划专业本科（五年制）教育评估标准（试行）》中智育标准	《城乡规划学一级学科设置说明》中本科生核心课程设置
城市规划与设计 · 城市规划基本原理 · 城市规划程序与方法 · 综合分析与组织 · 表达 相关设计技术 · 建筑设计 · 景观规划设计 · 城市交通道路网规划设计 相关知识 · 城市环境与地理 · 城市经济 · 城市文化历史 · 城市法规 · 城市建设和管理 · 城市工程基础设施 实践 外国语	· 建筑学基础 · 城市规划基础理论 · 城市规划与设计 · 城市设计 · 乡镇（村）规划与建设理论 · 城市发展建设史 · 城乡发展历史与遗产保护规划 · 城市景观规划 · 城市基础设施规划 · 城乡生态与环境保护规划 · 社区发展与住房建设规划 · 城乡规划管理与法规

2.2　他山之石

在对国内外高校城市规划专业进行了广泛调研后发现，在本科阶段设置城市规划专业的学校课程设置大多体现出城乡规划学科的综合和跨专业特征，但在此基础上，仍会根据各自学科背景、地域条件以及师资特长，强调优势课程体系，形成各自的特色（表 3）。

2.3　现行培养方案的问题

哈工大城市规划专业现行培养方案依托建筑学专业平台，采取 3 年通识式建筑学教育 +2 年城市规划专业教育的模式，以形体空间训练为主的主干设计课为核心，基本延续传统"物质规划"的教学思路，与一级学科建设目标与发展方向存在一些差距，具体表现为以下几个方面：

（1）重视物质空间教学训练，忽视对社会经济空间的认知。

（2）重视城市规划实务训练，忽视对城市规划价值的认知。

（3）重视城市规划表达训练，忽视对城市规划科学性的认知。

（4）重视教学过程的标准性，忽视对学科即时性趋势的跟进。

国内外三所高校课程设置		表3
美国伯克利分校大学都市及规划系	台湾成功大学都市计划学系	同济大学城市规划系
由核心课程（含基本核心课程及各领域核心课程）及支持课程所组成，基本规划领域包括： · 城市设计 · 都市及区域经济 · 住宅与社区发展 · 都市开发 · 土地使用规划 · 交通规划 · 环境与生态规划 · 都会及区域规划与治理 · 社会规划 · 规划支持系统（GIS、RS、计量模式等）	以核心设计课（从第二学期开始设置）为主线，多学科作为支持，各系统独立进阶，但密切关联。以下是部分课程系统： · 微积分、统计学、统计原理与方法、规划分析方法 · 经济学、都市财政学、都市经济学 · 设计概论、图学 · 都市环境概论、都市计划概论、都市土地使用计划 · 建筑概论、敷地计划、建筑计划、建筑与环境计划 · 计算机概论、地理信息系统概论 · 都市发展史、近代都市计划史 · 地形学、环境地质学、都市工程学、都市防灾、生态工法 · 都市交通计划、交通工程 · 都市与区域计划法规	课程设置对物质环境关联的各个体系进行系统架构，分为5大体系： · 形态设计体系：建筑设计基础 · 形态关联体系：道路交通规划、绿色系统规划、市政设施 · 非形态关联体系：社会学、经济学、地理学、生态学 · 城市发展体系：建筑史，城市史，历史文化保护 · 城市规划管理与法规

3 修订的思路

城乡规划学本科教育的目标为建立规划特色的基础教育平台，不仅需要帮助本专业学生建立城乡尺度的基本空间直觉，还需要同时培养专业理想和相应的社会责任感。针对一级学科新的要求和现行培养方案存在的问题，参考国内外知名高校的培养方案，提出培养方案修订的工作思路，主要体现在以下六个方面：

3.1 共建平台，资源共享

尽管城乡规划学已经从建筑学科脱离出来，但仍是在于建筑学、风景园林学共同构成的人居环境科学学科门类之下（图1），三个学科各自研究范畴和内容仍然有着密切的关联性。对于脱胎建筑学学科背景下的哈工大城市规划专业，三个学科共建的学科群平台已经成为三个学科发展的重要基础和拓展空间。因此，本次培养方案修订发挥建筑学院整体实力，建构城乡规划学与建筑

图1 人居环境学科门类及其一级学科群组成

资料来源：《增设"城乡规划学"为一级学科论证报告》，国务院学位委员会办公室、住房和城乡建设部人事司。

学、风景园林学相互配合的教学机制，实现教学资源的优化与共享。

在新的培养计划中，城市规划与建筑学、景观学三个专业共同建设设计基础平台，培养空间认知、设计与形体构成的能力。但为了避免低年级学生专业认同感的缺失，仍需要在设计基础教育阶段设置城乡规划学先导课和城市认知实践课，并通过城乡规划背景指导教师的提前介入，传达专业特点。

3.2 传承特色，积极拓展

一直以来，哈工大城市规划专业培养的学生因其扎实的形体设计基本功、踏实的工作作风，受到就业单位的广泛欢迎。我们认为，哈工大城市规划专业60年的形体空间训练传统在专业大竞争中依然能够保有优势。在当前学科多元发展的背景下，此传统特色仍然是哈工大城市规划专业发展需要保持并继续发展下去的，具体表现为设计主干课的设置。

一方面，主干设计课大体依照空间感知尺度的循序渐进原则，设计内容从建筑单体开始，到住区规划和城区详细规划设计，最后到城乡（区域）规划（图2）。但由于每年专指委城市设计竞赛发布时间的原因，城市设计作为四年级下学期的固定项目，使得城镇总体规划置前，在一定程度上影响了逻辑的连贯性。

另一方面，强化详细设计与法定规划之间的关联性，体现为在同一课题下，通过授课先后顺序，在设计内容

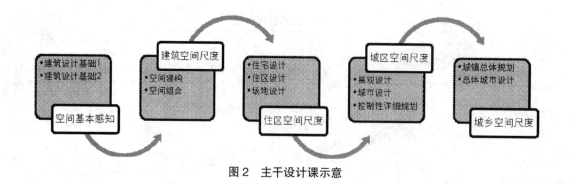

图2　主干设计课示意

和深度上实现两者的连接。例如，中心区（或新开发地区）总体城市设计（8周）安排在城镇总体规划（8周）后面，要求延续城镇总体规划的要求，进行空间配置，使学生们理解法定规划自上而下的控制力。再例如，控制性详细规划（8周）安排在城市设计（8周）后面，要求把城市设计内容进一步转化为法定文件（导则），使学生们理解法定规划制定的过程与详细设计的可操作性。

就城乡规划学科广泛认知来说，综合性和学科交叉性已经基本成为共识，单一学科体系下培养的规划师不能满足目前城市建设的需要。因此，在保持特色的基础上，积极拓展相关研究领域，设置相关学科的基础性课程，鼓励学生跨学科、跨专业学习，拓展学生的专业知识面与学习视野（图3）。

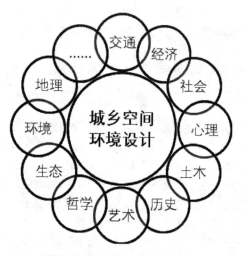

图3　城乡规划学相关研究领域

3.3　从做中学，个性培养

城乡规划学学科有着综合的研究对象和多元的学科背景，哈佛大学建筑学院院长曾断言：没有人类可以完全掌握如此庞大的知识体系，大约需要92年的时间来培养一个通晓规划各个领域的通才。因此，如何在有限学时内培养学生的综合知识结构，成为城市规划专业本科教学的一大难题。本次修订首先结合学校学制调整，在夏季短学期强化实践，积极开展国际化联合设计，在开放式的实践过程中培养学生的综合能力和开阔视野；其次，通过产学研结合，及时转化前沿学术与实践成果，提高教学内容的综合性与研究性内涵，培养学生发现问题、解决问题的综合能力；第三，在精简课堂授课内容的同时，增加教学中的实验内容，促进学生的主动学习，并能够因材施教，实现个性培养。

3.4　方法教学，授之以渔

诚如上文，城乡规划学学科知识很难，也不可能在本科阶段解决倾囊相授，那么培养学生正确的学习方法就显得尤为重要，正所谓"授之以鱼，不如授之以渔"。本次修订强化城乡规划技术方法的学习，增强城市规划技术内容，包括城乡规划的定性与定量方法和相关学科的技术方法等。城市规划技术和方法包括城市社会调查方法、地理信息系统、遥感及空间分析技术、城市环境分析技术、计算机辅助规划设计技术等；相关学科技术方法包括环境影响评估、规划项目评估方法等。

3.5　理论提升，思维培养

如果说培养学习方法是教会如何走路，那么培养思维就是教会走什么样的道路。对城乡规划理论及其方法论的学习会使学生们对本科期间学习的知识进行全盘的审思。在目前的课程体系中，这类课程往往会设置在研究生阶段。但实际上，这类课程对于本科毕业选择就业的学生来说，意味着在从事大量实践工作前，能够对所从事职业进行自我判断和认知；对于本科毕业继续读研究生的同学，则意味着研究方向的选择。本次修订在本科高年级增加城乡规划理论及其方法论的课程，培养学生形成正确的思维方式，形成职业认同。

在课程设置上，一方面设置新课"城市理论及方法论"，其主要内容为城乡规划学科中所采用的研究方式、方法的综合。另一方面则在部分课程原有内容基础上，增加部分理论和方法论的内容，例如在"城市发展与规划史"等历史方面课程中，加入对当时城市规划学科的研究内容。

3.6　即时追踪，促进创新

哈工大学校以"规格严格，功夫到家"为校训，体现到教学的所有环节。教学大纲的制定和执行使得教学内容在即时跟上日新月异的城乡规划发展趋势上受到一定的限制。在本次修订中，学校鼓励设置创新类课程，学生必修一定的创新学分。结合创新类课程的设置，以讲座、开放论坛的形式，邀请城乡规划学可不同职业类型的专家，即时引入城乡规划理论研究和实践中的新概念、新理念以及新的技术方法，拓展学生们的专业视野，培养学生们的创新精神。

4　结语

在城乡规划学一级学科的背景下，面对众多不同学科背景的城市规划专业院校，哈尔滨工业大学如何在立足"城乡物质空间"核心，强调自身特色的同时，培养具有综合性、研究性、个性化的具有国际竞争力的高素质人才，是本次培养计划修订的目标和核心内容，也是难点所在。由于本次修订还在进行中，本文思考还需要更多的研究和实践来延续，修订后的培养方案也需要不断地加以完善和实践检验。

参考文献

［1］　国务院学位委员会办公室，住房和城乡建设部人事司．增设"城乡规划学"为一级学科论证报告［R］，2011.

［2］　李和平，徐煜辉，聂晓晴．基于城乡规划一级学科的城市规划专业教学改革的思考［M］．规划一级学科，教育一流人才——2011全国高等学校城市规划专业指导委员会年会论文集．北京：中国建筑工业出版社，2011：3-7.

［3］　尹稚，孙施文（主持）．城市规划方法论［J］．城市规划，2005，11：28-34.

［4］　哈尔滨工业大学．哈尔滨工业大学关于修订本科生培养方案的指导性意见［R］.2012.

Inheriting the Characteristic，Meeting the Challenge：the Work Approaches of Educational Plan Revision of the Department of Urban Planning of HIT

Lv Fei　Dong Wei

Abstract：Under the background that the first-subject establishment of urban and rural planning and the Educational reform of HIT，the Department of Urban Planning of HIT refer to the authority standard，compare the advanced experience of the colleges at home and abroad, start from the questions of currently educational plan, propose the work approaches of educational plan revision from the aspects of platform constructed, characteristic inherited, practice improved, technology educated, theory studied and innovation accelerated, so as to make a positive exploration on the subsequent work and constructing the distinctive discipline of urban and rural planning

Key Words: discipline of urban and rural planning; educational plan for undergraduate; department of urban planning of HIT

城市规划设计主线课整合的探索与实施研究❶

吕　静

摘　要：吉林建筑工程学院城市规划专业教学一直秉承唯实的办学理念，强调面对应变积极回应，从经验的传授到理性的建构，逐步建立起开放性的教学体系。主要是以设计主线的课程整合为核心，强调课程群化中的综合性和兼容性。实施中贯彻以"理论性教学 ＋ 体验性教学"的培养模式，在主线课程群优化中强调有机的阶段和单元构成，使主线课发展脉络清晰、衔接有序，从而使训练学生的专业基本技能与综合素质教育之间达到平衡。

关键词：设计主线课；教学平台；单元体系；整合；体验性教学

长期以来，吉林建筑工程学院城市规划专业教学中主要沿袭苏联教育模式的课程体系，在五年制人才培养模式中，强调与建筑学专业构筑互通大平台，搭建起"2+3"教学平台模式，既是建立2年的建筑学教学平台，3年的城市规划教学平台，其缺陷是课程群带有浓厚物质性规划的特点，较少关注学科的综合性及跨学科的专业人才需求特点。

目前，城乡规划学科呈现出多元化的特点，大多院校主要是围绕建筑、道路交通、市政工程等工程技术类课程组织教学，设计课程则是按照功能主义的教学思路，重视设计能力和工程能力的培养，所暴露的突出问题一是专业训练所注重的是操作性的技能和规范性的准则，学生的整体规划意识不强，二是偏重于微观的、技能型的形态设计，缺乏宏观与战略的角度去研究城市未来的发展。作为地方土建类普通高等学校要办出自己的特色与方向，强化以城乡规划为核心的厚基础、宽口径、高素质教育，如何从经验的传授到理性的建构出发整体优化城市规划设计主线课就显得尤为重要。

1　设计主线课程群整合的整体思路

我校根据全国城市规划专业指导委员会的培养目标，遵循照学科发展的趋势，秉承学校唯实的办学理念，强调面对应变积极回应，探讨朴实的城市规划教育观，因此，建立6个不同的教学平台，来优化课程群体系与教学内容，拓展知识面和专业教育的渠道是设计主线课程群整合的整体思路和价值所在。

1.1　整合背景

城市规划设计主线课是规划专业最重要的系列主干课，内容最多，周期最长，师资投入最大的教学环节。一般是从一年级开始，一直持续到毕业设计阶段的一系列设计类课程群，是规划基本技能和素质培养阶段的重要环节和核心课程。我校在2005、2009两次培养方案的修订中，强调教学体系强调整体优化，融合"朴实性与开放性的城乡规划教育观"的教学理念，强化以规划师基本能力为核心的厚基础、宽口径、高素质、强能力教育，增强学生的适应性和发展潜力。在教学内容组织中重视建立起包含课程内容体系结构、教学内容组织方式与目的、实践性教学的设计思想与效果等方面的改革，特别注重训练学生的专业基本技能训练与综合素质教育之间的平衡问题。

1.2　改革目标

我校城市规划人才培养，多年来坚持以教学为中心，

❶　本文为吉林省教育厅教学研究项目《从经验的传授到理性的建构——城市规划专业设计主线课教学内容整体优化的研究与实践》部分研究成果。

吕　静：吉林建筑工程学院建筑与规划学院教授

以质量求生存，以特色求发展，紧紧围绕主线课建设，贯彻新的教学理念和基本要求。在人才培养的质量上，强调一方面培养实践能力强、勤奋务实的实用型人才；另一方面，培养学生的创造性思维能力，培养具备本土与地域文化理念的综合性、复合型人才。

改革目标为培养学生具备以规划设计的能力培养为中心，具备从区域规划到城市节点设计的一系列图面化设计的能力。具体实施中以宽口径的基础教学为起点，多方向相近专业的知识全面涵盖，学生就业时可一职多能也可一人求多职。教学中强调设计方法论在设计课教学中的实践应用，在教学过程中贯彻以宽松的互动教学方式和紧密结合实践的教学过程，突出学生的个性和专业学习的主动性。

1.3 指导思想

重视设计课程群建构与系统整合，注重建筑与整体环境的有机结合，注重地域文脉的延续，力求建立有地域自身特色的城市规划课程体系，从而形成以下卓有成效的教学思路和方法上的创新。

（1）加强城市规划课程体系化建设，安排长、短、快等不同设计节奏的课程设计，注重多学科的结合，培养学生专业的综合素质。

（2）强调建筑、空间、环境与地域文化的整合思维理念，以空间为主线，强化规划设计主线课教学的深度和广度。

（3）注重综合分析与判断能力的培养，强化多种表达手段的训练，把深入实际调查研究纳入课内方案研讨环节，采取师生互评、生生互评等公开讲评以及设计课答辩，作为能力培养的重要手段。

2 设计主线课程群整合的框架与措施

主线课程整合改革实践就是安排综合设计训练，将基本理论、基本技能、相关知识全面把握，形成强调城市规划专业设计主线课整体优化。注重专业教育的整体结构和学生综合素质、创新能力与职业技能的培养。

2.1 框架与方法

（1）优化课程结构体系，突出主线课程地位

以城市规划设计课为主线，整合专业理论、专业基础、相关专业等课程，形成课程群框架体系。各门课程之间以及和体验（实践）环节与主线课之间有机协调，形成各阶段有机的"单元"，使主线课程发展脉络清晰、衔接有序。其目标是通过基本理论学习和对建筑与周围环境、技术与手段的体验认知，在设计过程中加以运用掌握，加强对综合设计能力、理论联系实际和创新能力的培养。

（2）技术类专业理论课、相关专业课与设计课相结合

强化以规划设计主线课建构体系中的单元构成模式，把单纯理论讲授调整为结合设计应用的教学模式。在"住宅区规划设计"课程中，强化加强现状调查与用地分析论证的研究能力及综合协调能力，进而提高突破创新能力和图文表述能力，同时提高对较大范围的建筑群体与环境进行综合分析和规划设计的处理能力的要求；在"城镇总体规划设计"课程中，注重培养调查研究、分析汇总现状资料的能力和协调各专业规划的能力。在毕业设计中注意专业技能的全面训练，构思研究的深化与升华，结合学生的具体的设计方案，增加由设计院相关专业设计人员参与环节，讲授相关专业的知识并参与设计指导，使学生全面考虑规划多功能性，培养学生具有综合协调能力，达到结合实际条件综合训练设计能力的目的。

（3）注重实践性教学环节、强化综合素质培养

注重学生实践能力的培养，增加实践性教学环节在教学计划中占有重要的比重，并进行巧妙的设计，特别在设计院实习前的选修课中集中安排城市环境与城市生态学、GIS技术与应用、城市规划管理与法规、相关设计规范等内容授课环节，与实践性教学环节形成有序地衔接，通过实践认知掌握城乡规划设计项目设计的全过程。

（4）注重执业城市规划师基本素质的训练，注重地域性规划观的培养

在主线课教学中增加与注册城市规划师考试大纲相关的课程，并请有实际经验的注册城市规划师讲授，同时在教学计划中体现对地域性城市规划观的培养，通过地方建筑测绘和城市认知实习等实践环节，提高学生对地域建筑文化和城市特色街区的认识，为学生毕业后获得注册城市规划师资格创造基础条件。

2.2 措施与特点

城市规划课程体系整合中以增强学生的社会适应能力为目的，强调专业教育广度和深度上进行开拓和发展，教学计划采用实践性教学环节贯穿从建筑（建筑环境）到城市（城市环境）以至于区域（社会经济）的教学中，规划设计系列类课程要求学生能将城市规划基本原理及各专业知识融贯于每个具体的设计项目之中，形成完整的、合理的可行方案。

主要整合措施包括：

（1）城市规划主线课程建设中强调系统整合、强化融贯机制，分阶段分环节地进行相互衔接、循序进行、整体推进。从规划实践性、可操作性出发，加强实例分析、规划评价、规划设计与管理的教育内容。

（2）围绕城市规划的主线课，按照理论教学与培养相结合、城市规划与人类生存环境相结合、空间创造与工程技术相结合等为原则，设置6个阶段的系列课程和教学内容，使其贯穿始终，相互渗透。教学改革中重视运用徒手草图进行设计创作构思的训练，并通过工作模型和计算机等手段，进行空间创作和方案推敲（见图1）。

（3）教学改革措施最主要的是通过注重训练学生的专业基础训练与综合素质教育之间的平衡问题。重视模型制作表达对培养学生建立多维空间思维的重要性，在高年级课程设计及毕业设计过程中，将制作构思概念模型纳入到设计方案阶段。从直观上体现规划设计的多维性、复杂性，培养良好的环境观，强调设计过程思维对培养学生掌握设计方法的重要性。

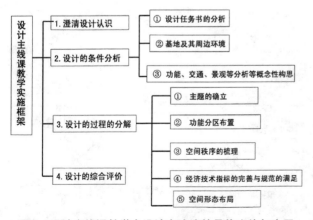

图1　设计主线课教学中设计方法论的具体实施与应用

3　设计主线课程群整合的探索与实施

城市规划专业系列设计课程群化、整合中，贯彻以"理论性教学 + 体验性教学"的培养模式，在理论性教学强调概念性、实用性，体验性教学强调师生互动性。

3.1　模式与构成

（1）建立课程单元体系

单元体系内通过"理论性教学"和"体验性教学"环节支撑设计主线课教学。理论性教学按各年级、阶段传授城市规划及其相关专业的基础理论知识，教学过中强调概念性、实用性，并以设计典例分析、图解理论，避免"悬化"基本理论，建立朴实的城乡规划观。体验性教学中强调师生之间在教学过程中的互动性、参与性，用言传身教、问题讨论、鼓励操作、课内评图等方法解决各阶段主线课教学中的基本概念和表达方法，培养扎实的基本技能、空间概念和创造性思维能力。

（2）注重适应能力的培养

从学科针对性角度来说，规划专业教育必须注重对具体的环境和空间做出最佳的回应和整合。具体教学中注重围绕地方经济建设中的典型项目，组织学生进行体验性教学的引导和关注，并研究现实生活环境当中存在问题，倡导善于思考的学习方法。

3.2　阶段与环节

（1）城市规划的基本原理和知识点的串联

1）突出规划设计主线课的核心特征，使城市规划的分项设计单元教学与基础理论、相关专业技术理论紧密结合，使理论教学概念化、形象化，并使学生通过实践性体验式教学进行进一步理解掌握（见表1）。

单元专业课程群化构成一览表　　　表1

城市规划设计主线课	体验性教学	·表现技能与方法
		·中小型公共建筑专题设计（注重环境的认知与融入）
		·城市规划各阶段专题设计
		·相关专业应用
		·建筑与环境调研考察
	理论课教学	·专业基础理论
		·专业基础规范
		·相关专业理论
		·相关专业规范

2）整合分项设计单元的题目和内容，以全面、精确、有序、深入的基础训练和培养创造性思维能力为前提，为拓宽相关专业基础理论知识提供空间。

3）以具体设计实践为大课堂，遵循由浅入深、循序递进的培养思路，通过网络式多元并行的教学方案，拓展和深化课堂所学内容。

（2）城市规划课程设置的环节和构成

设计主线课程群整合的具体实施中通过 6 个阶段、25 个单元建构起以城市规划设计主线课程群，强调有机的阶段和单元构成，使主线课发展脉络清晰、衔接有序（见表 2）。

城市规划专业各阶段专业课程设置计划一览表 表2

阶段	单元体系	课程设置
设计基础阶段	一年级单元体系	**一年级（秋季学期）** • 主线课：设计基础 • 理论课1：建筑学导论（建筑的涵义及其演变） 理论课2：中外美术史（绘画、雕塑） 理论课3：建筑表现技法、经典建筑临绘 • 体验课1：绘画技法与技巧 体验课2：建筑认知（空间的基本尺度及比例） 体验课3：校园认知（构成元素、建筑功能与空间） **一年级（春季学期）** • 主线课：设计初步 • 理论课1：画法几何与阴影透视 理论课2：城市规划导论（城市规划内涵、概念、理论及其演变） 理论课3：基础设计原理（制图规范、构图原理、人体工程学） • 体验课1：构成设计、构成与构图转换设计 体验课2：经典建筑解析与表达、子空间设计 体验课3：外部空间环境设计（空间意识、审美能力、环境意识） 体验课4：城市认知（城市构成元素、发展背景、现状、趋势分析）
入门阶段	二年级单元体系	**二年级（秋季学期）** • 主线课：建筑单元式空间设计（单项设计、组合设计） • 理论课1：建筑设计原理（建筑、空间、秩序、环境、案例解析） • 体验课1：单元空间设计、单元空间组合 体验课2：体块分析模型（环境、空间、功能、尺度、体量等）
深入阶段	二年级单元体系	**二年级（春季学期）** • 主线课：专题公共建筑设计（小型独立空间组合设计） • 理论课1：建筑设计原理、法规、实例分析： 理论课2：建筑构造 理论课3：住宅建筑设计原理 • 体验课1：快速设计、专题设计、城市考察 （功能、技术、构造、空间、环境、形式之间的辩证关系） 体验课2：构造、材料认识与使用 体验课3：地方建筑与街区认识与实习
	三年级单元体系	**三年级（秋季学期）** • 主线课：居住建筑设计 • 理论课1：公共建筑设计原理（原理、规范） 理论课2：中外建筑史 理论课3：建筑结构（类型、概念、规范） 理论课4：居住区规划原理（概念、设计方法、规范） 理论课5：工程地质与水文地质 • 体验课1：快速设计、专题设计、城市考察（整体设计和环境设计） 体验课2：住宅单元设计（家具、设备布置、环境配置） 体验课3：制图基础

过渡阶段	三年级单元体系	三年级（春季学期）
		• 主线课：专题公共建筑设计及住区规划设计 • 理论课1：区域规划概论 　理论课2：城市园林绿地规划 　理论课3：控制性详细规划概论 • 体验课1：快速设计、专题设计、城市考察 （大规模、多空间的建筑的设计能力，掌握具有综合和协调能力。） 　体验课2：城市专题研究（城市建设热点问题的关注） 　体验课3：地方历史建筑及街区测绘
提高阶段	四年级单元体系	四年级（秋季学期）
		• 主线课：城市规划各阶段专题设计 • 理论课1：中外城市建设史 　理论课2：城市道路交通 　理论课3：城市设计原理 • 体验课1：专题设计、城市考察 （工程技术知识与经济、社会、环境、管理、公众参与等多方面知识加以综合思考） 　体验课2：控制性详细规划设计 　体验课3：城市交通设计 　体验课4：城市设计 　体验课5：竖向设计
		四年级（春季学期）
		• 主线课：城市规划师业务实践 • 理论课1：城市环境与城市生态学 　理论课2：GIS技术与应用 　理论课3：城市规划管理与法规 • 体验课1：完整实际工程设计（规划设计的全过程以及相关的审批、管理活动） 　体验课2：设计投标及组织 　体验课3：设计前期资料调研及数据分析汇总 　体验课4：计算机建筑表现与动画基础
综合拓宽阶段	五年级单元体系	五年级（秋季学期）
		• 主线课：城镇总体规划设计 • 理论课1：城市规划实务 　理论课2：房地产项目开发与经营 　理论课3：城市更新与历史文化名城保护 　理论课4：园林植物学 • 体验课1：环境景观规划设计 　体验课2：城市专题专项设计 （调查研究、分析汇总现状资料的能力和协调各专业规划的能力）
		五年级（春季学期）
		• 主线课：毕业设计 （综合专业技能的全面训练，构思研究的深化） • 理论课1：弹性任务书指导与完善、相关规范介绍 • 体验课1：场地分析 　体验课2：毕业设计认识实习 　体验课3：相关专业设计

（3）建筑与环境的关注

课程整合中注重适应能力的培养，提高知识的综合运用能力，进一步深化、拓宽专业技能。主要是加强对人类聚居环境与可持续发展的整体认识，注重培养和建立各类建筑与环境的整合思维理念。同时城市规划课的教学中强调基地真实的环境条件。

（4）综合分析与判断能力的培养

在能力培养方面就要求学生着重加强现状调查与用地分析论证的研究能力，综合协调能力，突破创新能力和图文表述能力的提高，以适应将来实际工作的要求。设计类课程组织中将综合分析与判断能力的培养作为一个重要目标，开拓学生思路，增强表达能力的培养。安排综合设计训练，将基本理论、基本技能、相关知识进行全面把握。设计选题中较多地尽量选用实际题目，选用能让学生实地踏查，客观制约因素较多的实际地段，增加设计的难度与真实性。

4 结语

吉林建筑工程学院城市规划专业设计主线课程整合，是在地域文化和学校本身定位的基础上进行的，其目的是建立与实施朴实性与开放性的城乡规划教育观，目前正在进一步加强课程体系的系统性，在明确各教学环节作用的基础上特殊强调综合教学效果，最终目的是以提高学生专业综合能力来检验教学改革的效果。作为地方普通院校，我校的改革实践会按照全国高等学校城市规划专业本科教育评估的要求，不断深入完善，努力创立一套具有地域特色的城市规划专业本科教育的教学体系与方法。

参考文献

［1］ 张洪波，姜云，王连元.新时期城市规划专业教育改革探讨［J］.高等建筑教育，2005，2：15-18.

［2］ 全国高等学校土建类专业本科教育培养目标和培养方案及主干课程教学基本要求［R］.城市规划专业高等学校土建学科教学指导委员会城市规划专业指导委员会编制.

［3］ 张成龙.朴实与地方性特色的建构.全球化背景下的地区主义［M］.南京：东南大学出版社，2003.08：58-60.

［4］ 吕静，赵苇.五年制城市规划专业人才培养及课程体系整体优化的研究与实践［J］.高等建筑教育，2007，3：9-11.

Exploration and Implementation of Urban Planning and Design of the Main Lessons Integration

Lv Jing

Abstract：Urban planning professional teaching of Jilin architectural and civil engineering institute has been adhering to the only real school of philosophy, emphasizing the face of the strain positive response, from experience to impart to the rational construction, and gradually established an open teaching system.It is mainly based on the design of the main line of curriculum integration practice as the core, emphasizing the comprehensive course grouping and compatibility.Implementing the training model to "the theory of teaching + experience teaching" in the implementation, stressed the organic phase and the unit structure in the main line courses swarm optimization to make clear the main line of lesson development context, convergence and orderly, so that the training students the basic skills to achieve a balance between the overall quality of education.

Key Words：the main design；lessons teaching platform；unit system；integration；experience teaching

从办学特色到城市特色

陈金泉

摘　要：当前，城市特色问题突出。但城市特色的形成存在着从办学特色到人才特色到规划特色再到城市特色这样一个链条，因此构建一个结构合理、特色鲜明、充满活力的城市规划教育体系迫切而重要。

关键词：城市特色；办学特色；路径

1　城市特色问题的提出

城市是特定历史时空中的产物。城市的发展与变化是其在一定的自然环境中的社会、经济、科技和文化的过程，这一过程不仅决定着城市的不同表象与形态，还决定着城市的不同品质与精神。如基于不同的自然环境而形成的山地城市、海滨城市、平原城市、高原城市和山水园林城市等；基于不同社会经济发展阶段的传统城市、工业化城市和现代化城市等；基于不同资源或产业特征的钢城、煤城、石油之城、旅游城市等。这种一座城市不同于其他城市的个性或特点就是城市特色。

城市特色如同一本打开的城市历史与发展之书，承载着城市的岁月与光阴，呈现给人们是荣誉和审美。正如刘易斯·芒福德指出："城市通过它的许多储存设施（建筑物、保管库、档案、纪念性建筑、石碑、书籍），能够把它复杂的文化一代一代地往下传，因为它不但集中了传递和扩大这一遗产所需的物质手段，而且也集中了人的智慧和力量。这一点一直是城市给我们的最大的贡献"。[1]可见，文明发展的前提是文明的保存。人类只有将自己置于已有的文明成果基础之上进行有效的创造，才能使人类社会与文明获得进步与发展。[2]

对于中国城市特色研究与规划实践，王敏认为，我国的城市风貌研究自20世纪80年代被提出，历经约30年发展，可以归纳为三个阶段，即20世纪80年代：

初期阶段；20世纪90年代：发展阶段和2000年以后：繁盛阶段。[3]时至今日，在百度中输入"城市特色"进行查询，有2300万条相关信息，可见城市特色问题已经是一个受到普遍关注的问题。但不可否认的是，中国城市的"特色危机"已经到了非重视不可的时候了，每个城市的特色正在消失，千城一面的景象正在成为我们的视觉灾难。无论你走到哪个城市，目光所及之处，全是一色的高楼群、玻璃墙、霓虹灯、立交桥、宽马路、大广场，当城市的背景已被麦当劳、肯德基火红的标志点燃的时候，我们真的分不清自己是在北京、上海，还是纽约？[4]

吴良庸先生也曾指出："我们不是曾经为一些城市新建筑总量相当于建了几个旧城而颇为自豪吗？某些较为优秀的建筑设计作品不是为人们津津乐道？但曾几何时，我们却惊然地发现我们的城市太缺乏特色了，有人说：'南方北方一个样，城里城外一个样。'的确，过去浓郁的城市特色，给大量单调寡味的规划与建筑所冲淡。"

2　城市特色丧失的原因分析

对于当前城市特色边重视边丧失的原因，业界的专家学者进行了许多的分析和讨论，大致可以归纳为以下5种原因。

陈金泉：江西理工大学建筑与测绘工程学院教授

2.1 长官意志论

长期以来，在城市规划行业一直存在"规划规划、墙上挂挂、不如领导一句话"的言论，存在着"一任领导一个规划、一届政府一座新城"的现象，存在着出于政治上干部考核指标的"指挥棒"功能，形形色色的"政绩工程"层出不穷的现象。这一方面表明城市的领导者缺乏应有的法制观念，也表明现有的法律法规不能对城市的领导者形成有效的监督。在中国这样一个有着特殊国情的国度，法制无法彻底制约长官意识、政绩工程的现状使得追寻城市特色的道路充满坎坷与羁绊。[5]

2.2 经济发展硬道理论

中国已历经了三十余年的经济高速发展，经济总规模、综合国力等有了极大的提高，但仍然是一个发展中的大国。人口过多，人口素质不高，资源短缺，资源利用率低，环境污染等仍是基本国情。且一个国家的兴旺发达主要是看其经济水平，如何解决民生问题？就是以经济建设为中心。尤其中西部地区，目前的社会经济发展阶段仍处于工业化、城市化的初期或中期。受发展经济的压力或经济利益的驱动，在进行城市规划与建设时，多以经济发展的角度作为出发点，很少考虑到自然存在的客观条件和文化历史的人文条件。在这个认识基础之上制定的城市规划与建筑、环境设计，自然就很少顾及城市历史文化的传承，城市建筑艺术风格与环境艺术风格的协调。

2.3 崇洋媚外和跟风论

从这么多年的城市建设实践来看，中国城市建设的模式是小城市学大城市、欠发达地区学发达地区、发达地区学国外，而这个学习多半又只是不加扬弃，全盘照收的模仿或者抄袭，尤其是在城市的规划与设计方面。相互抄袭的结果当然是使得城市越来越没有特色，唯国外马首是瞻的结果当然是与民族文化相脱节，而不是把国外的优秀理念融于民族文化而形成中国自己的城市特色。[6]

2.4 建设规模和速度论

"十五"期间，中国的城市化水平提高了5.54个百分点，年均增长约1.1个百分点，城市建成区面积扩大了3万平方公里，比2000年扩大了1/4。"十一五"期间，中国的城市化水平达到46.6%，年均增长0.9个百分点。这相当于每年有1500万左右的农村人口进入城市成为城市人口，若人均提供住房25平方米，则需要3.75亿平方米每年。因此，中国的城市建设一直处于大规模和高速度的状况，导致几乎所有的城市规划和建筑设计院所的专业技术人员都处在超负荷的工作状态。在时间紧、任务重的情况下，是不可能去做深入的调查、分析和认识的。因此，中国的规划师、建筑师被戏称为"创收"师。

2.5 理论或人才水平不足论

中国城市化发展理论和城市规划理论均以接受西方相关理论为主，过程短、速度快，存在着形式主义地理解西方现代化城市。在引进西方先进经验时，又缺乏对各地不同文化差别的尊重，甚至笨拙地抄袭西方城市的表面形式，使得具有深厚文化底蕴的中国，在城市形象上总是披着一件西方文化的单薄外衣。

另一方面就是我们的设计专家，懂区域经济战略发展纲要设计的不懂城市规划，懂城市规划设计的又不懂城市文化品牌构建，三者无法把城市定位、城市形象、城市品牌维系到一个城市坐标上来；无法把城市经济、文化、规划统一到一个城市主题上来。所以出现了城市定位错位，城市形象缺位、城市品牌短位的问题。所以造成了严重的产业同质化问题，城市建设千城一面问题，城市特色危机问题。[7]

上述原因，确是中国现阶段城市特色丧失的"病根"，但基本都是在城市规划的实践中找原因，不全面、也不够深刻。我们的城市规划教育和人才培养没有问题和责任吗？要求不同的城市要具有各自的特色，要传承和发扬地域文化，打造以人为本、宜居、宜业的可持续发展的城市，是否我们的城市规划教育和人才培养首先应具有特色，答案无疑是肯定的。

3 城市规划特色教育现状

中国的城市规划教育始于20世纪50年代初，至今已有60余年的历史，特别是近10多年来，开办城市规划专业的学校、每年的招生规模都经历了飞速的发展。不同院校不同模式的规划教育，为国家培养了大批能够胜任不同工作岗位需要的规划人才。总之，我国的规划教育从无到有，从简单到综合，积累了丰富的教学、实践与科研经验，并不断借鉴国际上有益的理论与实践，形成了具有中国特色的规划学科和教育，推动了城市规划学科整体的发展。[8]从各地各类各级学校的城市规划教育特色来说，可归纳为以下3类：

3.1 学科特色

众所周知，中国城市规划教育脱胎于建筑学教育，城市规划与设计学科也长期是建筑学中的一个二级学科。从20世纪90年代后期开始，城市规划教育逐渐在地理学科、农林学科、测绘工程学科中办学。

其中，以同济、清华、东南大学、重庆大学等为代表的是以建筑和工程学科为主的培养模式；以南京大学、北京大学、中山大学等为代表的是以经济地理为基础的培养模式；以南京林业大学、北京林业大学、华南农业大学等为代表的是以农业、林业、园林景观为基础的培养模式；以武汉大学、中南大学、云南大学等为代表是以测绘工程、土木工程等为基础的培养模式。

3.2 地域特色

还有的院校结合学校所在地域，充分发挥自身的优势，寻找自身的发展方向和特色，挖掘具有地域型特色的专业办学方向，以适应不同地域、不同发展层次的需求。[9]

如重庆大学从地处西南地区多山特点，着重培养学生对山地城市规划设计的能力，突出保持山地可持续发展的特点；哈尔滨建筑大学则致力于寒冷地区的城市规划与设计方面的教学研究，在规划设计教学中体现寒冷地区特点，并根据东北地区地域特点，有针对性地强化寒地城市设计、寒地居住区规划、寒地村镇规划等课程；华南理工大学在城市规划专业课程设计训练方面突出亚热带地区的规划设计的特点，引导学生在规划设计中重视对地方湿热气候环境的分析和研究，并通过充分利用环境分析软件，提出适应性的空间环境设计模式等。

3.3 国际化办学特色

随着经济的全球化，改革开放的中国越来越成为世界的重要力量。而我国传统的城市规划教育存在专业设置过窄、教学内容陈旧单一、教学方法死板，价值观教育薄弱、人才培养模式单一等问题。[10]因此，为了抢占人才高地和世界级水平大学的建设，国内许多著名高校于20世纪80年代就开始了国际化的办学道路，从初期的聘请讲学、到师生交流再到现在的多层次合作办学和多元化交流等。如同济大学、清华大学、东南大学等都已经从内容到形式都非常成熟了，而且现在有越来越多的高校都在进行各种形式的国际化办学，如华南理工大学、南京工业大学、中国人民大学、宁波大学等。可以说，通过学术交流、教学交流和合作办学等，增强了与世界的信息流通，开拓办学的视野和思路，提高了办学质量，对城市规划专业的办学特色构建起到了积极作用。

4 城市规划特色教育中存在的问题

从上述分析中可以看出，各地各类高校在城市规划办学中始终都在追求特色办学的目标，也取得了不少成效，但离当代城市发展与建设目标要求却始终有不少的差距，特色仍然不明显。

余柏春认为，当前我国城市规划教育施行的是"大口袋"模式，现有一百多所高校开办城市规划专业，然而大家都实施五年学制，大家都必须开设"核心课程"，大家的教学计划大同小异。[11]

周江平等认为，美国规划院校一般都有不留本校毕业生任教和鼓励教师来源多元化的传统，而"近亲繁衍"在我国大多数老牌规划院校中仍然较为流行，从而埋下了各校教育模式、教学思路的定型化的隐患。他还提到，专指委对各院校的办出专业特色缺乏必要的引导，对学科方向的界定模糊，对不同学科方向的课程设置也基本采取放任自流的态度，各院校各自为政，相同学科方向的院校之间课程设置区别可能很大，同时也缺乏交流，难以在学科向不同方向发展的过程中形成合力，真正促进学科的多元化。

此外，大多数高校的城市规划办学历史并不长，师资人才、教学计划、课程体系、教学方法等都还处于模仿、积累和成熟的过程中。

5 城市规划特色办学的路径

5.1 强化城市特色内涵和价值教育

强化城市特色内涵和价值教育就是帮助学生建立城市特色的意识，认识城市特色的价值，了解特色城市形成和发展的原因与规律。这可以单独设立城市特色类课程，也可以在城市规划原理、居住区规划、城市总体规划、城市设计等课程中增加这部分内容。

5.2 构建特色课程体系和结构

课程体系与结构决定了学生的知识结构，也就决定了学生的能力结构，要在通识教育的基础上加强"专才"教育。首先是专指委要加强对办学特色的指导与支持，如特色方向的凝炼、特色办学要素构成、高水平特色教材的编写、师资队伍的培养等，并将办学特色纳入评估制度；其次是各地各类学校要结合国家或地区社会经济发展历史、现状，重点与特点形成可持续性的学科方向，从而构建特色的课程体系与结构。

5.3 突出个性化培养

突出个性化培养就是在设计或实践类教学过程中，将过去以"老师为中心"的教学模式转变为以"学生为中心"。根据学生自身的能力、兴趣、适应性等自身特点让学生自主选题并进行设计，教师只对学生的成果进行点评，而不要求学生一定要按照自己的要求去做。这样一方面可激发学生的学习或创造潜能，另一方面可以让学生逐渐形成自己的思维方式和设计风格。

5.4 建设特色化师资专业团队

改变过去一位教师负责一门课程、同类型的教师共同指导同一门设计或实践的状况。而是在设置课程或设计课程负责人的前提下，由不同专业或背景的教师组织师资团队共同负责一门课程或设计。如将地理类、经济类或历史文化类的教师参与到城市总体规划、城市设计或实验（习）的指导中来，从而形成特色化的课程或设计师资团队，同时也可以创造一种和睦、默契的教学氛围。

参考文献

[1] 刘易斯·芒福德著,倪文彦,宋峻岭译.城市发展史[M].北京：中国建筑工业出版社,1989.

[2] 马武定.风貌特色：城市价值的一种显现[J].规划师,2009,25（12）.

[3] 王敏.20世纪80年代以来我国城市风貌研究综述[J].华中建筑,2012,01.

[4] 海默.中国城市批判[M].长江文艺出版社,2004年8月.

[5] 张强.浅探中国城市特色丧失的原因与重塑[J].山西建筑,2007,1.

[6] 任民.中国城市丧失特色的原因[J].华中建筑,2005,7.

[7] 付宝华.用城市主题文化诠释城市科学发展观[J].中华名人,2008,1.

[8] 周江评,邱少俊.近年来我国城市规划教育的发展与不足[J].规划师,2009,12.

[9] 吕毅,刘海春,庞前聪.试论城市规划学科特色教学模式培育的紧迫性[J].长沙铁道学院学报（社会科学版),2007,09.

[10] 万艳华.面向国际化的城市规划教学改革[J].规划师,2006,8.

[11] 余柏春.裁剪大口袋——我国城市规划教育改革思路[C].全球化下的中国城市发展与规划教育.北京：中国建筑工业出版社,2006.

From Education Characteristics to Urban Characteristics

Chen Jinquan

Abstract: Now urban characteristic is a serious problem.But the urban characteristic formation exists a china, that is from the education characteristics to the characteristics of the talents to the pianning charactristics to the urban characteristics.Therefore to establish a urban planning education system with proper structure, distinct features and dynamic is an urgent and important.

Key Words: urban characteristics; education characteristics; route

基于未来城市发展的规划教育应对——微循环与多尺度

张金荃　黎智辉　张美亮

摘　要： 文章分析了我国目前规划实践的变革以及规划教育目前现状，指出目前我国的城市规划教育方面在规范性方面有一定的发展，但在促进学科多样性方面有一定欠缺，甚至原有的多样性由于种种原因有被趋同的迹象，最后结合我国城市发展的状态，提出未来城市规划教育应建立以微循环和多尺度为目标导向的教育改革方向和措施。

关键词： 规划教育；微循环；多尺度

1　城市规划教育发展研究概述

近十年来，学界对于规划教育的研究涌现出不少成果，尤其是 2008 年城乡规划法的实施以及城市规划作为一级学科的确立更是将城市规划教育研究推向高潮。从 2000 年以后关于城市规划教育的文献检索来看，城市规划教育的研究主要表现在几个方面：（1）城市规划学科发展；主要包括课程体系的改革[1-10]以及与相关学科关系[1, 11-14]；（2）我国的城市规划转型与规划教育发展[15-22]；（3）发达国家（地区）城市规划教育的比较与借鉴[23-27]。不管是植根于本土规划实践变革的规划教育研究还是对英美等发达国家（或地区）的城市规划教育体系研究都阐述了一个共同的道理：一是我国目前的城市规划的实质和作用及其内在意义正在转变，即由技术转变为公共政策；二是各发达国家的规划教育发展与各国的国情特色以及城市发展阶段而带来的规划实践的转型密切相关。

2　目前的城市规划教育与城市规划实践

2.1　规划实践

从目前我国城市规划编制的实践项目来看，主要有三个层面的内容：宏观的城市战略研究；从严格意义上讲已不是城市规划专业的专利，是各类城市相关专业综合的结果；二是微观层面的城市改造，随着我国城市经济发展的"二次转型"即人类的需求由生活型需求转化为发展型需求，我国微观层面的城市改造日趋增多，诸

如居住社区的改造，老工业区的功能更新，旧城中心区更新改造等。三是中观层面的城市规划项目；目前规划界的大量的规划项目都是中观层面的。诸如控规、工业区规划、城市设计、居住区规划、新城区建设等。

（1）规划编制实践演变趋势

城市规划编制实践项目与城市社会发展阶段密切相关，根据发达国家走过的城市化道路来分析，城市化的发展从起步开始大体上可以划分为早期、中期和成熟期三个阶段；城市化水平在 10%~30% 以下为早期阶段，城市化水平在 30% 至 70% 之间为中期阶段，城市化水平在 70% 以上为成熟期阶段。城市化中期阶段所耗用的时间，一般比早期阶段所耗用的时间少，如英国在城市化中期所耗用的时间比早期阶段少一半，也就是说，在城市化的中期阶段将是加速发展的时期。我国的城市化水平已超过 45%，中国的城市化是在从计划经济向市场经济转型的背景下，由各级政府"自上而下"推动与农村地区"自下而上"自发发展的进程（周一星，1999）私有财产权保护意识的逐步增强导致城市扩张成本增加。2007 年《物权法》的出台更是将这一内容上升到法律层面，最终导致城镇化进程放缓，以及城市发展过程中利益关系协调以及空间发展战略的研究上升到前所未有的局面。城市的发展模式将由粗放的外延拓展向精细

张金荃：宁波大学建筑工程与环境学院讲师
黎智辉：南京工业大学建筑学院讲师
张美亮：宁波大学建筑工程与环境学院副教授

化的内涵提升转变，在这一转变过程中，宏观层面上，信息化、生态环境恶化等对城市发展的影响；贫富差距加大造成的城市社会阶层分化以及由此带来的社会公平问题等导致城市发展导向的研究内容将日益增多；同时在微观层面上，市民社会的涌现，私有产权拥有者的剧增，以及城市规划的利益调整的作用，生存型发展转向发展型发展导致的人们对生活环境品质追求的提高从而引发城市微空间的调控以及相关利益关系的协调。从这个角度讲，宏观和微观类的城市规划实践项目所占比重将日益增多，将渐渐取代目前中观层面城市规划实践项目独占大半江山的局面。

（2）规划师角色演变

20世纪90年代开始，市场经济体制的逐步建立，分权改革的深入，城市规划由于其独特的通过调整空间关系调整社会利益关系的作用使其逐渐成为政府在城市发展、建设和管理领域的公共政策，其重点正在从工程技术转向公共政策，规划师的角色逐渐多样化，可以将其简单地分为两类政府规划师和非政府规划师，规划师角色的转变必然要求规划教育的发展与之相对应。而我们的规划教育并没有因为城市规划变革而带来的规划师角色演变做出反应。

2.2 规划教育目前的发展

城市规划专业是伴随着城市的发展而出现的，属于新兴学科。对于城市规划和城市问题的研究早于专业的教育，从我国城市规划发展历程看，在计划经济时代，我国的规划师的社会角色比较单一，即规划管理者和规划编制者导致城市规划教育的重点是技能教育，突出城市规划的工程技术特性。

（1）优点：学科教育及评价标准方面规范性增强

近些年，在城市规划专业教育方面，各高校城市规划专业课程设置等主要以《全国城市规划专业培养方案》、《全国高等学校土建类专业本科教育培养目标和培养方案及主干课程教学基本要求》（城市规划）、和高等学校城市规划专业评估文件（2009版）为指导。这些文件对全国城市规划专业教育保证其核心内容以及学生专业素质的培养起到规范和调整的作用，专职委的以评促建确实在一定的时间段内促进了高校城市规划专业办学的规范性。毋庸置疑，专指委的工作是必要和有效的。

（2）不足：学科发展的多层次性逐渐削弱

城市规划的学科背景主要来自于三个学科：建筑学科、地理学科和农林学科，目前除农林学科倾向于景观园林设计方向内容较多外，建筑学科和地理学科背景的城市规划专业目前越来越趋同，笔者分析了建筑学科背景的东南大学城市规划专业近些年的教学培养方案和地理学科背景下的南京大学城市规划专业的培养方案，分析其课程设置、学分设置等，可以发现其明显的趋同趋势。

城市规划是一门实践性学科，随着经济活动范围的扩大，在经济全球化的大背景下，城市的发展更加需要从区域的环境中去协调与定位。于是，城市规划工作从宏观的区域到城市的一个局部地段的微观设计，跨度之大是一般人难以全部胜任的，所以，城市规划人才的培养也应当是建立在核心目标基础上的多层次的培养机制。

各高校的城市规划专业课程设置主要以《全国城市规划专业培养方案》、《全国高等学校土建类专业本科教育培养目标和培养方案及主干课程教学基本要求》（城市规划）和高等学校城市规划专业评估文件（2009版）为指导。专指委在上述文件中强调了主干核心课程，其他课程则由各院校根据自身具体条件适当选择和调整，在保证专业教育核心的基础上鼓励各院校根据自己的优势办出特色，但未对多层次性，多方向的学科发展进行引导，各院校往往各自为政，相同学科方向的院校之间课程设置区别可能都很大，同时也缺乏交流，难以在学科向不同方向发展的过程中形成合力，真正促进学科的多元化。另外，由于缺乏不同学科方向的引导，加上市场对建筑学背景规划专业生的青睐，许多非建筑学背景的规划院校想方设法加强建筑方向的教学，却忽视了自身特色的打造。培养出的毕业生在绘图技巧、方案能力上很难赶上建筑学背景的学生，自身特色又被泯灭，反而陷入求职困境，得不偿失[21]。而在城市规划上升为一级学科以后，这一引导尤为重要。

3 应对城市发展导向的规划教育变革——微循环和多尺度

3.1 关于微循环和多尺度

在2010年10月7-10日在美国明尼苏达州的

明尼阿波利斯市召开的美国规划院校协会（ACSP，Association of Collegiate Schools of Planning）第51届年会的主题为"多尺度的规划——环境与功能的整合"（planning in multi-scale。Functionally integrated environments），该主题提出从具体环境到全球背景下，规划师所面对的挑战需要依据尺度因素而获得明确的界定，对复杂尺度的解释以及在多尺度环境下的工作应当成为城市规划理论分析和实践的焦点。

无独有偶，2011年6月27日，中国住房和城乡建设部副部长仇保兴在江苏扬州举行的"2011城市发展与规划大会"开幕式上做了题为《复杂科学与城市转型》的主题演讲，指出"在中国的城镇化进入中后期的特殊阶段，遵循自组织的理念，摒弃初期广为流行的急风暴雨式的'大开大发'、'大拆大建'，推行微循环，将成为城市规划建设和管理的新原则"。

美国语境下对城市规划中城市尺度问题的理解，非常类似于我国城市规划界对于"宏观中观微观"规划问题的划分，在某种程度上可能划分的更为细致。对于这一问题的关注，其意义在于，在界定城市规划问题的时候，要考虑不同尺度下对问题内容构成和各问题要素重要程度的不同权重的考虑和排序，在规划对策和解决方法的选择上，也因为空间尺度范围的差异而有所不同[28]。

3.2 应对城市发展的规划教育发展措施

侯丽在分析我国城市规划教育的发展历程后指出：中国的经济增长和城镇化进程也必然会在未来的五到十年内放缓。"中国的规划教育在未来的这五到十年会面临一个关键性的转折时期"[30]。专指委作为全国城市规划专业办学的指导机构，通过专业评估规范城市规划专业的办学行为，同时评估与规划师的执业资格制度密切相关，而在市场上，专业通过评估与否也是用人单位是否录用的衡量标准之一，通过评估与否在某种程度上成为高校该专业学生就业、深造的门槛之一。应为专业办学提供针对性、差异性的指导。主要表现在两个方面：

（1）多层次多维度的办学目标导向下的科目设置建议

传统的规划教育强调"全才"的培养，全才的培养模式由于规划专业知识的累积及其复杂性导致其反而对

规划各项专业课知识传达只能采取"蜻蜓点水"的形式，由于这种对城市规划人才需求多样化的特点，和学科本身的发展需求，在规划教育已然达到一定规模的时期，迫切需要教育培养的适度分化和专门化，实现更为针对性的、差异化的教育方式[30]。针对未来城市发展导向，城市规划专业教育应面向多层次，设置不同的培养目标和培养方案体系，各高校可根据自身条件进行选择，同时对部分科目应给与一定的弹性和科替代性。

（2）城市规划专业评估体系应多样化

教育是一种社会实践。他的形式应该随着社会的发展而不断变化，农业经济时代是父兄教子弟，即"家学"。工业经济时代，崇尚标准化、大批量，我们现在的教育就是这个模式，在即将（亦有学者说已经）到来的知识经济时代，创造性最重要，而创造性需要个性化的教育[29]。而个性化的教育需要个性化的考核标准，需要对个性化教育的激励措施。

专指委通过专业评估规范城市规划专业的办学行为，同时评估与规划师的执业资格制度密切相关，而在市场上，专业通过评估与否也是用人单位是否录用的衡量标准之一，通过评估与否成为高校该专业学生就业、深造的门槛之一；专指委的作用就像一根无形的指挥棒在左右着高校城市规划专业的发展，各高校不得不跟着专指委的指挥棒行动。因此，为促进高校专业发展朝向多层次的特色方向发展，单一的规范性的评价体系是远远不够的，专指委必须建立适应于多层次发展的评估标准与体系，并建立相应的激励机制，促进专业教育发展的百花齐放。

参考文献

［1］谭纵波.论城市规划基础课程中的学科知识结构构建[J].城市规划，2005，06：52-57.

［2］王承慧，吴晓，权亚玲，巢耀明.东南大学城市规划专业三年级设计教学改革实践[J].规划师，2005，04：62-64.

［3］孙永青.城市规划新专业课程建设初探[J].天津城市建设学院学报，2006，01：77-80.

［4］郑皓，彭锐.全球化语境下的详细规划课程设计教学改革探研[J].高等建筑教育，2006，04：67-69.

［5］ 吕毅，刘海春，庞前聪.试论城市规划学科特色教学模式培育的紧迫性［J］.长沙铁道学院学报（社会科学版），2007，03：66-67.

［6］ 符娟林，杨剑.构建以就业为导向的城市规划专业课程体系［J］.高等建筑教育，2008，04：49-52.

［7］ 彭翀.关于加强规划教育中规划研究教学内容的思考［J］.城市规划，2009，09：74-77.

［8］ 陈前虎.《城乡规划法》实施后的城市规划教学体系优化探索［J］.规划师，2009，04：77-82.

［9］ 张倩.国际联合教学的组织与实施——一种跨文化、跨学科、跨年级的互动教学模式［J］.规划师，2009，01：101-104.

［10］ 段德罡，白宁，王瑾.基于学科导向与办学背景的探索——城市规划低年级专业基础课课程体系构建［J］.城市规划，2010，09：17-21+27.

［11］ 杨卡.城市规划教育与公共管理学科建设［J］.牡丹江师范学院学报（哲学社会科学版），2011，06：124-126.

［12］ 吕传庭，曹小曙，闫小培.文化认同与城市规划的终极关怀［J］.城市规划，2005，03：77-79+83.

［13］ 吴志强，于泓.城市规划学科的发展方向［J］.城市规划学刊，2005，06：2-10.

［14］ 徐苏宁，吕飞.关注城市规划中的文化复兴问题——兼论城市规划教育的文化学内容［C］//和谐城市规划——2007中国城市规划年会论文集.2007：2201-2202.

［15］ 黄光宇，龙彬.改革城市规划教育适应新时代的要求［J］.城市规划，2000，05：39-41+64.

［16］ 崔英伟.论我国高等城市规划教育的专业化与多元化［J］.高等建筑教育，2004，03：14-17.

［17］ 刘博敏.城市规划教育改革：从知识型转向能力型［J］.规划师，2004，04：16-18.

［18］ 陈秉钊.中国城市规划教育的双面观［J］.规划师，2005，07：5-6.

［19］ 何子张.城市规划的职业发展与规划教育转型［J］.规划师，2005，12：64-65.

［20］ 洪亘伟.快速城市化时期的城市规划教育对策研究［J］.高等建筑教育，2007，02：35-38.

［21］ 周江评，邱少俊.近年来我国城市规划教育的发展和不足［J］.城市规划学刊，2008，04：112-118.

［22］ 王纪武，张丽璐.城市规划教育的社区化发展探析［J］.规划师，2009，04：83-85.

［23］ 王骏，张照.MIT OCW与我国城市规划学科教育的比较与借鉴［J］.城市规划，2009，06：24-28.

［24］ 卓健.城市规划高等教育是否应该更加专业化——法国城市规划教育体系及相关争论［J］.国际城市规划，2010，06：87-91.

［25］ 田莉，杨沛儒，董衡苹等.金融危机与可持续发展背景下中美城市规划教育导向的比较［J］.国际城市规划，2011，02：99-105.

［26］ 袁媛，邓宇，于立.英国城市规划专业本科课程设置及对中国的启示——以卡迪夫大学等四所大学为例［C］//转型与重构——2011中国城市规划年会论文集.2011：9425-9426.

［27］ 韦亚平，董翊明.美国城市规划教育的体系组织——我们可以借鉴什么［J］.国际城市规划，2011，02：106-110.

［28］ 杨帆，潘海啸.多空间尺度背景下的城市规划——"51届美国规划院校年会"综述［J］.城市规划学刊，2011，02：114-118.

［29］ 王东京.中国的难题［M］.北京：中国青年出版社，2006，10：201-204.

［30］ 侯丽，徐素.我国城市规划教育事业的八十年发展历程 ——兼论问题与挑战［C］//转型与重构——2011中国城市规划年会论文集.2011：9413-9414.

Response to the Education of Urban Planning based on the Urban Development in Future
——Microcirculation and Multi-scales

Zhang Jinquan   Li Zhihui   Zhang Meiliang

Abstract: In this article, the author analyzed the change of the current planning practice and the planning education status, pointed out the normative development of urban planning education and the lack of the discipline diversity, or even the original diversity will disappear for various reasons.Finally, combined with the state of China's urban development, the author proposed the ways of the education reform aimed at the microcirculation and multi-scale.

Key Words: planning education; microcirculation; multi-scale

城市规划专业教学改革的几点思考

刘　敏

摘　要： 我国的城市规划专业经历了半个多世纪的风雨，取得了一定的成绩，也存在有待改进的方面，尤其在当前城市空前发展的阶段，如何与时俱进地培养创新人才值得探讨。论文就此提出三点建议，即加强复杂辩证思维的教育与训练、加强分析方法与设计手段的探寻、加强知识综合融贯方法的探索，希望对城市规划专业教育改革有所帮助。

关键词： 创新；复杂性思维；分析方法；综合融贯方法

我国的城市规划专业教育经历了半个多世纪的风风雨雨，取得了一定的成绩，培养了许多共和国建设的栋梁，但也存在一些问题与误区，像办学指导思想追"高"求"大"，重社会需求，轻个人发展；在教学中，重"学"轻"问"，以教师为中心，轻学生学习主动性的发挥；在课程设置上，重工程技术，轻社会经济；重形态设计，轻政策管理；重设计能力，轻其他能力，像文字及口头的表达能力、研究和创新的能力；设计教学则重结果，轻过程。专业教育还滞留在高深知识的继承性人才观，未能树立高素质的创新性人才观。这些导致学生的分析能力差，理性思维欠缺，艺术修养不足，很多学生在知识结构、应变能力、价值取向等方面与职业需求有一定差距。

这反映出我们的教学理念、教学方法、知识架构等有待改进。目前，我国正在经历着深刻而又广泛的社会、经济变革，快速城市化阶段已经到来，城市发展规模与速度在世界上都是空前的，这对于城市规划与设计行业，包括城市规划专业教育既是机遇也是挑战。城市规划的学科发展、规划教育以及职业实践均已受到了重大的影响，城市规划的执业模式也在变化。因此，我们现行的专业人才培养模式在人才的知识维度、能力维度、综合创新等方面均需调整，以培养适应目前新经济形势下的人才需求。

当今学校教育的职能也在发生变革，由于学校传授的知识从数量上和更新程度上都远远不可能满足职业的需要，所以学校教育被称作为"初始教育"（initial education），正所谓是"终生学习"（lifelong learning）的开始。这种背景下，传授知识在学校教学过程中已不再像以前那么重要，而更应注重对学生学习的指导，培养学生自学能力和习惯，训练智能与素质，重点培养创新意识。规划学科的复杂性和综合性更进一步要求其专业教育是终生教育，更需要综合能力和创新能力。因此，结合教学实践，希望在传统教学中重点强化如下方面：

1　加强复杂辩证思维的教育与训练

当前的城市规划专业涉及领域越来越广、面对的问题越来越大，从而越来越区别于传统工程设计。在欧美国家，城市规划专业已从工程技术占主导发展到社会经济、政策管理的内容越来越多。以前我们在专业教育中较注重形象思维的培养，实际上城市规划专业除了形象思维，面对的往往是复杂的巨系统，要想在错综复杂、千头万绪的矛盾与关系中解决问题，取得平衡与和谐，需要设计人员具备哲学的思辨，具备复杂性思维观。像整体性、非线性、系统性、开放动态等的思维方式，不同于以往局部、线性、封闭的思维方式。举例来说，城市规划专业人才必须立足于整体，把握全局，辩证地取舍。在解决问题、剖析现状等方面是"非线性"的，表现为复杂性、多值性、不可逆性、非加和性等；在认识目标和价值取向上表现为知识的"相对确定性、统计性和有主体干预的客观性等。"在认识过程上表现为分析—

刘　敏：青岛理工大学建筑学院副教授

综合—再分析—再综合的螺旋上升特点。从中可以看出，为学生加强哲学授课，尤其是复杂性思维方面授课的必要性。

实践证明，是否具备全面、正确的哲学思辨是解决实际问题不可或缺的"法宝"之一。思维方式不当会很难掌握全局，抓不住主要矛盾，不是眉毛胡子一把抓，就是限于枝节问题，或者无从下手，很难协调好城市设计中的各种关系与矛盾，也会导致学生一些错误的规划设计观念，或者不能很快找到解决问题的良策，规划设计中优柔寡断、反反复复，在设计课程中，来回换方案，或者有的学生毕业时设计都没入门。

针对学生设计时思维过于发散、系统条理性差、无法入手等一系列普遍存在的问题，在课程中可以采取"方向—方法—方案循环往复"的系统设计方法，积极引导学生的设计过程，帮助其理顺思路，全面认识对象，把握设计矛盾，正确运用各种知识实现设计目标，尤其在面对较为复杂的规划对象时帮助很大。譬如，为培养学生的理性分析能力，可以从基地分析入手，分析该用地及设计条件所面临的机遇与挑战，要求学生提交每片用地的分析报告，阐述用地及周边条件对于规划设计的有利条件和不利因素，归纳出主要矛盾，即在设计中应该努力解决的一些问题，因为一个好的规划就是尽可能地解决好各方面的问题。分析报告的结论是设计方案的科学依据，也使设计能与用地及周边条件更有机地结合。这也培养学生遇到困难的时候持之以恒地去解决，避免学生后期老换方案的毛病。在设计辅导时，也要注意加强学生理性思维的培养，引导学生对规划设计对象进行多方面、多层次、多角度、多手段、多因素的研究和探讨。

2 加强分析方法与设计手段的探寻

2.1 重视分析方法

与正确思维方式并行的是方法论，包括分析问题、解决问题的研究方法，调研、合作、设计的工作方法，制图、写作的表达方法等，没有一个正确可行的方法是很难成功的。实际上，重视方法就是重视设计的推导过程，这对于形成一个具操作性的、科学的方案是必不可少的。与国外学生相比，我们学生的设计过程往往很弱，而主要精力放在设计结果的表达上。实际上，规划设计必须建立在对各种关系与矛盾分析的基础上，没有一个正确、规范、科学的过程，就不会有一个切实可行的设计方案，否则真成了"规划规划，墙上挂挂"。

分析是解决问题的前提，分析也是现状、矛盾的分解过程，缺乏分析环节或分析不当，会直接影响规划设计的合理性与可行性。因此，需要加强分析方法论教育的环节。增加方法论的课程，像城市调研方法、城市空间形态分析方法、城市规划设计方法、科技论文写作等方面的课程，将已有的方法系统全面地介绍给学生，并穿插实践作业，让学生掌握并能在实际中灵活运用。同时注意介绍一些新方法，譬如，类型学方法以及一些定量与定性分析方法等。

2.2 突出城市空间形态解析的方法

值得强调的是，应当加强城市空间形态解析方法的授课。毕竟形态设计是城市规划专业的基本任务之一，也是所有工作的最终落实。除了设置城市空间形态解析的相关课程外，可以选择包括新城区、旧城区、工业与港口区、居住区等不同类型的城区，引导学生确定分析要素，选取分析方法，获得有益的分析结论。不但加深学生对城市的认识和理解，了解城市设计、总体规划、控制性详细规划与建筑设计之间的关系，掌握规划设计方法、表达方式，更充分理解规划设计在城市空间与景观要素中的地位与作用，对于创造有特色的城市风貌也是必不可少的，对于当今城市特色危机有"治本"的意义。形态分析可以实际案例为主，也可以选择著名案例，各高校可以以所在城市或地区作为主要研究对象，不但挖掘地方特色，还可以形成专业教育与研究的地域性特色。

2.3 强化模型推敲方案的手段

一直以来，手头表达能力是各院校重点培养内容，主要以图纸表达为主，这一方法的弊端是二维表现，不利于城市空间的三维考量，而模型恰恰弥补了这一不足。不是说图纸手段不重要，但模型对于方案推敲、造型与空间的完善作用更大。国外很重视模型在方案形成过程中的作用，是推敲方案的主要手段，模型的制作贯穿整个方案设计过程，从最初方案阶段的草模，到方案确定的精细模型。这样更真实、科学地训练了学生的空间掌控能力。

3 加强知识综合融贯方法的探索

3.1 关注课程的关联性

现代科学的发展使学科分化越来越细，使得学校的课程设置也越来越细，这有利于学生获取知识的深度，但也割裂了学生对知识的综合，很多时候学的很多基础知识，在设计与解决问题时不会灵活、融贯地使用。因此，如何加强规划设计各课程之间的关联性，使其更好地为设计课程服务值得探讨。

为此，在课程设置上，在相关或一类基础课程的上面可再设置一个将这些课程综合、概括的课程，像同济大学的城市规划原理分几部分深度授课，在前面设置城市概论，将城市规划原理、城建史等课程包容其中，但又不是上述内容的简单复制，是在更高层面上概述每门课程在专业中的作用，阐述城市发生、发展的规律与规划控制等。这等于提前为学生的专业课程学习打了"预防针"，学生知道为什么学、学什么、怎么学，学习效果事半功倍。也可以不以一门课程单列，而是在课程前设置一定学时，来解决这一问题。

设计课程亦是如此，设计是知识分解后再综合的过程，与设计相关的课程在大学的不同阶段传授，像市政设施、建筑结构、建筑构造、建筑物理等知识与设计脱节严重。为此，在课程进行过程当中，相关专业的教师适时参与指导，将已讲授的知识在设计中很好地运用，也向学生有力地证明了规划设计的多学科协调特点，保证学生毕业后能很快适应实际工程的要求。

3.2 增加过渡性的设计与专题研究

学生规划方案构思与表现能力的培养与提高，是一个循序渐进的过程，既要广泛涉猎城市规划基本理论和基础知识，又不能局限于其中而生搬硬套。如何将规范知识转化为规划设计动力，如何将他人的规划构思消化吸收并加以借鉴与运用，这是教学中所要解决的重点。在课程安排上要先易后难，在现有课程设置的基础上，加强过渡性环节，像从单体设计到建筑群设计的过渡，从规范、工程技术到空间形态的过渡，安排一些有针对性的训练题目。譬如，在建筑单体设计与居住小区设计、城市设计之间，可设置场地设计、建筑群平面组合方式、日照与布局分析、停车规划设计等专题设计，让学生对

规范、可能和常规的布局模式及其优缺点有一个全面的掌握，这些都以图纸的形式表达出来。

与此相应，还可以编制一些图集，它是规范、工程技术与常见的城市空间形态布局的图片表达，譬如居住小区中消防车道的通常布局模式。供学生设计时参考，也帮助学生"消化"规范与技术，这比大段的文字更直观，也使学生对规划设计的常规布局有总体把握，少走弯路。在国外设计资料集中常有很多相关研究成果，而国内资料多涉及规范、技术规定和规划实例，而介乎这两者之间的成果恰恰很少，造成这两部分内容之间的脱节，这对于初学者的学生很难自己融贯运用。针对此情况，建议教师要积极引导，在翻越大量实例的基础上，分类简化，比较研究，可以考虑组织教师编写部分教学讲义或教案，譬如，居住小区停车模式研究、电梯设置模式、常见建筑布局模式等，以简图的形式将每一类的优缺点帮助学生梳理清楚，也可以先示范一两个典型，再引导学生去完成。也可能有人认为，这样会束缚学生的思路，限制学生的创造性，实际上任何的创造是要"站在巨人的肩膀上"实现的。

3.3 强化开放式、参入式的教学

城市规划的专业特点决定了城市规划专业教学体系应该是启发性、开放式的，城市规划专业教学方法应该是分析式、讨论式的。

规划设计的教学重点不在方案的好坏而重在规划设计的过程。事实证明，这个过程只有在开放式的教学中才能取得预期效果。在课程设计中，学生基本技能的培养与工作方法的掌握，不仅需要教师手把手地传授，更需要教师与学生、学生与学生，甚至教师与教师之间的多向交流与沟通。这种互动式、交流式教学过程，可以使学生切身体会到城市规划设计与管理工作的综合性和复杂性、方案构思的多向性和不确定性。更重要的是，针对规划项目的实际情况，让学生逐步学会如何抓住方案构思的要点，将理论知识灵活加以运用，从而有意识地培养与锻炼他们的规划设计能力；还可使学生之间互相激励、互相启发、共同协作，培养团队合作精神。

为此，教学中可采用讨论、汇报、调查等形式，强调互动、开发式的教学，强调以学生为本，强调自学的

重要性，培养学生的主动性和兴趣。启发创造思维、培养分析解决问题的思辨能力；譬如，在课程设计中合理借鉴研究生培养方式，如采用"答辩"的方式进行教学研究，在设计各阶段老师引导学生讨论拟解决问题、完成任务、采取方法等，并采取公开汇报的方式。在实践课程中结合问题穿插"专题研究"及"论文写作"，成为学习成绩的一部分并加以考核。很多时候，学生是课堂上的主角，老师则对学生的工作评判、引导，提出修改意见等，这比老师讲授为主的效果要好很多。

随着时代的变迁，城市发展的内涵和目标在不断变化，不断创新，这就要求我们的人才培养也要与时俱进，不断完善，创新不息。只有这样，我们的城市规划专业才会朝气蓬勃，充满生命力，我们的城市生活环境才会更宜居。

参考文献

[1] 陈秉钊.城市规划专业教育面临的历史使命.城市规划汇刊，2004，5：25-28.

[2] 赵民，林华.我国城市规划教育的发展及其制度化环境建设.城市规划汇刊，2001，6：48-51.

[3] 赵万民，李和平，李泽新.城市规划专业教育改革与实践的探索.规划师，2003，5：71-73.

[4] 崔英伟.城市规划专业应用型人才培养模式初探.硕士论文，2005，6：37-38.

[5] 吕静.城市规划毕业设计教学改革与实践.高等建筑教育，2005，6：76-78.

[6] 李铌.城市规划专业基础教学的思考.城乡规划，2010，9：90-95.

Discussion on the Reform of Undergraduate Education for Urban Planning

Liu Min

Abstract：Urban planning education have progressed rapidly in our country for half past century，but there are some questions，especially with the fast development of city，it becomes very necessary at present to discuss how to cultivate the created-type talent.The thesis put up three suggestions：namely strengthening the modes of complex thinking，enhancing the methods of analysis and design，reinforcing the modes of knowledge synthesis，which are of benefit to the reform of urban planning education in China.

Key Word：creative；modes of complex thinking；methods of analysis；modes of knowledge synthesis

浅析三峡大学城市规划专业"立地式"教学思路

胡 弦 马 林

摘 要：三峡大学是具有鄂西能源特色的地方性综合大学，我校的城市规划专业迫切需要把握学科转型的机遇，立足地方，培养实践型学科人才。本文主要借助生源素质、就业方向、针对性课程培养等方面的数据分析，通过对近3年本校城市规划专业"立地式"思路的教学成效分析，深入探求该思路对于专业教学实践的引导性，并总结"立地式"教学实模式，以便对正在实践的设计实践型教学模式改革❶提供明确的地方性特色目标指导。

关键词：城市规划教学；立地式教学；教学特色；地方性综合大学

1 引言

三峡大学位于鄂西能源与旅游城市——宜昌，是极具能源工学特色的地方性综合大学。而我校的城市规划专业办学，经历了初办照搬、方向挂靠、学习求变的近十年起步阶段后，却陷入了比上理论不足、比下实践不足的"夹心"泥潭，专业竞争力薄弱。

近5年我们的教学研究活动几乎都围绕着"专业特色"的思路，从实践基地教学平台的研究，到实践教学方法的探讨，从学科转型期教学体系的梳理再到设计实践型教学模式的改革尝试❷，逐步总结出侧重中小城镇规划建设，注重城乡统筹，紧跟学科发展，发挥水电土木专长，主要流向沿海、本地、生源地市场的人才培养目标与教学体系。根据其能力培养侧重性、地域服务针对性等特点，借用并延伸我国现今高职高专教育理念的"立地式开发服务"概念，初步形成三峡大学城市规划专业本科教学"立地式"系列改革实践，扎根地域，强化学科能力。

本文即是从生源素质、就业方向、针对性课程培养等方面对近3年本校城市规划专业"立地式"人才培养的教学、就业反馈，深入分析"立地式分级目标性专业培养教学模式"的引导性，为培养强化专业竞争力教学研究提供方向性思考。

2 "立地式"概念的借用与衍生

"立地式"教育概念主要由杭宁温地区的职业技术学院三校联盟所提出，强调高职高专教育的"地域性"教育服务理念❸。

根据高等院校城市规划专业的教育理念与目标，结合三峡大学地方性综合大学的特色定位，立足中部腹地鄂西地区的地域经济特点，在此借用其"立地式"概念，将本校城市规划专业的区域特色教学实践的目标要求概括为：在完善教学体系、提高教学质量、适应专业转型的同时，追寻自我发展不可替代的价值；以区域产业发展为依托，立足于区域城市建设的需要，增强为地方服务的直接性和有效性；积极接轨前沿理论并推动本土人

---

❶ 2010年三峡大学校级教研项目《规划设计实践性教学内容与方法的研究及实践》，编号J2010036。

❷ 2008年以来围绕立地式思路的教研项目有：2008年省级教研项目《基于教学实践基地为平台的新型教学模式的研究》，编号20070222；2009年校级教研项目《大学生实践与创新能力培养研究》，编号J200839；2010年校级教研项目《规划设计实践性教学内容与方法的研究及实践》，编号J2010036；2012年校级优秀教研成果奖三等奖《学科转型期城乡规划特色教学体系研究》，编号J07001，优秀教研成果奖证书编号2012048。

❸ 参杭·宁·温三校联盟论坛。

胡　弦：三峡大学土木与建筑学院城市规划与建筑学系讲师
马　林：三峡大学土木与建筑学院城市规划与建筑学系讲师

才的专业前沿化。

因此，本校本专业"立地式"教学有三大目标要求：一是强调自我价值，即专业教学需要较强的特色竞争力；二是强调参与地方实践的效率，需要充分立足于地方发展的需求；三是强调国际化，虽立足地方，但本土人才要能够承担前沿的实践工作，能够"走出去"。

3 探寻专业教学特色"立地点"

立足地方，发现自我价值并满足地方建设需求，最重要的就是确定"立地点"，即本校本专业发展具有什么特点，以及本区域需要何种人才。基于这两个问题的思考，教研团队选取 2010–2012 年这 3 年间的相关数据❶，在教学实践中从生源素质、就业地域、从事方向这三个方面进行了初步分析。

3.1 生源素质分析

根据生源地分布统计数据可对低年段的教学引导进行反馈分析，得出如下 2 个立点：

立点一：强化社会认知度，发挥学生理科优势

本校本专业办学初期挂靠本校最强专业水利水电，学校学科调整后又与土木工程专业合并组院，一直以来都具有较浓厚的工学氛围。大一新生高中时期均为理科生，极大部分同学都是因专业调配而进入城市规划专业，且对这一类社会性极强的专业极少有了解，甚至有重理轻文的学科倾向。同时由于升学压力巨大，很少真正有同学具有良好的美术功底，本专业没有条件进行生源的初始筛选。在历年新生专业交流活动中，不止一次的有同学问及"为什么我们理科生报了这个专业却学的文科和艺术的课程，连高等数学都是偏低的要求"。这类问题主要存在于低年段，高年段对城市规划专业有所了解后便能够选择自己的方向。

如何立足社会发展，引导理科学生更快地认知专业、认知城市、认知社会，成为城市规划专业教学首先需要关注的问题。同时，在城乡规划学将高等数学等课程取

---

❶ 数据来源：三峡大学土木与建筑学院学生工作办公室学生数据库，本文提取数据为 2005–2007 年入校生整体数据，总人数 142 人，提取内容为学号、姓名、专业、家庭住址、就业单位等 5 项。

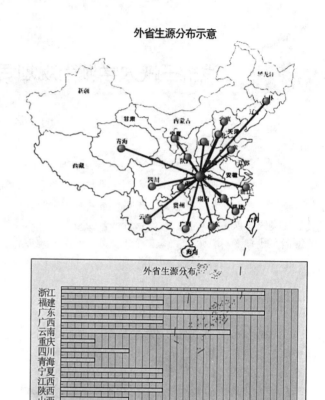

图 1　外省生源分布示意及各省人数

消之后，如何结合学院办学环境、体现本校本专业生源的理科优势也是后续教学需要思考的问题。

立点二：提升农村建设思路在专业教学中的分量

3 年生源地数据中，湖北省内生源 95 人，占总人数 67%，省外 47 人，占总人数 33%。省外生源受学校招生政策影响，恰在中部省份仅有江西和山西共 5 个同学进到本专业，其余各省分布较均衡。中部地区生源优势并不明显，而在东北、西部、南部省份具有较好口碑（图 1）。从生源分布上看，除湖北本地学生占主要构成外，并没有强烈的地域特点。

但是来自农村（不含镇区）的同学约有 73%，来自城镇的同学约有 27%。大多数同学具有农村生长背景，对我国各省农村经济发展的情况深有体会。同时，学科

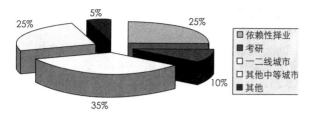

图2 就业地域分布比例

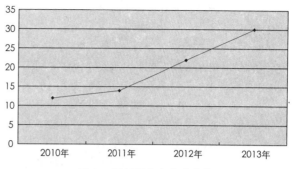

图3 报考研究生考试人数

转型前的教学体系均围绕城市发展建设设置,虽有城乡统筹的内容但并未引起重视。而本专业的学生走入社会均进入大中城市的规划单位,却并不清楚如何进行新农村建设和城乡统筹的相关规划,这成为目前农村规划市场混乱的一点原因。

因此,把握学生最初的农村认知,提升新农村建设与城乡统筹思路在教学中的力度则能够成为本校本专业学科建设的突出优势。

3.2 就业地域分布分析

2010-2012级毕业生就业地域主要统计至毕业前签订或有意向的单位,不包含毕业后再找到的工作数据。以就业地域分布人数依次排序为:回原籍地方工作20人,占14%;外地留宜昌16人,占11%;考取研究生14人,其中一人出国留学,整体占10%;上海13人,占9%;北京、深圳、武汉各8人,均占6%;其他各地不仅包括重庆、西安、海口、厦门、广州、杭州等大城市,还包括鹤壁、新乡、长顺等中小城镇(图2),2012届毕业生中更有一位来自青海的同学工作签往西藏职业技术学院。数据显示出原籍地、学校所在本城对于学生找工作的巨大影响,这也是当前学生找工作时对成长环境一定依耐性的体现。

立点一:不断完善教学基地的建设,针对本地市场加重方向课程特色偏向

对于宜昌的熟悉以及宜昌本身近年来的快速发展,使得愿意留宜昌工作生活的学生数量增多。若能在在校期间便有机会接触宜昌本地设计院、咨询中心等规划单位,对于学生择业和单位选人均有较好的提前性和高效性。我系先后与宜昌市城镇设计事务所、宜昌市规划设计研究所及天门市规划管理局等多家单位建立了长期合作关系。通过近几年的不断努力,已基于教学基地的发展建设,建立并不断巩固校内校外实践指导教学与实践活动,联合校内实训场地与实验室,以及校外实践基地,实现了初步的立体联动式实践教学平台建设构想。

另一方面,宜昌周边的规划市场多为中小城镇规划、新农村规划以及三峡库区移民工程相关规划等,具有典型的三线城市规划市场及能源技术要求的特色。在高年段的方向性课程教学中,需要针对移民规划、小城镇规划、新农村规划等特色方向加设课程,让学生能够更好地胜任地方规划工作。

立点二:以思路培养为主线拔高高年段教学平台,并加快进行硕士点建设

三峡大学以水电特色地方性综合大学的姿态快速发展的同时,校内的同学们对于工作待遇的期望值也逐年攀升,对初始学历的要求也越来越高。2010年、2011年毕业生报考研究生人数依次为12、14人,2012、2013级毕业生报考人数猛增至22、30人(图3),发展到总人数一半以上的局面。虽然一直有较高的报考率,但往年的录取率始终在30%左右,并不理想。根据往年对考研同学的考前状态的分析,主要困难是规划思路及设计能力缺乏锻炼,以传统课程的教学方法培养出的学生,在思考现状城市发展问题、进行不同层次规划设计的时候总会出现不知如何下手的情况。

因此,高年段理论课程需要以分析思路为主线,培养学生利用系统专业知识思考复杂问题的能力,使学生离开对"标准答案"的依赖,以规划逻辑思考城市问题。另外,随着考研大军的发展,本校城市规划研究生培养也开始进步,迫切需要建成高质量硕士点,以完善整体人才培养机制,并提升本校本专业学科发展水平。

立点三：教学与前沿规划实践接轨，并鼓励学生选择发达地区实习

25%的同学工作选择北京、上海、深圳这三大城市，去广州的同学相对较少，在实习阶段去大城市的同学更多，2012级毕业生在业务实习阶段仅是去上海的人数就有12人，工作签订4人。根据毕业设计时对实习成效的交流发现，沿海发达城市的规划项目与本校本专业教师的实践项目有巨大的差别。本校本专业实践项目主要市场落于中小城镇规划及中西部地区新农村规划，无论从规划思想、理论，还是设计表达，均与沿海规划设计市场不一样。教师团队需寻找教学案例与前沿规划实践接轨的出路，避免闭门造车与井底之蛙，并鼓励学生去发达城市规划单位实习，学习实际项目经验，提高实践水平。

3.3 从事方向

近3年毕业生的就业方向主要为：规划设计类36人，占25%；建筑设计类28人，占20%；私人设计事务所（公司）20人，占14%；建设工程类13人，占9%；规划咨询类6人、房地产5人，各占4%；规划建设局3人、景观规划设计3人，各占2%；其他7人，占5%（图4）。

但就2012年刚毕业的一级来看，从事建筑设计类工作的仅6人，往年以"建筑施工绘图员"身份存在于大小建筑设计院的情况慢慢在改善，逐渐显露出规划学科核心竞争力的就业优势。

立点一：需要适当注重方案表达能力，以适应就业初期大量的绘图要求

三峡大学城市规划毕业的本科生，很少能够获得自

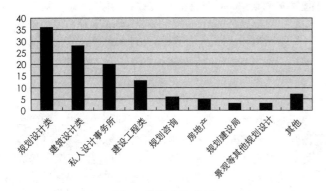

图4 就业方向分析

行出规划方案的机会，即使有也是极个别的优秀案例，绝大多数同学将度过较长时间的项目辅助期。若不能从辅助期表现出良好的项目辅助支撑能力，那么就不能获得良好的工作前景。方案表达的良好辅助支撑能力的前提，所以在高年段设计课程中，适当加重对于方案的出图表达效果的要求是非常有必要的。同时需要在电脑绘图的相关课程上加大使用技能的要求。

立点二：依然有依托建筑学作为低年段基础课程的需求

由于具有建筑学基础的城市规划同学就业面会更为广阔，对于地方性综合院校来说，就业竞争力占据教学目标和人才培养的重要地位，在学科转型期，本校本专业的人才培养尚需要依托建筑学基础教学来实现过渡。

立点三：需适当加重方向课程的设置，并丰富专业主干设计课内的小课题

景观设计事务所、旅游规划设计公司、房地产公司、规划局、咨询公司等多样化就业途径对专业课程的能力偏重不同，在方向课程的设置中，需要在原有的景观方向上加入政策法规、开发经营等特色方向课程。在专业主干设计课程中，需要学习各大先进院校的改革做法，缩短单元设计时间，增加设计小课题类别，全面培养学生的规划思维和设计能力。

4 尝试构建"立地式"教学模式

综合梳理以上立地点，我们得出本校本专业的"立地式"教学模式需具备的关键点有：①生源的农村基础；②低年段城市规划专业思路引导；③高年段方向课程设置与主干设计课程内容的地方性与拔高需求；④重视农村、移民规划的教学；⑤"走出去"与扎根地方并存。

在此基础上教研团队逐渐总结出接轨一级学科转型的"立地式分级目标性专业培养教学模式"。

4.1 三大目标体系接轨"城乡规划学"

（1）完整体系构建目标

我系城规专业先后派学习组赴各先进院校学习经验，经过5年左右的持续检验与调整，构建了课程完备、时序完善的以规划设计课程为核心的渐进式课程体系。主要在社会学、地理学等新专业方向上引入与设置了新课程，在新型专业需求的课程融合上做了较为重点的设

置分析。

（2）特色体系扩展目标

在完善专业培养体系的基础上，加入弹性化专业任选课程体系的构建，以随时调整、增加相关学科的适当课程。同时在专业任选课程体系中强化我校办学特色，充分结合土木、水电专业的学科环境，目标地方性综合院校的全面发展和对人才的实践能力需求，合理设置以中小城镇发展为主要研究对象、以新农村建设与城乡统筹为主要实践对象的特色课程体系，整体体系以核心课程为主线，形成多个特色教学课程群体，包含中小城镇规划原理、移民工程规划等等课程，并由有丰富实践经验的教授、高工等师资授课。

（3）综合能力融会目标

在各种交叉学科的课程设置中，增加规划思维综合训练的课题内容，并在培养方案与教学大纲中明确城市规划开设其他专业课程的目的与能力目标，达到既扩展学科教学需求，又强化学科核心竞争力的教学目的。

4.2 三阶分级适应专业人才新要求

第一层级：基础引导教学

基础引导教学主要适用于低年段规划学生培养。围绕基础知识强化与规划思路导引两个主题，从类型教学向目标教学转变，强调学生专业知识的吸收理解，培养学生用规划的综合思维性发现问题、解决问题。

第二层级：渐进式一体化教学

渐进式一体化教学主要用于高年段规划专业学生培养。围绕多元学科整合、创新能力培养与专业地域特色实践三大主题的一体化，强调学科转型教学思路，目标面向新型人才需求，注重城乡统筹、山地规划、能源利用等方向在规划专题类型设计时期的深化拓展。充分体现核心设计课程的主干性和发散性特征，组织各专业课和相关专业课教学，循序渐进、逐步提升教学质量。

第三层级：综合提升整合教学

综合提升教学主要体现在毕业实习与毕业设计阶段的培养方案，是城市规划专业教学的整合提升重要时段。其教学目的是将前期各个阶段层级的训练累计起来，与技能进行整合，强调基地使用与实习成效，通过在校内校外两个时段的教学目标培养，从规划思维到成果表达的连贯专业能力进行综合训练。

5 总结与展望

从生源素质、就业方向出发的"立地式"教学实践数据分析，虽不能全面地显示地方性人才培养的要求，但能够更有目标性地引导教学改革朝向地方服务的方向，这也是本文基于三峡大学这样一所具有水电能源特色的地方性综合大学的特色背景来思考学科转型期城市规划专业办学特色出路的原因。

承接 2008 年省级教研项目《基于教学实践基地为平台的新型教学模式的研究》和 2010 年校级优秀教研项目《学科转型期城乡规划特色教学体系研究》的教研成果，现阶段"立地式"教学实践的三大目标体系已有明确方向，并将于今年年底进行针对性的教学大纲及人才培养计划的调整改革，借此机会将构建较为完善的三大目标体系框架。具体的教学实践中，由已结题 2009 年校级教研项目《大学生实践与创新能力培养研究》以及进行中的 2010 年校级教研项目《规划设计实践性教学内容与方法的研究及实践》所支撑的"立地式"教学方法实践也总结出了许多具有地方特色的、操作性强的教学方法。今后我们教研团队将会在"立地式"教学思路的引导下，更加努力地进行专业教学实践，并不断总结完善立地式分级目标性专业培养教学模式。

参考文献

［1］周江评，邱少俊. 近年来我国城市规划教育的发展和不足［J］. 城市规划学刊，2008，4.

［2］汪劲柏. 美国城市规划专业演化的相关逻辑及其借鉴［J］. 城市规划，2010，7.

［3］冯维波，裴雯，巫昊燕，乔柳. 城市规划专业课程设置构想——融合建筑学与地理学的城市规划教育模式［J］. 高等建筑教育.2011，20：3.

［4］李和平，徐煜辉，聂晓晴. 基于城乡规划一级学科的城市规划专业教学改革的思考［M］. 规划一级学科，教育一流人才——2011 全国高等学校城市规划专业指导委员会年会论文集. 北京：中国建筑工业出版社，2011.

［5］高芙蓉. 城乡规划一级学科下本科低年级设计基础教学思考［M］. 规划一级学科，教育一流人才——2011 全国高等学校城市规划专业指导委员会年会论文集. 北京：

中国建筑工业出版社，2011.

［6］ 范霄鹏，冯丽.规划设计课程架构及教学载体研究［M］.规划一级学科，教育一流人才——2011全国高等学校城市规划专业指导委员会年会论文集.北京：中国建筑工业出版社，2011.

［7］ 三峡大学教务处，三峡大学土木与建筑学院.三峡大学2012年优秀教研成果《学科转型期城乡规划特色教学体系及模式研究》总结报告［R］，2012年.

［8］ "杭·宁·温"三校联盟，"杭·宁·温"三校联盟论坛举行－新闻中心－新浪网［R］
http：//news.sina.com.cn/o/2011-11-14/0517234605 93.shtml.

Primary Analysis on "Deep in Local" Urban Planning Teaching Mode of China Three Gorges University

Hu Xian   Ma Lin

Abstract：China Three Gorges University is a local comprehensive university，with its symbol of the energy character in western Hubei. Urban planning teaching in this school urgently need to grasp the opportunity of the subject transfermation，and do efforts to developing local qualified personnel. Supporting from the data anlysis on students'sources，employment intention and focal points in courses，this article discussed the teaching efforts of "Deep in local" teaching thinkings in these 3 years，and its guidance to the teaching practice. Then this article summaried the "Deep in local" teaching mode，providing a local characteristics way to the reformation of Desing & Practice mode in progress.

Key Words：urban planning teaching；"Deep in local" teaching mode；teaching characteristics；local comprehensive university

市场因素主导下"以生为本"的城市规划专业人才培养研究

谈 凯

摘 要： 改革开放以来，国民经济的飞速发展为城市规划行业带来了前所未有的发展机遇，同时带来的城市规划专业的人才的巨大需求也对城市规划本科教育提出了新的要求。伴随着《城乡规划法》的实施以及城乡规划一级学科的确立城市规划的本科教育被注入了新的内涵。如何使本科生培养满足时代发展需求，成为了各个高等院校特别是普通地方院校面临的课题。本文从市场需求的角度出发分析了三峡大学城市规划专业所面临的形势和机遇，阐述了人才培养的理念，并务实的提出了"以生为本"的城市规划专业人才培养的模式。

关键词： 城市规划专业；市场因素；"以生为本"；地方院校；人才培养模式

1 城市规划专业教育面临的现实背景

我国城市规划专业教育经过 60 年建设，已经成为我国城乡建设事业发展和人才培养战略目标的重要保障，支撑了我国城镇化健康发展和城乡和谐统一。然而从整体专业教育水平来看，尚处在起步阶段，在高等专业教育中存在诸多问题如：办学水平参差不齐；人才培养模式与职业需求存在较大差距；专业教育整体投入不足等。目前我国城市规划体系尚未完善，市场机制正在逐步形成中，城市规划教育严重滞后于社会需求，据时代发展的需求更是相去甚远。

2 城市规划专业人才培养模式改革动因分析

2.1 我国城市规划教育面临的问题

全国设有城乡规划相关专业的院校已达 180 所（截至 2010 年），遍布全国大部分的省、直辖市、自治区。目前按照学科起源背景大致分为 4 类：工科（约占 65%）、人文社科（约占 15%）、理科（约占 15%）和农林科（约占 5%）。目前除了少数老牌专业院校具有较强实力之外，大部分是在高校扩大招生后仓促上马，在专业教育办学经验、指导思想、培养目标、师资力量等诸多方面都存在较大问题，特别是他们脱胎于不同学科专业，师资结构性缺失严重，不得不"因人设课"，使课程体系结构不能反映专业特征；毕业生知识结构不合理，不能满足职业化要求，致使目前在我国城市规划专业人才短缺。特别是专业人才的地域性分布的趋势使得短缺现象尤为明显。从地域分布上看，西部地区力量薄弱，与我国西部大开发战略对规划专业人才的迫切需求矛盾突出，专业人才东南飞的现象，加剧了中西部地区专业院校师资及职业队伍的短缺局面，在专业教育的总体投入上西部也急需加强；在人才培养模式上，专业方向设置的大而统和毕业生知识结构趋同，不能满足日益细化的市场需求，毕业生专业背景知识及非专业知识缺乏，无个性化特长；在办学特色方面，大部分专业院校办学时间短，还不能形成自己的特色。

2.2 我国城市规划事业发展给专业人才培养提出的新要求

城市规划教育的主要任务是为将来的城市规划事业发展培养和继续人力资源。城市规划事业的发展趋势和特点将牵动城市规划教育的变革。结合我国实际，新时期我国城市规划事业的发展将主要呈现以下特点：

（1）对经济、社会、生态环境的关注将成为最主要的发展趋势。反映在专业教育中，就要加强人文社会学科和部分边缘学科的学习，注重生态意识培养和职业道德教育养成。

谈 凯：三峡大学土木与建筑学院城市规划与建筑学系讲师

（2）知识体系日益综合化、复杂化。城市是开放、复杂的巨系统，这就要求做城市规划的人具备广博的知识和全面的技能，所以未来的规划师也应当是"通才＋专才"。那就要求我们现在的专业教育要处理好知识面要求与专门化培养、通才和专才的结合以及人才培养的多样化与个性化要求。

（3）专业应用范围日益多元化、扩大化。城市规划在地域及内涵上的宏观拓展与微观深入带来规划师职业分化与分层。对于专业教育来说，一方面注重专业教育的实践性，加强应用型人才的培养；另一方面也为专业教育的分层与分类提供了实践的参照。面对规划师职业的多样化特征，未来不同行类型的规划师之间的岗位轮换也在所难免，这就要求规划专业毕业生要注重综合素质与创新能力的提高。

（4）规划手段的多样化、科学化、现代化、法制化。城市规划是一门应用性学科，在其实践过程中对能力的要求应该是第一位的，专业教育要加强学生综合能力的培养。另外，方法论的学习与更新，法律知识学习也将成为未来规划师的必修课。

2.3　市场需求对规划专业人才的要求

城市规划是应用性很强的学科，市场需求作为人才培养的重要导向其变化必然会引起专业人才培养模式的变革。

（1）人才需求形势

伴随着我国社会经济和城市化的快速发展，城市规划行业的人才需求一直处于旺盛的状态。然而，从现实情况看，发达地区以及大城市人才集聚程度较高、竞争激烈，而欠发达地区和中小城市、城镇地区人才严重匮乏，城市规划的人才地域分布严重失调。随着区域协调发展和城市化的进一步推进，欠发达地区、中小城市和城镇地区对规划人才的需求将进一步扩大，这将是城市规划就业市场进一步拓展的条件。

（2）人才需求类型

1）人才需求的多元化趋势。与传统的以"物质空间形态"规划为本体的城市规划相比，现代城市规划的内涵和外延已发生了很大的改变，在强调利用相关新技术、新方法改良传统的"物质空间形态"规划的同时，已越来越关注城市的社会、经济、环境、政策等相关领

域，因此，城市规划行业对人才的需求也越来越趋于多元化。原来过分倚重工程类"设计型"人才的局面开始发生转变，经济地理、测量与环境、农林等学科背景和技术特点的城市规划人才逐步成为很多单位人才引进的热点，开始在城市规划行业中承担起更加重要的作用。

2）工程技术型人才仍然是人才市场的主导需求类型。从需求市场来看，我国的城镇化正处于高速发展时期，大规模的城市建设需要大量的工程技术型的城市规划设计与管理人才尤其是欠发达地区和中小城市、城镇地区，随着区域协调发展和城市化的推进，工程技术型人才将具有广阔的市场空间。

3）研究型人才就业空间的拓展。我国城市规划本科教育总体上仍以应用型人才培养为主，研究型人才培养主要在研究生教育阶段。研究型人才的传统就业领域主要在教育和科研机构，市场需求有限。随着城市的快速发展，城市所面临的大量前所未有的新问题、新情况已不能单纯依靠工程技术可以解决，于是大量研究性规划项目应运而生，这无疑为研究型人才的就业拓展了空间。

（3）人才需求的知识能力结构要求

1）不同类型的用人单位以及不同的工作类型对人才的知识与能力要求具有一定的差异性，这需要规划人才应具备相应的知识与能力特长。

2）从用人单位的运行效率和经济性角度来看，知识与能力全面的复合型人才，更受用人单位的青睐。

3）知识与能力结构方面，除城市规划核心知识外，对"外延知识"需求加大；在规划设计、表达能力（图纸、文字、语言）等专业能力需求的基础上，对研究能力、学习能力等拓展能力要求加强。

3　"以生为本"的城市规划专业人才培养的内涵及模式特征

3.1　"以生为本"的理念解读

"以生为本"的理念是"以人为本"的思想在高校人才培养过程中的体现与深化。"以生为本"是高校科学发展的核心。"以生为本"就是要以学生为中心，尊重和保护学生的利益诉求，突出学生的成长和发展。"以生为本"，首先体现为以促进学生的全面发展为终极目标，其次体现为在教育教学过程中以学生为中心，以学生为主体。他强调了高校在人才培养过程中对学生个性及能力

的培养。是高等教育过程中素质教育的具体体现。

3.2 "以生为本"的城市规划专业人才培养的内涵

"以生为本"的专业教育就是基于受教育者的基本素质，通过科学的途径和方法使受教育者在各自层面上全面发展的教育模式。对城市规划专业而言，其专业教育特点本身就要求专业人才的培养就必须"以生为本"。众所周知，城市规划是一门具有前瞻性的综合性的学科，城市规划工作的本质就是立足现在，预测未来，引导城市不断地向最优化的目标发展。另外，随着城市规划工作内容的不断拓展，规划师的角色也不断分化，既要求有规划研究，也需要有规划设计，还需要有人负责规划的实施与管理；既有宏观层面的国土、区域、城市群的规划，也包括中小城镇及村镇规划、社区规划。我们的专业学生同样也是多样化的，各有各的特点。立足实际，改革目前专业教育单一化的人才培养模式，针对不同学生的特点和志趣，确定不同的培养模式，是"以生为本"的专业教育的基本要求。

3.3 "以生为本"的城市规划专业人才培养模式的特征

人才培养模式是学校为学生构建的知识、能力、素质结构，以及实现这种结构的方式。他从根本上规定了人才特征并集中体现教育思想和教育观念。当前形势下"以生为本"的人才培养模式的基本特征可以概括为以下几个方面：

（1）服务方向区域化

即要坚持以地方或区域的经济建设和社会发展为主要的服务方向，特别是要根据地方经济、产业和技术结构的特征和特殊的文化资源筹划学科建设。这是一所地方高校从地方筹措办学资源，发挥实际作用的社会实践基础。

（2）人才培养市场化

在市场经济条件下，市场需求是人才培养的重要导向，各高校人才培养的类型、知识与能力结构要求在很大程度上是受到市场因素的主导，因此只有立足于就业市场的分析、坚持以市场作为人呢才配瘴的风向标才能提高人才的适应性和社会竞争力。

（3）培养目标合理化

城市规划学科的特点决定了其专业教育的多元化和专业化。而"以生为本"专业培养目标必须结合专业教育的特点。其培养目标的特征主要体现在知识结构、能力结构和素质结构三个方面。其知识结构：基础宽厚，专业化方向精深，专业＋特长模式。能力结构：具有突出的创新能力、创业能力、知识综合应用能力和实践能力，并要求具有较强的语言表达能力、与人合作能力和终身学习能力。素质结构：学会求知、学会做人、学会与他人相处、学会生存和发展。综合三个方面，"以生为本"的人才培养目标更加注重能力与素质的综合训练和培养。

（4）培养方式系统化

在教学内容和课程体系上，"以生为本"的人才培养以职业能力和素质教育为主线，确定教学内容和相应的课程体系。在教学过程和方法上，采用理论与实践交互的方式进行，要求实施产学研相结合，学校与行业、部门或单位合作培养高等应用型人才的方式。在实践过程中，不但学生的操作技能得到培养，而且能够培养学生的职业道德和人际交往能力。

（5）专业发展特色化

"以生为本"的人才培养在学科建设和人才培养方面必须坚持有所为有所不为，不宜盲目的求大求全。在人才的培养层次上不宜一味攀高。而要集中有限资源，瞄准地方的特殊需要，在人才的知识结构和能力体系的某些方面能够有所突破，形成特色和创造品牌。

4 三峡大学城市规划专业人才培养的探索

三峡大学是水电特色鲜明的湖北省重点综合性大学，是国家水利部和湖北省共建高校。本校城市规划专业于2000年开始招生至今约10余年时间，由于办学时间还较短，受地域性影响等原因，在城市规划专业人才的培养还存在一定问题，如师资力量单薄，教学总体水平不够高，人才培养的特色不够明确滞后于市场需求。如何针对目前的专业建设进行明确目标定位、人才培养的特色模式的构建是亟待解决的问题。近5年我们通过对生源素质、就业方向、学生实践能力、特色课程设置的调查，运用"以生为本"的教育理念总结出了一套符合自身特色的"立地式＋内外结合"的专业人才培养的新思路。近几年教学研究活动从实践基地教学平台的研究，到实践教学方法的探讨，从学科转型期教学体系的梳理再到设计实践型教学模式的改革尝试，都是围绕这一思路展开的。

4.1 人才培养的特色

（1）面向"中西部+中小城镇"的"立地式"人才培养特色

根据高等院校城市规划专业的教育理念与目标，结合三峡大学地方性综合大学的特色定位，立足中部腹地鄂西地区的地域经济特点，本专业的人才培养的实践目标为：以区域产业发展为依托，立足于区域城市建设的需要，增强为地方服务的直接性和有效性；积极推动本土人才的专业前沿化。

服务于地方的科研和教学

本系教师密切结合宜昌、中西部地区城镇发展的重要问题展开科学研究，专业办学在满足城市规划专指委要求的同时，以三峡库区和中小城镇作为关注焦点和服务对象，在城乡统筹规划与土地集约利用，新农村建设规划，生态农业园区规划，减灾防灾规划，工业园区规划等方面进行了探索和研究，并取得了较丰硕的成果。教学方面，鼓励教师将研究成果带入课堂，提高课堂教学效果。近5年来，本系先后有3位教师先后被聘为市规划评审专家、副区长、区规划局副局长等职，在承担社会责任、支持地方建设的同时，密切了地方与学校的联系，形成了"教学、科研和社会服务三位一体"的学科良性发展模式。

地域问题为导向的教学特色

专业办学始终与宜昌的经济和社会发展紧密联系，通过教师主持项目帮助和带领学生深入各地城乡进行规划创新实践。在规划建设实践中了解城镇化现状和前沿问题，锻炼学生的规划设计能力。结合地域特点设置"移民工程规划"、"小城镇规划"、"新农村建设规划"等特色课程，并通过课程建设、教学改革研究项目进一步提炼和强化课程特色。

"立地式"人才培养的成效体现

"立地式"人才培养模式使学生定位清晰，特长突出，得到用人单位的普遍认可，毕业生就业单位不仅有规划设计单位、政府部门，还包括建筑设计院所、房地产开发公司等单位。学生专业能力和基本素质得到用人单位

认可，学校在规划建设行业的影响力日益提高。

（2）打破界限"内外结合"的人才培养特色

打破学校、学院、专业的界限，初步形成"专业内与专业外、课内与课外、校内与校外、学期内与学期外"结合的开放式教育理念，鼓励差异性和个性化发展。为培养胜任规划设计工作的复合型人才奠定扎实基础。

校内、校外结合的实践平台建设

针对专业的应用性特点，专业教学把强化学生的工程意识、实践创新和分析研究能力的培养作为提高教学质量的重要环节，各类课程设计、毕业设计与规划实际相结合，注重将规划学科建设、规划设计实践的最新成果转化为优质教学资源。

建立了校地联合培养机制和实践平台，我系先后与宜昌市城镇设计事务所、宜昌市规划设计研究所及天门市规划管理局等多家单位建立了长期合作关系。通过近几年的不断努力，已基于教学基地的发展建设，建立并不断巩固校内校外实践指导教学与实践活动，联合校内实训场地与实验室，以及校外实践基地，实现了初步的立体联动式实践教学平台建设构想。

另一方面，城市规划专业师生积极投入到宜昌周边的规划市场，服务于这些地区中小城镇规划、新农村规划以及三峡库区移民工程相关规划等项目中。

国内外结合、师生互动的交流开放办学

2008年开始本系与加拿大威尔逊大学建立了专业联系，每年5~6月定期开展学生联合设计，通过联合设计拓展了国际化办学空间，还通过外聘教师、知名学者讲座等方式延伸了教学课堂，形成开放式办学交流系统，拓展了学生视野，激发了学习热情。

将规划院实习、规划设计、毕业设计与老师科研项目、科研课题相结合；高年级学生毕业设计与教师"工作室"相结合，提供学生更多参与实际工程的机会，强化实践训练，使学生具备较强的解决实际问题的能力、团队合作能力，帮助学生毕业后更快地适应就业环境。

4.2 课程体系的优化

课程体系是以实现人才培养为目标，体现人才培养模式及教学体系特点的具体课程框架，包括课程设置和宏观的教学过程组织。通过以上确立的特色化的人才培

养模式的指导思想，通过整体优化，形成弹性的课程结构体系，具体优化措施包括：

（1）结合"以生为本"的人才培养思路，从学科特色和学生志趣出发，精心设置相应层次的主、子模块。

课程以模块组合的形式设置是解决专业人才培养统一性与多样性矛盾，保持课程体系的弹性，培养一专多能人才的重要手段。根据城市规划专业人才培养目标，结合将要修订的2013版《城市规划专业人才培养计划》，我系进行了主、子模块课程体系设置的研究。主模块即为专业方向模块，是按不同专业方向特点设置的多门专业核心课程的定向组合，供不同专业方向的学生选择。子模块是个性化发展模块，是将同一大类课程的多门小型课组合起来，学生可根据不同的志趣选择其中的部分课程学习，学校对其在某一大类课程方面作学分总量的要求，使得在保持课程的弹性和可选择性的前提下，保证学生知识结构的完整性。

（2）进行课程体系总体优化设计，平衡课时安排和课程体系结构

城市规划专业教育内容的复杂性和综合性与本科教育相对较短的学时安排之间是一对突出的矛盾。国家教育机构和专业指导委员会在教学计划的总学时，基础课、专业基础课与专业课，必修课和选修课所占比重做了相关规定，院校可在此基础上完成课程体系的总体优化，结合本校人才培养特点，应该在以下几点重点处理：

1）在保证完成教学任务的前提下，尽可能压缩课内总学时，为学生留出更多的自学时间。

2）适当增加选修课学时比重，提高学生课程学习的自主性和选择性。

3）适当加大课程设计、毕业设计、各类实习实践教学环节的比重，缩小课程教学同职业实践之间的距离，增强学生综合实践能力，实践教学环节的比重应不低于总学时的40%。

4）反映院校办学特色和所属地域背景的专业特色课程在教学计划中应占适当比例（如移民工程规划、小城镇规划等课程），建议比例为5%。

5）教学计划中课程的时序安排上注意知识与能力培养的延续性、渐进性。

（3）强化实践性教学环节

具有突出的综合实践能力是城市规划专业人才培养的基本特征之一，综合能力的培养主要是通过增强专业教育中实践教学环节的训练来实现的。因此，我们一方面需要加大实践教学环节的课时比重，建议比重为40%；另外一方面需要对每个实践环节进行精心设计，制定切实可行的任务指导书对实践过程进行控制。同时，实习、实训环节的教学安排要注意加强同行业部门单位的合作，走产学合作的办学之路。

（4）强化职业定位与职业适应性教育

专业的应用性人才的培养首先要让学生明确自己将来的职业定位，在学习中主动配合并有针对性地自己参与专业应用能力的培养。与此配合的人生观、价值观相、就业观、职业道德观的教育相应展开。在教学内容安排上可以通过专业介绍、思想品德课、岗位实践、专业概论课、就业指导课等形式展开。

5 结语

城市规划是从区域规划到局部地段的详细规划，内容涉及幅度变化较大，因此涉及的专业规划专业人才也是多类型、多层次的。随着城市化速度的加快，大量的地方城镇需要建设，作为地方院校的城市规划教育应当把握这一契机。基于城市规划的本质特点，以市场为导向，以服务地方及区域经济为宗旨，并根据自身条件与所处的环境，"以生为本"，制定出具有特色的人才培养方案，依靠有效的实施措施，使高校与地方经济、区域经济形成良好的互动，更好地履行高等教育的使命。

参考文献

［1］赵万民，李和平，李泽新.城市规划专业教育改革与实践的探索［J］.规划师，2003，5.

［2］任绍斌.基于市场需求的城市规划本科教育研究——以华中科技大学为例［J］.城市规划，2009，9.

［3］姜云.城市规划应用型人才培养课程体系总体优化研究［J］.高等建筑教育，2009，18：5.

［4］李和平，徐煜辉，聂晓晴.基于城乡规划一级学科的城市规划专业教学改革的思考［M］.规划一级学科，教育一流人才——2011全国高等学校城市规划专业指导委员会年会论文集.北京：中国建筑工业出版社，2011.

[5] 宋绍杭，陈前虎，张善峰.地方工科院校规划人才培养模式的特色与路径探索——浙江工业大学城市规划专业办学思路［M］.规划一级学科，教育一流人才——2011全国高等学校城市规划专业指导委员会年会论文集.北京：中国建筑工业出版社，2011.

[6] 崔英伟.我国城市规划教育体系创新构想［J］.规划师，2004，4.

[7] 三峡大学教务处，三峡大学土木与建筑学院.三峡大学2012年优秀教研成果《学科转型期城乡规划特色教学体系及模式研究》总结报告［R］，2012年.

Study on Student Centered Talent Training Mode Based on Market Factors in Urban Planning's Teaching

Tan Kai

Abstract：Since the reform and opening up，the rapid development of the national economy for the urban planning industry brought hitherto unknown development opportunity，also brought the urban planning specialty talented person's huge demand on city planning undergraduate education raised new requirement.With "urban and rural planning law" and the implementation of urban planning discipline establishment urban planning undergraduate education was injected new connotations. How to make the students meet the development needs of the times，become each institutions of higher learning especially ordinary local colleges face the problem of. This article from the perspective of market demand analysis of China Three Gorges University urban planning specialty faces the situation and opportunities，elaborated the concept of talent cultivation，and pragmatic approach to the "student centered" city planning specialty talents training mode.

Key Words：urban planning；market factors；"student centered"；local colleges；talent training mode

嫁接 · 融入 · 提升
——天津大学城市规划专业本科教改实践借鉴❶

何邕健　运迎霞

摘　要： 以天津大学城市规划专业 2000 年以来本科教改实践为例，详细阐述了新时期工科院校城市规划专业本科教改的一般路径及不同阶段的实施重点，包括："嫁接"阶段以人才引进和新课程开设为重点，"融入"阶段以新课程教学大纲调整、知识体系重新梳理以及教学方法改革实现与既有课程的全面对接，正在进行的"提升"阶段则主要进行培养目标修订、特色课程群建设、教学体系重构、人才实践基地建设以及开放式教学文化扩散等内容。

关键词： 教改；城市规划专业；教学体系

1 引言

　　2008 年 1 月 1 日，《中华人民共和国城乡规划法》开始实施。3 年后，城乡规划专业从建筑学一级学科中独立出来，正式调整为涵盖 6 个方向的一级学科[1]。国家层面上的法规体系与学科建设是社会需求变化趋势的反映，因此，这两大事件标志着社会对规划专业人才的需求已经转型，从只掌握物质空间形态的技术性人才转变为通晓工程技术、艺术、社会、生态等方面的综合型人才。从此，规划师不但要能够熟练绘制传统城市规划中的静态蓝图，还要具备一定的社会、经济、环境、政策等综合分析能力。他们在社会工作中既具有工程师的角色，还承担着管理者、协调人和学者的任务[2]。人才需求的这种变化决定了城市规划专业人才培养的改革方向，设有城市规划专业的各高等院校都应对既有课程体系做出调整[3]。

　　从中国城市规划专业形成发展的历史来看，建筑、地理和农学三个一级学科构成了我国城乡规划学科建设的基础，其中，又以建筑学背景的工科城市规划专业影响面最大[4]，由此，工科院校城市规划专业教学改革也就具有了主导意义。传统上，工科城市规划专业的人才培养目标为掌握物质空间形态的规划技能，由此决定了教学体系具有很突出的物质空间主导性。为适应社会需求变化，很多工科院校已经对城市规划专业教学体系改革进行了探索，如引进地理、经济、环境类背景的新教师，增设相关课程，调整课程设置等，在很大程度上改善了毕业生的知识结构。以天津大学为例，该校自 2000 年首次通过全国高等城市规划专业评估委员会的本科教学评估以来，就一直在进行以重构传统专业课程体系为核心的教改探索。从过去 11 年的教改重点内容来看，以 2008 年为界，大致走过了以"嫁接"为主和以"融入"为主的两个阶段。目前，天津大学正以城乡规划学一级学科建设为契机，在继续深化"融入"教改的同时，大力推进本科教学体系的创新，以提高城市规划专业在国内同学科间的竞争力。鉴于天津大学城市规划专业办学特点在国内的典型性，通过对上述教改过程的回顾与总结，可以为中国工科院校城市规划专业本科教学体系建设提供借鉴，对非工科背景的城市规划专业教改也具有一定的参考意义。

　　❶ 基金项目：天津大学校级教改项目《强基础、宽领域、重能力——适应城市规划领军人才培养需求的专业课程建设改革》

何邕健：天津大学建筑学院讲师
运迎霞：天津大学建筑学院教授

2 教改初期的"嫁接"尝试

2.1 初期以外聘教师为特征的"简单嫁接"

天津大学城市规划专业本科教学体系的"嫁接"行动是教育评估制度推动的结果。2000年，在天津大学城市规划专业本科首次教育评估过程中，评估委员普遍认可天津大学城市规划专业教育在城市设计和详细规划方向上的优势，但也指出了教学体系在城市经济、地理、环境与生态方面的不足。根据评估报告的指导意见，天津大学先是采取校内院系互换交流的合作教学方式，聘请管理学院、环境学院教师为城市规划专业开设经济类、管理类与环境类课程。从教学效果来看，由于其他学院的教师对城市规划专业工作与教学特点了解不多，在授课内容上与规划体系结合不甚紧密，因此，学生们对这类课程兴趣不大，以致选课人数越来越少。

2.2 后期以引进人才为主导的"选择性嫁接"

为改变上述情况，天津大学复又转变思路，有选择地引进有城市规划专业背景的教师，分为两类：一类是本科为相关学科如经济地理、测绘等，研究生转入工科城市规划专业学习的研究生或教师，另一类是本科毕业于城市规划专业，后转入其他院校城市规划专业或其他专业如管理、经济、环境等学习、工作的研究生或教师。两类教师分别开设两种课程，一种是城市规划专业的相关知识，如城市地理、区域规划、GIS等，从而拓展了教学体系；另一种则仍侧重于传统物质空间规划与设计，但教师的知识背景为学生从不同角度理解规划提供了帮助。从实际教学效果来看，由于授课教师对城市规划专业较为熟悉，讲授内容更为贴近城市规划实践，从而提高了学生兴趣，增进了他们对规划内涵的理解。

2.3 "嫁接"对本科教学体系的影响效果

通过"嫁接"尝试，天津大学城市规划专业的优势与特点得到了延续和拓展，城市规划本科毕业生仍旧普遍具备优秀的空间规划技巧和图面表达能力，同时，又初步掌握了相关学科的基础知识。但是，一些新开课程在如何与规划实践紧密结合方面，还没能完全融入规划

编制的逻辑体系，这也意味着，已经完成的阶段教改工作尚需要继续推进，而推进的方向则是新课程如何"融入"城市规划专业教学体系。

3 相关课程全面对接传统教学体系的"融入"实践

3.1 调整理论课程在培养体系中的定位

从地理、经济或环境学科"嫁接"过来的课程，如天津大学开设的《城市地理概论》、《区域规划概论》与《环境保护与可持续发展》等课程，在初期，其教学大纲大都是针对非城市规划专业而编写的，且教学内容并未针对城市规划专业的培养方向而进行系统调整。理论课的定位固然强调了相关内容的知识体系，但缺乏设计课的配套却使得学生在学习过程中普遍感到抽象，难以掌握其内在的逻辑结构。为此，这些课程的定位与教学大纲必须根据城市规划专业的培养目标来进行调整。如课程定位可以调整为"理论应用"，教学目的不是向学生灌输各种理论，而是侧重于这些理论在规划实践中的应用，如此，又可密切与总体规划、详细规划等设计课的联系，有助于学生在规划实践训练中进一步理解掌握。又如教学大纲的调整，应删减一些与规划分析不相关的内容，弱化那些与规划编制关系不紧密的知识点，强化规划分析与编制中需要应用知识点的讲解。实践证明，这种调整在很大程度上改变了传统理论教学固化与空洞的问题[5]，促进了学生对相关知识的理解。

3.2 按照规划编制逻辑梳理教学内容

地理、经济与环境类课程源于其他一级学科，其自有的逻辑体系往往与城市规划编制的"调研 – 分析 – 规划 – 决策"思维并不一致，因而教学效果并不理想。以建筑学院开设的《区域规划概论》为例，使用的教材为高教出版社的《区域分析与规划》。该书在逻辑体系组织上利于理论分析与系统学习，更适合人文地理专业的学生使用，而对城市规划专业学生而言，部分章节则过于复杂且难以理解，如第三章的产业结构分析、第五章区域经济增长分析[6]，繁复的数学推导将显著引发城市规划专业学生学习的畏难情绪。实际上，城市规划专业本科生更需要进行的是实证分析与重点学习，在有限的课时内，以院校所在地域的规划案例讲授使其迅速地抓住要点，并能够在总体规划设计课中应用于主导产

业分析、城市性质定位与城乡统筹发展战略制定等《城市规划编制办法》要求的内容。按照这一课程调整思路，任课教师对教学内容进行了重新梳理，将逻辑框架调整为城市发展的区域条件与基础分析、区域经济与空间结构演变的一般规律、区域产业结构分析与城市发展战略、城乡产业布局以及城镇体系组织结构规划等，从而以更贴近城市规划专业的知识体系组织取得了良好的教学效果。

3.3 借鉴传统设计课的互动教学方法

传统上，理论课教学以课堂讲授为主，教学方法则多为"板书＋多媒体"。这种教学模式强调了教师的主导作用，教师与学生是简单的"教"与"被教"关系，学生的能动性遭到抑制，因而互动效果不佳。其实，工科院校城市规划专业多年来一直坚持的设计课教学自有其可取之处，也即很强的师生互动与实践性，这种特点带来的直接效果就是师生关系融洽、生动活泼且贴近规划实践，因此，学生参与的积极性很高，老师只需略加指导，学生就能在课后广泛、深入地自主学习。以此为

借鉴，"嫁接"过来的课程在教学方法改革方面，应多开展案例教学与研究教学，前者以典型规划案例向学生讲解知识点，后者则由教师引导学生参与到相关的科研课题中。为提高学生的参与度，课堂讨论与课后"专题研究"应成为教学的主要组织形式。这种理论与实践相结合的教学改革，将大大提高学生学习的主观能动性，取得事半功倍的效果。

4 新时期教学体系全方位的"提升"探索

4.1 教改新目标拟定

基于新时期中国社会对城市规划人才"专业、全面、有经验"的要求，天津大学又开始了教学体系建设的新探索，提出了城市规划专业本科教学要向"强基础、宽领域、重实践"的方向改革，培养目标则是城市规划专业的领军人才。为实现这一目标，将继续完善按阶段、分层次、循序渐进的"城市规划设计"教学环节，深化专业课程的全过程递进，进一步提高学生从多学科角度分析问题和解决问题的能力。改教不同领域中的目标分解见表1。

教学改革目标分解　　　　表1

教改领域	全球与区域视野	规划方法程序	创造性思维	逻辑思维能力	工程设计能力	调查分析能力	公共政策素质	职业道德与素养	基本绘图和模型技能力	写作能力	社交能力	表达能力	团队协作能力
课程群	□	○	○	○	○	△	□	□	○	□	△	○	△
教学体系	○	□	○	○	○	○	□	○	○	△	△	□	○
实践教学	△	○	○	○	○	○	○	○	○	○	○	○	○
教学文化	○	□	○	○	○	□	○	□	△	△	△	△	○

注：○核心教学目标，□主要教学目标，△一般教学目标

4.2 特色课程群建设

本科教学在继续保持既有传统空间形态设计教学优势的基础上，结合二级学科建设，重点培育"区域发展与规划"、"城乡规划原理与设计"、"住房与住区规划建设"、"城乡发展历史与遗产保护规划"、"城乡规划管理"五大特色课程群，每个课程群以专业核心课为主线，辅

以一系列辅助理论课程[7]。如"城乡规划原理与设计"以"城市规划原理A、B"为主干课，以"中外城市"、"城市规划概论"、"城市道路交通"、"城市基础设施"等理论课为辅助课，以"城市总体规划"设计课为实践课程，共同搭建"城乡规划原理与设计"课程群。规划设计课分为8个子阶段，前3个为专业基础教学阶段，从第4阶段开始进入5个课程群。

4.3 教学体系重构

为夯实基础教学阶段学生的知识体系，建筑学院逐渐将多元化的师资队伍向基础教学环节倾斜，强化基础教学内容的学科化与系统化。基于各学科领域教师对城市规划专业的理解，通过他们的言传身授，引导一、二年级本科生将观察和认知城市的视角从空间向社会、经济、生态、政策等领域拓展，以逐步形成不同于传统物质空间的规划思维。同时，将部分"通读式"的专业理论课程下移，在"课程群"的支撑下实行"多段式"教学，打破专业基础课（设计课）和理论课之间的年级障碍。以"城市规划概论"课程为例，原安排在第3学期讲授。经调整，其授课时间改在第1学期，与设计初步课程的"城市认知规划训练"正好同步，从而很好地将理论与实践结合起来。再如高年级的"城市道路交通"和"城市基础设施"课，作为"城乡规划原理与设计"课程群的组成部分，被"多段式"安排在四年级上学期，与设计课环节的"总体规划"和"控制性详细规划"这两个大量需要这些专业知识的规划训练正好同步进行，且将理论课学时分为"A+B"，A部分为课堂授课，B部分为结合规划训练进行的专题讲座和设计。从实践结果来看，学生更容易理解并且很快就能在规划训练中应用，从而提高了教学效果。

4.4 卓越工程人才实践基地建设

传统上，天津大学城市规划专业人才的培养就特别重视"干中学"教学模式，目前，已有的实践教学和案例参与的教学内容包括以下五个环节：规划设计课集中训练、测绘实习（第4学期，不少于4周）、海外学习（第6学期对外交流实习，不少于2周）、集中实践（第8学期设计院实习，不少于4周）、毕业设计。这些实践环节或为"真题真做"，或为"真题假作"，在很大程度上为学生的专业理论知识深化提供了保障。然而，教学单位毕竟不是规划编制单位，这些教学环节都不具有真实的"规划环境"，包括工作环境和人力环境，因此，与现实的规划编制工作还具有一定的距离[8]。为进一步强化学生在真实规划工作中的协调、沟通与协作能力，天津大学建筑学院已经开展了与规划设计单位共建"卓越工程人才实践基地"的工作，目前已经与国内知名的5所规划单位达成合作意向，试图保证100%的本科生在学期间不少于30周到设计单位和规划管理单位的生产实践教学活动。

4.5 开放式教学文化扩散

开放式教学在天津大学具有悠久的历史，根据学校"宽领域"的人才培养精神，城市规划专业学生不但可以在学校范围内跨学科选课，也可以在学院范围内不同年级、不同专业间跨学期选课。建筑学院城市规划专业教学体系的改革，鼓励这种开放式的教学文化向各个教学环节延伸。如设计课成绩评定环节，要求每个设计课在阶段成果完成后，低年级（一、二年级）和高年级（三、四年级）进行分组答辩与公开评图。学生必须在不同年级导师和外聘专家（设计院或规划局技术负责人等）组成的评委组参与下，完成中期和成果两个阶段答辩，成绩由评委组集体确定[9]。每组最高和最低成绩的作业，还要在全年级展示并公开评定。此外，还规定四年级或五年级学生至少参与一次与国内外城市规划院校联合进行的交流设计（或工作营），作为设计课成绩的组成部分。这种开放的管理和成果评价机制既保证了成绩评定的公正性，又可使学生得到多位教师指导，还为相互观摩学习创造了条件，强化了年级之间、导师之间、校内和校外、设计与管理部门之间、国内教学方式和国外教学方式之间横向和纵向的交流。

5 结语

天津大学城市规划专业的建设依托于天津大学综合教学平台与建筑学院传统物质形态设计的优势，以培养中国城市规划专业的领军人才为教改目标。2000年以来围着这个目标展开的教改实践证明，以"嫁接、融入、提升"为路径的渐进式教改符合天津大学城市规划专业建设的实际，是城市规划教学领域实践科学发展观的探索。然而，城市规划专业本科教学改革是一个长期系统工程，天津大学的教改实践仍远远不够，各院校的城市规划专业办学也各有特色，因此，更加深入的教改仍有待今后与其他院校共同探索。

参考文献

[1] 赵万民,赵民,毛其智.关于"城乡规划学"作为一级学科建设的学术思考[J].城市规划,2010,34(6):46-54.

[2] 崔珩,赵炜.转型发展背景下的城市规划原理课程教学改革[J].高等建筑教育,2012,21(2):69-72.

[3] 章光日.综合型院校城市规划专业设计类课程教学改革的若干思路[J].高等建筑教育,2008,17(5):69-74.

[4] 张艳明,马永俊,章明卓.城市规划课程设计的教学改革[J].高等建筑教育,2006,15(2):102-106.

[5] 仇方道.区域分析与规划课程教学改革探讨——以资源环境与城乡规划管理专业为例[J].安徽农业科学,2011,39(4):2507-2509.

[6] 崔功豪,魏清泉,陈宗兴.区域分析与规划[M].高等教育出版社,2000,59,133-148.

[7] 王兴平,权亚玲,王海卉,孔令龙.产学研结合型城镇总体规划教学改革探索——东南大学的实践借鉴[J].规划师,2011,27(10):107-110.

[8] 杨光杰.城市规划设计类课程教学改革的研究与探索[J].规划师,2011,27(10):111-114.

[9] 何邕健.城市总体规划本科教学改革探讨[J].规划师,2010,26(6):88-91.

Grafting，Integration and Upgrading
Practical Reference of Teaching Reform on Undergraduate Education of Urban Planning Discipline in Tianjin University

He Yongjian   Yun Yingxia

Abstract：This paper，taking the teaching reform on undergraduate education of urban planning discipline in Tianjin University since 2000 as an example，elaborated the general path and key implementation of teaching reform for engineering colleges in the new era.The overall process includes three stages that are grafting talents and new courses into the original Curriculum system，adjusting syllabus，knowledge system and teaching methods to realizing integration，building characteristic course group，rebuilding teaching system，constructing practical base and encouraging open teaching culture.

Key Words：education reform；discipline of urban planning；teaching system

我国中部地区规划院校人才培养模式❶初探

周　婕　魏　伟　牛　强

摘　要：中部地区规划人才的培养问题关乎我国中部地区崛起和国家城市化发展战略在人才上的具体落实。本文从中部地区规划院校人才培养模式出发，通过对87所规划院校人才培养方案的比对，其中重点对院校类型、目标、培养年限、专业核心课程设置等方面的比较分析，以及对西方发达国家规划办学走过道路的探查，来发现和找寻我国中部地区规划人才培养中存在的问题，以期寻找到解决之道。此文比较分析的信息，只是我们调研的部分成果。通过分析，我们发现中部六省规划院校人才培养模式主要存在以下几个方面的问题：①规划专业人才培养模式的范式倾向过重，缺乏地区发展特色；②过分强调经济社会需求，忽视人文社会需求，对人才市场需求反应迟钝；③普遍缺乏对知识融会贯通，理论结合实际的实践环节的重视；④师资力量极度匮乏。针对以上问题，论文提出了几点建议：1）面对社会转型，积极调整院校培养模式；2）突出不同等级、类别、地区规划院校人才培养特色，加强与市场的紧密联系；3）以实践课程为核心，贯彻职业道德，价值观内容，培养高情商人才；4）"老八校"和率先通过专业评估院系的师资对口支援和帮扶。

关键词：中部地区；规划院校；人才培养；模式

1　引言

　　我国中部地区是我国内陆包括湖北、湖南、河南、山西、安徽、江西六省在内的广大区域，自古以来，人口密集、物产丰富，是兵家和商家必争之地。在农业社会，有"两湖熟、天下足"之谓；在工商业初兴的近代，全国"四大名镇"中有三镇（汉口镇、景德镇、朱仙镇）位于中部地区；上世纪中叶，中部地区在全国经济地位中举足轻重，武汉等城市的经济实力更是处于前列。

　　我国中部地区的人口数量占我国总人口数量的26.76%（第六次人口普查数据），人口密度达到262.2人／平方公里，在如此高人口密度的地区内，共有87所创办城乡规划专业的院校，占据了全国创办城乡规划专业院校的半壁江山。中部地区以其悠久的历史文化、独特的地理方位形成了与东部沿海、西部高原截然不同的地理景观和人文特色，在这样一处广袤的土地上，却

没有一所规划"老八校"的存在，城乡规划专业办学在量与质上的矛盾凸显，人才培养与中部地区巨大的城市建设量对人才的需求脱节。

　　"传统教育训练出来的规划师面对市场的需求，显得是多么的无知和浅薄。如果我们不迅速改变这种局面，我们很快就会发现城乡规划学科的贬值乃至消亡。在我看来，如果不能持续更新我们的工具，现在的规划师，在你未来10年内，至少有一半会被市场所淘汰。可悲的是，现在的大学还在成群的向社会推出过时的次品甚至无用的垃圾"（赵燕菁，2003年）。"城乡规划存在两大虚张，第一大虚张就是城乡规划教育的数量膨胀，第二大虚张就是城乡规划本体理论的空心化，学科知识构成膨胀的虚张"（吴志强，2010年）。我们的城乡规划教育在面对市场和这两大虚张的问题上都为城乡规划的学科发展埋下了隐患。

---

　　❶　培养模式：本文中提到的培养模式特指各大规划院校中以培养方案为引导途径对院校人才进行培养的方式。

周　婕：武汉大学城市设计学院教授
魏　伟：武汉大学城市设计学院副教授
牛　强：武汉大学城市设计学院讲师

在这样的背景下，中部地区如何面对目前市场和未来所需要的规划人才进行培养，未来的规划人才需要什么样的能力和素养，现阶段的规划人才培养模式上存在哪些问题，如何去解决这些问题，是需要我们中部地区规划院校认真考虑的问题。

2 我国城乡规划学科发展状况

城乡规划是一门综合性、实践性和政策性很强的学科，人才的地域特征明显，培养出的大量人才将直接参与当地的城乡规划设计与管理，其人才培养质量会直接影响到当地城市建设的水平与质量。而这一地域特征的需求在学科建设中没有得到充分认识。

回顾我国城乡规划学科的发展历史可以发现我国城乡规划学科共经历了三个时期的发展：萌芽期、磨难期和繁盛期[1]，在这三个时期中，城乡规划这个专业经历了各种艰难，最终形成了现在的规模和辉煌。目前，在我国，城乡规划学科稳定发展的过程中，又进入转型发展的阶段。

改革开放之后，中国的城市建设飞速发展，规划院校雨后春笋般层出不穷，从城乡规划专业指导委员会成立之初（1998年8月），全国设置城乡规划专业的院校不足30所，到目前，15年间，设置有规范城乡规划专业本科的院校迅猛增至178所，然而，短时期内规划从业者的应景式生产和规划院校的大规模创办，反映出的问题是市场通过人才培养之手逐渐将城乡规划学科推向了一个只重技术，模式僵化的方向。近年，随着我国城市建设问题的频出，一批有识之士对建设问题的核心——人才培养开始了反思，在城乡规划的教育过程中逐步融入了社会人文类、经济管理类、公共政策类等学

---

[1] 根据吴志强教授于2007年采访中提到的内容进行总结，城乡规划学科的萌芽期始于1947–1952年，在全世界有哈佛学院、MIT、利物浦三所院校开办了城乡规划专业，同期，我国开始了城乡规划专业的创办，这段时期从无到有，是我国城乡规划学科的奠基期。城乡规划学科的磨难期分为两个时期，1960年代初中央政府提出"三年不搞规划"，1966年至1976年十年文化大革命，大学停止招生，两段磨难时期摧毁了绝大多数的规划院校。1977年至今，城乡规划专业学科逐渐走向繁盛，1992年后，中国改革开放，在市场经济的带动下，中国城市建设逐渐加快，城乡规划人才和城乡规划院校大量出现。

科的内容，试图改善人才培养中的问题。

然而，由于城乡规划专业自身知识体系的庞杂和应用型学科定位，高校管理模式等问题，大部分院校还是在沿用七、八十年代我国的规划教育知识结构体系和内容，造成规划教育与市场需求脱节，与未来社会转型后人才需求脱节，对我国城乡规划学科健康发展带来非常不利的影响。

3 西方城乡规划教育模式

中国目前的城乡规划教育，很像西方五十年代的模式。西方早期规划专业的基本训练和基础知识以建筑、工程等设计类学科为主，同时缓慢的受到社会、经济、行为等分析科学的影响。与中国现阶段发展状况相近的情形是，西方在二次大战后的市场经济爆发带来的社会关系多元化和经济体系复杂化的背景下，使西方城乡规划教育在过去的三四十年间，转变焦点，逐渐走向人文化、社会化——在注重功能和技术的同时，考虑社会中不同个体、不同利益间的关系。

规划从注重基础建筑教育到趋向城乡规划作为公共政策，西方的城乡规划教育经历了3~40年的摸索和转变。纵观其发展历程，可以发现其规划教育的变化体现在以下几个方面：

（1）人才培养模式的转变——由培养专才向培养通才或有专长的通才（即有某项或几项专长的通才）的转变；

（2）教育观念的转变——由教育应用型人才向教育复合型人才转变；

（3）课程体系的转变——由单一化向多元化的转变。从建筑学或工程学为基础的课程体系，发展到以规划理论与方法、经济社会分析、环境保护与资源利用、规划分析技术与方法等知识体系的融入。

西方城乡规划教育的发展演变使规划教育有了更强的包容性，更多的定性定量手段，缩短了与规划实践的距离，使规划人员可直接参与规划决策过程；且更加注重专业知识的本质，强调理论与实际的结合；西方的规划教育已从"物质性计划"（如道路建设、市政建设）扩展之后转变为"规划作为过程"（如何抓住关键，解决问题），"规划作为参与者"（直接参与政策制定），以及"研究被规划的因素"（大众、生态环境等）方向。

因此，西方城乡规划教育有如上发展经验可供我们借鉴。

4 我国中部地区规划院校培养模式

在改革开放后的经济政策导引下，东部沿海和北京、广州、重庆等地区的城市优先发展起来，中部地区依托几个人口大省向外输送的规划人才成为全国城乡规划与建设的从业主力。但中部地区创办城乡规划专业的院校相对于发达地区，在办学基础、师资力量和培养模式，培养质量上都存在差距。

本文针对我国中部地区 87 所规划院校，按照一类、二类、三类❶本科院校的分级标准，选择和比对中部六省各级各类典型院校的培养方案，试图找出中部地区各院校规划专业人才培养模式的特征，通过数据分析，总结我国中部地区规划院校人才培养中的问题。

4.1 我国中部地区规划院校分布

作者对中部六省的一类、二类、三类院校逐所调研，统计得出，我国中部地区共有 87 所院校创办了城乡规划专业，其中湖北省 17 所，湖南省 22 所，安徽省 11 所，江西省 10 所，河南省 18 所，山西省 9 所，一类院校 15 所，二类院校 53 所，三类院校 19 所。（见图 1）❷。

中部六省创办城乡规划专业的院校统计表　　　　　　　　　表1

省份\批次	湖北	湖南	河南	安徽	江西	山西
一类	武汉大学 华中科技大学 武汉理工大学 湖北大学	中南大学 湖南大学 长沙理工大学 湖南师范大学	郑州大学 河南大学（资源环境与城乡规划管理）	合肥工业大学 安徽农业大学	南昌大学	太原理工大学 山西大学（资源环境与城乡规划管理）
二类	长江大学 江汉大学 三峡大学 武汉工程大学 孝感学院 湖北民族学院（资源环境与城乡规划管理） 湖北师范大学（资源环境与城乡规划管理）	湖南理工大学 湖南城建学院 湖南科技学院 长沙理工大学 湖南城市学院 中南林业科技大学 湖南文理学院 邵阳学院 湖南农业大学（资源环境与城乡规划管理） 南华大学 吉首大学 湖南理工学院 衡阳师范学院（资源环境与城乡规划管理）	河南农业大学 河南理工大学 华北水利水电学院 黄河科技学院 郑州航空工业管理学院 商丘师范学院 安阳工学院 平顶山学院 河南科技学院 河南财经政法大学（资源环境与城乡规划管理） 河南城建学院 南阳理工学院 信阳师范学院（资源环境与城乡规划管理）	安徽理工大学 安徽建筑工业学院 安徽科技学院 池州学院（资源环境与城乡规划管理） 皖西学院（资源环境与城乡规划管理） 宿州学院（资源环境与城乡规划管理） 合肥学院（资源环境与城乡规划管理）	江西理工大学 江西农业大学 江西师范大学 江西财经大学 东华理工大学 九江学院 南昌工程学院 宜春学院（资源环境与城乡规划管理） 赣南师范学院（资源环境与城乡规划管理）	山西财经大学 山西农业大学 山西师范大学（资源环境与城乡规划管理） 太原师范（资源环境与城乡规划管理）
三类	华中科技大学文华学院 武汉理工大学华夏学院 武汉科技大学城市学院 华中科技大学武昌分校 湖北民族学院科技学院 长江大学工程技术学院	湖南科技大学潇湘学院 湖南理工学院南湖学院 长沙理工大学城南学院 湖南文理学院芙蓉学院 衡阳师范学院南岳学院（资源环境与城乡规划管理）	河南科技学院新科学院 商丘学院 河南理工大学万方科技学院	安徽农业大学经济技术学院 安徽建筑工业学院城市建设学院		吕梁学院 山西师范大学现代文理学院 阳泉职业技术学院（城镇规划）

❶ 按照我国教育部对各级高校的基本分类，一类院校为中央部委属重点本科高校，部分省属高校的部分近年招生情况较好的专业，二类为省属非一类的其余本科专业，中央部委属 2003 年以后由成人或专科院校调整为本科院校，三类为民办本科，独立学院，四类为专科。

❷ 表一中所搜集的中部六省地区城乡规划办学院校数据，是在中国教育在线网站高考填报志愿网站上，统计中部六省各省中所存在的共 283 所一类、二类、三类院校名称，并在此基础上，逐一进入每所院校网站主页中的院系设置查询，以及其他调研方法和补充，甄选出中部六省各级院校是否存在城乡规划专业。

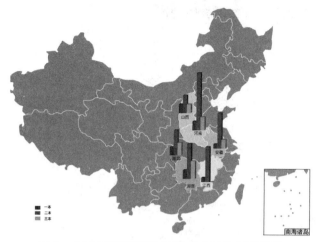

图1　全国中部地区规划高校分布及比例示意图

如下表所示，我国中部地区的规划院校主要分布在湖北省、湖南省和河南省，三省当中，一类、二类、三类规划院校比例为10：33：14，二类规划院校所占的比例超过50%，换言之中部地区规划院校集中在湖北、湖南、河南三省，其中湖北省一、二类规划院校数量最大，六省中二类三类院校是我们城乡规划办学长期以来关注的弱点。

4.2　我国中部地区规划院校培养方案比对

本文在研究过程中，分级提取各省中的典型院校，并搜集其培养方案，从培养目标，培养年限和核心课程三个方面进行比对。

其中，培养目标的设立确定了规划专业的发展主体方向，直接指导了学院的授业要求和课程设置，是培养模式中的核心内容，从培养目标中的对比可以直接发现各级各类院校中的培养方式和培养重点。

通过培养年限则可看出，在培养过程中，授业者教授内容是否存在限制，结合核心课程的设置，可以非常

清晰的发现各级院校从何种角度解决了社会问题和社会需求。这样的对比增进了对中部六省的规划专业人才培养方式的直观认识，也有助于更精准地抓住我国中部六省规划专业人才培养模式中的问题。

本文针对各大院校的培养目标，将其处理为主要能力要求、从业部门和人才定位三个方面，并从各级院校的培养目标中对这三个方面的内容进行提取，同时，将主要能力要求分为：综合型❶、开拓创新型、技术应用型、教学科研型、基础工程型和艺术设计型六类。

通过上表的对比内容，我们可以清晰的看出，中部六省规划院校对人才培养的主要能力要求几乎全部集中在技术应用的方面，部分院校提出要结合管理、科研进行多方位发展，在培养目标中有关人才能力的要求上，对开拓性、创新性的能力要求不高，大部分院校甚至对此两项能力未有任何提及，与西方的人才能力培养相比形成了很大地反差。

各级各类院校在培养方案中，均把方案中的核心课程作为教学内容的重中之重，因此，本文还统计各级典型院校中的核心课程，进行比对，具体情况见表3。

在比对中部六省规划院校核心课程后，我们可以发现以下现象，这些现象为我们反思中部城乡规划专业人才培养模式提供支撑：

（1）课程趋同

中部六省各级院校的核心课程在结构和内容上有着极强的趋同性，例如城乡规划原理、城乡规划设计、中外建筑史、城市道路与交通等城乡规划基础类课程，80%以上的一类院校和二类院校都在核心课程中有明确要求，而城市风景园林规划与设计、建筑设计、城乡规划管理与法规类课程在半数以上的一类和三类院校核心课程中都有所涉及。

所不同的仅仅是一类院校在基础设计类和理论研究类的课程设置上较为全面，而二类、三类院校在技能运用类的课程设置上较为偏重。

（2）课程体系僵化

中部六省各级规划院校在核心课程的设置时，僵化的沿用了我国规划院校创办初期的基础知识结构，与市场或学科发展前沿接轨的控规、房地产市场、人居环境科学等课程的设置极少。

不过，分析发现三类院校在对市场需求的反馈上极

---

❶　从各级规划院校培养方案对主要能力培养中归纳总结出的综合能力型是指在发展学生道德品质的同时，不仅培育学生的专业知识体系和设计基础能力，同时还针对社会学、环境学、管理学等知识均有涉猎，且较明确提出相关要求的能力。

中部六省规划院校培养方案（培养目标及培养年限）统计与对比分析　　　　表2

类别	省份	培养目标			培养年限（年）
		主要能力要求	从业部门	人才定位	
一类院校	湖北省	技术应用型	城乡规划设计、城乡规划管理、高等院校及研究机构	高级专门人才	5
	湖南省	综合能力型	城乡规划设计、城乡规划管理、房地产开发	复合型人才、高级工程师	5
	河南省	综合能力型、技术应用型	城乡规划设计、城乡规划管理、决策咨询、房地产开发	高级工程技术人才	5（弹性4到7年）
	安徽省	开拓创新型、教学科研型	城乡规划设计、城乡规划管理、高等院校及研究机构	高级专门人才	5
	江西省	综合能力型、技术应用型	城乡规划设计、城乡规划管理、决策咨询、房地产开发	高级工程技术人员	
	山西省	技术应用型	城乡规划设计、城乡规划管理	高级工程技术人才	
二类院校	湖北省	技术应用型、教学科研型	城乡规划设计、城乡规划管理、高等院校及研究机构、房地产开发	高级工程技术人才	5
	湖南省	综合能力型、开拓创新型、技术应用型、教学科研型	城乡规划设计、城乡规划管理、高等院校及研究机构、房地产开发、决策咨询	高级工程技术人才	3至6年
	河南省	综合能力型、开拓创新型、技术应用型	城乡规划设计、城乡规划管理、房地产开发、决策咨询	高级工程技术人才、高级应用型人才	5
	安徽省	开拓创新型、教学科研型	城乡规划设计、城乡规划管理、高等院校及研究机构	高级技术人才	
	江西省	技术应用型	城乡规划设计、城乡规划管理		4
	山西省	综合能力型、艺术设计型、教学科研型	城乡规划设计、商业广告艺术等现代视觉传达艺术领域	高级管理人才、高等教育人才和科学研究人才	
三类院校	湖北省	技术应用型		应用型人才	4
	湖南省	基础工程型、技术应用型	城乡规划设计、城乡规划管理	高素质技术应用型人才	3
	河南省	开拓创新型、技术应用型、教学科研型		实际应用和科学研究专门人才	4
	安徽省	技术应用型	城乡规划设计、城乡规划管理、房地产开发	高级技术人才	5
	山西省	技术应用型		应用型技术人才	3

中部六省规划院校核心课程❶比较❷　　　　　　　　　　　　　　　　表3

课程名称　　院校等级	一类院校（%）	二类院校（%）	三类院校（%）	排序❸
城市道路与交通	100	90	75	1
城乡规划原理	80	90	88	2
城乡规划设计	80	88	88	3
城乡规划管理与法规	40	76	75	4
中外城建史	80	71	38	5
建筑设计	20	67	75	6
城市风景园林规划与设计	40	52	88	7
城市经济学	40	52	38	8
城市环境与城市生态学	40	48	25	9
城市地理学	60	33	13	10
美术	40	27	38	11
区域与城镇体系规划	40	43	13	12
城市工程系统规划	20	38	38	12
城市设计	20	43	25	13
建筑制图	20	5	38	14
计算机辅助设计	0	14	63	15
城市设计概论	40	5	0	16
城市文化历史	20	5	0	17
测量学	0	0	25	17
城市风貌保存与旧城改造	0	0	20	18
模型制作基础	20	0	0	18
环境艺术学	0	5	13	19
植物学	0	1	13	20
高等数学	0	10	0	21
艺术设计概论	0	10	0	21
平面构成	0	5	0	22
建设项目可行性分析	0	5	0	22
房地产开发与管理	0	5	0	22
城乡规划社会调查	0	5	0	22
城乡规划概论	0	5	0	22
造型艺术	0	5	0	23
数字城市	0	5	0	23

❶ 表三所涉及的核心课程是指在各级院校培养方案中明确指出该类课程为核心课程或主干课程的课程，并非专业必修课或专业选修课。

❷ 表三是将中部六省院校类型作为横轴标准，并从中部六省各级院校中各抽样提取1/3所院校，即一类院校5所，二类院校18所，三类院校7所，从中提取其核心课程的合集作为纵向标准，并逐一统计各个课程在各类院校培养方案核心课程中所占百分比。

❸ 根据各级各类院校规划专业培养方案中的各核心课程所占比例总和，并根据总和进行排序，以此推导各核心课程的设置意义和重要性。

为灵活，能够清晰敏锐的体察市场的变化，并在培养方式和内容上进行了及时的调整。

（3）实践课程缺失或弱化

虽然部分院校在培养方案的核心课程中提及了毕业设计和毕业实习，但实际上此类课程在教学过程中多半流于形式，或出现放鸭式教学形式，即放任学生自己找寻一处实习单位，安排实习时间，最后提交一份实习证明，或在老师的实际项目中担任"初级绘图员"，在实习过程中仅仅熟练了软件运用的能力。

4.3 我国中部地区规划院校培养模式的问题总结

通过以上分析，可发现我国中部六省规划院校培养模式具有以下共同的问题：

（1）规划专业人才培养模式的范式倾向过重，缺乏地区发展特色

一、二、三类院校的核心课程和能力要求，从业部门、人才定位上的趋同，暴露了目前我国城乡规划专业人才培养中的地域自然特色和人文特色的缺失，大部分中部规划院校受以同济大学为代表的"老八校"办学模式的极大影响，这也从另一个方面反映了"老八校"的示范和带动作用。同样，这也导致中部六省各级各类院校在培养方式上千篇一律，培养目标，课程设置、教学内容同质化的现象，使规划院校在追寻权威认证的同时，忽略了人才培养的层次性和地域特色。

（2）过分强调经济社会需求，忽视人文社会需求，对人才市场需求反应迟钝

目前，中部六省各级院校的核心课程设置仍旧钟情于物质形态设计，大部分院校仍围绕建筑设计，道路桥梁、风景园林设计和绘图技术进行核心课程设置，忽视职业道德、价值取向内容的设置，由于总学时的限定，无法兼顾社会、经济、公共关系、管理等人文类课程，只有极少数的院校将城市经济学和城市管理学纳入核心课程。

在我国城市化水平已达50%的社会转型发展时期，各地院校仍旧沿用城市化水平提升时期对物质建设型社会的规划人才需求的培养模式，过分强调经济社会需求，将城市扩张和建设速度所需要的人才放在首位，不断重复培养技术应用型人才，对技术的偏重和对人本精神的忽视将无法面对社会转型后，未来几十年社会对我们今

天正在培养或将要培养的人才需求。

（3）普遍缺乏对知识融会贯通，理论结合实际的实践环节的重视

调研发现，大量培养方案中的核心课程缺乏通过整合和交叉来融汇知识，应用知识的环节，只有部分院校将实践内容放入了培养方案，而实践课程也多为规划写生，城市参观与认知，假题设计等，很难真正提高学生理论结合实际的能力，教师与学生之间缺乏直接与实践相关的指导与互动，所有的规划设计实践类课程大多是以走过场的形式进行教学。

在忽视了现实经济社会背景的条件下，各种纸上谈兵的学院派设计实践对学生极具误导性，象牙塔式的教育不断培育出贵族式规划师，在设计过程中不考虑设计成本和社会风险，缺乏对社会底层的真实了解，不理解规划师的责任和义务，忽视对弱势群体的尊重和关怀，使城乡规划人才在喊着关注"公共利益"、"弱势群体"口号的同时，造成从业者缺乏对社会的正确判断，无法直接适应市场对专业人才的要求，眼高手低，或妄自菲薄，或妄自尊大，还有部分院校从业者的就业选择受到严重制约，被城乡规划行业边缘化。

同时，由于中国特色的发展阶段和价值取向，导致城乡规划的顶尖人才全都走向北上广等大都市，很少能够有一本院校的规划人才愿意走入基层，走向农村，从这一点上，可以直接看出中国城乡规划专业教育的失败。

（4）师资力量极度匮乏

调研反映，目前我国中部六省的各级各类规划院校均存在不同程度的师资力量匮乏，尤其是二类、三类院校的城乡规划专业，例如某著名二类大学最优秀的师资力量为我院新近毕业的二位硕士研究生，他们承担了几乎全部的专业核心课程，严重超负荷教学。师资的数量、质量、专业结构对学院发展和学生培养质量的影响，已经到了十分严重的地步，教育人才的缺乏是新增规划院校漂亮的硬件环境所无法弥补的巨大缺陷。

5 几点建议

通过对我国现阶段社会经济发展背景的理解，对中西方城乡规划专业教育的研究和比较，以及中部各省各级各类院校培养方案、培养模式中存在问题的思考，我们对今后规划专业的发展提出以下建议：

5.1 面对社会转型，积极调整院校培养模式

面对我国社会转型的特殊时期，我国的规划专业院校培养模式应从过分偏重基础物质建设人才需求导致的无数问题中，重视我国规划教育中专才多、通才少，有专长的通才更少的问题，以及课程体系、教学内容和方法的包容性、多样性不够，学生缺乏价值观方面的教育和解决实际问题能力的培养，从而逐步提升我国规划专业在未来人文社会中的地位。

5.2 突出不同等级、类别、地区规划院校人才培养特色，加强与市场的紧密联系

一、二、三类院校在学生培养的能力要求、从业部门、人才定位上应针对各院校自身的学科优势和所在地区，具有鲜明的特色。一类院校应以创新性、知识复合的通才为主，三类院校应以技术应用型的专才为主。山地城市院校课程设置要向重庆建筑大学学习而非同济大学，同样，干旱缺水冬季严寒地区的院校课程内容要向"哈工大"学习。

相对而言，目前三类院校反而更为务实，对市场需求的判断更为准确，在找寻自己的发展方式和道路上，对自己在市场上的定位更为清晰，虽然在课程体系和师资上都存在一定问题，但是自身特点突出，因此也在规划市场中逐步占据了一席之地，避免了与一类、二类院校在专业人才培养目标上直接冲突的尴尬局面，这种务实特色化的办学思路值得所有院校思考和学习。

5.3 以实践课程为核心，贯彻职业道德，价值观内容，培养高情商人才

通过实践课程解决以往学生、老师重课本理论讲授，轻实践创新能力的问题。以实践为核心，使学生能够真正理解和消化理论，融贯多学科知识，并熟练掌握灵活运用于解决实际问题之中。

例如，在城乡规划专业毕业生的最后一门总结性课程——毕业设计中，组织学生去填补我们城乡规划编制

的"真空区"——落后地区的自然村组，鼓励学生在新时代的背景下"上山下乡"，在老师的指导下，一组一村或一人一村，对这种自然村组，老少边穷地区进行"义工式"规划设计。我国的自然村组达150万个❶之多，绝大多数都没有经过单独的规划编制，如果学生从现场踏勘、逐户的调研访谈直至设计方案获得村民的认可等，每一个环节都能够独立完成任务，毫无疑问，他可以大学毕业了。

这种以实践为核心的教学方式，既锻炼了学生理论结合实际的能力，使他们全面了解现实社会，也为职业道德，价值观内容的落实找到了抓手。

5.4 "老八校"和率先通过专业评估院系的师资对口支援和帮扶

通过中部六省规划院校培养目标，核心课程等方面的数据比较，我们看到了教学中一些培养模式的问题，但这些问题之下的关键是"师者"的问题，规划专业教师数量与质量的问题。

目前，中部六省15所一类规划院校中有5所❷通过了城乡规划专业评估，在未来的城乡规划专业办学过程中，规划专业"老八校"和中部地区通过评估的一类规划院校应主动为中部地区二类甚至三类规划院校培育师资，通过进修、办班等形式，开展师资帮扶工作，继续为我国城乡规划专业的发展做出贡献，做好表率。

参考文献

[1] 魏伟，周婕.中国城乡规划专业办学分布特征及讨论 [J]. 全国高等学校城乡规划专业指导委员会年会，2011：125-131.

[2] 邹德慈.发展中的城乡规划 [J]. 城乡规划，2010，34（1）：25-28.

[3] 仇保兴.复杂科学与城乡规划变革 [J]. 城市发展研究，2009，16（4）：1-18.

[4] 赵燕菁.从城乡规划走向城市经营 [J]. 城乡规划，2002，26（11）：7-15.

[5] 吴志强教授谈中国城乡规划教育的发展历程 [J]. 城乡规划学刊，2007，3：9-13.

[6] 吴志强，于泓.城乡规划学科的发展方向 [J]. 城乡规划学

---

❶ 数据来自国家统计局编《中国统计年鉴（1999）》。

❷ 中部六省通过城乡规划专业评估的五所院校分别为：武汉大学、华中科技大学、中南大学、湖南大学、安徽建筑工业学院。

刊，2005，6：2-10.

［7］赵民，钟声.中国城乡规划教育现状和发展 [J]. 城乡规划汇刊，1995，5.

［8］周岚，何流.中国城乡规划的挑战与改革 [J]. 城乡规划，2005，30：9-14.

［9］谭纵波.论城乡规划基础课程中的学科知识结构构建 [J]. 城乡规划，2005，29（6）：52-57.

［10］(加)约翰·弗里德曼.北美百年规划教育 [J]. 城乡规划，2005，29（2）：23-32.

［11］梁鹤年.我对中国引进城乡规划教育模式的一些意见 [J]. 城乡规划，1986，1：38-44.

［12］王瑾，白宁.城乡规划基础教学的西方经验借鉴 [J]. 全国城乡规划专业基础教学研讨会，2010：361.

［13］华晨，马倩.城乡规划专业教育知识结构分析 [J]. 全国城乡规划专业基础教学研讨会，2010：349.

［14］唐春媛，林从华，柯美红.借鉴 MIT 经验重构城乡规划基础理论课程 [J]. 全国城乡规划专业基础教学研讨会，2010：148.

［15］冯维波，裴雯，巫昊燕，乔柳.城乡规划专业课程设置构想——融合建筑学与地理学的城乡规划教育模式 [J]. 高等建筑教育，2011，3：52-56.

（致谢：感谢在 87 所院校的信息搜集中做出贡献的郑州北航赵淑玲老师，已毕业任郑州市二七区城建局局长的学生毛新辉，河南大学艺术学院的吴艳老师，及研究生赵捷等同学所付出的辛勤劳动。）

The research on China's central region planning institutions training model

Zhou Jie   Wei Wei   Niu Qiang

Abstract：Educating planning talents in Central China region has an important affection on the strategy about the rising of Central China and the urbanization development in China. This paper，starting from the talents training mode in some planning colleges in central region，explored the problems in the educating planning talents in Central China region by comparing the talents training programs among 87 planning colleges. The comparative analysis focused on the college type，training objective，the length of training and the setting of professional core curriculum. In addition，this paper also explored the history of planning education in the Western developed countries. The information of this comparative analysis was just a part of our research results. By analyzing the educating mode of planning talents in six provinces in Central China，we found 4 main problems：1. The educating mode of planning talents has a tendency to similarity，and the lack of regional development characteristics.2. The mode overemphasizes the economical social needs，neglecting of the need in human social，and lags in response for talents market.3. Lacking combination of theory and practice.4. There is an extreme shortage of teacher resources.In order to solve the above problems，this paper gave the following suggestions：1. Adjusting the educating mode for colleges actively to face the social transformation.2. The educating mode should emphasize the characteristics in different levels，types，areas and strengthen the close contact with the market.3. Taking the practice as the core and carrying out the content about the professional ethics and values，training the talents with high EQ.4. The eight oldest schools in architectural education in China and the schools which had passed the professional assessment should give some help to others.

Key Word：central region；planning institute；talent training；mode

五年制城市规划专业数字技术类课程体系建设[❶]
——武汉大学的实践

黄正东　于　卓

摘　要：数字技术是辅助城市规划及城市研究的重要手段。城市规划本科的五年制模式为数字技术教育提供了一定的时间保障，因此有可能形成一套数字技术类的课程体系。数字技术课程体系具有纵向的递进和层次性，同时与其他课程形成横向有机关联，可作为城市规划整体课程体系的有效补充。武汉大学五年制城市规划专业自1998年办学以来，一直在探索数字技术类课程体系的课程构成、开课时序及课程关联。但在相对成熟的体系结构下，也存在具体课程建设的难度，需要进行深入探讨。

关键词：城市规划；数字技术；课程体系；武汉大学

1　背景

在当今信息化时代，数字技术已构建成一个巨大的网，渗透到人们生活和工作的每个部分，随着数字技术的日益完善和成熟，它已成为人们工作中不可缺少的工具和手段。在城市规划行业，数字技术（特别是空间数字技术）应用比较普遍，如数字制图技术、数据库技术、GIS技术、遥感技术、虚拟仿真技术等。从二维技术到三维技术，从一般数据库技术到空间数据库技术，每一种技术在城市规划行业中发挥着不同的作用，或用于规划研究，或用于规划管理，给城市规划行业带来先进的分析工具。

伴随着西方国家的工业革命进程，日益突出的城市问题影响到社会和经济发展，城乡规划逐步从单一的"工程设计类"而发展成三个重要的组成部分："城市发展研究"、"城市规划与设计"、"城市规划管理"[1]。随着行政体制不断完善、技术进步，数据获取的来源和深度得到极大拓展，以此为基础，结合统计分析和空间分析技术，可以为上述三类规划问题提供先进的技术工具。英国城市规划专业对地理信息系统（GIS）的训练比较重视[2]，其教育体系内容划分为知识、技能、价值观和实践几大部分，其中技能能力训练包括空间表达和数据分析，如数据处理、信息提取、统计分析等，在此基础上学习研究技能，解决规划分析中的问题[3]。

从20世纪80年代末期的"甩图板"运动，到现在全方位的计算机应用。城市规划教育课程也从单纯的计算机辅助设计到综合性的数据分析，实现设计与科学分析的结合[4]。除计算机辅助设计课程之外，城市规划学科中开设GIS课程已经十分普遍，已经有很多针对如何提升地理信息系统教学效果的研究论文。如GIS教学中的惯性渐进模式，通过与规划设计课程及工程实践的紧密结合，强化GIS应用的针对性和渐进连贯性[5]。将GIS课程理论与实践结合，并作为贯通城市规划专业高年级相关专业课程理论和实践的平台，充分调动学生的积极性，提高学生利用GIS技术分析问题、解决问题的综合能力，加深其对城市规划学科的理解[6]。

这些教学方法的研讨和交流对于提升教学质量具有重要意义。同时，也应该认识到，数字技术教育不是简

---

❶　武汉大学211工程建设项目"面向智慧城市的城乡规划学"。

黄正东：武汉大学城市设计学院教授
于　卓：武汉大学城市设计学院副教授

单的一门课程，它必然是由相关课程构成一个课程群，才能充分达到融会贯通的教学目标。目前，教学研究多集中于单门课程的教学方法，而对于数字技术类课题体系的探究则十分少见。本文结合武汉大学多年的教学实践，介绍数字技术类课程体系的构成、内部关系及其与规划类课程的衔接模式。分析数字技术类课程体系教学中存在的问题及可能的改进方向。

2 城市规划专业数字技术课程体系设置

2.1 课程体系设置

武汉大学城市规划专业教学的两个特色，一是以武汉大学综合性学科背景为依托的人文社科通识课程体系；二是以计算机、地理信息系统和遥感等信息技术为支撑的数字技术课程体系。前者可扩展学生的逻辑推理能力，后者可强化量化分析技能，它们从两个不同的方面对城市规划主干课程体系提供有益的辅助和补充。通识课程的总学分为31，占总学时数的17.2%；数字技术类课程总学分为22，占总学时数的12.2%。城市规划专业在培养方案中也明确了数字技术类的培养要求，即"具有应用系统工程理论和GIS遥感技术的能力"。

城市规划专业的数字技术课程主要包括从计算机基础、计算机辅助规划设计到城市地理信息系统、城市空间分析技术再到数字城市导论等11门课程，共22学分（表1）。该课程体系讲授城市规划相关技术的概念、理论和技能，从数据采集、处理、分析各个层面循序渐进地培养学生的综合技能能力，为规划分析和编制提供有力的技术支撑。为保证课程知识的逐步掌握，课程体系强调课程的连续性和渐进性，在每个学期都至少开设一门技术类课程。这种序贯课程体系，可以使学生从最初的简单认识数字技术到对其认识的拓宽、深化，从单纯的学会技术到把技术与专业知识结合起来。除课程之外，在毕业设计环节，学生也可选择数字技术应用类的毕业设计方向，进一步提升应用能力。

数字技术类课程一览表　　　　　　　　　　　　　　　　　　　表1

	学分	性质	学期	课程要点描述
计算机基础与应用	2	必修	1~2	计算机基本技能
计算机辅助规划设计	2	选修	3	CAD绘图技能
数据库理论与应用	2	必修	4	数据组织与管理
测量及地图学	3	选修	4	地面数据获取；地图投影；数据模型
城市地理信息系统	2	选修	5	空间数据库；空间查询；空间分析
城市遥感技术	2	必修	6	城市多源遥感数据获取与处理
城市规划系统工程学	2	选修	7	统计分析；定性与定量方法
城市管理信息系统	2	必修	7	规划数据与规划流程管理自动化
城市空间分析技术	2	选修	8	专项规划应用；空间分析模型介绍
数字城市导论	2	选修	8	数字城市的基本概念与应用分析
城市信息系统实践	1	选修	9	规划领域的综合应用

根据数字技术类课程的特点，可以将其划分为四个层次，分别培养计算机基础能力、数据处理能力、数据分析能力和综合应用能力（图1）。其中，计算机辅助规划设计主要针对规划设计的绘图技术，在后续规划设计课程中大量应用，同时该课程有可帮助学生理解地理信息系统的空间图形基本概念。地理信息系统课程从

理论上也离不开对数据库原理和地图投影概念的掌握，从数据源上依赖于遥感手段所获得的数据。其他课程都是基于地理信息系统课程的拓展，分别从不同的方面提升城市空间分析和综合应用能力，这些课程可以巩固空间量化分析技能，提升城市空间问题的分析能力。

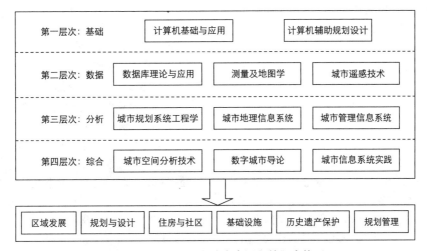

图1 规划专业数字技术类课程的层次体系

2.2 课程主要内容

以下对各门课程的目的及内容做简要介绍。

计算机基础与应用：讲授计算机基本构成、操作系统应用、文档及表格处理、基本编程语言、互联网应用等。

计算机辅助规划设计：讲授计算机辅助设计基本技能，包括基本图元的绘制、各种规划设计图形的绘制等。

测量与地图学：讲授各类土木工程建设中需掌握的测量学基本理论和基本方法；讲授地图学的基本概念和相关理论，制作普通地地图的过程和步骤，具体包括地图的基本知识、地图投影、地图数据、地图符号设计、制图综合、电子地图等。

数据库理论与应用：讲授数据库的基本原理和概念，数据库设计的方法，培养根据实际需要设计数据库、建立和管理数据库的能力。

城市遥感技术：讲授遥感的基本原理及其在城市中的应用基础，培养应用遥感技术进行城市规划基础资料的获取、处理及应用的能力。

城市地理信息系统：讲授地理信息系统的基本原理，包括空间数据表达与数据库、空间查询与统计、缓冲区分析、空间叠置、网络分析、三维地形分析、数据融合概念、GIS发展趋势等，介绍地理信息系统在城市规划中的应用模式。要求在理解原理的基础上，完成初步的空间查询与分析操作[7]。

城市管理信息系统：讲授城市规划管理的工作内涵、城市规划与管理信息系统的发展历程及发展方向、城市规划与管理信息系统的分析、设计、开发及维护的技术与方法、城市规划与管理信息系统开发建设实例。

城市规划系统工程学：讲授城市系统及城市系统模型、城市空间结构分析方法、城市规划调查定量与定性

分析方法、一元线性回归分析及规划中的应用、系统的评价方法及规划中的应用、规划支持系统等。

城市空间分析技术：讲授空间分析的基本理论与方法，以及其在城市空间系统中的应用。空间分析中主要讲述空间量度、邻域分析、三维分析、网络分析、可视化、空间统计、可变空间统计单元、空间聚类、空间数据融合、空间模拟以及重力模型。

数字城市导论：讲述城市信息化理论、数字城市理论、方法及相关技术、数字城市相关的基础软件和应用平台、国际和我国在数字城市建设的实例，数字城市的实际应用现状和发展前景。

城市信息系统实践：综合应用数据库、地理信息系统、遥感、空间分析技能，针对城市中的实际问题展开课程设计，培养从数据采集、建库、分析、结果展示等完整的技术能力。

2.3 与规划类专业课程的关系

在城市规划理论教学的基础上，穿插数字技术及其使用方法讲授，并与城市规划学科知识融会贯通、有机结合，是城市规划专业数字技术教学的根本目标，因此，在课程设置上，不仅要考虑数字技术知识体系的完备性，而且还要考虑课程设置的时间能与城市规划专业课程教学的同步和吻合，以保证学生在不同设计课程或城市规划设计的不同阶段都能获得足够的技术支撑，提高教学质量。

数字技术课程是为城市规划专业服务的，因此，每一门课都需要针对城市规划的某一过程或某一领域进行设定。具体地说，计算机辅助规划设计课程教授的 CAD 方法是将来城市总体规划、详细规划、城市设计等设计出图时必须使用的工具手段，它需要学生熟练掌握以能更好地表达自己的设计思路和设计成果；数据库理论与测量地图学是后续遥感及 GIS 理论学习的理论基础；遥感、地理信息系统、城市规划系统工程学是城市规划分析及研究的基础性技术理论知识；其通过城市空间分析技术、城市管理信息系统、城市信息系统实践课等课程对 GIS、RS 等基础性理论知识进行综合、深化，进一步提升学生在城市规划中的数字技术实践应用能力和水平，而这些课程中的众多实例操作将在总体规划、城市社会调查、毕业设计等课程及学习实践中得到应用。

3 发展思路探讨

3.1 存在的问题

（1）数字技术课程和城市规划课程脱节

技术类课程与专业类课程之间容易出现脱节的现象，不利于终极教学目标的达成。技术类课程教师与专业类课程教师之间缺乏沟通，对彼此课程的基本内容缺乏了解，难以在教学过程中进行引导。技术类课程可能容易偏重理论教学，忽视了与城市规划研究过程的关联和衔接；专业类课程则强调理念和思路的构思与表现，对具体实现方法更倚重传统的手工技能。

（2）数字技术课程之间的联系

从计算机辅助制图到城市遥感技术、城市地理信息系统再到城市规划系统工程学，这些课程基于不同技术、使用不同软件、并由不同教师讲授，各门课程之间存在一些重叠，同时也存在一些盲区。学生自己需要构建各课程之间的关联，这在一定程度上取决于他们对数字技术的理解和深化。

（3）数字技术课程的教学条件存在制约因素

地理信息系统等技术的有效使用需要数据、对软件的熟练掌握等多种条件的支持。尤其是在城市规划的用地、交通、环境等专项研究上，数据获取需要考虑的因素和花费的时间较多，使得数字技术的使用在实践中面临较大困难。

（4）数字技术课程学习的两极分化

学生对城市规划理论知识和数字技术及应用技能的学习不够，均会影响数字技术的更好使用。有些城市规划理论和技能掌握较好的学生对数字技术无兴趣或者不擅长，而有些数字技术及实践能力较强的学生却又在城市规划理论的学习上不够深入。均衡这两类极端，才能充分发挥数字技术课程教学的潜力。

（5）理论课程与实践课程的冲突

数字技术类课程的理论部分占有较多的教学时间。与城市规划专业的所有理论课程教学一样，都存在理论教学与规划设计教学的冲突问题。由于教学时间安排不当、学生更偏重设计训练、学生自己时间安排失控等因素，很容易导致理论课程教学大打折扣，达不到课程设置的目标。

3.2 教学改革思路

（1）优化完善数字技术类课程体系。虽然课程体系已经成功实施并通过实际检验是可行的，数字技术类课程之间的层次性和衔接关系仍然需要进行逐步完善。每门课程都有一个核心目标，通过几条主线进行贯穿。课程之间的衔接允许必要的重叠，以保障技术体系的顺利过渡；课程之间保持内容上的连贯性，前面课程的知识在后面的课程中得以应用和拓展。

（2）实行区别化的培养目标。由于受数学等数理知识基础、信息技术发展、软件升级及学生自身的特长爱好等因素限制，并不是每一个学生都能很好地掌握和运用数字技术，因此有必要实现差别化的培养目标。根据学生的学习能力及发展方向定为三个等级：一是把数字技术作为基础理论知识进行一般性地掌握，以此拓展专业视野，有助于进一步提升专业思维；二是对数字技术理论和常规性技术方法进行熟练掌握，对城市规划中常规性的数字技术应用进行熟练操作，从而把数字技术当作一种非常实用的工具，应用在各类城市规划任务中；三是对于一些数字技术具有浓厚兴趣的学生，则可进一步强化其数字技术高级技能，为将来输送研究型人才奠定基础。

（3）加强数字技术类课程在规划课程中的应用。数字技术如 GIS 在规划课程中的利用普遍存在问题。虽然在总规课程中多数学生会自觉地选择采用 GIS、遥感等技术来实现数据管理和分析，但从教学体系上并没有专门对此予以安排。因此，可以从规划设计课程的教学内容上提出要求，并安排技术类课程教师参与规划类课程。

（4）优化开课时间安排，减少理论课程与设计实践类课程的冲突。根据设计类课程需占用较多时间的特点，需要尽量保持设计实践类课程的连续性，使其不与理论课程过多地交叉。如在上周五与下周一之间可以安排设计实践类课程，使得周末的时间可以利用；或通过上下半周的安排来达到目的。

4 结语

城乡规划学科的发展呼唤思想和技术的协同变革，规划理念和规划方案的构思建立在对历史、现状和未来的充分掌握基础之上。随着数字技术的进步，城乡规划所需的空间、经济、社会、历史演变数据正逐步纳入规范的数据库管理模式，各种渠道的数据也将以空间位置为基准进行关联融合。学习和掌握数据采集处理技能和空间分析方法，可以提高城乡规划的定量化分析效率，加强规划研究的科学性。五年制规划专业教学模式具有较为充足的时间保障，有利于形成数字技术类课程体系，为城乡发展与规划研究提供必要的技术支撑。

致谢：武汉大学 211 工程建设项目"面向智慧城市的城乡规划学"。

参考文献

[1] 赵万民，赵民，毛其智等.关于"城乡规划学"作为一级学科建设的学术思考[J].城市规划2010，34（6）：46-54.

[2] 周昇，吴缚龙.英国 GIS 高等教育与城市规划实践[J].国外城市规划，2001，3：13-15.

[3] 袁媛，邓宇，于立.英国城市规划专业本科课程设置及对中国的启示——以卡迪夫大学等四所大学为例，2011中国城市规划年会论文集[C].南京：东南大学出版社，2011，9425-9436.

[4] 庞磊，杨贵庆.C+A+d：城市规划计算机辅助设计课程教学探索[J].城市规划，2010，34（9）：32-34+48.

[5] 郑溪.城市规划 GIS 课程教学模式改革、设计和思考——以昆明理工大学为例[C].更好的规划教育，更美的城市生活——2010 全国高等学校城市规划专业指导委员会年会论文集.北京：中国建筑工业出版社，2010：280-285.

[6] 王成芳.城市规划专业 GIS 课程实验教学改革与探索[J].高等建筑教育，2012，21（2）：110-114.

[7] 黄正东，于卓，黄经南.城市地理信息系统[M].武汉：武汉大学出版社，2010.

Building the framework of digital technology courses for five-year urban planning discipline
——Practice and retrospect of Wuhan University

Huang Zhengdong   Yu Zhuo

Abstract：Digital technology has growing importance in urban planning and urban studies.The five-year mode of urban planning discipline provides opportunities for teaching digital technology courses，and makes a systematic course framework.The digital technology course framework is progressive and hierarchical in vertical perspective，as well as mutually correlative to other planning courses.The framework is an effective supplement to the whole structure of urban planning discipline.Since the launch of five year educational mode in 1998，Wuhan University has been exploring the structure，sequence and relationship of the digital technology courses.Although the course framework has become relatively stable，challenges still exist on building individual courses.

Key Words：urban planning；digital technology；course framework；Wuhan University

城乡规划学科特点与发展思考

王国恩

摘　要：城乡规划一级学科的设立要求其研究领域与范畴的不断延伸和拓展。分析城乡规划学科的复杂性、依赖性、主观性和难验证性特点；阐述了城乡规划学在向社会科学领域延伸进程中与自然科学的关系；从社会科学研究"自然科学化"内涵和发展趋势论述了城乡规划学借鉴自然科学方法的必然性，和客观性、准确性、系统性的学科趋势。根据学科构成的核心内容，提出了"自然科学＋工程科学＋社会科学"的广域学科体系和特色化的培养模式，简要分析学科研究方法的发展趋势。

关键词：城乡规划；学科特点；学科体系；研究方法

1　引言

中国作为世界上人口最多的发展中国家，未来20年中国城镇化进程将对全球发展产生深远影响。我国高度重视城乡建设事业科学发展，将社会经济、生态资源、生命安全等与城市和乡村建设统筹考虑，作为国家中长期发展战略。城乡规划专业教育，是支撑城乡建设事业的人才技术的重要保障。因此，将城乡规划学作为一级学科进行建设，是我国城镇化健康发展和城乡和谐统一的重要支撑性工作。近二十年来，我国城乡规划学科建设发展很快，据不完全统计，国内目前设有城乡规划专业的大学院校在180所左右。办学领域以依托建筑学科为主流，涉及地理区域类、人文社科类、农林类等。城乡规划学科的蓬勃发展，使得城乡规划教育为地方社会经济发展和城乡建设服务的必要性和现实性显得越来越重要，我国城乡规划教育正显现出良好的发展态势，承担越来越重要社会职能。

城市规划是一门古老而又年轻的学科。城乡规划学科开拓者霍华德倡导的"花园城市"、格迪斯的"人与自然融合"、芒福德的"区域整体协调"等思想，推动、深化和提升了现代城乡规划的理论思想，在解决工业革命后所产生的城市问题方面发挥着重要的理论与实践作用。相关交叉学科的渗透和理论拓展，使得现代城市规划学科日趋完善。特别是20世纪之后，以城市问题为

导向需求促使城市问题和城市发展研究的繁荣，且社会、经济、政治、生态环境等交叉学科理论与思想大量涌入城市规划领域，促成了并出现了诸如城市社会学、城市经济学、城市生态学、城市地理学、城市管理学等交叉学科。这些新兴学科的诞生促进了城乡规划学科研究领域与范畴的不断延伸和拓展，特别是向社会科学领域延伸成为城乡规划学发展的趋势。

社会科学是用科学的方法，研究人类社会的种种现象的各学科总体或其中任一学科。如社会学研究人类社会（主要是当代），政治学研究政治、政策和有关的活动，经济学研究资源分配。本文所指的是广义的"社会科学"，是社会科学和人文学科的统称。社会科学所涵盖的学科包括：经济学、政治学、法学、伦理学、历史学、社会学、心理学、教育学、管理学、人类学、民俗学、新闻学、传播学等。人文学科主要包涵文学、历史、哲学和艺术。

2　城乡规划学科特性

2.1　自然科学与社会科学的差异

城乡规划涉及的研究领域包含自然环境、土地与资源、生态环境、交通、经济、社会、政治、历史、法律、艺术、美学等。自然环境、土地与资源、生态环境、交通属于到自然科学和工程技术范畴；经济、社会、政治、

王国恩：武汉大学城市设计学院教授

历史、法律、艺术、美学属于社会科学范畴。了解自然科学与社会科学的区别有利于研究认识城乡规划学科特点和探索学科的研究方法。从研究对象来看，城乡规划学兼具自然科学与社会科学双重属性。因此，辨别自然科学和社会科学在旨趣、致思、思维上的不同，有利于认识城乡规划学科的特性。

自然科学与社会科学主要差别　　　　表1

	自然科学	社会科学	人文科学
学科旨趣	揭示自然对象的性质；获取关于自然对象的普遍知识和规律；研究对象"是什么"、"怎么样"以及"为什么"等问题	揭示社会事务的性质；获取关于社会事务的普遍知识和规律；研究对象"是什么"、"怎么样"以及"为什么"等问题	探寻人的生存及其意义；人的价值及其实现；表达和确立某种价值导向；主要研究人"应如何"的问题
知识体系	纯粹的知识体系，是以自然为研究对象的"物学"	在知识和价值之间的融合体系，是以自然和人为研究对象的交叉学科	建立在一定知识基础上的价值体系，是以人为研究对象的"人学"
学科致思	致力于将研究对象"抽象化"或"普遍化"；致力于把个别事实归结为某种规律；把特殊规律提升为一般的普遍规律	致力于发现支配某一社会生活领域的尽可能普遍的规律；力图用某种普遍规律去解释个别或一组社会事件	致力于"具体化"或"个别化"；强调和珍视各种个别的现象、富有个性特色的现象、独特的现象的价值；开掘人的生存的丰富意义
学科思维	思维方式是实证的；用实验或实证材料来证明研究结论；实验和实证是揭示自然规律的唯一途径	思维方式基本是实证的；通过观察现象或实验得出研究结论；观察和实验是揭示社会规律的主要途径	思维方式不是实证的；价值命题既不能从事实命题中推导出来，也很难用经验来予以验证
典型学科举例	如物理学、化学、天文学、地球科学、生命科学等	如政治学、经济学、法学、社会学等	如文学、史学、哲学、艺术学等

* 资料来源：表格由作者整理绘制。

2.2　城乡规划学科特性

城乡规划学科的复杂性。虽然城乡规划学主要研究对象是物质空间，但城市社会、经济要素影响甚至决定物质空间，所以，城乡规划学免不了研究社会、经济活动。由于社会事物一般都是非常复杂的，受众多自然和社会变量的制约，而这些变量之间不像自然规律呈现简单的线性关系，而是彼此相关的、非线性的关系。社会科学所研究的对象一般都具有自我组织、自我创造、自我发展的能力；城乡社会事物的产生往往具有较强的随机性和模糊性；城市规划的目标、价值往往又较多地涉及"理想"、"愿望"等问题，而这些问题的判断较多地依赖于规划师、决策者的思想动机，受到众多内外变量的制约，表现出较强的随机性和模糊性。在确立具体目标、分析判别社会利益格局和判定公共利益时，城乡规划学很难进行精确、客观分析，只能大量地采用定性分析的手段。

城乡规划学科的依赖性。城市活动依赖于自然环境、土地、区位等自然事物，或者与众多自然事物相联系，因此城乡规划学科中无论是工程还是社会任何一门科学往往涉及众多自然科学领域，城乡规划学科发展在很大程度上依赖于自然科学的全面发展状态。现代城市规划理论和方法演进从地理学、生态学、系统学等学科发展中获得了持续动力。自然科学如果没有得到充分发展，在解决城乡问题时城乡规划学就难以在精确性和客观性上取得重大突破。

城乡规划学科的主观性。对规划目标认识、方案选择、效果评价受到众多因素（特别是利益和价值因素）的制约，而这主要取决于受众（政府、公众、投资者）之间利益关系（特别是经济利益关系）。这种由利益关系所主导的主观因素，诱导不同利益群体、不同时期人们对规划目标、规划方案的选择，众多非中性的、非客观的、非理性的选择或者抗争，互不妥协，各自为政，形成整体利益与局部利益、区域统筹与地方割据、远期利益与近期利益的矛盾，影响城乡规划的科学性。与大多数自然科学的命题都是价值中立的事实命题不一样，城乡规划所设定的很多命题（如社会公平、社会和谐）虽然也是事实命题，但由于政府、开发者、公众对城乡规划施加影响力不同，各自从空间格局中获利差异，因而在多数情况下实现不了社会公平、和谐，这些命题并不完全是价值中立的。

城乡规划学科的难验证性。城市建设有较长周期，城市规划实施效果则需要更长的时间周期才能得到检验，且在时间上具有不可逆性，城市布局、重大基础设施建设，会带来一些不可预测后果，因而难以进行重复性实验，设定的许多目标难以在短期内和较小范围内得以验证。城乡规划涉及社会价值、社会心理、美学等人文学科时，思维方式是很难实证的，其实证性比自然科学命题要低得多。当前，城乡规划学者常常倾向于为规划所提出的价值中立性作辩护，因为价值负荷的存在毕竟会损害城乡规划学科的科学性，这恰恰说明城乡规划学科在证明本身标立的很多命题时方法不够完善。按照城乡规划学科旨趣和致思方向，即使是社会科学领域的命题也会不断地趋向于价值中立，不断地提高其实证性或可证实度，这样才能增强城乡规划的科学性。

3 城乡规划学科的研究方法

3.1 与自然科学的关系

城乡规划学科中涉及自然要素可以借助自然科学的研究方法。借助物理学、生物学、生态学等研究解决居住环境和生态问题，借助数学和系统工程学解决工程技术问题等。同时，城乡规划学也涉及大量社会科学内容，城乡社会事务、社会规律与自然科学有着密切的关系。

城乡社会事务可以看做是一种特殊的自然事物。城乡社会事物往往受众多彼此非线性相关的变量的制约，与自然事物呈现出简单线性关系的特征有较大区别；城乡社会事物的产生往往具有偶然性、随机性和模糊性；对城市社会事物的认识和评价要受到众多主观因素（特别价值、感情因素）的制约，价值不具有中立性；城市

社会事物一般有较长的运行周期，结果的预见性较差。

从社会发展历史和社会研究不难看出，社会规律的本原是自然规律，几乎任何一种社会现象都可以还原为自然现象，都可在自然演变过程中找到它的原形；社会现象综合体现了多种自然现象的具体内容，社会规律按照一定的时空顺序、逻辑结构、作用方式进行有机地配合，形成一种全新的客观规律；社会规律在开放系统和更高层次上体现自然规律的方向和客观内容；社会规律以更大的偶然性和随机性特征取代自然规律的必然性特征；社会规律以更多的模糊性和浑沌性特征来体现自然规律的确定性特征；社会规律以更充分的主动性和创造性特征来体现自然规律的客观规定性特征，人类的主动性和创造性不可能是完全随意和无约束的，而是以遵循和服从自然规律为前提的，在本质上不能违背自然规律的客观规定性，恰恰相反，是自然规律的客观规定性在更高意义的体现。总之，城乡社会事物是自然、土地、区位等物质要素的复杂存在方式和复杂表现形式；社会规律不是对自然规律的否定而是对自然规律在更高层次上的验证。

3.2 "自然科学化"方法论

（1）"自然科学化"方法论内涵

马克思曾预言："科学，只有从自然科学出发，才是现实的科学。"（《马克思恩格斯全集》第42卷第128页）社会科学（包括思维科学）越来越多地受到自然科学的影响，许多自然科学的研究方法已经卓有成效地应用于社会科学的研究过程之中，有力地推动了社会科学的发展。社会科学的这种不断地采用自然科学的研究方法的发展趋势，称之为社会科学的"自然科学化"。

所谓"自然科学的研究方法"就是以基本的数理逻辑为假设前提，并采用精确理论、实验手段和科学语言来进行研究的方法。这种方法最大限度地避免研究的主观性、模糊性。它的基本路径是提出假设-推理运算-检验假设，强调必须以基本公理为前提，必须遵循严密的逻辑程序，必须经得起严格的实践或实验的检验。

城乡规划学借鉴自然科学的研究方法有利于完整、客观、准确地把握规划对象本质与规律，城乡规划学最终目的就是为了完整、客观、准确地把握城市物质空间

及其相关的社会、经济、生态环境的本质与规律，只有实现了自然科学化的城乡规划学才是真正成熟的学科，把自然科学的研究方法引入城乡规划学是学科发展的必然要求。由此可见，城乡规划学的总体趋势是客观化、精确化和系统化。

（2）城乡规划学"自然科学化"的必要性

社会生产力对城乡规划科学在精确性、客观性和系统性上的需要程度是制约或促进学科发展的决定性因素。城市规划产生初期，社会生产力发展水平比较低，城市问题较为清晰和简单，规划理论产生来源于宏观的、粗线条的思考，先驱者们提出简单、理想的模式，试图解决城市问题。随着社会生产力的不断发展，城市问题的复杂化程度进一步提高，主观理想的理论模式和简单的实践越来越不适应城市发展，城市规划学科朝着精确性和客观性方向发展的动力越来越大。在全球化进程中，社会、经济、地域空间更加具有开放性，城市问题日趋复杂，空间资源控制的手段也随之越来越丰富多样，社会、经济、环境各种法律、法规日趋具体化、精确化，这就在技术上产生了对城乡规划学科精确性和客观性越来越高的要求。城乡规划学科发展要求不断提高自身的客观性、精确性和系统性。

4 城乡规划学发展思考

4.1 城乡规划学科核心内容

城乡规划学科方法论的核心内容包括以下4个方面基础性思考：

第一，综合性空间规划是城乡规划的核心，要实现城乡经济、社会、环境和形态的协调发展；第二，规划作为一种空间资源调控的公共政策，是确定未来发展目标及其实施方案的理性过程；第三，规划既是科学又涉及历史、美学和艺术，在理论上和方法上的科学性不同于一般的自然科学和社会科学；第四，规划受到价值观念的影响，价值观是规划中的重要内容。

4.2 城乡规划学科体系构建

国家"城镇化和城市发展"列为重要的领域。近30年来社会经济的快速发展和城镇化的推进，使我们的国家竞争力不断增强。在未来的发展中，大中小城市和广大的乡村，都急需城乡规划学科的专门人才。快速城镇化提出对城乡规划学科综合性、跨学科的专业人才需要，关系到我国城镇化的质量水平，涉及经济运行的可持续化、社会安全和生态安全等重要领域的综合方面。

城乡规划学理论总体上可以分为两个部分：一是关于城乡空间发展理论。包括城市发展的规律、城市空间组织、城市土地使用、城市环境关系等方面的相关理论，这些理论主要描述和解释城市发展的现象、发展演变及其规律的内容，通过这些理论可以认识城乡规划研究和实践对象的发展演变规律，包括城市空间子系统、经济子系统、政治子系统、交通子系统和支撑子系统等。二是关于城乡规划基础理论。涉及规划本质、思想、规划技术和方法，是关于如何处理城乡规划的本质内容，如何认识城市及其空间，如何来组织这些内容，依据怎样的思想来规划和建设城乡人居环境。通常包括三个部分：关于规划的体系；关于现在与未来演进的关系；实际操作方法、技术。

城乡规划理论是关于城市和乡村规划的普遍性和系统化的理性认识，是理解城市发展和规划过程的知识形态。城乡规划本身的复杂性、综合性与实践性，而且涉及不同的价值基础，因此规划理论本身也是多层次、多方面的和丰富的。其理论基础兼容了自然科学、社会科学、工程技术和人文艺术学科的理论内容与技术方法。因此，城乡规划学科特性要求要构建"工程技术 + 自然科学 + 社会科学 + 人文科学"的广域培养体系。

目前，我国《高等学校城市规划专业本科教育评估标准》提出了详细的德育、智育和体育标准。其中，要求智育标准为七方面：城市规划原理、城市规划编制与设计、城市规划行政管理、城市规划相关知识、调查、分析及表达；城市规划实践与能力、外国语与计算机能力。这些内容主要属于工程技术和自然科学范畴，规划行政管理、城市规划相关知识属于社会科学范畴。这些标准基本满足当前城乡规划工作对人才的实际需求，但作为一级学科来建设，培养体系中要大大增加社会科学和人文科学的培养内容。像耶鲁大学、威斯康辛州立大学这样的精英高校里，对学生进行人文素养教育是一项历代相传的传统。人文素养教育，不是针对城乡规划职业而进行的能力教育，而是基于个人成长以及社会个体参与公众事务的先决条件：具备批判思想、创新精神，加强对历史文化和社会常识的了解，树立价值观、提高分辨是非的能力。

城乡规划一级学科建设的初步思路，提出了六个建议二级学科：区域发展与规划、城乡规划与设计、住房与社区建设规划、城乡发展历史与遗产保护规划、城乡生态环境与基础设施规划、城乡规划管理。这六个建议的二级学科与相关一级学科关联详见表2。

建议二级学科与其他一级学科的关系 表2

	区域发展与规划	城乡规划与设计	住房与社区建设规划	城乡发展历史与遗产保护规划	城乡生态环境与基础设施规划	城乡规划管理
建筑学（城市规划）	□	□	□	□		□
地理学	□	□				
社会学			□	□		
管理学						□
交通运输工程	□	□	□			
生态学	□				□	
农学	□				□	
环境工程					□	
美学		□		□		

□表示有较强的关联性
* 资料来源：表格由作者整理。

建议的六个二级学科涉及十几个一级学科，城乡规划学一级学科设立和建设必须依赖于其他一级学科成果，同时要逐渐明确二级学科研究对象，形成自身体系和特色。

《高等学校城市规划专业本科教育评估标准》体现了我国城乡规划工作对人才培养的总体要求，也反映了学科发展趋势，具有一定前瞻性，对规范城市规划专业办学起到风向标作用，为城市规划学科的健康、快速发展奠定了基础。同时，在全国城市规划专业快速扩容进程中，大部分学校办学模式趋同，培养方案接近，师资构成相仿，单一化的培养模式，不利于城乡规划学科发展。各高校应根据自身办学条件、学科基础、地域差异、师资队伍、发展阶段等条件体现办学特色。在城乡规划专业办学质量得到普遍提高的前提下，适当缩减教育评估标准的基本内容，鼓励各院校创办新专业，创新办学模式，形成培养特色。只有城乡规划各二级学科枝繁叶

茂地充分发展，才能不断壮大和充实学科基础，使城乡规划成为名副其实的一级学科。学科发展方向建议形成空间规划类、区域地理类、公共政策类、交通市政类、城乡发展历史与遗产保护类、生态环境景观类、乡村规划类。各类方向的培养标准在城乡规划理论、城乡规划编制与设计、城乡规划行政管理、城乡规划相关知识、城乡规划实践与能力等方面应该有所侧重，在办学方向体现多元性。

4.3 城乡规划学科研究方法思考

由于复杂性、依赖性、主观性和难验证性特点，城乡规划学科惯用方法似乎与自然科学无关。这样的认识是对城乡规划学科的误解，极不利于学科的发展。城乡规划学是一种特殊的自然科学。

由于城乡社会、经济规律的本原都是自然规律，则城乡规划学科可以把其社会、经济假设前提建立在自然

科学基本公理的基础之上，并且可综合地采用各种自然科学的方法来描述；由于城乡规划社会、经济、空间问题往往在更高的逻辑层次上来体现客观内容，则城乡规划学在分析研究如社会经济利益、空间美学时要比一般的自然科学具有更大的抽象性，并遵循更为复杂的逻辑法则；由于城乡规划涉及社会、经济、艺术等内容时具有更大的偶然性和随机性，空间对象的社会、经济和环境效应往往不容易得到及时实证或具有滞后效应，这就决定了城乡规划学科具有较强的思辨性而较弱的实证性；由于城乡规划涉及的社会效应、历史遗产的保护、艺术、景观等具有的模糊性和浑沌性特征，涉及的变量太多、太复杂，评价标准又涉及价值和情感因素，往往缺乏客观标准，其结果不容易清楚而准确地呈现出来，采用的方法通常只能进行不精确的定性分析；由于城乡规划涉及政府、投资者、市民、规划师不同社会利益群体，这些利益主体影响到对空间选择、空间改造和空间创造，这就决定了城乡规划学科具有较为强烈的主观意志性、情感倾向性。

城乡规划学科涉及的很多问题是"应然性"问题，即"应该是什么"的问题，不同于自然科学所涉及的是"是然性"问题，即"客观是什么"的问题。事实上，"应然性"问题同样可以用自然科学的方法来描述，因为从本质上讲，"应然性"问题实际上就是一个"最大值"或"极大值"选择的问题，这在数学上并不是十分复杂的问题。

城乡规划对象的复杂性与模糊性最终应该通过借助相关科学的成果尽量充分地、精确地、客观地揭示和描述。现代科学的发展，产生了具有高度抽象性和广泛综合性的系统论、控制论和信息论，这些理论已经初步渗透到城乡规划学科的某些领域，也大大提高了城乡规划学科的科学化速度。从社会科学实现自然科学化的必然趋势来看，城乡规划学成为一级学科要做艰苦的探索。在建构城乡规划理论体系和方法体系时必须做到：一是推理论证遵循严密的逻辑法则；二是理论前提必须是基本公理；三是广泛采用数学手段。

参考文献

［1］安德鲁・阿拉托.第二国际的再考察.1973—1974 年英文版.

［2］基本科学杂志社集体创作.科学、技术、医学和社会主义运动.基本科学杂志，1981，（2）.

［3］自然科学：http：//zhongguoshi.boxueren.com/contents/1165/2507.html.

［4］http：//www.lunwenjia.com/zirankexue/.

［5］北京大学科学与社会研究中心.科学 人文 社会.北京：北京大学出版社，

［6］国务院学位委员会与中华人民共和国教育部.学位授予和人才培养学科目录（2011 年）.

［7］郭英剑.经典阅读：读，还是不读——当代中外阅读的现状与前景.博览群书，2010，7.

［8］全国高等学校城市规划专业评估委员会.全国高等学校城市规划专业本科（五年制）教育评估标准.1998.

Urban-rural planning discipline characteristic and development thinking

Wang Guoen

Abstract：Urban-rural planning，as a new discipline，should extend its research field and content. The paper analyzed the characteristics of urban-rural planning，including complexity，dependence，subjectivity and difficulty of verification.

The paper then explored the relationship between urban-rural planning and natural science towards urban-rural planning's increasing extension to social science. Following the trend of social science research's closeness to natural science, the paper discussed the necessity of urban-rural planning's poaching for research methods from natural science to become more objective, accurate and systematic. According to the core content of the discipline, this paper put forward wide range discipline system of "natural science + engineering science + social science" and the according characteristic education mode. At last it analyzed the trend of the research methods of urban-rural planning.

Key Words：urban-rural planning; discipline characteristic; discipline system; research method

大学之道，为学修身
——基于人文精神培养的城市规划教学思考

张晓荣　段德罡　白　宁

摘　要： 人文精神是大学文化价值的核心和灵魂，大学教育的根本目的是实现人的全面发展。伴随着高速的经济发展和快速城市化，面对城市规划领域不断涌现的各种问题，人文精神在城市规划专业教育中的导入迫在眉睫。笔者以西安建筑科技大学城市规划专业教学为例，通过与美国同类专业课程体系的对比，基于人文精神培养的目标，针对城市规划课程体系进行系统思考，提出结合教学方法的更新、教学内容的增加、考核方式的转变等多种手段，探讨在现有课程（理论课、专业设计课、竞赛和实践）中导入人文精神的方法，旨在培养学生科学的思维方式、综合的实践能力和判断力，使学生树立正确的道德观、人生观、价值观和世界观，有效实现人文精神的培养。

关键词： 人文精神培养；城市规划教学；理论课；专业设计课；竞赛和实践

人文精神是大学文化价值的核心和灵魂，我国具有悠久的人文教育传统，儒家经典论著《大学》指出："大学之道，在明明德，在亲民，在止于至善"。这一被视为古代思想家的"大学"三纲，体现了中国古代教育为教、为学、为人的"大学"理念，显示了一种强烈的人文意识和人文精神。教育的根本目的是培养一个健全的、和谐的人，实现人的全面发展，然而，新中国成立后的高等教育过分片面强调为社会主义工业化服务，长期以来由技术理性、实用理性主宰着，虽然为社会经济的发展做出了极大的贡献，但经济与技术的功利目标却导致了大学人文精神的缺失。大学教育渐渐成为进行专业知识训练的场所，这种重技术而轻人性、重知识而轻道德、重实用而轻人文的价值取向正在导致严重的教育质量危机。

改革开放 30 年，我国的城市化水平增长了 30 余个百分点，城市数量增长了 3 倍有余，与此同时，高等教育事业的发展也是有目共睹的，2011 年全国高等教育招生 681.5 万人，在校生 2308.5 万人，毕业生 608.2 万人。❶对于如此壮大的待教育队伍，克服大学教育的质量危机，

以培养健全、和谐的人的教育理念取代以技术理性为根基的培养工具人的教育理念已然成为大学教育的必经之路，大学生人文精神的培育是高等教育的根本目的所在，是现代教育思想的应有之义。

1　城市规划的人文精神

在西文中，"人文精神"一词应该是 humanism，通常译作人文主义、人本主义、人道主义。人文精神是一种普遍的人类自我关怀，表现为对人的尊严、价值、命运的维护、追求和关切，对人类遗留下来的各种精神文化现象的高度珍视，对一种全面发展的理想人格的肯定和塑造。

城市，首先是一种活生生的现实，是生活世界的体验和经历，是生活开展的基底和场所。城市对某些群体来说虽也具有技术理性、文化价值，甚至物化着某些哲学思想，但从根本上与首要性来说，是一种生活经验的集合，从而体现人文精神。城市规划是为城市中的人服务的，其内涵在于符合人性化的生存与发展，在本源

---

❶ 数据来源：中华人民共和国统计局网站，http://www.stats.gov.cn/tjgb/ndtjgb/qgndtjgb/t20120222_402786440.htm

张晓荣：西安建筑科技大学建筑学院讲师
段德罡：西安建筑科技大学建筑学院副教授
白　宁：西安建筑科技大学建筑学院副教授

上应体现人文精神。人们需要什么？人们需要什么样的环境？城市能给人们的幸福生活创造怎样的环境？这些就是城市规划的核心问题，也是城市规划的核心价值。❶

伴随着国内城市的快速发展，我国的城市规划教育事业也因此发展迅速，到目前为止我国开办城市规划专业的高等院校多达 180 余所。改革开放政策与社会主义市场经济的宏观环境变化，现代科学技术的快速发展，使我国的城市规划学科的发展和实践出现了重大转机，在这转变过程中城市规划的核心价值不断受到挑战，在经济增长占主导地位的城市发展中人文精神仍需强调，摒弃范式的标准模式，从基本点出发探讨人的需要，城市的需要。

2 城市规划专业教育中加强人文精神培养的重要性

2.1 城市规划的公共政策属性与价值取向

新版《城市规划编制办法》中明确指出：城市规划是政府调控城市空间资源、指导城乡发展与建设、维护是公平、保障公共安全和公众利益的重要公共政策之一。作为公共政策的城市规划，维护公共利益作为基本准则已成为业界共识，这也是规划专业社会职业道德的底线。然而，在市场经济条件下，作为社会个体的一部分，在规划行业彻底走向市场，规划院真正成为自主经营、自负盈亏的经济实体的背景下，规划师的个人利益和公共利益之间经常处于矛盾状态，规划师社会角色的分异也难以避免。因此，不科学的城市建设指标在规划师的"合理演绎"后变得名正言顺；无原则的迁就开发商的意见，甚至以牺牲公众利益为代价；为了追求利益，不惜违背

自己的职业道德而进行越级规划、无证规划、压价竞争、变相出卖规划资质等。❷

维护公共利益、维系社会公平是社会赋予规划师的神圣使命，在现阶段特殊的社会背景下，只有将实现人的全面发展作为规划专业人才的最终培养目标，通过人文精神的培植塑造健全、和谐的专业人才，使规划从业者树立为公众利益服务的社会理想，才能有效引导城市的良性发展。

2.2 城市规划的技术化倾向

城市规划应包括两个基本层面：一是公正性，即必须对公共资源进行公正、有效的分配；二是技术性，即通过一定的技术手段来实现规划的目标。必须注意的是，城市规划的技术性并非只简单指工程技术手段，而且也包括为实现社会公正所采取的对策和措施。然而，在现实的社会中，城市规划在政治权利中的弱势必然导致简单工程技术化成为当下城市规划领域的主要倾向，放大城市规划的社会功用与社会意义，希望通过有限几次城市规划编制的技术手段来解决城市发展和建设中的所有问题，甚至包括经济、社会、文化等问题的例子不胜枚举。❸利用城市规划来搞形象工程、搞旧城改造似乎已经成为共识；不断拓宽道路红线、到处修高架立交来解决城市交通拥堵也已成为规划师惯用的手段；在城市设计与建设领域，技术化的倾向更为明显，在城市缺乏文化特色的大背景下，简单的工程技术化倾向抹杀了城市的个性，这也是造成今天城市面貌千篇一律的主要原因之一。

城市规划作为引导城市发展的公共政策，就必须是长期的、具有控制作用的、行之有效的运行机制和监督工具，这绝不是简单的工程技术手段所能达到的表面的目标。❹快速发展的现代科学技术极大地改变了人类的物质生活条件，社会崇尚科学、技术和理性，技术理性渐渐扩张并凌驾于人性之上，千城一面、场所精神缺失、生活简单物化等问题越来越严重，人文精神的回归迫在眉睫。

2.3 城市规划人才培养的客观要求

城市规划具有典型的社会科学属性，规划师的职业实践涉及对于公共资源的配置和对于私人利益的干预，

---

❶ 李昊. 在"人文精神"与"技术理性"间游走——对城市规划专业人才培养核心价值的思考 [J]. 站点·2010——全国城市规划专业基础教学研讨会论文集. 北京：中国建筑工业出版社，2010.

❷ 刘作丽，朱喜钢. 规划师的社会角色与道德底线 [J]. 城市规划，2005，5.

❸ 王宁. 回归生活世界与提升人文精神 [J]. 城市规划汇刊，2001，6.

❹ 赵蒂. 我国城市规划值得注意的几种倾向 [J]. 城市规划，2007，9.

面临公共利益和私人利益之间的权衡、不同公共利益之间和不同私人利益之间的权衡，因此城市规划应该在本源上更多的体现人文精神。人文精神是城市建设文化的灵魂，这要求规划师、建筑师以及社会精英阶层要有人文关怀的胸襟、素质与责任感。目前，我国城市规划专业教育中，已开始注重人文思想的导入，但专业教育中价值观、职业道德与技术方法的训练仍不能很好地匹配，大部分规划专业学生在修完所有的专业课程后其基本的专业价值观并未形成，专业技能的训练在人文精神缺失的情况下使学生面对未来的职业生涯显得迷茫，这也是当前规划专业教育最引人深思且最亟需解决的问题。❶因此，城市规划专业教育应首先建立正确的价值观念，明晰城市规划与城市发展的相互关系，正是贯穿专业教学中的潜移默化，才能帮助学生在理论和实践中体会城市规划的价值精髓。

3 基于人文精神培养的城市规划课程体系思考

从城市规划专业所依托的相关学科来看，我国的城市规划专业主要依托建筑土木、地理学、农林、管理政策等学科。虽然专业办学的侧重点各不相同，但不同程度上都存在着科目门类比重不尽合理，人文类课程的分量不足和覆盖面不够等问题。下面就以西安建筑科技大学城市规划专业为例，通过与美国同类院校城市规划专业的对比发现问题，思考本身就对文化、社会、艺术、经济、自然类学识有着较高要求的城市规划专业，如何通过有效的手段在城市规划教育中导入人文精神。

西安建筑科技大学的城市规划专业办学始于1986年，是改革开放后较早开设城市规划专业的学校之一，城市规划专业主要由建筑学专业发展而来，办学历史较

---

❶ 赵蔚.认知、发现、探索：城市规划教育中的人文关怀——关于城市规划专业教学中的价值观培养［J］.2010城市规划专指委年会论文集.北京：中国建筑工业出版社，2010.
❷ 注：根据张明在"站点·2010 全国城市规划专业基础教学研讨会"上所作的题目为"美国城市规划基础教育介绍"的报告整理而来。

长，课程设置较为齐全，但规划教育偏重于形态规划的技能训练，在知识广度方面存在一定的欠缺。伴随着高速的城市化和政治经济体制的转型，面对社会发展中不断涌现的各种问题，"育人简单化"、"育人技术化"等问题越来越多地被提出，人文精神的回归越来越紧迫。近年来，西安建筑科技大学一直致力于教学计划的调整，教学内容的更新，思考人文精神的导入方式，使学生在具备专业技能的同时也具备更清晰明确的价值导向，更为综合的判断力和综合实践能力。

3.1 与美国同类专业的对比

以院系结构与我国传统的建筑院系类似的美国辛辛那提大学为例，辛辛那提大学所设置的"设计、建筑、艺术与规划学院"是美国最大的规划系之一，规划专业的本科学制5年。本科教学大纲课程设置较为详细，人文类课程涉及环境、历史、社会、经济、艺术、人文等多方面，第一学年包括历史、社会学入门、艺术与人文选修、城市环境入门；第二学年包括经济学入门、规划应用中的经济概念、写作、艺术与人文选修；第三学年包括组织理论、社会科学选修；第四学年包括城市形态历史、财政预算、文化与伦理；第五学年包括规划专业道德、社会公正、调停技巧、艺术与人文选修、社会科学选修，涉及人文的课程多达18门，历史类2门，经济地理类4门，社会科学类7门、文学艺术类5门，占本科生全部课程的比例超过1/3。❷辛辛那提大学城市规划教育整体上以人文、社会科学为重心，有利于通过社会学、政治学、经济学等学科的综合，帮助学生理解规划本体，也有利于在从业宗旨、理论知识、专业技能等层面引导学生的公共价值取向，而非仅仅从空间形态的技术角度解决问题。

西安建筑科技大学城市规划专业本科教学计划中确定各类课程共60余门，人文类课程共11门，所占比例不过1/6。同时在这11门的相关课程中，历史类3门，经济地理类3门，社会科学类4门，文学艺术类1门。与辛辛那提大学相比，虽然课目体系所体现出的学科门类已显示出足够的齐全和完善，但在人文类课程设置的总量和覆盖面上都有一定的差距，整体来说偏重于专业设计能力的培养，相对而言轻人文学科（详见表1）。

辛辛那提大学与西安建筑科技大学在人文类课程设置方面的对比一览表　　　表1

课程名称 　　　　　　　　　　　课程类别		历史类	经济地理类	社会科学类	文学艺术类
辛辛那提大学人文类课程	历史 History electives	√			
	城市环境入门 Understanding the Urban Environment		√		
	社会学入门 Introduction to Sociology			√	
	艺术与人文选修 Fine Arts or Humanities Elective				√
	经济学入门 Introduction to Economics		√		
	规划应用中的经济概念 Planning Applications of Economic Concepts		√		
	写作 Writing and the Disciplines				√
	艺术与人文修养 Fine Arts or Humanities Elective				√
	组织理论 Organization Theory			√	
	社会科学选修 Social Science Elective			√	
	城市形态历史 History of Urban Form	√			
	财政预算 Finance and Budgeting for Planners		√		
	文化与伦理 Literature，Diversity and Culture，and Social and Ethical Issues Electives				√
	规划专业道德 Ethical Issues in Planning			√	
	社会公正 Social Justice and the City			√	
	调停技巧 Mediation Skills			√	
	艺术与人文选修 Fine Arts or Humanities Elective				√
	社会科学选修 Social Science Electives			√	
总计18门，占总课程比例超过1/3		2	4	7	5

续表

课程名称	课程类别	历史类	经济地理类	社会科学类	文学艺术类
西安建筑科技大学人文类课程	思想道德修养与法律基础			√	
	中国近现代史纲要	√			
	形势与政策			√	
	中外城市发展与规划史	√			
	中外建筑史	√			
	建筑流派				√
	城市经济		√		
	城市社会学			√	
	城市地理		√		
	城市生态与环境		√		
	城市规划管理与法规			√	
	总计11门，占总课程比例1/6	3	3	4	1

注：辛辛那提大学人文类课程情况根据张明在"站点·2010全国城市规划专业基础教学研讨会"上的报告"美国城市规划基础教育介绍"整理而成。

3.2 基于人文精神培养的城市规划课程体系思考

考虑到国情、经济发展阶段的差异，我们并不可以去照搬美国的模式，但我国的城市规划专业却极有必要逐步在现有的体系框架下做出策略性的调整。在梳理现有教学计划的基础上，将科学的思维方式培养，正确的道德观、人生观、价值观和世界观树立，综合的实践能力和判断力培养良好的融入到整体的教学目标中，结合教学方法的更新、教学内容的增加、教学课题的选择等手段，在现有课程（理论课、专业设计课、竞赛和实践）的基础上探讨人文精神导入的方法。

（1）理论课程

理论课程主要包括通识类理论课程和城市规划专业理论课程两大类，城市规划专业理论课程又划分为原理类理论课、方向类理论课和人文类理论课。通过教学方法和考核方式的更新、教学内容的增加等手段，有效实现人文精神的导入，使学生逐步建立正确的价值观（详见表2）。

（2）专业设计课程

现有的城市规划专业设计课程多以物质空间形态的具体规划为对象，学生在教师的指导下形成对课题的分析解读，并且最终以物化的形式给出答案。专业设计课较为注重城市规划编制技能知识（如何编制规划）和实施方法（如何按规划进行建设）的传授，而较少涉及社会价值判断的规划思想论述。城市规划专业设计课的教学体系相对成熟，但基于人文精神的培养，方法和内容上的探索还势在必行，笔者主要考虑从课题选择、设计条件和要求的拟定、教学方法的更新等方面进行探讨（详见表3）。

（3）实践与竞赛

社会实践包括城市认识实习、综合社会实践以及与设计课程相关的调查实践，社会实践培养了学生理论联系实际、从社会实践中认识、分析、研究城市问题的能力，更重要的是使学生在实践中参与城市规划编制、城市规划实施、城市规划行政管理的实际操作过程，真实接触城市深层次的社会经济矛盾，城市公共空间、公共利益、

理论课程中的人文精神导入 表2

课程类型		课程名称	人文精神的导入	教学方法的更新	教学内容的增加	考核方式的更新
通识类理论课程		思想道德修养与法律基础 中国近现代史纲要 形势与政策	使学生能够在吸收社会学、心理学、伦理学等交叉学科知识的基础上，获得道德价值判断的能力，掌握科学的思维方式，树立科学正确的道德观、人生观、价值观和世界观	讨论式教学的引入：在常规的大班（1个年级或1个专业统一授课）授课的基础上，增加小组（10-15人/组）形式开展针对相关文献或书籍的阅读和专题讨论	专题讨论课中集合社会热点问题，融合社会学、伦理学和心理学的相关知识让学生客观了解社会现状和社会问题	理论课考核成绩＋讨论课考核成绩＋平时成绩
城市规划专业理论课程	原理类理论课	城市规划导引 城市规划原理 居住环境规划原理 居住建筑设计原理 城市公共中心规划与设计原理 建筑概论 建筑设计原理 近现代建筑理论	使学生全面系统了解各类城市规划编制的目的、基本内容和编制程序，以及城市规划的编制与实施过程，使学生在基本掌握城市规划的基本理论知识和技术技能的同时建立基本的专业价值观	案例式教学的引入：部分课程将实际规划案例有效融入到理论课讲授中。 过程式教学的引入：部分课程授课之初便设定一个与课程内容紧密相关的作业题目，将课题贯穿于整个教学过程中，随着理论教学内容的逐步展开而完成作业。 讨论式教学的引入：增加讨论小组（10~15人/组），开展独立的专题讨论课	实际规划案例的讲授不止于相关专业知识的涉及，还应涉及实例背后的综合社会背景，案例所涉及的不同社会主体及相关利益等，让学生体验城市规划作为公共政策应体现的公平和民主。 实际课题使学生有机会亲身接触不同的社会主体，实际体验综合的社会背景、社会矛盾和社会问题	理论课考试成绩＋作业考核成绩＋平时成绩
	方向类理论课	城市设计概论 城市道路与交通 城市建筑设计原理 区域规划概论 旅游规划概论 城市规划学科前沿 城市更新与改造				
	人文类理论课	中外城市发展与规划史 中外建筑史 建筑流派 城市经济 城市社会学 城市地理 城市生态与环境 城市规划管理与法规	从社会学和政治经济学的角度，在较全面、系统的学习城市规划的一般原理和方法的基础上，拓宽学生关于城市规划理论的知识面。了解现代城市公共政策的特征及其依托的社会环境，以及它在社会实践中的功能与作用，引导学生对城市问题作出全面而深刻的思考			

专业设计课程中的人文精神导入　　　　　　　　　　　　　　　　　　表3

相关内容＼课程名称	城市规划专业初步 城市规划思维训练 建筑设计基础	居住环境规划设计 城市总体规划 控制性详细规划 城市中心区规划设计 风景名胜区规划设计 毕业设计
课题选择	1）考虑低年级学生的理解和领悟能力。 2）课题对象位于学校所在的城市之中，便于学生反复展开调研工作。 3）课题对象宜考虑其所涉及社会主体的多样性	1）课题位于城市区位的多样性。 2）课题题目涉及研究内容的多样性，如空间、人文关怀、绿色环保等。 3）课题对象宜考虑其所涉及社会主体的多样性
教学方法	1）讨论式教学 组织讨论小组（5人左右），针对课题所涉及的问题以及作业阶段成果进行讨论。 2）案例式教学 以分组为基础，让学生扮演不同的利益主体，让学生分别从各自扮演的利益主体角度出发，围绕课题所涉及的问题进行讨论	
设计条件和设计要求	1）在设计条件的制定上，不再针对设计的方方面面作出仔细的规定和要求，过细和过全的设计前提和任务不利于引发学生对于相关问题的追问和理解，应在考虑课题类型、规模和成果要求的前提下，鼓励学生自主探寻课题，并在初研的基础上提出设计条件和拟定任务要求。 2）将"城市规划是一项公共政策"这个抽象的概念具体化，将公共利益的合理化分配、弱势群体的关注等明确写入设计要求	
评分标准	制图的规范性＋功能的合理性＋造型的独特性和新颖性＋公共利益分配的合理性＋构图与表达	
人文精神的导入	初步培养学生发现问题、分析问题和解决问题的能力，使学生初步掌握协调和综合处理城市问题的规划方法，提高学生将规划技术知识与社会、经济、法律法规、管理、公共政策等多方面知识结合起来的意识和综合运用能力，进一步培养学生的专业价值观、文献资料收集和分析能力、空间设计能力、文字和图纸组织能力、口头表达能力	

公共资源的合理分配问题，进一步培养学生作为城市规划师的职业意识和敬业精神。但值得注意的是，这些社会实践几乎都是专业性较强、目的性明确的专业活动，还应适当增加一定量的公益性社会服务，这类体验型的服务活动最有利于学生了解国情、体察民生，从而建立起社会公民的责任意识。

随着社会的进步，竞赛活动越来越多的出现在大学生的生活中，大到世界范围、国家范围或者社会企业组织的大型方案竞赛（如城市规划专业指导委员会每年都要组织的学生作业竞赛），小到院系或教学组组织的作业竞赛（如空间实体搭建）。校际间的大型竞赛有效促进了各个专业院校规划之间的学术交流，也有效提升了各院校专业教育质量；校内的小型竞赛有效激发了学生的学习积极性和学习兴趣。若能将人文精神的相关内容体现

在竞赛的相关环节中（如将人文关怀的体现程度纳入评分标准、用公众和专家共同评分的方式代替过去单一的专家评分方式），这会对人文素养的加强起到积极的作用。

4　人文精神在具体教学中的导入

结合前文得出的相关结论，在基于人文精神培养的城市规划课程体系思考基础上，笔者以城市规划导引课程、城市规划思维训练课程、新生竞赛环节为例介绍人文精神在具体教学中的导入。这三门课程是城市规划基础教学的有机组成部分，以"启蒙"为目标的基础教学不仅仅在为高年级的专业学习奠定思维基础、设计能力基础和表达技能基础，在人文精神培养这一方面也起到至关重要的作用。

4.1 人文精神在城市规划导引课程中的导入

城市规划导引是为城市规划专业一年级学生开设的专业启蒙课，目的在于激发对专业学习的兴趣和热情，确立专业学习信心和正确价值观。为了更好地实现人文精神的导入，需要从教学内容、教学方法和考核方式等方面进行探讨。

首先，在教授的内容上应有核心知识和推衍知识的区分，对于初入大学的大一新生而言，规划知识是庞杂和陌生的，导引课重在通过城市规划的背景知识和基本内容的讲解，激发学生对于专业的兴趣，不宜针对知识进行面面俱到的平铺讲述；同时，在理论教学的组织上，应综合运用案例式教学、讨论式教学和过程式教学等多种教学方式；另外，采用综合的方式进行课程的考核（详见表4）。

城市规划导引课程中的人文精神导入　　　　　　　　　　　　表4

相关内容 \ 课程名称		城市规划导引
教授内容	核心知识	城市的起源、发展和演变过程 城市规划的历史发展与现代城市规划的发展和演变过程 城市发展与城市化的基本概念 城市规划的基本内容（区域规划、城市总体规划、详细规划等的概念及任务） 城市规划的知识结构和能力框架（城市规划的学科特点、知识特点、技能特点和价值观等） 我国城市规划专业教育评估体系对城市规划专业学生的要求（明晰的价值导向、综合的判断力和综合实践能力）
	推衍知识	城市社会学、城市经济学、城市生态学、城市交通、城市规划管理等相关知识
教学方法	案例式教学	将实际规划案例融入到理论讲授中，实际案例有助于激发低年级学生的学习热情
	讨论式教学	增加独立的专题性讨论课，针对与规划相关的热点问题（对弱势群体的关注、规划师的职业道德、城市文化、城市交通等）组织理论讲授和相关讨论，讨论课还需指定与专题内容相关的文献阅读材料
	过程式教学	结合专题讨论课的相关议题，布置学生完成一些简单的平时作业（如读书报告或心得体会）
考核方式		理论课考试成绩、平时作业成绩、考勤与课堂表现相结合的方式进行综合考核
人文精神的导入		使学生在初步了解城市规划基本知识的基础上，建立基本的专业价值观

4.2 人文精神在城市规划思维训练课程中的导入

城市规划思维训练课程是我校城市规划专业第三学期的专业设计课，是一门实践性较强的课程，是以初步建构城市规划思维、有效开展专业前期教育为目的重要基础课。在整体课程体系进行策略性调整的基础上，本课程针对人文精神导入的环节也进行了方法与内容上的探讨，具体体现在以下几个方面：①课程研究对象的选择：结合前文所述的规模、区位、人群等相关要求，教学组确定以位于学校周边500m范围内的企业办社会老社区（规模：30ha左右）为课程研究对象。该社区人群类型多样，老龄化特征日趋显著，建国初期形成的硬质空间与现代居民生活要求之间的矛盾日益凸显。②教学方法的更新：综合使用讨论式教学和案例式教学，在课题推进的过程中，结合学生在课程作业完成过程中遇到的矛盾和问题开展案例讨论会。③评分标准：对于学生成绩的考核，综合考虑制图的规范性、图纸表达的清晰性和逻辑性、认识现状问题的全面性和完整性、研究问题的科学性、解决问题的科学性和公平合理性等多种因素（详见表5）。

城市规划思维训练课程中的人文精神导入 表5

相关内容	课程名称	城市规划思维训练
课程研究对象	基本情况	位于学校周边500m范围内，规模30ha左右，是一个企业办社会的老社区
	对象特点	涉及人群类型的多样性： 社区原住民（包括各种年龄层次的居民，且老年特征明显）、外来租住者、社区服务设施辐射人群、社区管理者、社区商贩、周边用地开发商。 涉及问题的多样性： 城市旧城发展与更新、城市传统文化的保护、人本关怀、公共利益的分配等多种问题
教学方法	讨论式教学	结合学生在课程作业完成过程中遇到的矛盾和问题，针对学生所完成的作业成果开展讨论会，过程中教师适时作出引导和裁断，以保证讨论的效率和效果
	案例式教学	提出案例，假设情境并预设角色，学生通过分组分别代表现实中不同的利益群体（如社区居民、社区管理者、社区商贩、周边用地开发商等），教师代表专家的角色，教师和学生都站在自己所代表的社会主体的立场上针对不同的方案进行点评
考核方式		制图的规范性＋图纸表达的清晰性和逻辑性＋认识现状问题的全面性和完整性＋研究问题的科学性＋解决问题的科学性和公平合理性
人文精神的导入		培养学生初步发现问题、分析问题和解决问题的能力，构建城市规划思维，有效开展专业前期教育。引导学生将技术层面的空间规划与人文关怀、关注弱势群体、城市文化的传承等问题进行有机的结合

4.3 人文精神在新生竞赛中的导入

针对新生设置"设计竞赛"对学生专业素质的培养、早期专业意识的形成可以起到积极的作用。我校城市规划专业自2006年开始在第一学期期末设置新生竞赛，近几年通过设计主题的变化和组织方式的改进，取得了显著的教学效果，主要体现在以下两方面。

一方面，设计竞赛很大程度上提高了学生的学习兴趣。竞赛可以创造出一个轻松而又激烈的学习氛围，学生可以自由发挥自己的创造力和想象力，从而使学习过程变得愉快而富有活力。另一方面，借助竞赛灌输专业意识，将学生对于城市规划社会属性的理解有效融入到竞赛之中，在竞赛中，参赛作品的评判者不仅仅是作为专家角色的教师，更重要的是代表公众意愿的群众，这样的评定标准利于学生正确理解城市规划的公共政策属性，它不是个人的艺术创作，而是为城市中的人服务的。

5 结语

教育不仅仅是知识的传授，更重要的是对人的全面培养，是形成健全人格的过程。城市规划的社会属性和公共政策属性要求城市规划大学专业教育更应该从本源上体现人文精神，从健全人格的塑造、独立思考能力的培养、人文关怀精神的培育等多方面出发实现人文精神的有效导入，践行大学之道，为学修身的人文传统。

参考文献

[1] 孙施文.城市规划哲学[M].北京:中国建筑工业出版社，1997.

[2] 赵蔚.认知、发现、探索:城市规划教育中的人文关怀——关于城市规划专业教学中的价值观培养[J].2010城市规划专指委年会论文集.北京:中国建筑工业出版社，2010.

［3］ 李昊. 在"人文精神"与"技术理性"间游走——对城市规划专业人才培养核心价值的思考［J］. 站点·2010——全国城市规划专业基础教学研讨会论文集. 北京：中国建筑工业出版社，2010.

［4］ 王宁. 回归生活世界与提升人文精神［J］. 城市规划汇刊，2001，6.

［5］ 陈国栋. 当代大学生人文精神的培育之二——当代大学生人文精神培育的必要性［J］. 黑龙江高教研究，1999，5.

［6］ 陈征帆. 论城市规划专业的核心素质及教学模式的应变［J］. 城市规划，2009，9.

［7］ 刘作丽，朱喜钢. 规划师的社会角色与道德底线［J］. 城市规划，2005，5.

［8］ 赵苊. 我国城市规划值得注意的几种倾向［J］. 城市规划，2007，9.

［9］ 张庭伟. 转型期间中国规划师的三重身份及职业道德问题［J］. 城市规划，2004，3.

［10］ 唐子来. 不断变革中的城市规划教育［J］. 国外城市规划，2003，3.

［11］ 谭纵波. 论城市规划基础课程中的学科知识结构构建［J］. 城市规划，2005，6.

［12］ 段德罡，蔡忠原，王侠. 城市规划专业新生设计竞赛［J］. 建筑与文化，2009，2.

The Way of Great Learning，Learning with Self-cultivate ——Urban planning teaching thinking based on the fostering of humanistic spirit

Zhang Xiaorong　Duan Degang　Bai Ning

Abstract：The humanistic spirit is the heart and soul of the cultural values of university.The fundamental purpose of university education is to achieve the comprehensive development.Accompanied by rapid urbanization and the transformation of the political and economic system，in the face of the problems emerging in the field of urban planning，the import of the humanistic spirit in the professional education of urban planning is imminent.Author take Xi'an University of Architecture and Technology for example，puts systems thinking into curriculum system of urban planning，by comparison with the U.S.curriculum system，based on the goal of fostering the humanistic spirit.And this paper put forwards the change of teaching methods，teaching content and assessment methods to explore the methods of importing humanistic spirit in current courses（theory courses，professional design courses，competitions and practice），aiming to bring up scientific thinking way of students and enable students to establish correct moral values，outlook on life，values and world view，and achieving the cultivation of the humanistic spirit effectively.

Key Words：humanistic spirit；urban planning teaching；theory course；professional design course；competition and practice

可持续发展转型中的城市规划教育
——西交利物浦大学城市规划系的课程设置与教学改革

陈　冰

摘　要：通过对比中、西方城市规划教育的差异，以西交利物浦大学城市规划系的课程设置与教学改革为例，指出规划专业在城市可持续发展转型过程中所面临的主要问题与应对策略。

关键词：城市规划教育；研究导向；可持续发展；专业知识；专家技能；设计实践能力

1　引言：中、西方城市规划教育的差异

"城市规划工作反映社会的需要，而规划教育也应反映规划工作的需要"[1]。随着我国城市建设由早期的"粗放"模式向可持续发展方向转型，依托于建筑学或林学专业发展起来的、以工程技能培训为导向的城市规划教育❶将面临一系列问题：一方面，作为复合学科，城市规划所涵盖的知识结构和工作内容的跨度越来越大，传统模式培养出来的、思维模式单一的规划师将难以胜任转型下城市发展的多元化需求；另一方面，在城市规划专业被调整为一级学科后（即"城乡规划学"），其原有课程体系需做出调整，以反映出和建筑学专业的不同❷，并在强调城市设计等核心技能培养的同时[2]，进一步提高学生在专业知识[3]和职业道德[4、5]等方面的综合素质水平。

西方城市规划教育也处于转型期。以英国为例，皇家城市规划协会（Royal Town Planning Institute，简称RTPI）指出，由于社会、经济、技术、环境、政策等问题都在以前所未有的速度和规模进行转变，单纯的政府行为已无法满足当今城市规划的需求，为取得切实有效的结果，规划师需要与其他社会机构或个人合作，在多方参与式决策过程中，起到"促进"（facilitate）而非"占有"（own）或"垄断"（monopolise）的作用。这个新视角促使教育工作者不再局限于传统意义上对城市规划工作范畴的理解，而是从更广泛的角度思考和提问——社会（或公众）期望通过规划取得什么？建立在这种对规划理念全新认识的基础上，英国城市规划教育正做出相应的转变——侧重于培养学生对"空间"（space）和"场所"（place）的"批判性思维"（critical thinking）能力，以作为进一步"行动或干预"（action or intervention）的基础[6]。为实现这一目标，新的城市规划教育体系中充分强调了"空间规划教育"（spatial planning education）和"专家规划教育"（specialist planning education）两个基本要素，并通过对相关课程结构体系和教学方法的改革，实现从培养"专才"到培养"通才或通才有专才（即有某项或几项专长的通才）"的人才培养模式的转变[7]。类似的因材施教、培养复合型人才的教育模式也在美、法等西方国家的城市规划教育改革中得以体现[8]。

从中、西方城市规划教育的差异中不难看出，我国当前的城市规划本科教育在课程设置和知识结构方面较

---

❶　研究显示，我国当前的城市规划专业依其学科背景大致可分为4类："一是建筑类，约占65%；二是工程类，如测量、环境等，约占15%；三是理学类，以地理学科为基础，约占15%；四是林学类，约占5%"[10]。由于我国正处在城市化加速发展时期，依托于建筑学或林学专业发展起来的城市规划教育成为当前的主流，后文中所提到的我国传统高校的城市规划专业也均特指5年制建筑类背景下的城市规划教育体系。

❷　城市规划专业原为"建筑学"下属的二级学科。

陈　冰：西交利物浦大学城市规划系副教授

为单一，对于相关的交叉学科均有涉及却缺乏深入，学生自身的特点、兴趣和学习主动性并没有得到很好的体现。而随着城市化进程的深入，市场对城市规划专业细分的需求却越来越明显。另一方面，我国大部分高校的城市规划专业目前仍习惯沿用前2~3年和建筑专业并行授课的模式，虽然此举可以提高学生在空间设计方面的能力，但余下1~2年的时间（考虑到课程设置在实习和毕业设计方面的时间要求）是否能够完成对学生在城市规划专业知识、核心技能和职业道德等方面的培养则饱

---

❶ 西交利物浦大学正在探索一种中西合璧、以科研为导向的办学模式，其本科教育主要可以划分为三个阶段：

1. 基础课学年（Foundation Year）：为大学新生提供一个缓冲带，在提供英语、数学等基础知识补充的同时，帮助新生熟悉大学生活，并对未来的职业规划进行初选（侧重于学科大方向，如建筑环境学等），形成职业定向基础上的职业情感培养，并提高基本学习技能；

2. 专业一年级（Level 1）：在专业细分的基础上（学生进入各个科系学习，如建筑环境学科下涵盖城市规划系、建筑系、土木工程系等），提供专业课程的入门介绍和相关基础知识的学习，加深对学习能力的培养，并作为部分学生2+2学制（即2年西交利物浦大学+2年利物浦大学）的转折点；

3. 专业二、三年级（Level 2&3）：专业知识的系统深入，学生在经过分流后（部分学生选择去利物浦大学完成剩下的本科学习，另一部分则选择留在西交利物浦大学完成本科学习），进入以研究导向（research-led）为最终目标的教学计划安排，并在项目基础上进一步培养未来工作所需的专业知识技能、团队合作、个人研发等方面的综合能力和职业道德。

由于办学模式本身的独特性，专业一年级的课程需要和利物浦大学相关专业的课程设置保持一致，以确保选择"2+2"流程的学生在学习方面的连贯和承接。但为了适应中国国情、确保毕业生在国内及国际市场上的竞争力，专业二、三年级的课程被给予了相对宽松的调整空间。这样的学制安排也为部分专业的教学大纲设计提出了挑战。

❷ 和突出职业能力培养、与职业资格紧密衔接的研究生培养机制不同。

受争议。所以吴志强教授会质疑目前城市规划办学在数量上的快速膨胀，将其指为城市规划的"外面虚张"现象之一[9]。

下面就以西交利物浦大学城市规划系的课程设置为例，探讨一下城市规划教育在城市可持续发展转型过程中所面临的主要问题及相关教学改革过程中的应对策略。

2 西交利物浦大学城市规划专业

西交利物浦大学是一所由中国西安交通大学和英国利物浦大学合办的综合性国际大学❶，其城市规划系成立于2009年，作为一个"混血"的新生儿，其整体教学计划的制定面临着挑战与机遇共存的局面——一方面，和传统高校中5年制的城市规划专业相比，如何才能更加有效地利用有限的时间（3年本科专业课程），在帮助学生建立全球化视野的同时，也传授他们必需的专业知识、核心技能和职业道德，以满足国内市场的人才需求？另一方面，全新的专业教学计划不存在因循守旧的顾虑，所以在课程结构体系、教学理念与方法等方面均可以根据人才培养模式的需求而做出相应的调整。

2.1 课程结构体系

在英、美等西方国家，城市规划师的培养被视为一种淘汰率极高的精英式教育模式，大学城市规划教育评估与执业制度是紧密相连的，通过确保教育质量的方式来保证规划从业人员的素质。而在我国，由于过去缺乏系统而成熟的城市规划教育体系，所以直到目前，城市规划教育评估与执业制度仍是相互脱节的，规划师的执业"准入"机制依然是建立在职业资格考试的基础上[10]。这在一定程度上反映出该复合学科的特点——由于所涵盖的专业知识和工作内容的跨度越来越大，本科教育❷仅能为学生未来的规划工作起到基础铺垫的作用（即所谓的"师傅领进门"），而大量的、建立在实践基础上的知识、技能和道德素质，必须通过工作经验的积累，以及必要的在职培训和继续教育来提高（即所谓的"修行在个人"）[11]。换言之，教育评估与执业认证的双轨制也为城市规划专业在其课程结构体系的设置方面提供了一定程度的灵活性。

目前我国大部分高校城市规划专业所开课程均在满

足注册城市规划师职业资格考试中的内容要求，即囊括《城市规划原理》、《城市规划相关知识》、《城市规划管理与法规》、《城市规划实务》4大类下的不同科目；而且，考虑到本科教育的局限性，教学大纲的重点常集中在前三者。但其中很多内容（如《城市规划原理》下的"城乡规划体系"、"城市总体规划"等）仍停留在纸上谈兵的阶段，缺乏在实际案例中印证相关知识和技能的机会。

在对上述问题综合考量的基础上，结合自身的学制特点，西交利物浦大学城市规划系将课程结构体系划分为三大类：建立在城乡规划理论、历史与法规学习基础上的专业知识横向拓展；建立在城市规划相关学科研究（如城市环境可持续性、城市环境经济学等）基础上的核心技能纵向深入；以及建立在前两者基础上、由建筑学和相关技术（如地理信息系统（GIS）等）支撑的城市空间环境设计实践（图1）。并依照由浅入深的原则将相关课程合理整合：专业一年级侧重于对学生基础专业知识的普及；专业二年级开始有选择性地加强学科方向的引导，在学习分析规划问题所需技能和方法的基础上，培养学生对"空间"和"场所"的批判性思维能力，并鼓励他们运用方法论对一些当代城市规划热点问题进行深入探讨；专业三年级则以对城市环境的"行动或干预"为最终目标，进一步强调所学知识和技能在实际规划设计案中的整合运用，并根据学生的兴趣将学科方向细分为"环境和规划"和"城市设计"，其中前者侧重于对城市规划过程中不同分析方法（或技巧）的解读，以及建立在此基础上对相关规范的修正或对设计过程的指导（偏"专家规划教育"），后者则更注重城市空间环境设计（偏"空间规划教育"），这些差异也体现在学生毕业设计的选题中。这样的课程结构安排旨在根据学生自身的特点，实现培养"一专多能"的城市规划设计通才的教育目标。

另外，与目前我国城市规划专业指导委员会所制定的城市规划专业本科教育培养目标和培养方案及主干课程[11]相比，西交利物浦大学城市规划系在课程内容设

置上选择"反映"其主旨精神但不"盲从"，在教学过程中更注重对学生学习能力和综合研究方法的培养（图2），同时在"人文规划"的基础上建立中、英兼顾的动态调整机制，优化学科专业结构。这主要是因为——由于当今城市发展所面临的问题日新月异，学生们今天所学的知识，很可能在他们毕业后工作的前3~5年就处于过期的边缘，他们需要有学习新知识和新技能的能力，以应对在城市可持续发展转型过程中涌现出来的新问题。

2.2 教学理念与方法

我国传统高校的城市规划专业习惯通过项目类型来组织教学，按照"由浅入深"、"由易到难"的原则展开不同的城市规划（及建筑）学习和设计实践，这种教学模式注重建筑学和交通与市政工程类学科建设，培养出来的学生通常都具备较强的空间造型能力，符合城市大发展初期（20世纪末至21世纪初）市场上用人单位的岗位描述（job description），但在知识构成和专业素养等方面却相对单一。随着我国城市化进程的深入，公众对规划教育的期望值日增，其育人目标的定位已不再局限于政府公职人员或执业规划师，而是包括了社会各阶层利益的协调者、项目管理及策划者、社会工作的组织者等多重角色[5]。于是在西学东渐的基础上，越来越多的城市规划专业开始在早期唯技论课程体系的基础上引入社会、经济、生态环境、项目管理等相关学科，以加强学生的综合研究能力。然而，规划课程设置的综合化趋向也在业界引发了一些争议，如因担心顾此失彼而导致的对"核心理论空心化"[2]的顾虑等。其中，尤其需要警惕教学过程中因贪多嚼不烂而引发的学科间缺乏融合的现象[5]，以及由此引发的核心课程体系与城市规划实务及技术发展脱节，或应试教育下的高分低能现象❶。

为解决这一问题，西交利物浦大学城市规划系在教学方法方面做了相应的改进——以可持续城市规划设计理念为主线，通过强调其复合和包容性，在具体设计项目的基础上，将相关交叉学科中所授的知识和技能进行同步整合。在教学安排上，延长以培养学生"设计实践能力"为目的的设计项目的时间跨度，使其他相关学科的授课和讲座能够贯穿其间，以帮助学生运用所学的"专业知识"和"专家技能"来分析城市空间规划及场所设计过程中所出现的问题，并指导规划设计决策，又或以

---

❶ 虽然"运用相关研究指导规划设计实践，并运用规划设计实践反向印证研究发现"的迭代互动过程已在相关教学改革中被反复强调，但在具体实施过程中，仍容易产生研究类学科与设计类学科的"貌合神离"（见参考文献[14] 91）。

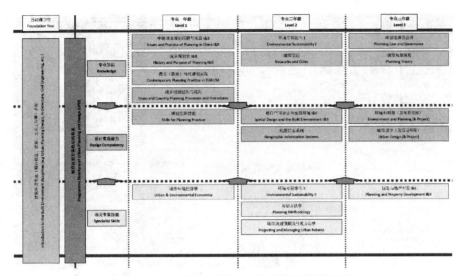

图1　西交利物浦大学城市规划系课程结构体系

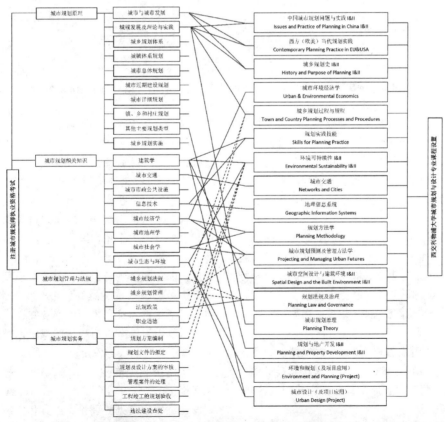

图2　西交利物浦大学城市规划系的课程设置和注册城市规划师执业资格考试内容的比较（实线表示直接关联，虚线表示间接关联或侧重点不同）

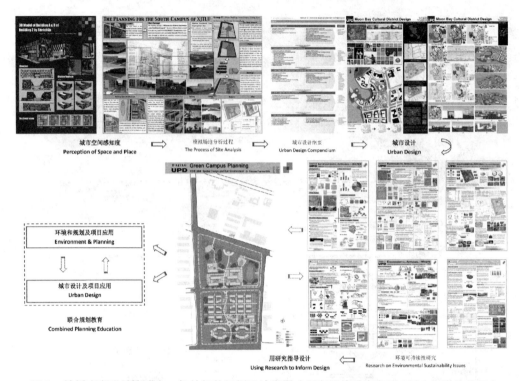

图3 被循序渐进地串联在一起的相关规划设计场景（所有图片均来自于2009级学生作品）

创新设计中所反映出的、对城市空间或场所的批判性思维来反向检视现行规划法规或设计规范（或其他知识技能）的适时性和效果，充分强调学习过程的延续性，进而达到学以致用的目的。另外，有鉴于课程结构设置上与传统城市规划教育模式的不同，西交利物浦大学城市规划系采用模拟不同规划设计场景（scenario）的教学法来培养学生的"设计实践能力"，并通过鼓励学生的主动式学习（active learning），允许他们根据自身的兴趣特点，选择从不同的视角来研究城市的发展趋势及规划设计相关问题，再在团队合作的基础上实现不同知识技能的整合共融，从而实现因材施教、培养应用型、复合型、技能型人才的育人目标。

为提高学生"设计实践能力"，相关规划设计场景按照"由浅入深"、"由易到难"的原则被循序渐进地串联在一起（图3），同时融合启发式、探究式、讨论式、参与式等创新教学方法：

城市空间感知度：在专业一年级课程"规划实践技能"中，学生们以组为单位，对所选设计用地的周边环境和城市地貌进行调研，并运用所学软件（如AutoCAD，Google SketchUp，Photoshop等）进行3D建模和渲染，然后在已有设计任务书的基础上进行"真题假作"。虽然该课程旨在提高学生对计算机辅助设计软件的掌握以及在实际项目中对相关技能综合运用的能力，培养团队合作精神，但学习过程本身模拟了场地分析时由外至内的思考问题过程，同时通过体现建筑环境类学科"在实践中学习"（learning-by-doing）的教学特点，训练了学生行走城市时注重观察的习惯，以及在缺乏测绘工具情况下感知城市空间与建筑尺度的技巧，弥补了学生在建筑学方面的必要知识，强调了城市规划设计过程中对既有城市机理的尊重，以及相关法规和规范对规划设计的指导作用。

场地分析：专业二年级课程"城市空间设计与建筑环境I"被分为两个部分，第一部分旨在传授城市规划设计过程中常见的理论、工具和方法（如"易读性分析"（Legibility Analysis）、"渗透性分析"（Permeability Analysis）、"可视性分析"（Visibility Analysis）等），并

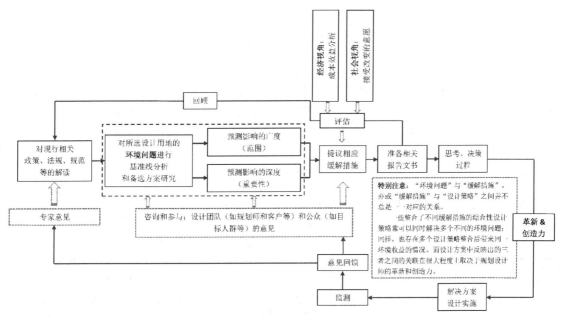

图4 "城市空间设计与建筑环境 II"中用研究指导设计的系统化思考流程图

要求学生对所选城市住宅建设用地中的不同居住区规划进行批判性分析——运用所学知识和技能，比较不同人居环境在空间构成和场所精神营造等方面的质量和特点，并在整合个人作业的基础上，结合空间句法等城市形态学相关研究，讨论该住宅建设用地在城市整体规划中所起的作用。除运用到同期所学的相关专家技能❶外，该实践课程还为后续的"规划与地产开发 I&II"课程（专业三年级）提供了前期准备。

城市设计："城市空间设计与建筑环境 I"的第二部分是一个"真题假作"的城市设计项目，除进一步提高学生在空间规划和场所设计方面的技能外，该项目还旨在强化学生对城市设计过程的理解与认识——通过模拟"城市设计纲要"（Urban Design Compendium）所描述的"项目准备"（getting started）、"现状分析"（appreciating the context）、"设计城市空间结构及联接"（creating the urban structure/making the connections）、"场所细节设计"（detailing the place）和"跟进工作"（following up）等5个阶段[12, 13]，学生以小组为单位完成前3个阶段的工作，包括在场地分析的基础上制定相应的设计任务书等，然后再独立完成后2个阶段的工作，即对所选设计用地的短期和中长期规划目标进行综合考量，以及在此基础上的方案细化等。虽然每个阶段的具体工作都有所简化，但却尽可能保证了项目设计过程的完整性。该学习过程也在一定程度上批判了无视问题本身、直接从"解决问题"角度出发的传统规划设计模式，改从"分析问题"的角度出发，帮助学生理解设计任务书中具体条款的设置原委，并进一步引导他们探索不同设计问题间所隐含的深层次联系[14]。

用研究指导设计：专业二年级课程"城市空间设计与建筑环境 II"仍然是一个"真题假作"的城市设计项目，其和"城市空间设计与建筑环境 I"第二个大作业最大的不同在于，通过和"环境可持续性 II"、"地理信息系统"等课程的关联，模拟出一个更复杂、更理性的规划设计过程——运用相关研究（如"环境可持续性 II"所强调的从综合视角出发的环境可持续性分析等[15]）指导空间环境规划与决策，并通过比较建立在此基础上的不同设计方案，反向验证早期研究发现（如现行的法规、规范

---

❶ 如根据"环境可持续性 I"中可持续住宅评估体系 BREEAM EcoHomes 等对居住区的环境要素进行分析。

或其他研究基础上的知识技能等）的适时性和效果，同时运用地理信息系统、遥感技术、多媒体虚拟技术等新技术作为支撑（见参考文献[16]），从而鼓励学生将所学的专业知识和专家技能在实际项目中进行融会贯通。图4简单描述了该迭代思考过程中的一次单循环流程，通过进一步批判"为了设计而设计"的传统规划设计模式，强调了理性、系统化的思考模式及相应的参与式设计决策过程[17]。

专业方向细分：在专业一、二年级设计实践能力培养的基础上，根据学生自身的特点和爱好，专业三年级课程对专业方向进行了细分——"环境和规划"和"城市设计"，进一步强调了对城市环境不同层面的"行动或干预"。虽然侧重点不同，但是在教学过程中仍然强调了两者的关联，以体现"联合规划教育"（Combined Planning Education）的宗旨[6]。

综上所述，除了在教学体系充分强调对研究导向型教学法的运用❶外，为反映当前我国城市规划设计工作的大趋势，即从城市详规、城市设计到单体建筑设计的"一条龙"式服务，所有设计作业均强调了团队合作与独立作业的结合，并在增进不同课程（如偏研究、偏设计等）间联系与渗透的基础上，鼓励多学科融合、多工种配合的参与式设计模式。这也在很大程度上反映出促进城市可持续发展转型所需的全面、互动视角[15-18]。

2.3 考核与评价

依据英国高等教育评估流程，西交利物浦大学城市规划系引入了"自检和第三方检查评估"机制（moderation procedure）来对相关教学成果进行绩效评价——除在评分标准中强化"在研究基础上分析问题、并指导设计实践"等相关因素的比重（相对传统教学评估中所侧重的"图面表达"等因素）、以反映出该校特有的研究导向型教学特点外，所有作业评审还需要通过自评（系内老师互相检查）和抽样外审（抽样送利物浦大学和纽卡斯尔大学评审）等步骤来确保创新过程中的教育质量，同时强调对学习过程的考察和对学生综合素质

❶ 除上述的设计实践课程设置外，其他科目的老师也常在教学中结合正在开展的科研项目或已有的科研成果，培养学生的主动学习和综合研究能力。

的评价。

3 结语：问题与展望

西交利物浦大学城市规划系在课程结构体系和教学方法等方面所做出的调整，和常见的将"可持续城市规划及设计"作为一门独立新学科的做法不同，"可持续城市化"（Sustainable Urbanization）被作为该系整体课程的奠基石，与之相关的知识、技能和设计实践能力的培养穿插于整个教学大纲中，将不同的科目有机地联系起来。虽然该教学改革的具体收益仍有待进一步验证，但"研究导向"型教学过程本身已充分反映出从应试教育到素质教育的育人模式转变，也为相关教学改革项目提供了借鉴的经验。

同时，这样的教学革新也面临着与时俱进的挑战，相关研究指出："不同工作性质人员对所在城市的规划和建设的满意程度、城市的传统文化受冲击程度的感知、城市规划对城市发展的作用、可持续发展概念的理解和可持续发展与城市规划关系的认识差异明显，最突出的差别反映在规划者和非规划者在对可持续城市发展因素的理解和认识上"[19]。所以，如何教育今日的城市规划系学生，亦即明日的城市规划师，使他们能够本着"以人为本"、"求同存异"的原则，在城市转型的多方参与式决策过程中，尤其是在与建筑环境其他工种（如建筑、景观、土木工程等专业）的多学科融合过程中，真正起到"促进"而非"占有"或"垄断"的作用，将是城市规划教育工作者面临的下一个挑战。

参考文献

[1] 崔功豪，梁鹤年，叶嘉安，汪德华，王东，马武定，金笠铭，孙安军，刘东洋，王凯.改革——中国城市规划教育迫在眉睫的选择[J].城市规划，1995，6：6-18.

[2] 吴志强，于泓.城市规划学科的发展方向[J].城市规划学刊，2005，6：2-10.

[3] 段德罡，张晓荣，徐岚.城市规划专业低年级的城市规划广利知识教育[J].建筑与文化，2009，8：68-71.

[4] 李和平.加强城市规划专业教育中的职业道德教育[J].规划师，2005，12：66-67.

[5] 丁旭.城市规划的内涵及其城市规划教育[J].浙江大学

学报，2011，5：602-605.

［6］ RTPI（Royal Town Planning Institute）.Policy Statement on Initial Planning Education［OL］.2004,［2012-3-22］. http：//www.rtpi.org.uk/education_and_careers/ education/.

［7］ 万艳华.面向国际化的城市规划教学改革［J］.规划师，2006，8：59-61.

［8］ 葛丹东，李利.浅论城市规划本科教育创新与实践平台的构建［J］.中外教育研究，2010，1：151-153.

［9］ 吴志强.吴志强教授谈中国城市规划教育的发展历程［J］.城市规划学刊，2007，3：9-13.

［10］ 赵民，林华.我国城市规划教育的发展及其制度化环境建设［J］.城市规划汇刊，2001，6：48-51.

［11］ 高等学校土建类学科教学指导委员会，城市规划专业指导委员会.全国高等学校土建类专业本科教育培养目标和培养方案及主干课程教学基本要求：城市规划专业［M］.北京：中国建筑工业出版社，2004.

［12］ English Partnerships & The Housing Corporation （2007）Urban Design Compendium.London：Llewelyn-Davies.

［13］ English Partnerships & The Housing Corporation （2007）Urban Design Compendium 2：Delivering quality places.London：Llewelyn-Davies.

［14］ 陈冰，康健.可持续建筑教育：专业知识和职业道德的培养［J］.建筑学报，2011，11：90-94.

［15］ 陈冰，康健.英国低碳建筑：综合视角的研究与发展［J］.世界建筑，2010，2：54-59.

［16］ 沈清基编著.城市生态环境：原理、方法与优化［M］.北京：中国建筑工业出版社，2011.

［17］ Gacia F.J.L.，Kevany K.and Huisingh D.（2006）Sustainability in higher education：what is happening? Journal of Cleaner Production（14）：757-760.

［18］ Lewis A.，Sayce S.and Ellison L.（2009）Education for Sustainable Development in the Built Environment Disciplines.Cardiff：the Centre for Education in the Built Environment.

［19］ 温春阳，周永章.市民对城市可持续发展要素重要程度的感知差异［J］.城市规划学刊，2009，5：44-48.

Planning Education for Sustainable City Transformation: The Programme Design and Education Reform in the XJTLU Department of Urban Planning and Design

Chen Bing

Abstract：This paper compares planning education approaches in China and some western countries. Based on a case study of the programme design and education reform in the Department of Urban Planning and Design，Xi'an Jiaotong-Liverpool University，relevant strategies are proposed to accommodate important issues arising during the city's transformation processes towardssustainable development.

Key Words：planning education；research-led；sustainable development；professional knowledge；specialist skills；design competency

"知识—职业"结构耦合视角的规划本科教学模式探讨

吴一洲　宋绍杭　陈前虎

摘　要：在复杂的经济社会转型和城乡规划学作为一级学科的发展背景下，城乡规划的知识结构与职业结构出现了局部错位与脱节现象。本文通过对城市规划教学模式、知识结构与职业结构之间的互动演化历程的回顾，分别总结了新时期城乡规划的知识结构和职业结构特征，并对当前两者之间的联系与存在问题进行分析。在此基础上，从认知的学习生成过程理论视角，借鉴了英国城乡规划类院校的主动式文本细读、观察工作会议和短途认知旅行等特色教学模式，期望能为新时期提高城乡规划的教学与就业效果提供思路。

关键词：城乡规划；知识结构；职业结构；教学模式

1　引言

2010 年 3 月，联合国经济与社会事务部人口司发布了《世界城市化展望 2009 年修正版》，指出中国在过去 30 年中城市化速度极快，超过了其他国家，目前全球超过 50 万人口的城市中，有 1/4 都在中国。而城乡规划教育则是为城镇化提供专业人才和管理者的重要基础，目前我国已经设有城乡规划相关专业的高等院校已经达到 200 所以上，从城乡规划相关专业的就业形势上看，也呈现稳定上升的态势。自城乡规划学在学科设置上脱离建筑学，升级为一级学科后，未来将有更加广阔的发展前景。

但另一方面，随着城市经济社会发展的复杂性与区域联系日益增加，城乡规划相关理论教学领域也出现急速扩张，如经济学、管理学、法学等[1]，在学科进行结构性变革的背景下，当前的教学模式也慢慢显现出多种弊端：①知识结构与职业结构错位，前身作为建筑学下的二级学科，太偏重微观物质形态层面的设计教学，难以应对当前城乡规划管理面临的复杂形势[2]；②知识结构与教学模式错位，原二级学科下未设有明确的研究方向，导致课程设置与模块组合缺乏系统性与针对性，学生难以把握知识体系的主线，影响知识的掌握与运用效果；③职业结构与教学模式错位，本科教学中理论教学比例大大高于实践教学，使得学生在毕业就业环节中，大都需要漫长的见习过渡期才能较好承担起岗位工作。

因而，在内涵更为复杂和广泛的新型城市化发展时期，有必要从认知过程的特点出发，通过教学体系与模式的创新与改革，逐步促进知识结构和职业结构之间的耦合，而其中教学模式的创新则相对更为快捷有效。

2　我国城市规划知识结构与职业结构的演化历程

我国的城市规划本科教育历程，可以划分成三个阶段（表 1），由于每个阶段面临的经济社会背景与师资供给水平的差异，呈现出不同的阶段性特征：

1952 年至 1978 年，城市规划教育的起步阶段我国正处于战后重建与中央政府主导的计划型发展时期，当时主要受苏联规划模式的影响，侧重于建筑的空间形体设计，应对了急需建设人才和大规模建设任务的需要。当时的教学模式主要以课堂授课为主。

1978 年至 2000 年，城市规划教育加速发展阶段。我国处于市场经济高速发展时期，市场机制和对外开放加快了要素流动效率，除前期中央重点投入的东北与中部地区，沿海地区的活力得到激发，许多院校纷纷设立城市规划系或相应方向。由于面临新的发展背景，更多

吴一洲：浙江工业大学建工学院讲师
宋绍杭：浙江工业大学建工学院副教授
陈前虎：浙江工业大学建工学院教授

的学科领域开始渗透到城市规划的理论体系中。该时期的教学模式除课堂授课外，结合大量的规划设计项目，项目实践也被引入到教学模式中。

2000 年至今，城市规划教育特色与优化阶段。该阶段我国开始全面进入转型发展时期，面临诸多复杂的社会经济问题，客观上要求学科进行交叉，各院校根据自身特点与优势，将其原有强势专业与城市规划教育结合起来，开始凸显出特色化的趋势。由于学科交叉领域的不同，也出现了教学模式的多样化，如增加了实地考察、研讨会、学生论坛等多种模式。

总体上看，我国的城市规划教学在不同的社会经济发展时期，其知识结构经历了从基于建筑学形态设计的单一结构，到形态、政策、经济等多元化立体型结构；教学模式经历了从传统课堂授课为主，到项目实践、自主交流等多种方式相结合的模式；认识方式经历了从被动的理论灌输式，到互动的交流探讨式；知识结构则经历了从单一学科单一层次，到交叉学科多个层次的转变；职业结构也从建筑规划师，到设计、管理、投资等多个领域。从认知结构、知识结构和职业结构三者的关系来看，在前两个阶段都能较好地对应匹配起来，但进入复杂的第三阶段后，虽然知识结构和职业结构有了大规模的扩张，但认识方式和教学模式的改善却显滞后。

我国城市规划本科教育发展历程　　　　　　　　　　　　　　表1

	1952 年 –1978 年	1978 年 –2000 年	2000 年至今
经济社会背景	战后重建、高度集权的计划体制	改革开放初期，适度分权的有计划商品经济；不完全市场经济	市场经济与政府调控双重主导下的区域竞争
人才培养目标	设计应用型人才	设计应用型为主、研究型为辅的人才	应用型、研究型和管理型的复合人才
师资主要来源	建筑、美术院校学士	建筑、规划院校硕士	建筑规划学与大量交叉学科硕博士
主要认知方式	理论灌输式	理论灌输式、师徒式、互动式	互动式、交流式、竞争式、研讨式、单独式
主要知识结构	建筑学	建筑学、地理学、经济学	建筑、地理、社会、生态、经济、管理、公共政策等
主要职业结构	建筑师、规划师	建筑师、规划师、城建管理、项目开发	建筑师、规划师、公务员（规划、建设、国土、环保、农业等各行政部门）、房地产公司（设计、项目管理、经理）、银行（投资开发）……
主要教学模式	课堂授课	课堂授课、项目实践	课题授课、项目实践、实地考察、研讨会等

3 城乡规划学知识结构、职业结构和认知结构之间的关系

3.1 城乡规划学的知识结构

城乡规划学的一般知识结构与目前课程设置具有一致性，主要包括以下三种（图 1）：①基础通识课，主要是高等院校内各个专业都必须学习的基础素质类课；②城乡规划的专业核心课，该系列主要以城乡整体为对象，介绍城乡规划学的基础性和主干性理论[3]；③专业相关课，主要讲授城乡规划的相关领域理论，包含了多种城乡规划的专业分化方向。

3.2 城乡规划学的职业结构

随着改革开放与市场经济的深入发展，城乡规划的就业结构也出现多元化趋势，从目前的就业类别看，主要分为三类（图 2）：①政府机构，包括各级政府的城建交通行政管理机构，及其附属的事业单位，主要从事建设管理与政策制定等工作；②设计机构，包括与城乡空间相关的各类设计领域，这也是目前就业规模最大的类别；③开发机构，这是近几年就业发展的新趋势，随着市场经济作用的显现，城乡建设主体也日趋多样化，非政府投资类项目越来越多，除房地产公司外，银行等大型企业也开始进入城建开发投资领域，新增了就业需求。

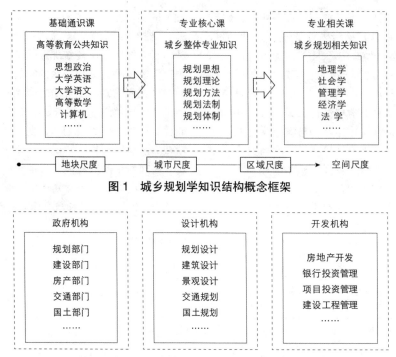

图 1 城乡规划学知识结构概念框架

图 2 城乡规划学职业结构概念框架

3.3 知识结构与职业结构的现状关系

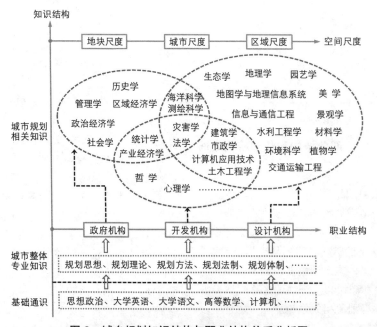

图 3 城乡规划知识结构与职业结构关系分析图

目前，城市规划专业本科教育仍以"知识全覆盖"的目标为主，而随着社会经济背景的演化，未来城乡规划学涉及的相关领域会越来越多（图3）。就目前而言，这种发展模式会带来诸多弊端：①城市规划学本科生的作业量和课时已经高出其他专业的平均水平，虽然是五年制，学习负荷仍较高；②课程数量越来越多，需掌握的理论量上升，而学习效果相对较差；③专业相关课程设置的种类不断增加，缺乏系统概念的本科生难以把握主线，可能陷入"门门都想学，但门门都学不好"的困境；④课程设置中，没有明确的职业导向说明，学生不清楚从事某种行业应着重学好哪几门课，缺乏精力分配的重点；⑤从教学模式上看，主要面向知识的掌握，与职业类别与就业需要不是十分契合。

因此，可以发现目前城市规划教学体系中的知识结构与职业结构没有很好的耦合起来，这会给学生未来走上工作岗位带来许多额外的成本，如见习期拉长、所学知识与工作不对口、工作性质与自身兴趣不吻合、工作状况与自身预判出现较大差距和落差等问题。

4 "知识—职业"结构耦合的国外特色教学模式借鉴

4.1 生成学习过程理论的启示

生成学习（generative learning）过程理论是美国教育心理学家 M.C. 维特罗克对人类学习模式的解释，其指学习的生成过程就是学习者将已有认知结构（已经储存在长时记忆中的事件和信息加工策略）与从环境中接受的信息（新知识）相结合，主动地选择注意信息并主动地构建信息意义的过程（图4）[4]。理论核心有两点：首先，人在学习过程中主动地构建对环境信息的理解和解释，表现为主体主动地取舍某些信息，并从中进行推论；其次，学习者是在自己原有认知结构基础上来理解新知识的。

该理论给予城乡规划的教学以下启示：①应将城乡规划的知识结构早日讲授给学生，使其建立起知识系统的概念；②认知过程的主动取舍机制，要求学生对未来的职业特征有全面和清晰的认识，以便学生根据自身兴趣和就业导向分配学习重点；③由于认知具有累积性，

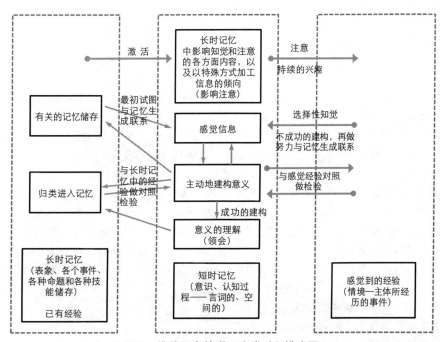

图4 维特罗克的学习生成过程模式图

因此要注重扎实的城乡整体专业知识基础教育；④在模块化或选修课化的相关知识领域，要为其进行预先分类，并讲授各类课程群的职业目标对象。

对于教学模式来讲，就要求在教学中首先要能使学生扎实掌握基础知识；同时，要能引入职业体验类教学模式，使学生对未来的几种主要职业类别有一定的概念；在不同的课程教学设计中，提供学生按照实际工作的模式与方法进行实践性学习的机会。英国作为具有城市规划教学悠久历史的代表，其中的自主式、体验式和参与式教学模式能有效将知识结构与职业结构进行对接，其许多教学模式值得借鉴[5]。

4.2 知识结构的主动学习过程——文本细读与研讨

目前的理论教学中大量以讲授为主，在中学教育中的预复习模式往往被忽略，造成学生主观能动性难以发挥，否定了认知过程中的主动取舍信息的核心原则。英国卡迪夫大学规划学士的《规划理论与实践》课程设计了文本细读的教学模式，先由老师提出问题或布置细读任务，学生通过文本细读的方式预先对课程内容进行浏览，在此过程中建立起知识系统结构的概念，然后在课堂上进行归纳研讨，而研讨则又是一个重复推论的过程，经过二次学习其掌握效果得到提升。纽卡斯尔大学城镇规划本科教学中，除个别明确要求团队合作的课程外，其余课程要求的自主学习的时长占每次学生教学时长（Student Hours）的 14%~82%，与此相对应的自主学习指导时长稳定在每次时长的 50%。学生可以在独立的时间范围内通过多媒体、文本阅读、文本撰写、案例研究等方式完成教师布置的作业，完全发挥了学生学习过程的主观能动性。相比完全的灌输式理论教学，该方式配合专任教师的"点睛式"和"释疑式"的指导，能使学生能更扎实地掌握城乡规划的城市整理专业知识。

4.3 职业导向的体验式教学模式——观察工作会议

英国卡迪夫大学在城市与区域规划学士《空间规划导论》的教学中，明确地提出学生将会得到在规划委员会议上观察规划决策制订过程的机会。规划委员会是当地政府在规划管理方面高层次的议事决策机构。通过观察会议进程，学生可以了解一个规划从设计到制订到实施的整个流程[6]，了解规划师、公众在会议中所扮演的

角色，初步接触规划不是一个单纯的技术工作，而是一种解决社会问题本质并探寻原因的过程。学生通过观察会议这一教学方法，亲身体会到如何做一名排解困难者（facilitators）、调解者（mediators）、解释者（interpreters）和综合协调者（synthesisers）。在该体验式教学模式中，学生能在一次会议中同时体验到目前城乡规划三种职业方向的实践工作状况，包括政府机构的管理与组织协调者、设计机构的解释和排解困难者以及开发机构的理性经济者三大角色，有助于针对职业偏好有目的地选择相关专业知识模块。更重要的是在此教学模式中，可以结合公众参与式的体验，灌输价值取向类的专业知识，如规划师职业道德等。在我国，目前硕、博士生通过参与导师的项目一般能够拥有此类学习机会，但在本科生教学中还未得到普及，应在未来创造有利条件进行推广。

4.4 兴趣导向的参与式教学模式——短途认知旅行

英国曼彻斯特大学城市与区域发展规划专业的《城市与社会》课程要求学生在课后完成试听材料、徒步旅行和相关阅读，并在课堂中进行体现与反馈；英国谢菲尔德大学城市研究与规划专业《欧洲城市领域分类》课程也要求学生进行指定地点的野外短途旅行，从而可以对比区域之间的差异，了解更多的标志性建筑、博物馆、画廊、档案馆等；英国的其他如纽卡斯尔大学城镇规划专业、利物浦大学城镇与区域规划专业也要求在英国与海外进行一定时间的野外考察，并撰写相应的研究报告。此类短途旅行不同于常规的设计调研，主要区别在于短途旅行更加直面经济、社会与环境问题，要求更加深入了解当代城市变化过程，在更大范围上理解经济、社会、政策与环境压力所塑造成的城市空间形态，更能够在变化与成长的城市区域中了解到规划的实施情况。学生通过完成兴趣导向和参与式的认知作业，能够了解到复杂的城乡规划知识结构的直观表现，并通过经济、社会、空间、环境等多维度的感性认识，找到自身的兴趣点，使其更好地与未来的职业趋向与相应的课程选择相结合。

5 结语

未来，城乡规划的知识结构必将逐步趋于丰富多

元，更多的相关知识领域将会纳入到城乡规划的理论范畴中；与此同时，随着改革开放和市场经济的不断深入实施，建设主体的多样化与城乡管理的复杂化，将促进城乡规划专业职业结构的多元化，这都对城乡规划的教学模式与课程体系设计提出了更高的要求。

但另一方面，也要考虑到学生主体的自身特点，重点处理好适度的学习量、有效的兴趣点、职业目标导向性与教学模式之间的关系。根据认知生成过程的一般规律，相比西方发达国家的城市规划教育情况，当前我国的教学模式需要从被动接受式转向主动选择式，从教师主导式转向学生参与式，从传统课堂教学式转向实际场景体验式。在教学中将知识结构与职业结构联系对应起来，以更好地促进学生对于整体性基础知识的扎实掌握，培养职业导向的专业化兴趣，以此达到学习与就业效率的双提高效果。

参考文献

[1] 周江评，邱少俊.近年来我国城市规划教育的发展与不足[J].城市规划学刊，2008，4：112-118.

[2] 赵万民，赵民，毛其智.关于"城乡规划学"作为一级学科建设的学术思考[J].城市规划，2010，34（6）：46-54.

[3] 谭纵波.论城市规划基础课程中的学科知识结构构建[J].城市规划，2005，29（6）：52-57.

[4] 陈琦.认知结构理论与教育[J].北京师范大学学报，1988，1：73-79.

[5] 袁媛，邓宇，于立等.英国城市规划专业本科课程设置及对中国的启示——以六所大学为例[J].城市规划学刊，2012，2：61-66.

[6] 齐慧峰.城市规划专业中的公众参与教育——基于一次模拟讨论会的教学思考[J].城市规划，2011，35（9）：74-82.

A Discussion on the Teaching Mode of Rural and Urban Planning from "Knowledge–Employment" Structural Coupling Perspective

Wu Yizhou   Song Shaohang   Chen Qianhu

Abstract：On the backgroud of transition period and urban planning developing as a first class discipline, the knowledge structure and employment structure of urban and rural planning appeared dislocation phenomenon.This paper reviewed the evolution of teaching mode, knowledge structure and employment structure, and analyzed the relationship and problem between them.On that basis, from learning producing theory perspective, this paper used close reading, observation meeting and short cognitive travel in UK universities for reference, in order to provide ideas for improving the performance of teach and employment.

Key Words：rural and urban planning；knowledge structure；occupational structure；teaching model

从科学问题构建城乡规划学教学改革的几点思考[1]

黄勇 刘柳

摘 要： 当前城乡规划教学存在知识结构体系的差异化、知识传递过程的封闭性以及创新评价的制度性障碍等现象；主要矛盾在于学科基本科学问题的缺失。根据国家城乡建设的基本事实和人居环境科学理论，城乡规划学有必要构建聚居过程研究的基本科学问题，并从课程模块体系的延展、知识传授过程的优化以及教学评价体系的完善等三方面进行现有城乡规划的教学改革。

关键词： 科学问题；城乡规划学；教学改革

引言

任何一门学科的发展，教育是基础工作，城乡规划学科也不例外。当前国内城乡规划学的高等教育发展，机遇与挑战并存。城乡规划学科的传统教学模式已不能适应中国经济与社会高速发展和全球化的趋势，成为制约创造性人才培养与学科发展的主要障碍。究其原因，有些是一定客观历史条件下形成的，有些则是学科发展与社会现实要求之间的不匹配状态造成的。

1 当前城乡规划学的教育问题及矛盾分析

1.1 当前城乡规划学办学的主要现象

（1）知识结构体系的差异化现象。近30年快速城镇化进程，推进我国城乡规划学从传统的工程类工学科不断成长为支撑国家城乡建设发展的综合性学科[1]；另一方面，也使得学科的知识体系在整体上从传统的单一状态逐渐呈现相对破碎的多学科齐头并进状态。据作者不完全统计，国内目前设有城乡规划（设计）专业的大专院校接近200余所，涉及的学科背景有以老八校为代表的建筑工程类，以北京大学、南京大学等为代表的地理类，以北京林业大学等为代表的农林景观类，以中央美术学院为代表的人文艺术类等。不同学科背景的城乡

规划（设计）专业在课程体系、师资配置及教学实践，尤其是学科知识结构的发展方向等方面，已经开始呈现较大的差异。

（2）知识传递过程的封闭性趋势。长期以来，基于学科分类的高等教育模式因为学科之间事实上的价值差异和竞争关系，形成了条块分割比较严重的封闭状态。一是承担教育功能的科研院所，与承担生产功能的企业机构和承担管理功能的行政单位之间，缺乏必要的沟通和交流，使得城乡规划学科在知识"生产－应用－反馈"过程中的脱节现象较为严重。二是专业或学科之间的相互封闭，规划学科与土木、环境和管理，以及其他理工、人文及艺术等学科之间缺乏实质性的沟通与交流机制；即使在建筑工程类学科内部，也会因为与建筑学、风景园林学或建筑技术科学等相关专业的专业特点和教育目标差异而出现交流困难。另外，国内外不同规划院系之间，由于发展背景、教育目标、学制管理的差异以及教育资源的竞争等原因，存在交流和沟通障碍[2]。

（3）创新知识评价的制度性障碍。近年来，国家为了提高高等教育的大众化水平，高校经历了一个急剧扩招的时期，城乡规划学科因为就业前景相对较好，扩招压力和规模更为明显。客观上导致有限的高等教育资源

❶ 基金项目：国家自然科学基金（51108478），教育部博士点基金（20110191120030）资助。

黄 勇：重庆大学建筑城规学院讲师
刘 柳：重庆大学建筑城规学院讲师

被稀释，事实上使得城乡规划学科走向以效率为导向的标准化教育模式。但事实证明，城乡规划学科的知识传授与创新过程有自身的规律和特点。从传统的"师傅带徒弟"模式发展到现代教育理念主导下的标准化模式，城乡规划学科如何保持知识的创造性、实用性和多元化等特点，并得到客观的评价与认定，正面临严峻的转型考验。

1.2 科学问题的缺失是城乡规划学科办学的主要矛盾

当前城乡规划教学中出现的一些新现象和新问题，有一部分是学习原苏联计划经济城市规划模式等客观历史条件造成的。更重要的原因在于，城乡规划学科面对国家城镇化进程的飞速发展和综合矛盾的显露，逐渐表现出科学问题缺失的窘境。

毋庸置疑，传统的城乡规划工程类学科在历史发展中形成了相对稳定的研究范畴，建立了以城乡物质规划回应地域社会矛盾这样一个逻辑完整的学科基本问题。但中国的快速城镇化进程所展现的综合性矛盾与需要运用的解决方法，显然已经远远超出了这一范畴，需要其他新的知识体系予以应对。这也是其他相关学科不断深入城乡规划传统领域的主要原因。事实表明，在新的发展形势下，不论是传统的建筑工程类还是新兴的其他学科门类，都需要在城乡规划知识体系的价值判断到传授过程等不同环节，有一个重新适应或调整的过程。而其中的关键环节便是回到城镇化发展的基本事实，凝练科学问题，统领学科发展，改变目前这种不同学科齐头并进，从各自立场上阐述城乡规划学科知识体系的学科发展碎片化态势。

2 城乡规划学的科学问题构建

一般认为，城乡规划学科是工程与技术学科，需要处理的是实际工程或技术应用问题，不存在严格的科学问题。然而，一个学科是否存在科学问题，既取决于学科本身的发展阶段，也取决于科学问题本身的发展。

2.1 何为科学问题

科学问题最早出现在自然科学领域，被理解为是自然界中事物所呈现的、不为人的意志所改变的客观现象、规律或特征，一般表现为人们获得的知识、原理或共性技术等，具有原始性、普遍（适）性和不可化约性。这种观点充分体现在"国家中长期科学和技术发展规划纲要（2006）"、"国家科学技术奖励条例（2003）"等国家关于科学技术发展的宏观政策和评价体系之中，也贯彻到了国家自然科学基金等各类各级科研课题的申请、审查和评价体系中。

不过，人们逐渐认识到，在自然科学研究领域之外，有一些复杂的巨型系统，比如重大工程设施、国民经济体系或地域社会系统等，当其达到一定的规模、尺度或复杂程度时，会出现类似于自然界的事物一样所具有的、不为人的意志所转移的社会、经济与文化现象、规律或特性。尽管这类规律和特征不属于自然客观现象，但也可以被认为是相关研究领域的科学问题。照此推断，城乡规划学所面对的城乡建设系统，在一定的条件下也应该具备科学问题。正如国家973计划2009年的申报指南提出，需要"开展西部山地城镇建设的生态、工程安全，环境与能耗控制的基础科学问题研究；城市地下工程和城市建筑群安全性的基础科学问题研究"等。

2.2 构建城乡规划科学问题的必要性

构建城乡规划学的科学问题，既是学科整合的要求，也是城乡规划职业发展的需要，更是国家城乡建设事业的必要工作之一。

（1）学科整合的要求。快速城镇化进程所展现的综合性矛盾与需要运用的技术方法，已经远远超出建筑工程类城乡规划学在传统意义上的研究范畴。这一方面导致城乡规划学从传统的工程类"建筑学"中分离出来，逐渐成熟为国家的一级学科；另一方面，也使得地理学、社会学乃至艺术学等其他学科有机会进入城乡建设与研究领域，填补城乡规划学在新的发展形势下来不及覆盖的一些新领域和新矛盾。面对激烈的学科竞争，作为国家一级学科的城乡规划学只有根据城乡建设的基本事实和发展过程，构建明确的科学问题，才有可能稳固传统的研究领域，并将哪些新领域或新矛盾统领在学科范畴里。否则，城乡规划在学科竞争中有可能落入下风，淡出城乡建设研究的学术主流。

（2）国家建设的需要。挖掘科学问题，完成学科的整合是城乡规划学界应该进行的工作，也是城乡规划不断适应国家城乡建设事业发展的必然要求。2011年我国城镇化水平达到51.27%，以此为节点分析，我国城镇化进程相比较全球的城镇化进程，具有以下独特性。时间短、规模大，西方国家用了200年，转移了4.6亿人，而中国用了33年，转移的城镇人口达2.5亿人；地域集中，西方国家转移城镇人口用了10.5万平方公里城镇用地，中国仅为2.8万平方公里。这几个指标表明，中国城镇化进程的矛盾复杂及集中程度，是西方国家城镇化进程无法比拟的。我国的城乡规划理论与实践在历史上和现实中都没有现成版本，更不能简单复制西方国家的理论体系与实践模式，而需要从基本事实出发，挖掘科学问题，创新中国的城乡规划理论与教育体系。

2.3 城乡规划学的科学问题

聚居过程研究是城乡规划学的基本科学问题。就人类活动的普遍规律而言，聚居过程是人们利用或适应自然环境中的各种物质资源而构建聚居场所的互动过程，它不仅从地理的不同空间层次、也沿历史的不同时间尺度展开。因而，这一科学问题也可以理解从物质异质性、空间异质性和时间异质性等三个方面出发，认识地域聚居发生、发展的基本过程和客观规律。建立这一观点有以下几方面原因。

（1）国家发展的形势与任务需求。以城镇聚居形式体现的居住问题已经成为国家的基本问题。自1990年代以来，我国城镇化率以年均约1.0%的增幅快速发展，2011年达到51.27%，保守估计，接近2.5亿人从乡村转移到城镇居住和生活，完成了居住空间和生活模式的转换过程。预测2020年之前我国城镇化率仍将以0.8%~1.0%/年的增幅快速提升，除去现有城镇人口的自然增长，还将有1.1亿人口迁入城镇，完成居住空间的转移过程。事实证明，城镇聚居已经成为中国居民的主要居住方式，城镇地区已经成为居住功能的空间物质载体和国家社会经济发展的基本空间单元。创新城镇聚居过程的科学理论与实践应用模式，实现城镇聚居建设的科学发展，为解决国家居住问题提供有效的科技支撑和服务，已经成为国家科技发展的重大现实需求，也是对国家中长期科技发展规划纲要（2006-2020）"第9个重点领域：城镇化与城市发展"的具体落实。

（2）研究对象的客观规律所决定的。国家30年的快速城镇化事实证明，人口从农村向城市流动的过程不是简单地一个移民迁徙、定居或住房重建问题，还包含了经济重建、社会重构与文化延续等工作，是一项"社会工程和文化工程"[3]。沿袭传统的研究思路和方法，运用建筑学、城乡规划或风景园林等单一学科领域的理论与技术，已经不足以从整体和全局的角度去把握这一过程。研究成果也会因为缺少科学性和客观性而难于解决实际问题，甚至还会引发"建设性破坏"或新的社会矛盾。以聚居过程研究为科学问题，统领国家聚居活动的整个时空过程，从产业调整、地域环境、生态保护、安全防治、文化延续、制度建设以及技术发展等诸多方面，揭示其内在的运行机制与处置对策，越发显得必要。

（3）科学问题的学术基础和理论工具是人居环境科学。"人居环境"学术思想是2012年国家最高科技奖获得者、中国科学院和工程院院士、清华大学吴良镛教授，根据中国城镇发展实践和聚居规律，逐步凝练和总结形成的，是中国学者对世界城镇化和人类居住问题的理论贡献。人居环境科学理论认为，建筑学的本质是建筑与环境的有机构成关系，建筑学的完整概念是人类聚居的整体环境，而不是狭义的建筑个体。人、建筑和环境的有机构成与和谐共生是人类所有建设活动的目的。人居环境科学的内涵价值就是了解、掌握人类聚居发生、发展的客观规律，从而为人类谋求理想的聚居环境。建筑学、城市规划学和风景园林学是结合"理论与实践"，"科学思维与技术方法"为一体的复杂性综合学科，从而在思维方法和哲学观上阐述了建筑学、城市规划学和风景园林学的三位一体关系，以及学科间的内涵和外延[4]。

3 城乡规划学科教学改革的几点建议

3.1 基于科学问题的教学改革思路

由于城乡规划存在多学科办学的现状，教学体系也存在几种不同的发展趋势。总体而言，办学主体依然是建筑工程类城乡规划学，其教学模式是以城乡物质空间的形态学理论与实践研究为本底构建的。其他学科方面，地理类基本上是以大尺度时空格局下资源合理配置的机制研究为本底构建的，农林类则倾向于传递城乡建设的生态学规律与技术方法，人文艺术类主要是以视觉艺术或美术学为核心构建的。就单一学科分析，他们都从自身学科出发抓住了城乡建设的核心问题，并构建出了符合自身特点的教学模式。而若站在城乡规划科学问题的整体角度，则都只是抓住了聚居过程科学问题的某个局部。

因此，针对城乡规划办学目前存在的一些要学科碎片化、知识封闭性以及评价标准化等现象，有必要从学科的发展方向，以科学问题的整体视野，整合其他学科提供而现有城乡规划学科缺少的知识体系、技术方法和教学模式，从教学的课程体系、知识传递过程以及教学评价指标等不同方面，进一步完善建筑工程类城乡规划的教学模式。

3.2 完善现有教学模式的几点建议

（1）课程模块体系的延展。在传统建筑工程类城乡规划学科的课程体系下，空间形态学理论与实践的训练是主体内容，虽然反映了聚居过程的基本事实，但在空间尺度和内涵上存在一定的缺失。现有的教学体系更倾向于进行单个城镇空间以下尺度的形态学训练。但是，当城镇化进程已经在向城镇群带或全球城市[5]阶段发展的趋势下，整合地理学等相关知识体系，将单个城镇空间以上尺度的聚居形态训练纳入课程体系，就显得非常必要。另外，传统的空间形态学训练在内涵上通常侧重于聚居形态"是什么"和"怎么做"的问题，而对"为什么"的训练并不充分，同样有必要整合人文社科等相关学科的知识内容，延伸现有的课程体系。综上，将形态学理论与实践训练扩展到聚居过程科学问题的全尺度和全过程，是未来城乡规划教学课程模块体系建设的重要内容。

（2）知识传递过程的优化。现有的教学模式下，知识传递过程主要通过二维图纸表达三维空间以及实体模型训练等方式得以实现。随着课程模块体系的延展，针对全尺度聚居形态训练的3S等信息化与虚拟化方式、针对聚居过程"为什么"以及"怎么做"等环节的理论研究、实验分析以及社会实践等，都应该逐步成为城乡

规划知识传递过程的基本方式。要实现这些改变，也意味着，现有的学制、师资和学生作业方式等都将予以相应的调整。

（3）教学评价指标的完善。随着课程模块体系与知识传递过程的改革，"以图纸论英雄"的教学评价标准将得以改观。有必要提出分类培养与综合创新的评价体系。根据教学目标以及学生的理论训练、实验训练以及社会实践训练等各个环节，制定教学评价的基本指标与创新指标。缓解标准化教学模式下共性与特性发展的现实矛盾。

4 结语

国家30年快速城镇化进程的洗礼，城乡规划学从传统"建筑学"学科中分离出来为国家一级学科，成熟为一门支撑国家经济社会发展和城乡建设事业的核心学科。一方面将进一步促进学科的发展，另一方面也使学科面临重新定位的一次挑战。其中，整合学科知识体系、构建基本科学问题将是学科发展的核心工作，而顺应科学问题、改革教学模式则将是学科发展的基础工作。两者看似毫不相干，其实首尾相连，需要城乡规划工作者们根据国家城乡建设发展的基本事实，不断完善和改进。

参考文献

[1] 赵万民,赵民,毛其智.城乡规划一级学科的学术思考[J].城市规划,2010,6:46-54.

[2] 卢峰,蔡静.基于"2＋2＋1"模式的建筑学专业教育改革思考[J].室内设计,2010,3:46-49.

[3] 吴良镛,赵万民.三峡库区人居环境的可持续发展[A].1997中国科学技术前沿(中国工程院版)[C].上海:上海教育出版社,1998:569-601.

[4] 吴良镛.人居环境科学导论[M].北京:中国建筑工业出版社,2001.

[5] S. Sassen. The Global City [M]. Princeton Press, 1991.

Research on education of urban planning science based on constructing scientific issue

Huang Yong   Liu Liu

Abstract：currently urban planning teaching have some Phenomenon， including differentiation of knowledge structure system， closed of knowledge transfer process， institutional barriers of innovation evaluation， and so on.The principal contraction lie in defection of basic scientific question.According to basic facts of national urban and rural construction and human settlement theory， it is necessary for urban planning study to construct the scientific issue of the settlement process.Teaching reform will achieved from three aspects， including the curriculum module system extension， knowledge transfer process optimization and teaching evaluation system perfection.

Key Words：scientific issues；urban planning science；education reform

后 记

　　"江城多山，珞珈独秀，山上有黉，武汉大学"。武汉大学是一所拥有120年历史的著名高校，人文底蕴深厚，历史上众多伟人和名人在此学习、工作和生活过。此次以"人文规划、创意转型"为主题的专指委年会在武汉大学召开，具有重要的纪念意义。受全国高等学校城市规划专业指导委员会委托，武汉大学城市设计学院组织了本次年会教学研究论文的征集。本次征文受到了全国各地高校城市规划专业教师的积极响应并踊跃投稿，一共收到来自各地31所高校的各类教研论文69篇。论文内容涵盖了城市规划专业的教学体系、设计类课程、社会经济类课程、工程技术类课程、实践教学等多个领域，成果丰硕。经专家评阅，遴选出65篇，分为学科建设、教学方法、理论教学、实践教学等四个专题结集出版。

　　武汉大学城市设计学院的詹庆明、黄正东、彭建东、魏伟、黄经南、牛强、周俊等老师，华中科技大学黄亚平教授及其团队，以及田野、邹郁、陈梦莹、张帆、王传东等同学，为本次论文集的编辑付出了辛劳和汗水，在此表示衷心的感谢！

周婕　教授

全国高等学校城市规划专业指导委员会　委员

中国城市规划学会　理事

武汉大学城市设计学院　副院长